实用模具设计与生产应用手册

塑 料 模

SHIYONG MUJU SHEJI YU
SHENGCHAN YINGYONG SHOUCE
SULIAOMU

刘志明　编著

化学工业出版社

·北京·

本书是笔者基于多年一线设计与生产实际经验的基础上完成的，是多年现场实践经验的总结。全书涵盖了塑料模具设计与生产技术全方位的基本知识和基本资料，详细介绍了注射模、压缩模、压注模、挤出模、中空吹塑模、泡沫塑料成型模具等各种塑料模具和模具零件、模架的设计及选用方法，给出了生产现场实际的塑料模具设计与生产应用实例。内容丰富、简明、实用，查阅便捷，紧贴生产实际。内容主要包括塑件结构工艺、塑料的性能及成型工艺参数、塑料成型设备、各种塑料模具设计、塑料模零件、塑料模模架、塑料模具用钢、塑料模实用图例等。

　　本书可供从事塑料制品生产的一线工程技术人员与高等院校、职业院校等模具相关专业师生参考。

图书在版编目（CIP）数据

实用模具设计与生产应用手册. 塑料模/刘志明编著.
—北京：化学工业出版社，2019.7
ISBN 978-7-122-34070-2

Ⅰ.①实⋯　Ⅱ.①刘⋯　Ⅲ.①模具-设计-手册②塑料模具-设计　Ⅳ.①TG762-62

中国版本图书馆CIP数据核字（2019）第049108号

责任编辑：金林茹　张兴辉　　　　　　文字编辑：陈　喆
责任校对：边　涛　　　　　　　　　　装帧设计：王晓宇

出版发行：化学工业出版社（北京市东城区青年湖南街13号　邮政编码100011）
印　　装：高教社（天津）印务有限公司
787mm×1092mm　1/16　印张22¾　字数612千字　2019年9月北京第1版第1次印刷

购书咨询：010-64518888　　　售后服务：010-64518899
网　　址：http://www.cip.com.cn
凡购买本书，如有缺损质量问题，本社销售中心负责调换。

定　　价：98.00元　　　　　　　　　　　　　　　　　　　　　版权所有　违者必究

前言
PREFACE

  塑料工业及其成型的模具工业是现代工业中国民经济发展的重要支柱产业。塑料制品又为现代加工成型工艺技术提供了广阔的发展前景，其产品与结构性能因可替代金属、木材、陶瓷和玻璃等广泛应用于工程机械、建筑与装饰、各种包装品与薄膜制品、盛具器皿及日用品等行业。随着现代工业的高速发展，其在航空、航天、航海、电子、汽车等行业也得到越来越广泛的应用。其在国民经济发展中起着非常重要的作用。

  随着塑料工业及其制品的飞速发展，其成型工艺技术，绝大部分离不开模具。模具生产的产品具有高精度、高复杂程度、高一致性、高生产率和低消耗等特点，这是其他加工方法不能比拟的。当代塑料产业又带动了模具工业的迅速发展。模具工业的技术进步与崛起，促进了其所涉制造产业的高速发展。模具作为工业先进生产技术的工艺装备，既能保证产品大批量、高速、优质、标准化生产，又能实现生产的自动化。

  模具是制造业的基础工艺装备，被称为"制造业之母"。由于模具的技术水平在很大程度上决定着产品的质量、新产品的开发能力和企业的经济效益，因此模具生产技术水平的高低，已成为衡量一个国家产品制造水平的重要标志。模具的应用范围十分广泛，其所涉及的行业产品中，60%~80%的零部件都要依靠模具成型，模具可称为"效益放大器"，而用模具生产的最终产品的价值已超出模具自身价值的几十倍甚至上百倍。

  模具设计是一项较为复杂的工程，因模具的门类品种繁多，又是单一品种生产，使模具设计任务较为繁重。设计中所涉及的知识及相关的技术资料也较广。对模具专业设计人员来说，塑料模具涉及塑料的性能及其成型工艺性，如注射、挤出、压缩等成型技术，无论是初涉或资深者，其学识与经验毕竟是有限的。在应用技术上必须借助相关资料才能完成一项模具设计，甚至有些模具还需经过多次试验才能投入生产。

  基于此，笔者根据从事模具设计的实践经验编写了一套内容丰富、简明、实用、图文并茂、重点突出，力求使读者易懂、便捷查阅的设计资料工具书。本书是《塑料模》分册，涵盖了塑料模具设计与生产技术全方位的基本知识和基本资料，详细介绍了注射模、压缩模、压注模、挤出模、中空吹塑模、泡沫塑料成型模具等各种塑料模具和模具零件、模架的设计及选用方法，给出了生产现场实际的塑料模具设计与生产应用实例。内容丰富实用，全部表格化编排，查阅便捷。

  由于笔者专业知识水平有限，书中难免有不足之处，敬请读者批评指正。

编著者

目录

第1章 塑件结构工艺 ··· 001
- 1.1 塑件精度 ··· 001
- 1.2 塑件表面粗糙度 ··· 003
- 1.3 壁厚 ··· 003
- 1.4 加强筋 ··· 004
- 1.5 支承面和凸台 ··· 004
- 1.6 圆角与孔 ··· 005
- 1.7 塑件外表面的文字、符号、花纹设计 ··· 008
- 1.8 合页设计及其他几何形状要求 ··· 009
- 1.9 螺纹和齿轮 ··· 011
- 1.10 紧固支座 ··· 013
- 1.11 金属嵌件 ··· 014
- 1.12 金属嵌件与塑件设计 ··· 014
- 1.13 塑件结构分析 ··· 016

第2章 常用塑料性能及成型工艺参数 ··· 021
- 2.1 常用塑料及性能 ··· 021
  - 2.1.1 常用热塑性塑料 ··· 021
  - 2.1.2 常用热固性塑料 ··· 031
- 2.2 常用塑料的成型工艺参数 ··· 036
  - 2.2.1 常用热塑性塑料的成型工艺参数 ··· 036
  - 2.2.2 常用热固性塑料的成型工艺参数 ··· 041

第3章 塑料成型设备 ··· 046
- 3.1 注射机 ··· 046
  - 3.1.1 注射机的规格及主要技术参数 ··· 046
  - 3.1.2 部分注射机的模板尺寸 ··· 050
  - 3.1.3 注射机的选用 ··· 055
- 3.2 压延机 ··· 057
- 3.3 塑料挤出机 ··· 057

第4章 注射模设计 ··· 063
- 4.1 浇注系统的设计 ··· 063
  - 4.1.1 普通流道浇注系统 ··· 063
  - 4.1.2 热流道设计 ··· 077
- 4.2 成型零件设计 ··· 091
  - 4.2.1 分型面的选择 ··· 091
  - 4.2.2 成型零件结构设计 ··· 094
  - 4.2.3 成型零件的工作尺寸计算 ··· 100
  - 4.2.4 型腔和底板的强度及刚度计算 ··· 107
- 4.3 合模导向机构 ··· 109

4.4	推出与复位机构	110
	4.4.1 脱模力的计算	111
	4.4.2 推出机构的零件尺寸的确定	115
	4.4.3 推出机构的类型	115
4.5	加热与冷却系统的设计	149
	4.5.1 冷却系统设计	149
	4.5.2 加热装置	155
4.6	热固性塑料的注射工艺及模具	158
	4.6.1 热固性塑料的注射成型工艺特点	158
	4.6.2 热固性塑料注射模具设计	159

第 5 章 压缩模设计 162

- 5.1 压缩模的结构与特点 … 162
- 5.2 压缩模分类 … 163
- 5.3 塑件形状与模具结构 … 164
- 5.4 模具与压力机的关系 … 165
  - 5.4.1 成型压力的计算 … 165
  - 5.4.2 开模力的计算 … 167
  - 5.4.3 脱模力的计算 … 167
  - 5.4.4 压缩模的闭合高度与压力机开模行程的关系 … 168
  - 5.4.5 压力机工作台面尺寸与压模安装尺寸校核 … 168
  - 5.4.6 压力机推出机构推出行程校核 … 168
- 5.5 压缩模成型零件设计 … 169
  - 5.5.1 凸、凹模各组成部分的作用及有关尺寸 … 169
  - 5.5.2 压缩模凸、凹模配合形式 … 172
  - 5.5.3 加料腔设计 … 173
  - 5.5.4 凸模的结构设计 … 174
  - 5.5.5 凹模的结构设计 … 175
  - 5.5.6 卸模架 … 176

第 6 章 压注模设计 177

- 6.1 压注模的类型 … 177
- 6.2 压注模的设计 … 179
  - 6.2.1 液压机的选择 … 179
  - 6.2.2 加料腔与柱塞设计 … 180
  - 6.2.3 浇注系统设计 … 184
  - 6.2.4 排溢系统 … 189

第 7 章 挤出模设计 190

- 7.1 挤出机头的基本结构 … 190
- 7.2 挤出机头的分类 … 191
- 7.3 挤出机头的设计 … 191
  - 7.3.1 管材挤出成型机头 … 191
  - 7.3.2 吹塑薄膜机头 … 195
  - 7.3.3 板材、片材挤出机头 … 197
  - 7.3.4 异型材挤出机头 … 200

7.3.5 电线、电缆挤出机头 ……………………………………………………………… 205
7.4 机头与挤出机的关系 ……………………………………………………………… 206
7.5 机头的材料与热处理 ……………………………………………………………… 209
7.6 挤塑机 …………………………………………………………………………… 210
    7.6.1 螺杆特性 …………………………………………………………………… 210
    7.6.2 挤塑模设计在工艺方面考虑的因素 ………………………………………… 211
    7.6.3 挤塑机性能 ………………………………………………………………… 211

第8章 中空吹塑模设计 …………………………………………………………………… 215
8.1 中空成型的分类和基本结构 ……………………………………………………… 215
8.2 吹塑成型模设计 …………………………………………………………………… 217
    8.2.1 瓶颈设计 …………………………………………………………………… 217
    8.2.2 瓶体部的设计 ……………………………………………………………… 218
    8.2.3 瓶底部的设计 ……………………………………………………………… 220
    8.2.4 成型收缩率与吹胀力 ……………………………………………………… 221
    8.2.5 注射吹塑的芯棒设计 ……………………………………………………… 222
    8.2.6 吹塑模的尺寸计算 ………………………………………………………… 222
    8.2.7 吹塑模设计要点 …………………………………………………………… 223
8.3 板、片材热成型与模具设计 ……………………………………………………… 225
    8.3.1 真空吸塑成型工艺与模具设计 …………………………………………… 225
    8.3.2 压缩空气成型工艺与模具设计 …………………………………………… 230

第9章 泡沫塑料成型与模具设计 ………………………………………………………… 234
9.1 高发泡成型工艺与模具设计 ……………………………………………………… 235
    9.1.1 高发泡聚苯乙烯的制备 …………………………………………………… 235
    9.1.2 高发泡泡沫聚苯乙烯成型工艺 …………………………………………… 235
    9.1.3 高发泡泡沫塑料成型模具 ………………………………………………… 235
9.2 低发泡成型工艺与模具设计 ……………………………………………………… 236
    9.2.1 低发泡注射成型工艺 ……………………………………………………… 236
    9.2.2 低发泡注射成型方法 ……………………………………………………… 236
    9.2.3 塑件的工艺性 ……………………………………………………………… 237
    9.2.4 低发泡塑料注射模具的结构形式 ………………………………………… 237
    9.2.5 模具设计要点 ……………………………………………………………… 238

第10章 塑料模零件 ……………………………………………………………………… 239
10.1 浇口系统零件 …………………………………………………………………… 239
    10.1.1 浇口套 …………………………………………………………………… 239
    10.1.2 拉料杆和拉料套 ………………………………………………………… 241
10.2 定位零件 ………………………………………………………………………… 243
10.3 导向件 …………………………………………………………………………… 246
10.4 抽芯机构零件 …………………………………………………………………… 250
    10.4.1 斜导柱 …………………………………………………………………… 250
    10.4.2 滑块 ……………………………………………………………………… 252
10.5 推出脱模机构零件 ……………………………………………………………… 254
    10.5.1 推杆 ……………………………………………………………………… 254
    10.5.2 推管 ……………………………………………………………………… 258

	10.5.3	推板	259
10.6	拉杆导柱		261
10.7	复位杆		262
10.8	矩形定位元件		263
10.9	圆形拉模扣		264
10.10	矩形拉模扣		265
10.11	螺纹型芯		266
10.12	冷却系统零件		267

第11章 塑料模模架

11.1	压缩模和压注模模架	269
11.2	塑料注射模模架	273
11.2.1	塑料注射模设计标准	273
11.2.2	模架组成零件的名称	274
11.2.3	模架组合形式	274
11.2.4	模架的主要结构形式和名称	274
11.2.5	基本型模架组合尺寸	274
11.2.6	导向件与螺钉安装形式	290
11.2.7	塑料模构件设计与标准	291
附1	塑料注射模技术条件	298
附2	塑料注射模模架技术条件	301

第12章 塑料模具钢

12.1	常用塑料模具钢的特性与化学成分	303
12.2	塑料模具钢的选用	305
12.3	塑料模具钢的热处理	305

第13章 塑料模实用图例

13.1	内齿轮注射模	315
13.2	双连圆柱齿轮注射模	316
13.3	四腔正、斜双连齿轮注射模	318
13.4	轴头注射模	320
13.5	后盖注射模	322
13.6	塑料支架注射模	324
13.7	插座架注射模	328
13.8	转子风扇注射模	331
13.9	压盖压塑模	334
13.10	直压式压缩模	335
13.11	线圈架双层注射模	336
13.12	垂直分型面直压模	338
13.13	两个分型面的移动式压塑模	339
13.14	齿轮齿条侧抽芯机构压塑模	340
13.15	移动式压注模	341
13.16	上加料室压注模	342
13.17	固定式压注模	343
13.18	下加料室压注模	344

13.19	洗洁剂瓶吹塑模	345
13.20	挤出吹塑模	348
13.21	压入式结构吹塑模	349
13.22	螺钉固定式结构吹塑模	350
13.23	密封圈注射模	351
13.24	防尘套橡胶压模	352
13.25	密封圈橡胶压模	353
13.26	油封圈橡胶压模	354

参考文献 …… 355

后记 …… 356

第1章
塑件结构工艺

1.1 塑件精度

塑件的尺寸精度与塑料收缩率的波动和模具制造误差等因素有关。模塑件尺寸公差等级的选用见表1-1，塑件的尺寸公差选用见表1-2。

表1-1 常用模塑件尺寸公差等级的选用（GB/T 14486—2008）

材料代号	模塑材料		公差等级		
			标注公差尺寸		未注公差尺寸
			高精度	一般精度	
ABS	（丙烯腈-丁二烯-苯乙烯）共聚物		MT2	MT3	MT5
CA	乙酸纤维素		MT3	MT4	MT6
EP	环氧树脂		MT2	MT3	MT5
PA	聚酰胺	无填料填充	MT3	MT4	MT6
		30%玻璃纤维填充	MT2	MT3	MT5
PBT	聚对苯二甲酸丁二酯	无填料填充	MT3	MT4	MT6
		30%玻璃纤维填充	MT2	MT3	MT5
PC	聚碳酸酯		MT2	MT3	MT5
PDAP	聚邻苯二甲酸二烯丙酯		MT2	MT3	MT5
PEEK	聚醚醚酮		MT2	MT3	MT5
PE-HD	高密度聚乙烯		MT4	MT5	MT7
PE-LD	低密度聚乙烯		MT5	MT6	MT7
PESU	聚醚砜		MT2	MT3	MT5
PET	聚对苯二甲酸乙二酯	无填料填充	MT3	MT4	MT6
		30%玻璃纤维填充	MT2	MT3	MT5
PF	苯酚-甲醛树脂	无机填料填充	MT2	MT3	MT5
		有机填料填充	MT3	MT4	MT6
PMMA	聚甲基丙烯酸甲酯		MT2	MT3	MT5
POM	聚甲醛	≤150mm	MT3	MT4	MT6
		>150mm	MT4	MT5	MT7
PP	聚丙烯	无填料填充	MT4	MT5	MT7
		30%无机填料填充	MT2	MT3	MT5
PPE	聚苯醚、聚亚苯醚		MT2	MT3	MT5
PPS	聚苯硫醚		MT2	MT3	MT5
PS	聚苯乙烯		MT2	MT3	MT5
PSU	聚砜		MT2	MT3	MT5
PUR-P	热塑性聚氨酯		MT4	MT5	MT7
PVC-P	软聚氯乙烯		MT5	MT6	MT7
PVC-U	未增塑聚氯乙烯		MT2	MT3	MT5
SAN	（丙烯腈-苯乙烯）共聚物		MT2	MT3	MT5
UF	脲-甲醛树脂	无机填料填充	MT2	MT3	MT5
		有机填料填充	MT3	MT4	MT6
UP	不饱和聚酯	30%玻璃纤维填充	MT2	MT3	MT5

表 1-2 模塑件尺寸公差选用 (GB/T 14486—2008)

单位: mm

标注公差的尺寸公差值 — 基本尺寸

公差等级	公差种类	>0~3	>3~6	>6~10	>10~14	>14~18	>18~24	>24~30	>30~40	>40~50	>50~65	>65~80	>80~100	>100~120	>120~140	>140~160	>160~180	>180~200	>200~225	>225~250	>250~280	>280~315	>315~355	>355~400	>400~450	>450~500	>500~630	>630~800	>800~1000
MT1	a	0.07	0.08	0.09	0.10	0.11	0.12	0.14	0.16	0.18	0.20	0.23	0.26	0.29	0.32	0.36	0.40	0.44	0.48	0.52	0.56	0.60	0.64	0.70	0.78	0.86	0.97	1.16	1.39
MT1	b	0.14	0.16	0.18	0.20	0.21	0.22	0.24	0.26	0.28	0.30	0.33	0.36	0.39	0.42	0.46	0.50	0.54	0.58	0.62	0.66	0.70	0.74	0.80	0.88	0.96	1.07	1.26	1.49
MT2	a	0.10	0.12	0.14	0.16	0.18	0.20	0.22	0.24	0.26	0.30	0.34	0.38	0.42	0.46	0.50	0.54	0.60	0.66	0.72	0.76	0.84	0.92	1.00	1.10	1.20	1.40	1.70	2.10
MT2	b	0.20	0.22	0.24	0.26	0.28	0.30	0.32	0.34	0.36	0.40	0.44	0.48	0.52	0.56	0.60	0.64	0.70	0.76	0.82	0.86	0.94	1.02	1.10	1.20	1.30	1.50	1.80	2.20
MT3	a	0.12	0.14	0.16	0.18	0.20	0.22	0.26	0.30	0.34	0.40	0.46	0.52	0.58	0.64	0.70	0.78	0.86	0.92	1.00	1.10	1.20	1.30	1.44	1.60	1.74	2.00	2.40	3.00
MT3	b	0.32	0.34	0.36	0.38	0.40	0.42	0.46	0.50	0.54	0.60	0.66	0.72	0.78	0.84	0.90	0.98	1.06	1.12	1.20	1.30	1.40	1.50	1.64	1.80	1.94	2.20	2.60	3.20
MT4	a	0.16	0.18	0.20	0.24	0.28	0.32	0.36	0.42	0.48	0.56	0.64	0.72	0.82	0.92	1.02	1.12	1.24	1.36	1.48	1.62	1.80	2.00	2.20	2.40	2.60	3.10	3.80	4.60
MT4	b	0.36	0.38	0.40	0.44	0.48	0.52	0.56	0.62	0.68	0.76	0.84	0.92	1.02	1.12	1.22	1.32	1.44	1.56	1.68	1.82	2.00	2.20	2.40	2.60	2.80	3.30	4.00	4.80
MT5	a	0.20	0.24	0.28	0.32	0.36	0.40	0.44	0.50	0.56	0.64	0.74	0.86	1.00	1.14	1.28	1.44	1.60	1.76	1.92	2.10	2.30	2.50	2.80	3.10	3.30	3.90	4.50	5.60
MT5	b	0.40	0.44	0.48	0.52	0.56	0.60	0.64	0.70	0.76	0.84	0.94	1.06	1.20	1.34	1.48	1.64	1.80	1.96	2.12	2.30	2.50	2.70	3.00	3.30	3.50	4.10	4.70	5.80
MT6	a	0.26	0.32	0.38	0.46	0.52	0.60	0.70	0.80	0.94	1.10	1.28	1.48	1.72	2.00	2.20	2.40	2.60	2.90	3.20	3.50	3.90	4.30	4.80	5.30	5.90	6.90	8.50	10.60
MT6	b	0.46	0.52	0.58	0.66	0.72	0.80	0.90	1.00	1.14	1.30	1.48	1.68	1.92	2.20	2.40	2.60	2.80	3.10	3.40	3.70	4.10	4.50	5.00	5.50	6.10	7.10	8.70	10.80
MT7	a	0.38	0.46	0.56	0.66	0.76	0.86	0.98	1.12	1.32	1.54	1.80	2.10	2.40	2.70	3.00	3.30	3.70	4.10	4.50	4.90	5.40	6.00	6.70	7.40	8.20	9.60	11.90	14.80
MT7	b	0.58	0.66	0.76	0.86	0.96	1.06	1.18	1.32	1.52	1.74	2.00	2.30	2.60	2.90	3.20	3.50	3.90	4.30	4.70	5.10	5.60	6.20	6.90	7.60	8.10	9.80	12.10	15.00

未注公差的尺寸允许偏差

公差等级	公差种类	>0~3	>3~6	>6~10	>10~14	>14~18	>18~24	>24~30	>30~40	>40~50	>50~65	>65~80	>80~100	>100~120	>120~140	>140~160	>160~180	>180~200	>200~225	>225~250	>250~280	>280~315	>315~355	>355~400	>400~450	>450~500	>500~630	>630~800	>800~1000
MT5	a	±0.10	±0.12	±0.14	±0.16	±0.19	±0.22	±0.25	±0.28	±0.32	±0.37	±0.43	±0.50	±0.57	±0.64	±0.72	±0.80	±0.88	±0.96	±1.05	±1.15	±1.25	±1.40	±1.55	±1.75	±1.95	±2.25	±2.80	±3.45
MT5	b	±0.20	±0.22	±0.24	±0.26	±0.29	±0.32	±0.35	±0.38	±0.42	±0.47	±0.53	±0.60	±0.67	±0.74	±0.82	±0.90	±0.98	±1.06	±1.15	±1.25	±1.35	±1.50	±1.65	±1.85	±2.05	±2.35	±2.90	±3.55
MT6	a	±0.13	±0.16	±0.19	±0.23	±0.26	±0.30	±0.35	±0.40	±0.47	±0.55	±0.64	±0.74	±0.86	±1.00	±1.10	±1.20	±1.30	±1.45	±1.60	±1.75	±1.95	±2.15	±2.40	±2.65	±2.95	±3.45	±4.25	±5.30
MT6	b	±0.23	±0.26	±0.29	±0.33	±0.36	±0.40	±0.45	±0.50	±0.57	±0.65	±0.74	±0.84	±0.96	±1.10	±1.20	±1.30	±1.40	±1.55	±1.70	±1.85	±2.05	±2.25	±2.50	±2.75	±3.05	±3.55	±4.35	±5.40
MT7	a	±0.19	±0.23	±0.28	±0.33	±0.38	±0.43	±0.49	±0.56	±0.66	±0.77	±0.90	±1.05	±1.20	±1.35	±1.50	±1.65	±1.85	±2.05	±2.25	±2.45	±2.70	±3.00	±3.35	±3.70	±4.10	±4.80	±5.95	±7.40
MT7	b	±0.29	±0.33	±0.38	±0.43	±0.48	±0.53	±0.59	±0.66	±0.76	±0.87	±1.00	±1.15	±1.30	±1.45	±1.60	±1.75	±1.95	±2.15	±2.35	±2.55	±2.80	±3.10	±3.45	±3.80	±4.20	±4.90	±6.05	±7.50

注: 1. a 为不受模具活动部分影响的尺寸公差值; b 为受模具活动部分影响的尺寸公差值。
2. MT1 级为精密级, 只有采用严密的工艺控制措施, 设备, 模具和高精度的模具, 原料时才有可能选用。

1.2 塑件表面粗糙度

塑件表面粗糙度主要由模具表面的粗糙度决定。一般塑件的表面粗糙度比模具表面的粗糙度值低一级。塑件表面要求越光洁，模具的加工成本也越高，一般模具的粗糙度应以刚刚满足要求为好。对于不透明的塑料，型芯的表面粗糙度应比型腔的表面粗糙度值高1~2级。但对于光洁如镜的塑件表面，除特殊要求场合外，塑件表面应采用皮革纹、橘皮纹、木纹等花纹。可起装饰塑件作用，而避免在成型时产生的疵点及痕迹在塑件表面上明显暴露。

1.3 壁厚

塑件的壁厚主要取决于塑件的使用条件，壁厚的大小，对于塑件成型影响很大。壁厚过小，则塑熔体流动阻力大，难以充满复杂的型腔，而且不能保证塑件的强度和刚度；壁厚过大，则浪费原料，增加成本，而且增加成型和冷却时间，降低生产率，并容易产生气泡、缩孔等缺陷。

根据有关资料推荐，对于热固性塑料，壁厚一般取1.6~2.5mm，大型塑件取3.2~8mm，热固性塑件的最小壁厚和常用壁厚推荐值可参照表1-3、表1-4。对于易于成型的热塑性塑料的薄壁塑件，壁厚一般不小于0.6~0.9mm，常取4~6mm，热塑性塑件的最小壁厚和常用壁厚推荐值可见表1-5。

表1-3 热固性塑件的最小壁厚   mm

塑料性能		塑件高度							塑料性能		塑件高度						
冲击强度/(kJ/m²)	拉西格流动性	10	16	25	40	60	100	160	冲击强度/(kJ/m²)	拉西格流动性	10	16	25	40	60	100	160
2.5	50	3.4	3.8	4.4	5.4	6.8	9.4	13.5	2.5	150	2.9	3.0	3.1	3.4	3.7	4.3	5.2
4		2.3	2.7	3.3	4.3	5.7	8.3	12.4	4		1.8	1.9	2.0	2.3	2.6	3.2	4.1
6		1.9	2.3	2.9	3.9	5.3	7.9	12.0	6		1.4	1.5	1.7	1.9	2.2	2.8	3.7
10		1.6	2.1	2.6	3.7	5.0	7.7	11.7	10		1.1	1.2	1.4	1.6	1.9	2.5	3.4
16		1.5	1.9	2.5	3.5	4.8	7.5	11.5	16		1.0	1.1	1.2	1.4	1.7	2.3	3.2
25		1.4	1.8	2.3	3.4	4.7	7.4	11.4	25		0.8	0.9	1.1	1.3	1.6	2.2	3.1
40		1.3	1.7	2.3	3.3	4.6	7.3	11.3	40		0.7	0.8	1.0	1.2	1.5	2.1	3.0
60		1.2	1.6	2.2	3.2	4.5	7.2	11.2	60		0.7	0.8	1.0	1.2	1.5	2.1	3.0
100		1.1	1.5	2.1	3.2	4.5	7.2	11.2	100		0.6	0.7	0.9	1.1	1.4	2.0	2.9
2.5	100	3.0	3.2	3.4	3.8	4.3	5.3	6.8	2.5	200	2.8	2.9	3.0	3.2	3.4	3.9	4.5
4		1.9	2.1	2.3	2.7	3.2	4.2	5.7	4		1.7	1.8	1.9	2.1	2.3	2.8	3.4
6		1.5	1.7	1.9	2.3	2.8	3.8	5.3	6		1.4	1.5	1.6	1.7	1.9	2.4	3.0
10		1.2	1.4	1.6	2.0	2.5	3.5	5.0	10		1.1	1.2	1.3	1.5	1.7	2.1	2.8
16		1.1	1.2	1.4	1.8	2.3	3.3	4.8	16		0.9	1.0	1.1	1.3	1.5	1.9	2.6
25		1.0	1.1	1.3	1.7	2.2	3.2	4.7	25		0.8	0.9	1.0	1.2	1.4	1.8	2.5
40		0.9	1.0	1.2	1.6	2.1	3.1	4.6	40		0.7	0.8	0.9	1.1	1.3	1.7	2.4
60		0.8	0.9	1.2	1.6	2.1	3.1	4.6	60		0.6	0.7	0.8	1.0	1.2	1.6	2.3
100		0.7	0.9	1.1	1.5	2.0	3.0	4.5	100		0.6	0.7	0.8	0.9	1.1	1.6	2.3

表1-4 热固性塑件的壁厚推荐值   mm

塑件材料	塑件外形高度 H		
	<50	50~100	>100
粉状填料的酚醛树脂	0.7~2.0	2.0~3.0	5.0~6.5
纤维状填料的酚醛树脂	1.5~2.0	2.5~3.5	6.0~8.0
氨基树脂	1.0	1.3~2.0	3.0~4.0
聚酯玻璃纤维填料的树脂	1.0~2.0	2.4~3.2	>4.8
聚酯无机物填料的树脂	1.0~2.0	3.2~4.8	>4.8

表 1-5　热塑性塑件的最小壁厚和常用壁厚推荐值　　　　　　　　　　　　　　　mm

塑料名称	最小壁厚	小型塑件壁厚	中型塑件壁厚	大型塑件壁厚	塑料名称	最小壁厚	小型塑件壁厚	中型塑件壁厚	大型塑件壁厚
聚酰胺	0.45	0.76	1.50	2.4～3.2	聚碳酸酯	0.95	1.80	2.30	3.0～4.5
聚乙烯	0.60	1.25	1.60	2.4～3.2	聚苯醚	1.20	1.75	2.50	3.5～6.4
聚苯乙烯	0.75	1.25	1.60	3.2～5.4	醋酸纤维素	0.70	1.25	1.90	3.2～4.8
改性聚苯乙烯	0.75	1.25	1.60	3.2～5.4	丙烯酸类	0.70	0.90	2.40	3.0～6.0
有机玻璃(372#)	0.80	1.50	2.20	4.0～6.5	聚甲醛	0.80	1.40	1.60	3.2～5.4
硬聚氯乙烯	1.20	1.60	1.80	3.2～5.8	聚砜	0.95	1.80	2.30	3.0～4.5
聚丙烯	0.85	1.45	1.75	2.4～3.4	乙基纤维素	0.90	1.25	1.60	2.4～3.2
氯化聚醚	0.90	1.35	1.80	2.5～3.4					

1.4　加强筋

塑件中采用加强筋或增强结构是为了提高塑件的强度和刚度，以避免塑件变形，又可改善塑件成型时塑熔体的流动状况。加强筋的形式和尺寸见图 1-1。对于薄壁塑件，如图 1-2 所示：底部可做成球面［图 1-2（a）］或拱曲面的形状［图 1-2（b）］，以增强塑件刚度和减小变形。

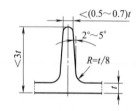

图 1-1　加强筋的形式和尺寸

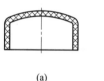

图 1-2　薄壁塑件的增强

1.5　支承面和凸台

以塑件的整个底面［图 1-3（a）］作为支承面是不合理的，因为塑件稍有翘曲或变形就会使底面不平。通常采用凸起的边框支承［图 1-3（b）］或底脚（三点或四点）作为支承，如图 1-3（c）所示。当塑件底部有加强筋时，加强筋与支承面高度应相差 0.5mm（图 1-4）。

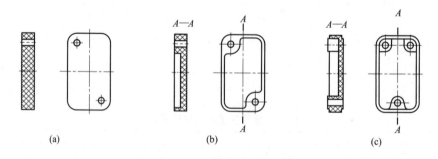

图 1-3　塑件的支承面

紧固用的凸耳或台阶应设置加强筋，以满足紧固时的强度，但台阶设置应避免突然变化和尺寸过小，而应逐步过渡。如图 1-5 所示，其中图 1-5（a）不合理，图 1-5（b）以逐步过渡并以加强筋增强，结构合理。

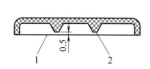

图 1-4　支承面与加强筋
1—支承面；2—加强筋

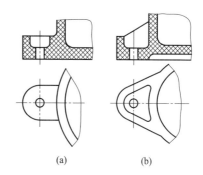

图 1-5　塑件紧固用凸耳

1.6　圆角与孔

塑件的尖角处，由于会产生应力集中，影响塑件的强度，也影响塑料充模时的流动性以及成型后不利于脱模，因此，塑件除使用要求必须采用尖角之外，其余所有的转角处均应采用圆弧过渡。其半径一般不应小于 0.5mm。内壁圆角半径可取壁厚的一半，外壁圆角半径可取壁厚的 1.5 倍，如图 1-6 所示。

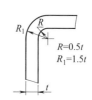

图 1-6　圆角半径的尺寸

塑件上的各种孔（如通孔、盲孔、形状复杂的孔等）均应设置在不应影响塑件强度的地方。孔与孔之间，孔与边缘之间均应保持一定的距离，见表 1-6。塑件上的紧固用孔和有受力孔的周围应设计凸边加强，如图 1-7 所示。

表 1-6　孔间距、孔边距与孔径的关系　　　　　　　　　　　　　　mm

简图	孔径 d	热塑性塑料		酚醛塑料		玻璃纤维增强塑料	
		a	b	a	b	a	b
	≤2.5	1.0	2.0	0.5～0.7	1.0	1.0	1.0
	>2.5～3.0	1.5	2.5	0.8～1.0	1.25	1.5	2.0
	>3.0～4.0	2.2	3.2	0.8～1.0	1.5	2.0	3.5
	>4.0～5.0	2.8	2.8	1.0～1.2	1.75	3.0	4.0
	>5.0～6.0	3.3	4.3	1.0～1.2	2.0	3.5	4.5
	>6.0～8.0	4.1	5.1	1.2～1.25	2.25	4.0	5.0
	>8.0～10.0	4.8	5.8	1.2～1.8	2.75	4.5	5.5
	>10.0～12.0	5.4	6.4	2.0～2.2	3.25	5.0	6.0
	>12	6.0	7.0	2.2～2.5	3.75	6.0～8.0	7.0～9.0

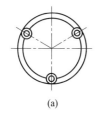
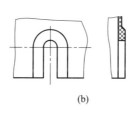
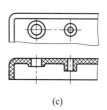

图 1-7　孔的加强

孔的深度与塑件的成型方法、孔的方向、孔的类型（盲孔或通孔）和配置的部位以及浇口部位等有关。通孔成型时可从两面固定型芯，而能获得比盲孔更深的孔。推荐成型孔深见表 1-7。此表中塑件位于中央部位的孔采用大值，而位于边缘部位的孔采用小值。

塑件压缩成型时，规定型芯的允许变形为 0.004～0.005mm 时可成型的最大孔深见表 1-8 和表 1-9。

表 1-7　孔深 h 和孔径 d 的关系

孔型	成型方法		尺寸关系式	型芯的轴线直线度和耐久性
通孔	压缩成型	单面成型	$h \leqslant (1.5 \sim 3.0)d$	能保证
		型芯端面固定的单面成型	$h \leqslant (5 \sim 8)d$	
		双面成型	$h \leqslant (4 \sim 6)d$	不能保证
	压注成型、注射成型		$h \leqslant 10d$	
盲孔	压缩成型		$h \leqslant 2.5d$	能保证
	压注成型、注射成型		$h \leqslant 4.0d$	

表 1-8　位置与压缩方向垂直的圆柱孔最大深度　　　mm

孔径	压缩成型压力/MPa											
	20		30		40		50		60		70		80	
	最大孔深											
	盲孔	通孔	盲孔	通孔	盲孔	通孔	盲孔	通孔	盲孔	通孔	盲孔	通孔	盲孔	通孔
4	8.3	14.7	7.6	13.5	7.1	12.4	6.6	11.7	6.3	11.2	6.1	10.8	5.8	10.4
5	10.5	18.4	9.5	16.7	8.8	15.6	8.3	14.7	7.9	14.0	7.7	13.5	7.3	13.0
6	12.5	22.1	11.4	20.0	10.6	18.7	10.0	17.6	9.4	16.8	9.2	16.2	8.8	15.6
8	16.7	29.5	15.2	26.7	14.1	24.9	13.2	23.5	12.6	22.4	12.3	21.6	11.7	20.8
10	20.9	36.9	19.0	33.4	17.7	31.2	16.6	29.4	15.8	28.1	15.4	27.0	14.7	26.1
12	25.0	44.2	22.8	40.0	21.2	37.4	20.0	35.2	18.9	33.7	18.4	32.4	17.6	31.3
16	33.4	59.0	30.4	53.4	28.3	49.9	26.5	47.0	25.2	44.9	24.6	43.2	23.5	41.7
20	41.8	73.8	38.0	66.8	35.4	62.4	33.2	58.8	31.6	56.2	30.8	54.0	29.4	52.2
25	52.5	92.2	47.5	83.5	44.2	78.0	41.5	73.5	39.5	70.2	38.5	67.5	36.7	65.2
32	66.9	118.0	60.8	106.8	56.6	99.8	53.1	94.0	50.5	89.9	49.2	86.4	47.0	83.5
40	83.6	147.6	76.0	133.6	70.8	124.0	66.4	117.0	63.2	112.0	61.6	108.0	58.8	104.0
50	105.0	184.5	95.0	167.0	88.5	156.0	83.0	147.0	79.0	140.0	77.01	135.0	73.5	130.0

表 1-9　位置与压缩方向平行的圆柱孔最大深度　　　mm

孔径	压缩成型压力/MPa											
	20		30		40		50		60		70		80	
	最大孔深											
	盲孔	通孔	盲孔	通孔	盲孔	通孔	盲孔	通孔	盲孔	通孔	盲孔	通孔	盲孔	通孔
4	10	26.3	9	23.7	8.3	22.1	8	20.9	7.6	20	7.2	19.6	7.0	18.6
5	12.5	32.9	11.3	29.7	10.4	27.6	10	26.1	9.5	25	9.1	24.6	8.8	23.2
6	15	39.5	13.5	35.6	12.5	33.1	11.9	31.3	11.4	30	10.9	29.5	10.6	27.9
8	20	52.7	18	47.5	16.7	44.2	15.9	41.8	15.2	40	14.5	39.3	14.1	37.2
10	25	65.9	22.6	59.4	20.9	55.3	19.9	52.3	19	50	18.2	49.2	17.7	46.5
12	30	79	27.1	71.2	25	66.3	23.8	62.7	22.8	60	21.8	59	21.2	55.8
16	40	105.4	36.1	95.0	33.4	88.4	31.8	83.6	30.4	80	29.1	78.7	28.3	74.4
20	50	131	45.2	118.8	41.8	110.6	39.8	104.6	38.0	100	36.4	98.4	35.4	93
25	62.5	164.7	56.5	148.5	52.2	138.2	49.7	130.7	47.5	125	45.5	123.0	44.2	116
32	80	210.8	72.3	190	66.8	176.9	63.6	167.3	60.8	160	58.2	157.4	56.6	148.8
40	100	263	90.4	237	83.6	221.0	79.6	209.0	76	200	72	196	70	186
50	125	329	113	297	104.5	276.0	99.5	261.5	95	250	91.01	246	80	232.5

塑件常见孔及几种较复杂孔的成型方法见表 1-10。

表 1-10　塑件孔的成型方法

类型	简图	说明
固定孔的形式	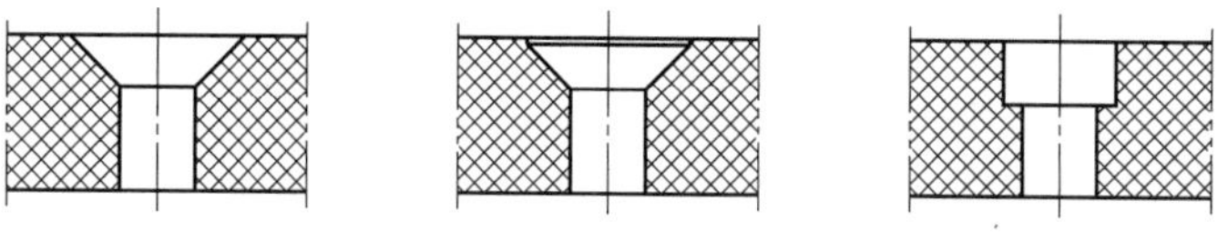 (a)　(b)　(c)	图(a)为一般不采用的形式,如需采用,则应采用图(b)形式,以便设置型芯,图(c)为建议采用的形式
一般圆柱孔的成型方法	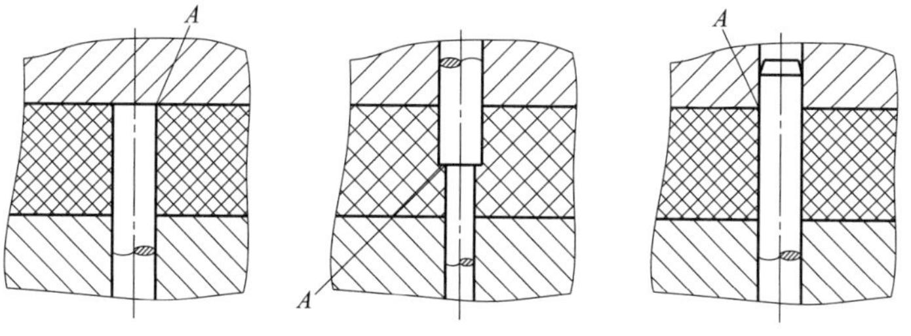 (a)　(b)　(c)	图(a)由一端固定型芯,而孔一端 A 处有飞边不容易修整,孔深时,型芯较长时易弯曲。 图(b)由两端分别固定型芯,A 处也有飞边,且 A 处的飞边比前一种成型方法修整更困难,其同轴度不易保证。 图(c)由一端固定,另一端导向支撑型芯成型,型芯有较好强度和刚性,并保证同轴
两相交孔的成型方法	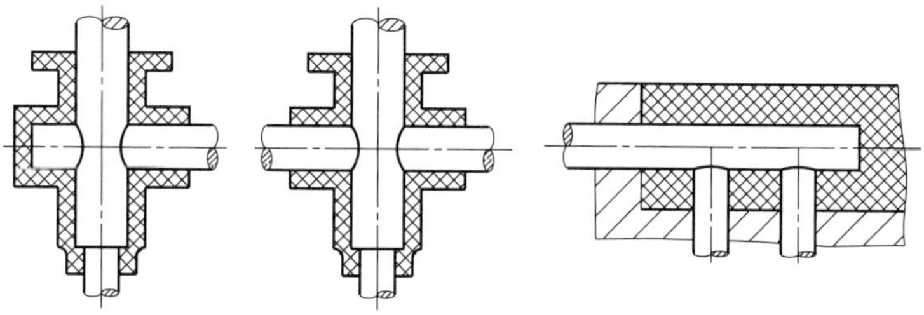 (a)　(b)　(c)	图(a)互相垂直的孔的型芯不能互相嵌合。 图(b)的结构形式,在成型时,小孔型芯从两边抽出后,再抽大型芯。 图(c)为防止型芯弯曲变形,在型芯下面设置支承柱,但支承柱在塑件上留下的孔,事先应考虑塑件外观性
复杂孔的成型方法	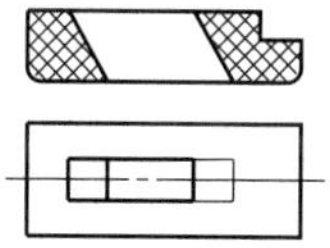 (a)塑件 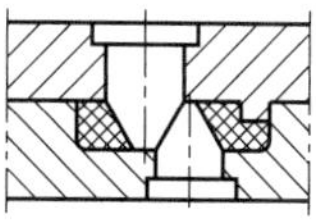　(b)成型方法 (a)塑件　(b)成型方法 (a)塑件　(b)成型方法	对于有斜孔或复杂的孔,可采用拼合的型芯来成型,以避免侧抽芯,简化模具结构

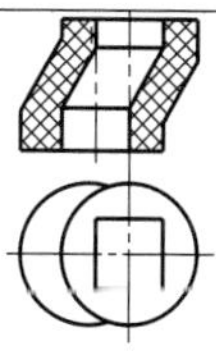

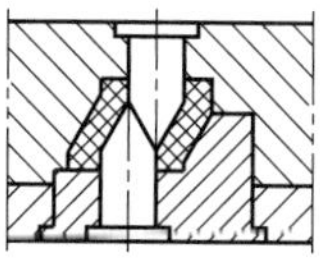

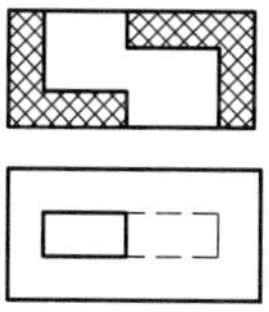

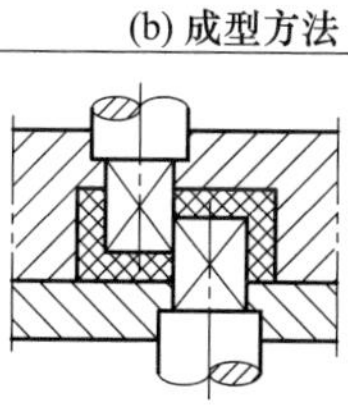

续表

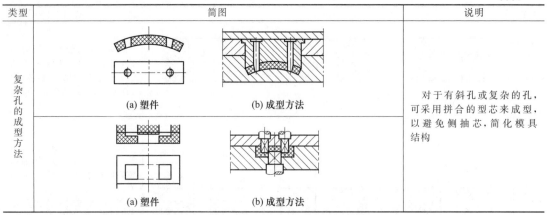

类型	简图	说明
复杂孔的成型方法	(a) 塑件　　(b) 成型方法 (a) 塑件　　(b) 成型方法	对于有斜孔或复杂的孔,可采用拼合的型芯来成型,以避免侧抽芯,简化模具结构

1.7　塑件外表面的文字、符号、花纹设计

① 塑件的表面根据要求不同进行艺术设计。塑件上的文字、符号、雕刻花纹，其结构形式见表 1-11。符号、花纹的凸出高度以 0.2～0.4mm 为宜，文字高度常用为 0.4～0.8mm。线条宽度应不小于 0.3mm，一般以 0.8mm 最为适宜，两线条之间的距离应不小于 0.4mm，边框可比字体高出 0.3mm 以上，字体或符号的脱模斜度应大于 10°。

② 塑件上的文字、符号、花纹为凹形的，凹入深度应为 0.2～0.5mm，一般凹入深度取 0.3mm 为宜，线条宽度应不小于 0.3mm，两条线间的距离应不小于 0.4mm，字体或符号的脱模斜度应大于 10°。

③ 对于手轮、手柄、按钮等塑件外表面上的条形花纹，其条纹的方向必须与脱模的方向一致，条纹的间距应尽可能大些，以便于塑件脱模和模具加工。凸凹纹的推荐尺寸见表 1-12。

④ 塑件上的花纹截面应以半圆形为宜，凸筋应通到位于模具分型面的圆柱带上，其圆柱带高度 h 不小于 1mm；直径 D 应大于筋条外接圆直径 D_1。肋条的另一端应不与塑件端部连通，其距离 $r>$1mm 时，$a≥r$；$r≤$1mm 时，$a<$1mm。

⑤ 塑件上成型获得的标志和字符，一般是在平行于模具分型面的表面上。为了预防裂纹，字符和标志成型面应有 $0°30'$～$1°$的斜度。

塑件表面上的字符高度应在 0.3～0.5mm 范围内；当字符高度大于 0.75mm 时，为防止根部断裂，应做成上窄下宽的形状。

⑥ 塑件的外表面除以上文字、符号及花纹设计外，有的做成镜面、绒面和皮革面等。而吹塑件大部分都要求外表面艺术修饰。因而对模具的表面进行艺术加工：用喷砂制成绒面；用镀铬抛光制成镜面；通过酸腐蚀制成类似皮革纹；用涂覆感光材料后经过感光显影腐蚀等过程获得花纹；也有的塑件经过模具型腔表面采用喷砂处理，其表面粗糙程度类似磨砂玻璃。

表 1-11　塑件上文字的结构形式

类型	凸字	凹字	凹坑凸字
图形	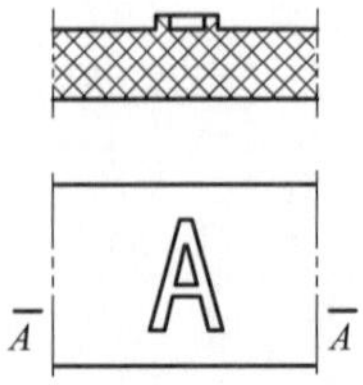	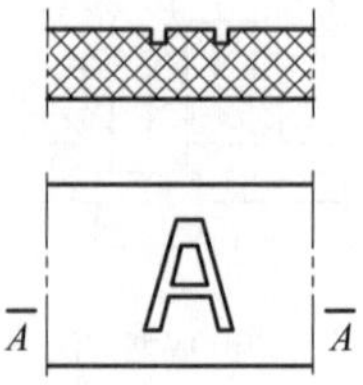	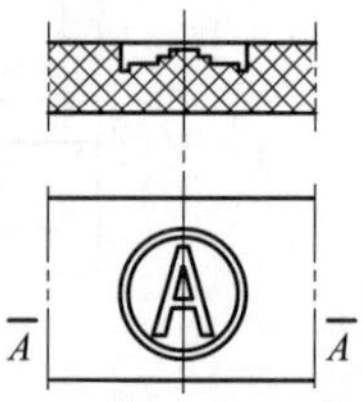

续表

类型	凸字	凹字	凹坑凸字
说明	这种形式加工方便,但使用过程中凸字易于损坏	凹字可以填上各种颜色的油漆,字迹鲜艳,这种形式现多为采用电火花加工、电铸、冷挤压等方法加工模具	凹坑凸字是在凸字的周围带有凹入装饰框。模具可以采用镶件,在镶件中刻凸字,然后镶入模具中

表 1-12 凸凹纹尺寸   mm

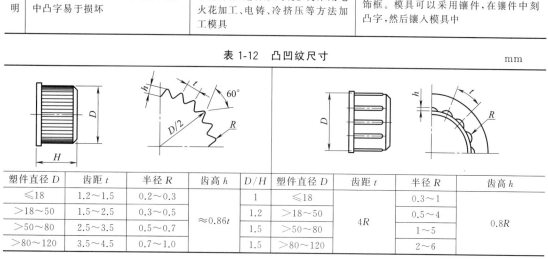

塑件直径 D	齿距 t	半径 R	齿高 h	D/H	塑件直径 D	齿距 t	半径 R	齿高 h
≤18	1.2~1.5	0.2~0.3		1	≤18		0.3~1	
>18~50	1.5~2.5	0.3~0.5	≈0.86t	1.2	>18~50	4R	0.5~4	0.8R
>50~80	2.5~3.5	0.5~0.7		1.5	>50~80		1~5	
>80~120	3.5~4.5	0.7~1.0		1.5	>80~120		2~6	

1.8 合页设计及其他几何形状要求

(1) 合页设计

利用聚丙烯材料的特性,用其制作整体合页,不但省去装配工序,又避免金属合页生锈。图 1-8 为常见合页形式,其结构是用中间薄膜将两件连接起来。

合页设计时要求:因塑件本身壁厚小,中间薄膜处应相应薄,若塑件壁厚较大,则中间薄膜处也相应厚些,但不得超过 0.5mm,否则失去合页的作用;合页部分的厚度必须均匀一致;合页成型过程中塑料必须从塑件本身的一边,通过中间薄膜流向另一边,脱模后立刻折曲几次。

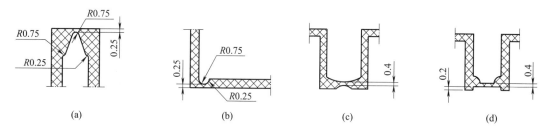

图 1-8 常见合页形式

(2) 塑件的几何形状

塑件的几何形状必须便于成型,简化模具结构,保证产品质量,提高生产效率和降低成本。为此,设计塑件要求做到以下几点。

① 塑件成型后,开启模具时容易取出塑件,应尽量避免侧凹槽或侧孔,以避免采用瓣合分型或侧抽芯等使模具结构复杂,并致使塑件表面留下镶拼痕迹。图 1-9 (a) 需采用侧抽芯或瓣合分型凹模(或凸模)结构,图 1-9 (b) 改进后,可用整体式凸模或凹模结构,方便塑件取出。

② 当塑件的内侧壁或外侧壁带有凹槽或外凸,且深度或高度较浅并允许带有圆角时,

则可用整体式凸模或凹模结构,利用塑件脱模温度下具有足够弹性的特性,以强行脱模方式脱出塑件。如聚甲醛塑料的塑件,允许模具有 5% 的内凹或外凸均采用强行脱模的方法,如图 1-10 所示。聚乙烯、聚丙烯等塑件均可采取类似的设计脱模方法,见表 1-13。

（3）脱模斜度

由于塑件经冷却后产生收缩,会紧紧包住模具型芯或型腔中的凸起部分,为了使塑件易于从模具内脱出,在设计模具时必须保证塑件的内外壁沿脱模方向均应具有足够的脱模斜度,如图 1-11 所示。

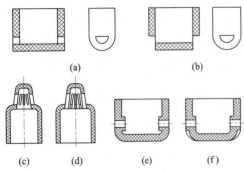

图 1-9　塑件形状的工艺性

常用脱模斜度为 $30'\sim1°30'$。当塑件精度要求较高或有特殊要求时,可选用外表面斜度小至 $5'$,内表面小至 $10'\sim20'$。对于高度不大的塑件,可以不取脱模斜度。塑件上的凸起或加强筋单边应有 $4°\sim5°$ 的斜度。侧壁带有皮革花纹的应有 $4°\sim6°$ 的斜度。塑件常用脱模斜度见表 1-14。

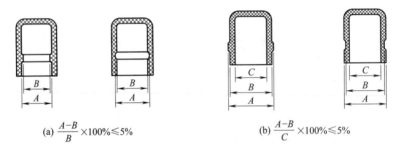

(a) $\dfrac{A-B}{B}\times100\%\leqslant5\%$　　　　(b) $\dfrac{A-B}{C}\times100\%\leqslant5\%$

图 1-10　可强制脱模的结构尺寸

表 1-13　允许强制脱模的相对侧凹尺寸 h　　　　　　　　　　　%

简图	塑料	量值
	通用聚苯乙烯	1～1.5
	耐冲击聚苯乙烯	2.0
	苯乙烯共聚物	1.0～2.0
	聚碳酸酯	1.0～2.0
	ABS 塑料	3.0
	聚酰胺	3～4
	低压聚乙烯	7～8
	高压聚乙烯	10～12

注：$h=\dfrac{A_1-A_2}{A_1}\times100\%$。

选择脱模斜度时,应注意如下几点。

① 在满足塑件公差要求前提下,脱模斜度可取大些,以利于脱模。

② 塑料收缩率大的,应取较大的脱模斜度。热塑性塑料的收缩率一般比热固性塑料的收缩率大,其脱模斜度也应取大一些。

③ 塑件的壁厚较厚时，因其收缩量较大，故脱模斜度也应取大一些。

④ 塑件较高和较大的，应选用较小的脱模斜度。

⑤ 塑件精度高时，应选用较小的脱模斜度。

⑥ 当塑件高度很小时，可允许不设计脱模斜度。

⑦ 若要求脱模后，塑件应留在型芯上，则内表面斜度应比外表面斜度小。若塑件应留在凹模，则外表面斜度应比内表面斜度小。

⑧ 脱模斜度的取向，塑件内孔，以小端为准，斜度由扩大方向取得；塑件外形，以凹模大端为准，斜度由缩小方向取得。一般情况下，脱模斜度不包括在塑件的公差范围内。

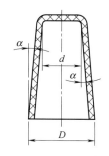

图 1-11　塑件的脱模斜度

表 1-14　塑件脱模斜度

塑件材料	斜度		塑件材料	斜度	
	型腔	型芯		型腔	型芯
聚酰胺(尼龙)	25′~40′	20′~40′	聚碳酸酯	35′~1°	30′~50′
聚乙烯	25′~45′	20′~45′	氯化聚醚	25′~45′	20′~45′
聚苯乙烯	35′~1°30′	30′~1°	聚甲醛	35′~1°30′	30′~1°
聚甲基丙烯酸甲酯(有机玻璃)	35′~1°30′	30′~1°	热固性塑料	25′~1°	25′~50′
ABS	40′~1°20′	35′~1°			

1.9　螺纹和齿轮

(1) 螺纹

① 普通公制标准螺纹。

塑件上的螺纹可以在模塑时直接成型，也可以在模塑后进行机械加工，对经常拆卸或受力较大的螺纹应采用金属的螺纹嵌件。塑件上直接成型的螺纹不能达到高精度，一般低于 3 级。螺纹应满足使用强度选用较大的牙型尺寸，螺纹直径小的应采用细牙螺纹。螺纹的选用范围见表 1-15。

表 1-15　塑件上螺纹选用范围

螺纹公称直径 /mm	螺纹种类				
	公制标准螺纹	1 级细牙螺纹	2 级细牙螺纹	3 级细牙螺纹	4 级细牙螺纹
3 以下	+	—	—	—	—
>3~6	+	—	—	—	—
>6~10	+	+	—	—	—
>10~18	+	+	+	—	—
>18~30	+	+	+	+	—
>30~50	+	—	+	+	+

注：表中"—"为建议不采用的范围。

② 模塑的螺纹外径不应小于 4mm，内径不应小于 2mm。精度低于 IT8 级。如果模具的螺纹的螺距未考虑收缩值，则塑件螺纹与金属螺纹的配合长度一般不大于螺纹直径的 1.5~2 倍。

③ 为了防止塑件上螺孔最外圈的螺纹崩裂或变形，螺孔始端应有一深度为 0.2~0.8mm 的台阶孔，螺纹末端也不宜与垂直底面相连接，一般与底面应留有不小于 0.2mm 的距离，同样，塑件上的外螺纹始端也下降 0.2mm 以上，末端也应留有 0.2mm 的距离。外螺纹的始、末端不应突然开始和结束，而应有过渡部分 l。螺纹始末部分长度尺寸按

表 1-16 选取。

表 1-16　塑件上螺纹始末部分长度尺寸　　　　　　　　　　　　　　　　mm

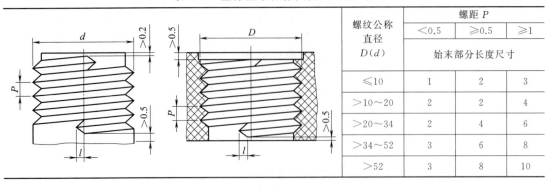

螺纹公称直径 $D(d)$	螺距 P		
	<0.5	≥0.5	≥1
	始末部分长度尺寸		
≤10	1	2	3
>10~20	2	2	4
>20~34	2	4	6
>34~52	3	6	8
>52	3	8	10

④ 螺纹成型时，外螺纹和内螺纹的公差带按表 1-17 选取。

表 1-17　塑件上螺纹选用公差带

精度	外螺纹						内螺纹					
	旋合长度						旋合长度					
	S(短)		N(中)		L(长)		S(短)		N(中)		L(长)	
中等	6g	6h	6g	6h	7g,6g	7h,6h	—	—	6G	6H	7G	7H
粗糙	7g,6g	7h,6h	8g	8h(8h,6h)	9g,8g	9h,8h	6G	6H	7G	7H	8G	8H

⑤ 螺纹长度较长时，必须考虑螺距的收缩，表 1-18 为塑料收缩率波动为 0.4% 和 0.1% 时，塑件压塑螺纹的旋合长度。

表 1-18　塑料收缩率波动为 0.4% 和 0.1% 时，塑件压塑螺纹的旋合长度　　　mm

$d(D)$	P	当 k 值不同时的 l		$d(D)$	P	当 k 值不同时的 l		$d(D)$	P	当 k 值不同时的 l	
		0.004	0.001			0.004	0.001			0.004	0.001
4	0.7	12	15	2.5	25	41		4.5	25	62	
5	0.8	14	17	20	2.0	20	36	42	3.0	11	46
6	1.0	18	22		1.5	11	28		2.0	—	37
	0.75	15	20		1.0	5	22		1.5	—	28
8	1.25	19	26		3.0	30	49		5.0	24	63
	1.0	14	20	24	2.0	15	36	48	3.0	—	44
	0.75	11	18		1.5	7	26		2.0	—	35
10	1.5	23	30		1.0	—	20		1.5	—	27
	1.25	18	25		3.5	28	52		5.5	18	64
	1.0	16	24	30	2.0	17	42	56	4.0	8	49
12	1.75	20	30		1.5	8	33		3.0	—	44
	1.5	19	28		1.0	—	27		2.0	—	36
	1.25	14	23		4.0	26	55		1.5	—	27
	1.0	13	22		3.0	18	48		6.0	14	65
16	2.0	24	36	36	2.0	9	36	64	4.0	—	51
	1.5	14	27		1.5	—	30		3.0	—	42
	1.0	8	21						2.0	—	34
									1.5	—	25

注：d——公称直径；P——螺距；k——收缩率波动；l——最大旋合长度。

(2) 齿轮

塑料齿轮的各部分尺寸关系见表 1-19。塑料齿轮的固定形式见图 1-12。塑料齿轮的辐板形式如图 1-13 所示。

表 1-19 塑料齿轮各部分尺寸关系

简图	尺寸代号	尺寸关系	说明
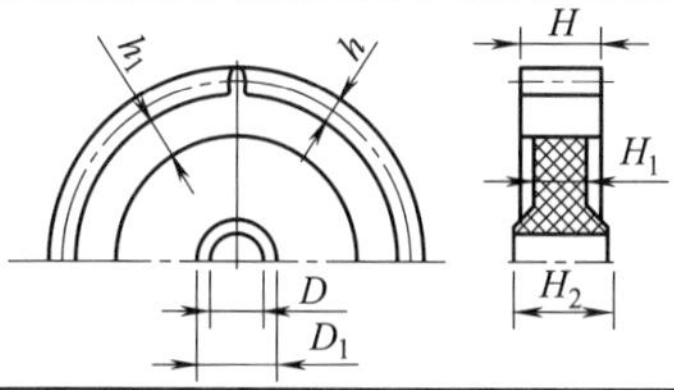	辐板厚度 H_1	$\leqslant H$	H—轮缘厚度 h—齿高 D—轴径
	轮缘宽度 h_1	$3h$	
	轮毂厚度 H_2	$\geqslant H, \approx D$	
	轮毂外径 D_1	$(1.5\sim3)D$	

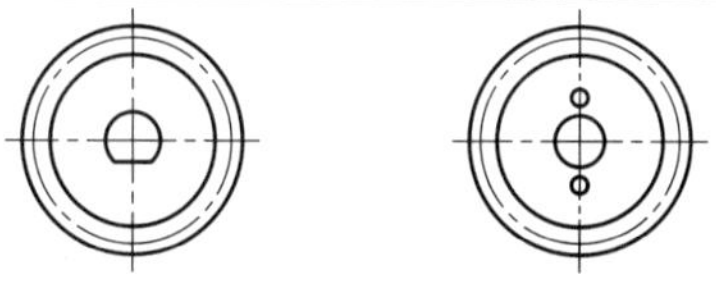

(a) 形孔配合　(b) 销孔固定

图 1-12 塑料齿轮的固定形式

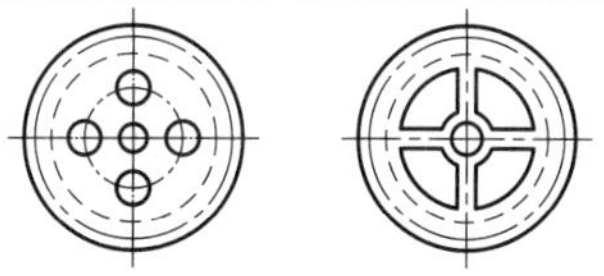

(a) 不良　(b) 良

图 1-13 塑料齿轮辐板形式

1.10 紧固支座

紧固支座的参考尺寸见表 1-20。常用金属自攻螺钉形式和尺寸见表 1-21。

表 1-20 紧固支座参考尺寸　　　　　　　　　　　mm

简图	固定部分尺寸			脱模斜度
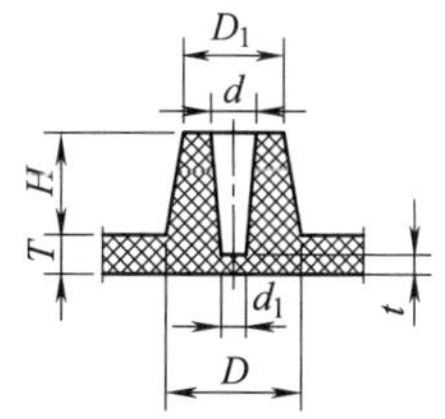	T	2.5~3.0	3.5	$\dfrac{0.5(D-D_1)}{H}=\dfrac{1}{30}\sim\dfrac{1}{20}$
	D	7　　7	8	
	D_1	6　　6.5	7	
	t	$T/2$ 或 1.0~1.5		
	d	2.6		
	d_1	2.3		

注：表中数据仅适用于自攻螺钉 M3。$H<30$mm 为宜。

表 1-21 自攻螺钉的形式和尺寸　　　　　　　　　　　mm

形式	简图	尺寸					
十字槽平圆头型	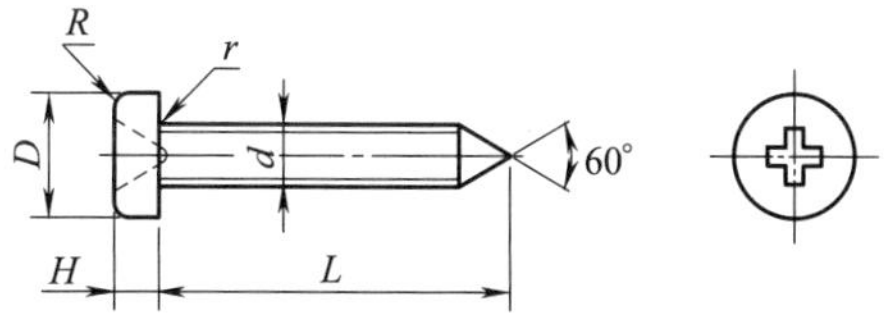	d	2.5	3	4	5	6
		D	4.1	5.5	6.5	8.2	10.5
		H	1.5	1.8	2.4	3	3.6
		R	~1.5	~1.8	~2.4	~3	~3.6
		r	0.2	0.2	0.4	0.4	0.4
		L	6~18	6~22	8~30	10~40	12~50
		L系列	6、8、10、12、(14)、16、(18)、20、(22)、25、30、35				
十字槽半沉头型	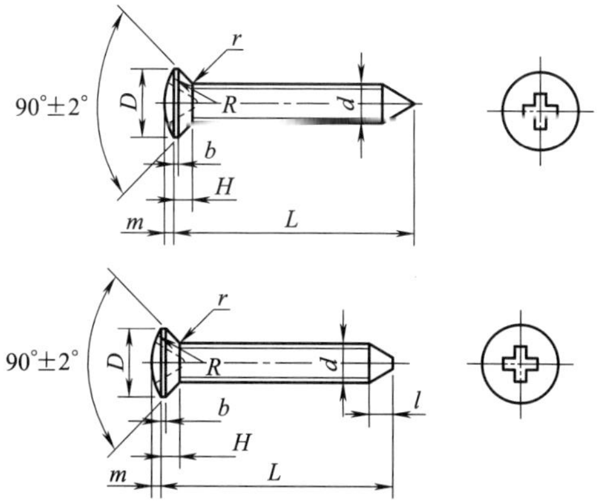	d	2.5	3	4	5	6
		D	5	6	7.5	9	11
		H	1.4	1.7	2	2.5	3
		R	4.8	6	7.5	8.4	10.8
		b	~0.2	~0.2	~0.25	~0.5	~0.5
		m	0.7	0.8	1	1.3	1.5
		r	0.2	0.2	0.4	0.4	0.4
		l	1.5	1.8	2.4	3	3.6
		L	6~18	6~22	8~30	10~40	12~50
		L系列	6、8、10、12、(14)、16、(18)、20、(22)、25、30、35、40、45、50				

注：括号内尺寸为非优先使用。

1.11 金属嵌件

塑件中镶入嵌件的目的是为了增加塑件局部的强度、硬度、耐磨性,保证电气产品的导电性、导磁性;有的是为了增强塑件形状和尺寸的稳定性,或是降低塑料的消耗。嵌件一般为金属材料,也有用非金属材料的(如木材、玻璃等)。金属嵌件周围塑料的最小壁厚见表1-22。

圆柱形或套管形嵌件推荐尺寸如图1-14所示。$H=D$,$h=0.3H$,$h_1=0.3H$,$d=0.75D$。在特殊情况下,H最大不能超过$2D$。嵌件的转角应有圆弧过渡。金属嵌件周围及顶部塑料厚度见表1-23。

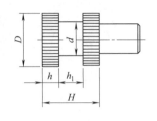

图1-14 圆柱形或套管形嵌件尺寸

表1-22 金属嵌件周围塑料的最小壁厚   mm

塑料名称	金属嵌件的直径 D	
	1.5～16	>16～25
酚醛树脂	0.8D	0.5D
尼龙66	0.5D	0.3D
聚乙烯	0.4D	0.25D
聚丙烯	0.5D	0.25D
软质聚氯乙烯	0.75D	0.5D
聚苯乙烯	1.5D	1.3D
聚碳酸酯	1.0D	0.8D
聚甲醛	0.5D	0.3D

表1-23 金属嵌件周围及顶部塑料厚度   mm

嵌件直径 D	周围最小厚度 C	顶部最小厚度 h
≤4	1.5	1.0
>4～8	2.0	1.5
>8～12	3.0	2.0
>12～16	4.0	2.5
>16～25	5.0	3.0

1.12 金属嵌件与塑件设计

在塑件内嵌入金属零件,常见嵌件的种类见表1-24。

表1-24 常见金属嵌件的种类

类别	图示	说明
圆筒形	图1	图1为圆筒形嵌件,有通孔和盲孔;有螺纹套、轴套和薄壁套管等。用于经常拆卸或受力较大的场合及导电部位的螺纹连接
带台阶的圆柱形	图2(表面滚花)	图2为带台阶的圆柱形嵌件,常用于有螺杆、销轴及接线柱等场合

续表

类别	图示	说明
板片形	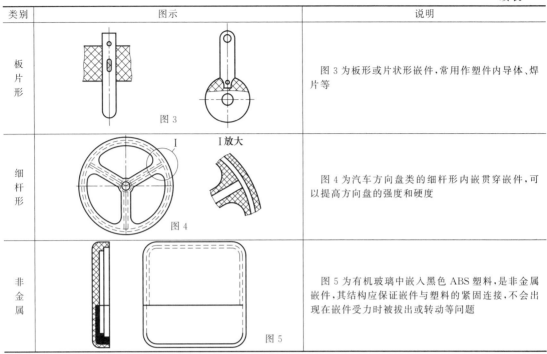	图3为板形或片状形嵌件,常用作塑件内导体、焊片等
细杆形		图4为汽车方向盘类的细杆形内嵌贯穿嵌件,可以提高方向盘的强度和硬度
非金属		图5为有机玻璃中嵌入黑色ABS塑料,是非金属嵌件,其结构应保证嵌件与塑料的紧固连接,不会出现在嵌件受力时被拔出或转动等问题

嵌件在模具中必须正确定位和牢靠固定,以防止注塑时发生歪斜或变形。还应防止注塑时,塑料挤入嵌件上的预留孔或螺纹中,嵌件的定位和固定方式见表1-25。

表1-25 嵌件的定位和固定

嵌件种类	固定形式简图	说明
圆柱形嵌件	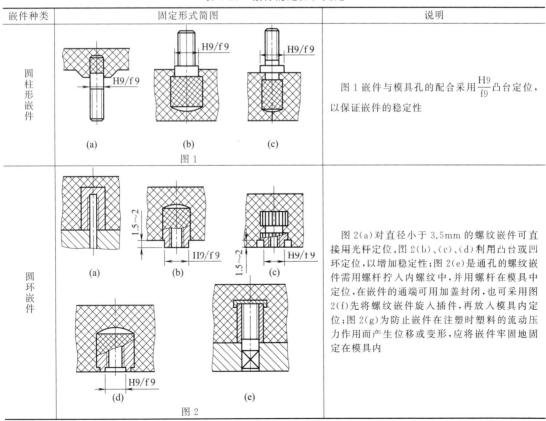	图1嵌件与模具孔的配合采用$\dfrac{H9}{f9}$凸台定位,以保证嵌件的稳定性
圆环嵌件		图2(a)对直径小于3.5mm的螺纹嵌件可直接用光杆定位,图2(b)、(c)、(d)利用凸台或凹环定位,以增加稳定性;图2(e)是通孔的螺纹嵌件需用螺杆拧入内螺纹中,并用螺杆在模具中定位,在嵌件的通端可用加盖封闭,也可采用图2(f)先将螺纹嵌件旋入插件,再放入模具内定位;图2(g)为防止嵌件在注塑时塑料的流动压力作用而产生位移或变形,应将嵌件牢固地固定在模具内

嵌件种类	固定形式简图	说明
圆环嵌件	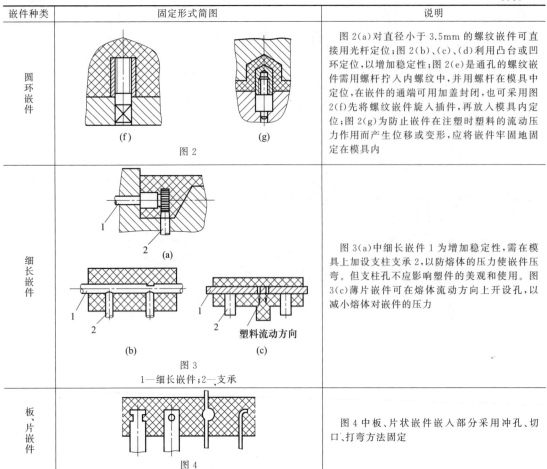 (f) (g) 图2	图2(a)对直径小于3.5mm的螺纹嵌件可直接用光杆定位；图2(b)、(c)、(d)利用凸台或凹环定位,以增加稳定性；图2(e)是通孔的螺纹嵌件需用螺杆拧入内螺纹中,并用螺杆在模具中定位,在嵌件的通端可用加盖封闭,也可采用图2(f)先将螺纹嵌件旋入插件,再放入模具内定位；图2(g)为防止嵌件在注塑时塑料的流动压力作用而产生位移或变形,应将嵌件牢固地固定在模具内
细长嵌件	(a) (b) (c) 塑料流动方向 图3 1—细长嵌件；2—支承	图3(a)中细长嵌件1为增加稳定性,需在模具上加设支柱支承2,以防熔体的压力使嵌件压弯。但支柱孔不应影响塑件的美观和使用。图3(c)薄片嵌件可在熔体流动方向上开设孔,以减小熔体对嵌件的压力
板、片嵌件	图4	图4中板、片状嵌件嵌入部分采用冲孔、切口、打弯方法固定

1.13 塑件结构分析

塑件结构分析见表1-26。

表1-26 塑件结构分析

项目	合理工艺性(左图)	不合理工艺性(右图)	说明
壁厚			塑件壁厚不均匀,会因冷却或硬化速度不同而引起收缩率不一致,并在塑件内部产生内应力,致使塑件产生翘曲、缩孔、裂纹甚至开裂等缺陷

续表

项目	合理工艺性(左图)	不合理工艺性(右图)	说明
脱模斜度	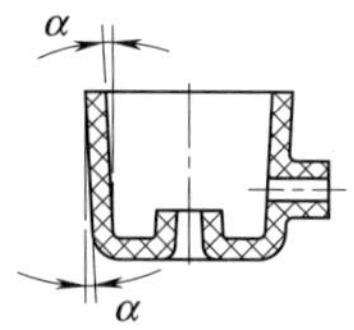	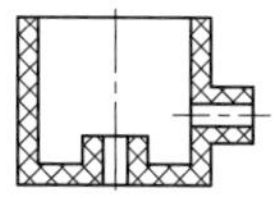	塑件带有适当的脱模斜度有利于脱模。脱模斜度的大小与塑料的性能、收缩率、厚度、形状有关。一般推荐斜度为 15′~1°
形状	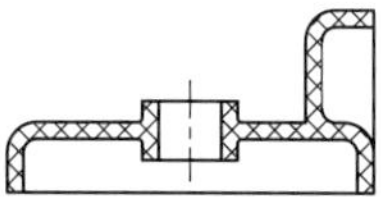	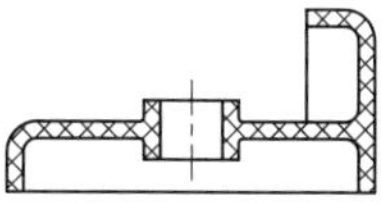	右图塑件内侧凹,抽芯困难
	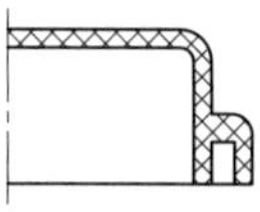	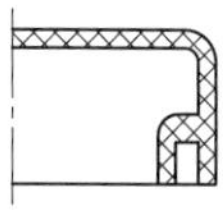	右图塑件内侧凹并带凸台使型芯难以脱出
	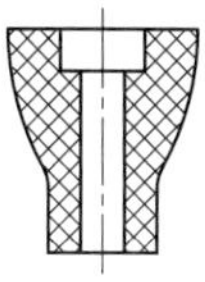	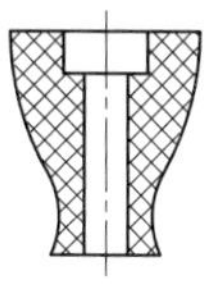	右图塑件外侧凹,必须采用拼合凹模,不但模具结构复杂,而且成型后塑件表面有接痕
	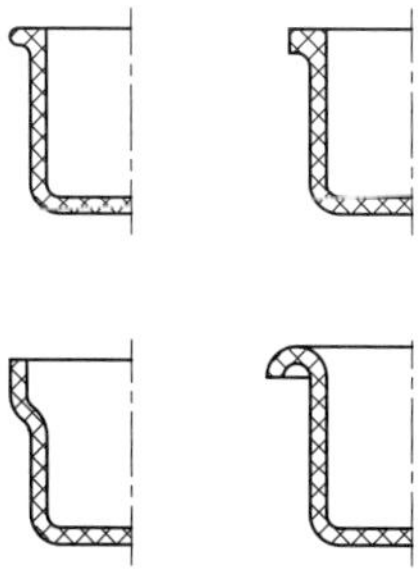	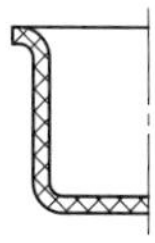	左图塑件边缘部分以增强刚度,防止变形
	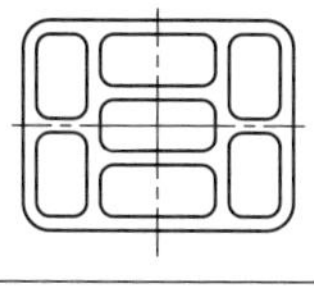	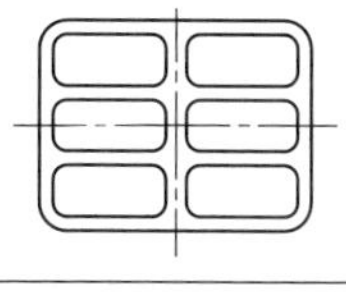	非平板状塑件中的加强筋排列,应采用交错排列,以避免产生翘曲变形
加强筋	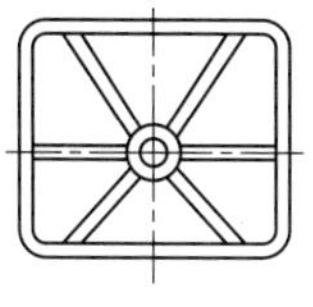	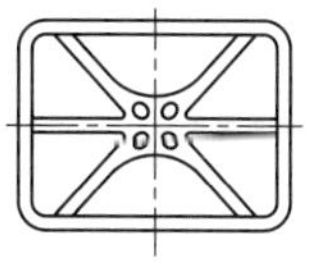	平板状底部和其他塑件上的加强筋,应沿对角线和径向排列,以增强塑件刚性,减小壁部和底部翘曲。但右图加强筋的布置使壁厚严重不均匀,故不宜采用
	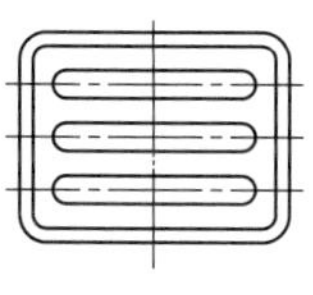		对平板状塑件,加强筋排列应与塑熔体流动方向平行,以减小流动阻力和降低塑件韧性
	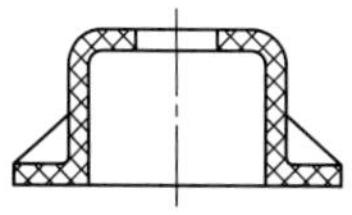	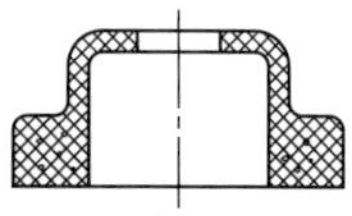	采用加强筋后,提高塑件的强度和刚度,避免壁厚不均匀产生缩孔

续表

项目	合理工艺性(左图)	不合理工艺性(右图)	说明
加强筋	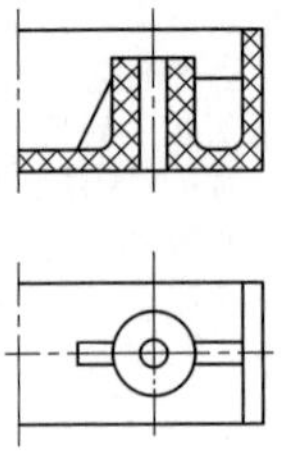	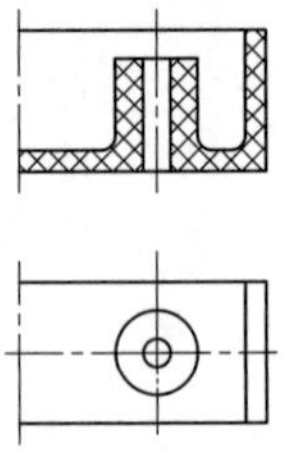	增设加强筋后,可提高塑件的强度,改善塑熔体的流动状态
	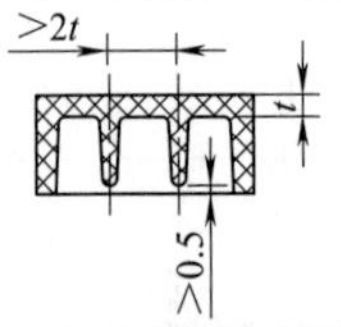 >2t, >0.5	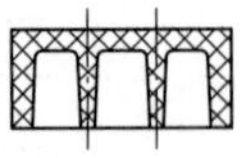	避免整体基面作支承面,加强筋与支承面高度应相差0.5mm以上
	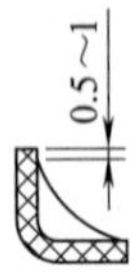 0.5~1	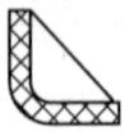	加强筋与支承面应相距小于0.5mm。加强筋之间中心距应大于两倍壁厚。以提高塑件的强度,也可减少缩孔的产生,加强筋布置的方向应尽量与熔体的流动方向一致
支承面	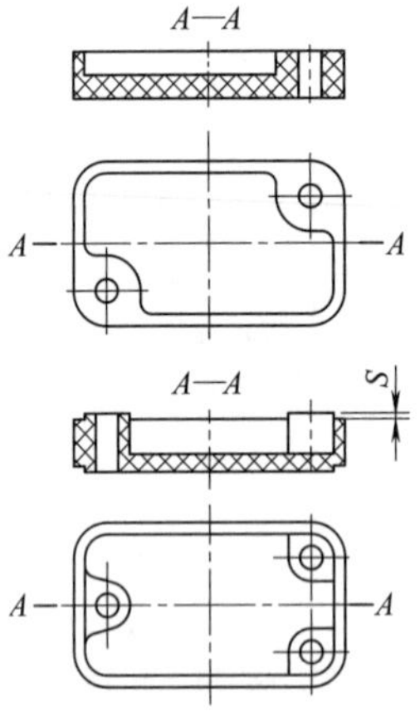 A—A, S	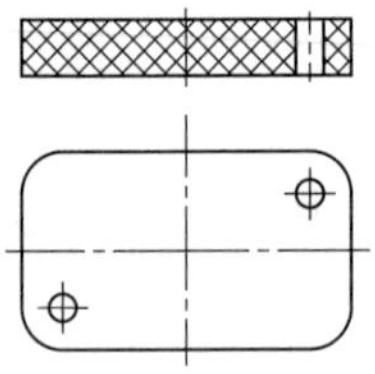	以塑件的整个底面作为支承面难以保证整个平面的平整,一般采用凸起的边框或底脚(三点或四点)支承,但凸边或凸起的高度 S 取 $0.3 \sim 0.5$mm
	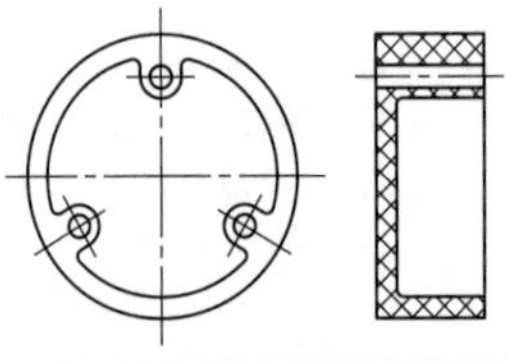	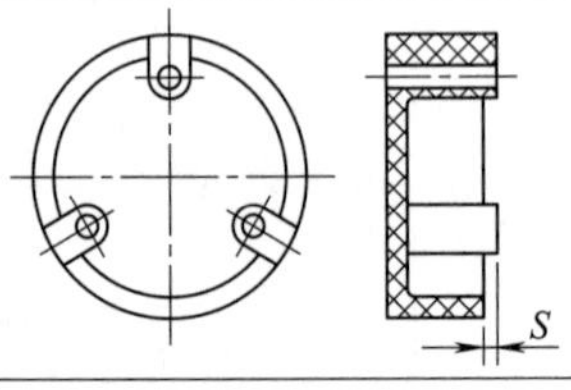 S	
	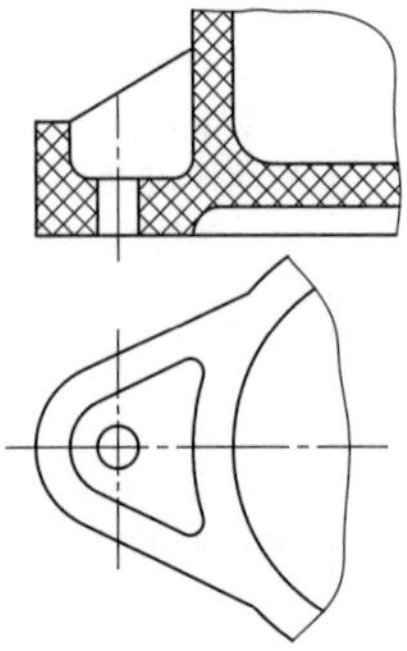	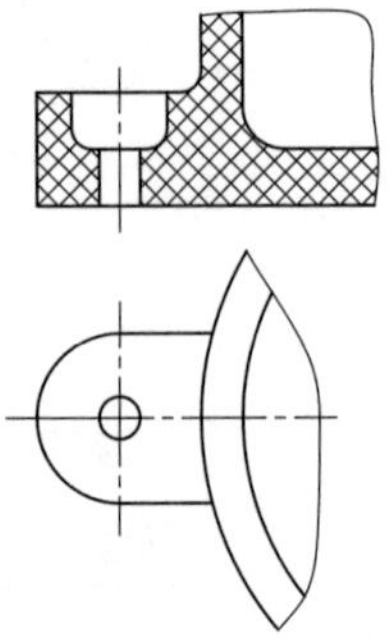	塑件紧固螺钉处的凸耳、凸台应有足够的强度,应避免台阶突然过渡和支承面过小,并应设置加强筋

续表

项目	合理工艺性(左图)	不合理工艺性(右图)	说明
凸台	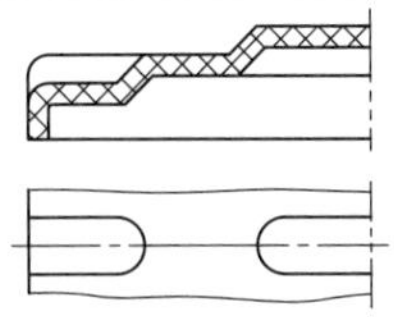	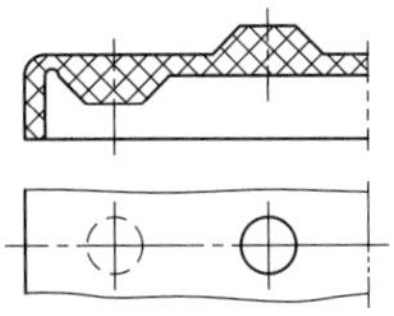	右图塑件的侧壁有凸台,难以脱模,应改为左图的结构
凸耳	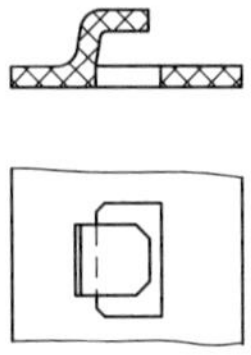	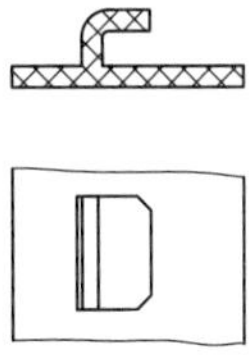	右图中的凸耳应改为左图的结构,以避免侧凹成型
侧孔	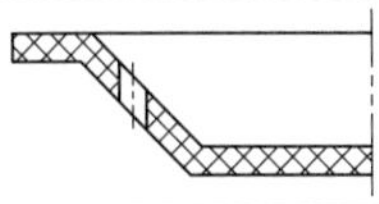	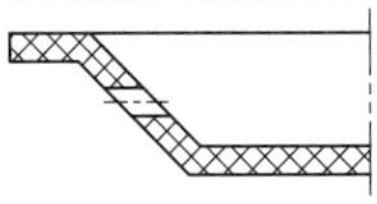	右图塑件的侧壁孔,应避免侧抽芯,以简化模具结构
沉头螺钉孔	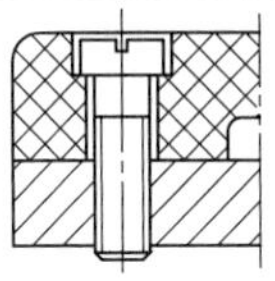	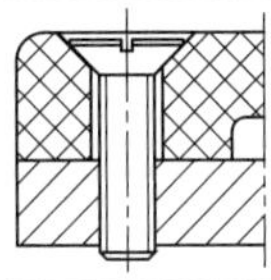	塑件用固定螺钉孔,采用锥形沉孔头时易使塑件边缘崩裂
螺纹	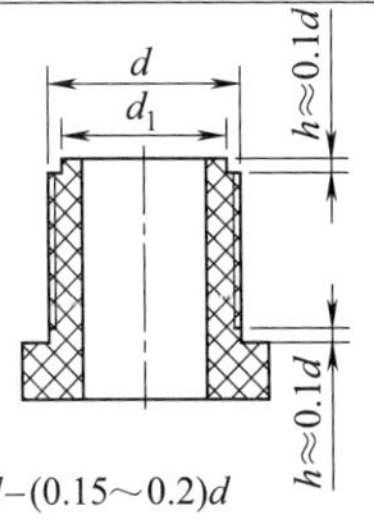 $d_1 = d-(0.15\sim 0.2)d$	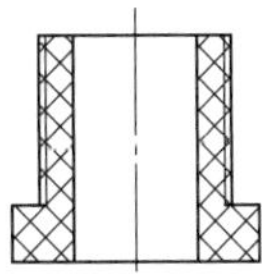	塑件螺栓的顶部和台阶处各留一段光滑长度,可避免螺纹崩裂
	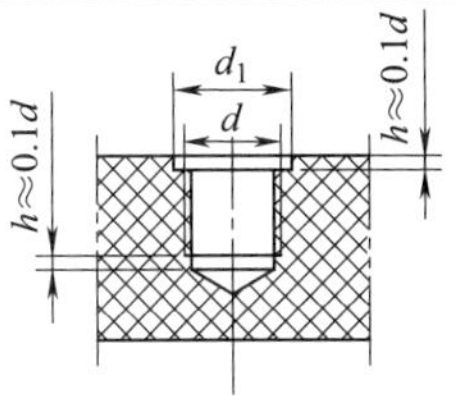 $d_1 = d+(0.15\sim 0.2)d$	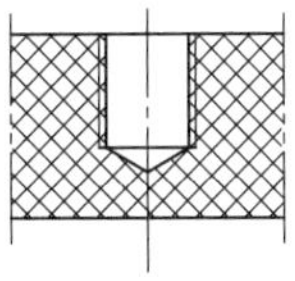	塑件螺孔的顶部和底部各留一段光滑长度,可避免螺纹崩裂
齿轮	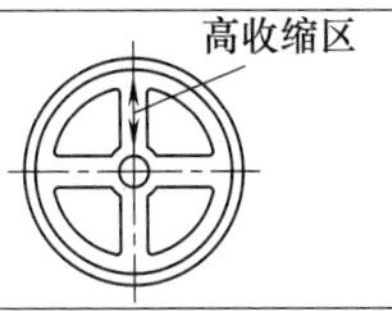 高收缩区	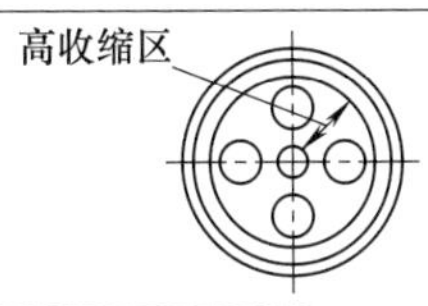 高收缩区	右图在齿轮的辐板上开孔,则因轮缘部分不能向中心收缩,致使齿轮因厚薄不匀而引起歪斜
塑件凸凹纹	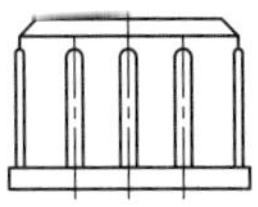	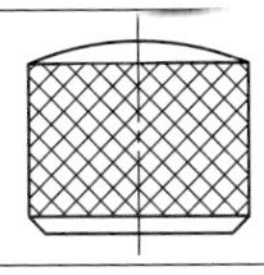	塑件上的凸凹纹应与脱模方向平行的直纹,以便于模具加工和脱模
	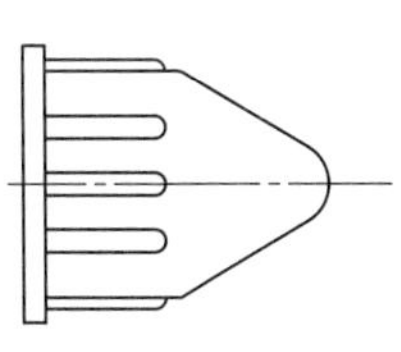	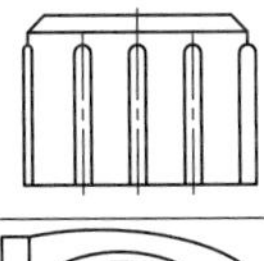	右图模具制造简单,但在分型面处飞边不易清除
		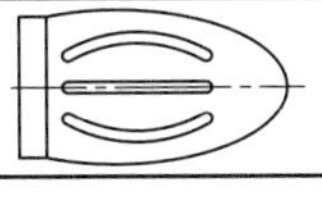	右图必须采用拼合模具成型,且表面有熔接痕

续表

项目	合理工艺性（左图）	不合理工艺性（右图）	说明
金属嵌件	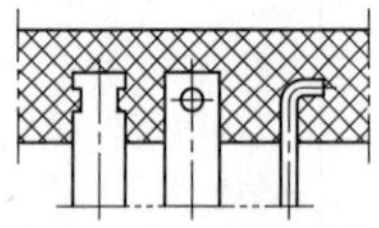	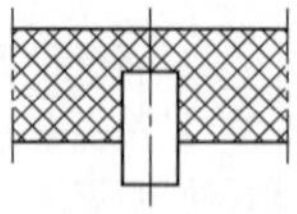	电气上的插足嵌件，采用切口、打孔、折弯等方法以防嵌件拔出
	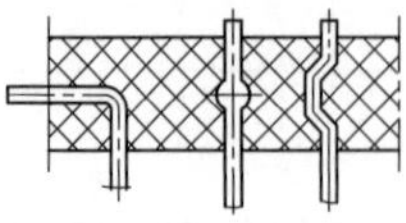	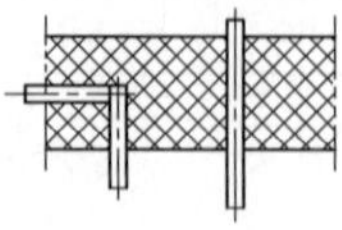	圆柱形嵌件采用压扁、折弯等方法以防嵌件拔出
	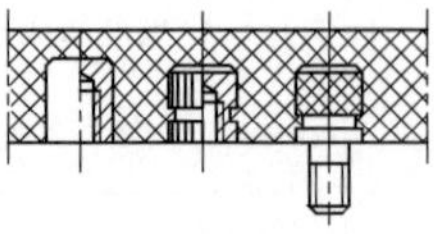	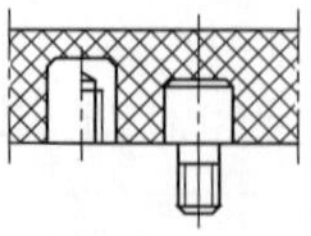	为防止嵌件受力时在塑件内转动或拔出，嵌件表面应制出菱形或直纹滚花
	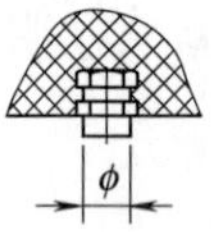	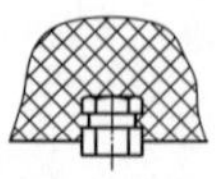	六角形嵌件，其非嵌入部分为六角形时，难以保证与模具定位精度，应制成圆柱形
	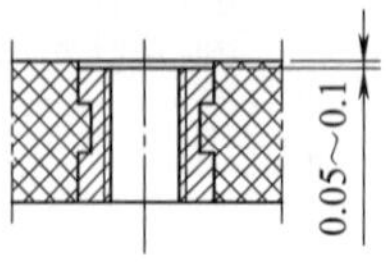	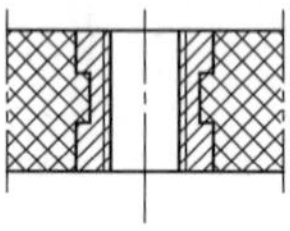	螺母金属嵌件的高度，一般应低于型腔成型高度0.05mm，以免压坏嵌件或损伤型腔
	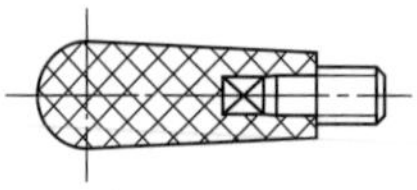	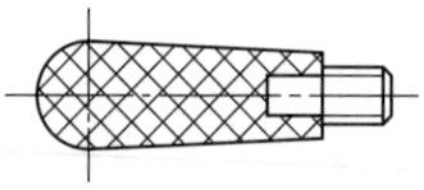	螺纹金属嵌件，其嵌入部分的外形采用圆形时，拧紧螺纹时，易产生转动，应如左图加工成方形
	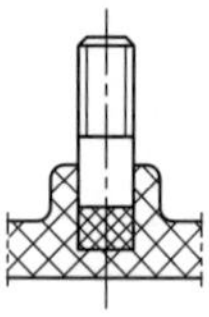	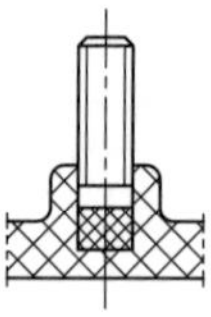	嵌件的螺纹伸入塑件时，易使塑料渗入模内

第 2 章
常用塑料性能及成型工艺参数

2.1 常用塑料及性能

塑料是以高分子合成树脂为主要成分,在一定条件下(如温度、压力)可塑制成一定形状,并且在常温下保持形状不变的特殊材料。

目前,塑料主要分为热固性塑料和热塑性塑料两大类。热固性塑料的特点是在一定温度下,经一定时间加热、加压或加入硬化剂后,发生化学反应而变硬,形状固定后不再变化,如再加热也不再软化,不再具有可塑性。如酚醛塑料、氨基塑料、环氧树脂塑料、有机硅塑料、不饱和聚酯塑料等。热塑性塑料则受热变软,可由固体软化或熔化成黏流体状态,冷却后可变硬而成固体,如再加热,又可变软塑制成另一形状,如此可多次反复进行。其变化过程是可逆的。如聚乙烯、聚丙烯、聚苯乙烯、聚氯乙烯、有机玻璃、尼龙、聚甲醛、ABS、聚碳酸酯、聚砜等均属此类。

合成树脂以塑料为主体,在加入某些添加剂(如填充剂、增塑剂、稳定剂、着色剂、固化剂)后可制成性能不同的各种塑料。

塑料的成型方式有注射、压缩、压塑、挤出、吹塑、发泡、压层及压延等多种。

2.1.1 常用热塑性塑料

常用热塑性塑料的使用性能和主要技术指标见表 2-1 和表 2-2。

表 2-1 常用热塑性塑料的使用性能

塑料名称	性能	用途
硬聚氯乙烯 (PVC-U)	机械强度高,电气性能优良,耐酸碱力极强,化学稳定性好,但软化点低	适用于制造棒、管、板、焊条、输油管及耐酸碱零件
软聚氯乙烯 (PVC-P)	伸长率大,机械强度、耐腐蚀性、电绝缘性均低于硬聚氯乙烯,且易于老化	适用于制作薄板、薄膜、电线电缆绝缘层、密封件等
聚乙烯 (PE)	耐腐蚀性、电绝缘性(尤其高频绝缘性)优良,可以氯化、辐照改性,可用玻璃纤维增强。 低压(高密度)聚乙烯熔点、刚性、硬度和强度较高,吸水率小,有突出的电气性能和良好的耐辐射性。 高压(低密度)聚乙烯的柔软性、伸长率、冲击强度和透明性较好;超高分子量聚乙烯冲击强度高,耐疲劳,耐磨,用冷压烧结成型	PE-HD 适于制作耐腐蚀零件和绝缘零件。 PE-LD 适于制作薄膜等。 超高分子量聚乙烯适于制作减摩、耐磨及传动零件

续表

塑料名称	性能	用途
聚丙烯 （PP）	密度小、强度、刚性、硬度、耐热性均优于 PE-HD，可在 100℃左右使用，具有优良的耐腐蚀性，良好的高频绝缘性，不受湿度影响，但低温变脆，不耐磨、易老化	适于制作一般机械零件、耐腐蚀零件和绝缘零件
聚苯乙烯 （PS） （一般型）	电绝缘性（尤其高频绝缘性）优良，无色透明，透光率仅次于有机玻璃，着色性、耐水性、化学稳定性良好，机械强度一般，但质脆，易产生应力碎裂、不耐苯、汽油等有机溶剂	适于制作绝缘透明件、装饰件、化学仪器、光学仪器等零件
丁苯橡胶改性聚苯乙烯 （203A）	与聚苯乙烯相比，有较高的韧性和冲击强度，其余性能相似	适于制作各种仪表和无线电结构零件
聚苯乙烯改性有机玻璃 （372）	透明性极好，机械强度较高，有一定的耐热、耐寒和耐气候性，耐腐蚀。绝缘性能良好，综合性能超过聚苯乙烯，但质脆易溶于有机溶剂，如作透光材料，其表面硬度稍低，容易擦毛	适于制作绝缘零件及透明和强度一般的零件
丙烯腈-苯乙烯共聚物 （SAN）	冲击强度比聚苯乙烯高，耐热、耐油、耐蚀性好，弹性模量为现有热塑性塑料中较高的一种，并能很好地耐某些使聚苯乙烯应力开裂的烃类	广泛用来制作耐油、耐热、耐化学腐蚀的零件及电信仪表的结构零件
丙烯腈-丁二烯-苯乙烯共聚物 （ABS）	综合性能好，冲击韧性、机械强度高，尺寸稳定，耐化学性、电性能良好；易于成型和机械加工，与 372 有机玻璃的熔接性良好，可作双色成型塑件，且表面可镀铬	适于制作一般机械零件，减摩耐磨零件，传动零件和电信结构零件
聚酰胺 （尼龙）（PA）	坚韧、耐磨、耐疲劳、耐油、耐水、抗霉菌，但吸水率高。尼龙 6 弹性好，冲击强度高，吸水率较大；尼龙 66 强度高，耐磨性好；尼龙 610 与尼龙 66 相似，但吸水率小，刚度较低；尼龙 1010 半透明，吸水率小，耐寒性较好	适于制作一般机械零件，减摩耐磨零件，传动零件，以及化工、电器、仪表等零件
聚甲醛 （POM）	综合性能良好，强度、刚性高，抗冲击、疲劳、蠕变性能较好，减摩耐磨性好，吸水率低，尺寸稳定性好，但热稳定性差，易燃烧，长期在大气中暴晒会老化	适于制作减摩零件、传动零件、化工容器及仪器仪表外壳
聚碳酸酯 （PC）	有突出的冲击强度，较高的弹性模量和尺寸稳定性。无色透明，着色性好，耐热性比尼龙、聚甲醛高，抗蠕变和电绝缘性较好，耐蚀性、耐磨性良好，但自润性差，不耐碱、酮、胺、芳香烃，有应力开裂倾向，高温易水解，与其他树脂相溶性差	适于制作仪表小零件、绝缘透明件和耐冲击零件
氯化聚醚 （CPT）	耐腐蚀性能好（略次于氟塑料），摩擦系数低，吸水率很小，尺寸稳定性好，耐热性比硬聚氯乙烯好，抗氧化性比尼龙好，可焊接、喷涂，但低温性能差	适于制作腐蚀介质中的减摩耐磨零件、传动零件、一般机械及精密机械零件
聚砜 PSU	耐热耐寒性、抗蠕变及尺寸稳定性优良，耐酸、耐碱、耐高温蒸汽。 聚砜硬度和冲击强度高，可在－65～＋150℃下长期使用，在水、湿空气或高温下仍保持良好的绝缘性，但不耐芳香烃和卤化烃。 聚芳砜耐热和耐寒性好，可在－240～＋260℃下使用，硬度高，耐辐射	适于制作耐热件、绝缘件、减摩耐磨传动件、仪器仪表零件、计算机零件及抗蠕变结构零件。聚芳砜还可用于低温下工作零件
聚苯醚 （PPO）	综合性能良好，拉伸、刚性、冲击、抗蠕变及耐热性较高，可在 120℃蒸汽中使用。电绝缘性优越，受温度及频率变化的影响很小，吸水率小，但有应力开裂倾向。改性聚苯醚可消除应力开裂，成型加工性好，但耐热性略差	适于制作耐热件、绝缘件、减摩耐磨件、传动件、医疗器械零件和电子设备零件
氟树脂 （FEP）	耐腐蚀性、耐老化及电绝缘性优越，吸水率很小。 聚四氟乙烯对所有化学药品都能耐蚀，摩擦系数在塑料中最低，不黏、不吸水，可在－195～＋250℃长期使用，但冷流性大，不能注射成型	适于制作耐腐蚀件、减摩耐磨件、密封件、绝缘件和医疗器械零件

续表

塑料名称	性能	用途
氟树脂（FEP）	聚三氟氯乙烯耐蚀，耐热和电绝缘性略次于聚四氟乙烯，可在-180～+190℃下长期使用，可注射成型，在芳烃和卤化烃中稍微溶胀。 聚全氟乙丙烯除使用温度外，几乎保留聚四氟乙烯所有的优点，且可挤压、模压及注射成型，自黏性好，可热焊	适于制作耐腐蚀件、减摩耐磨件、密封件、绝缘件和医疗器械零件
醋酸纤维素（乙基纤维素）（EC）	强度高、韧性好、耐油耐烯酸，透明有光泽，尺寸稳定性好，易涂饰、染色、黏合、切削，在低温下冲击强度和拉伸强度下降	适于制作汽车、飞机、建筑用品，机械、工具用品，化妆品器具，照相、电影胶卷

表 2-2 常用热塑性塑料的主要技术指标

	性能名称		聚乙烯（PE）		聚丙烯				聚甲基丙烯酸甲酯
			高密度	低密度	纯聚丙烯	乙烯、丙烯嵌段共聚	玻璃纤维增强	添加$CaCO_3$等填充物	
物理性能	密度/(g/cm³)		0.941～0.965	0.91～0.925	0.9～0.91	0.91			1.17～1.20
	比体积/(cm³/g)		1.03～1.06	1.08～1.1	1.1～1.11	1.10			0.83～0.84
	吸水率/%	24h	<0.01	<0.01	0.01～0.03		0.05		0.3～0.4
		长期			浸水18天 0.5		—		
	折射率 n_D		1.54	1.51	—				1.41
	透光率/%		不透明	半透明	半透明				90～92
	摩擦系数		0.23	0.4	聚丙烯/钢 0.34（无润滑）聚丙烯/铜 0.16（油润滑）				Taher 法 12 (mm/1000r) (0.4～0.5)
热性能	玻璃化温度/℃		-120～-125	-120～-125	-18～-10				105
	熔点（或黏流温度）/℃		105～137	105～125	170～176	160～170	170～180	160～170	160～200
	熔体流动速率（MFR）/(g/10min)		0.37（100℃负荷21N喷嘴φ2.09）	0.3～17	2.03～8.69（230℃负荷21N喷嘴φ2.09）	1.0～4.0	1.5～2.5		1.07（200℃负荷50N喷嘴φ2.09）
	维卡软化温度/℃		121～127		140～150	105			
	马丁耐热/℃					<60	65		68
	热变形温度/℃	45N/cm²	60～82	38～49	102～115		127		74～109
		180N/cm²	48		56～67				68～99
	线胀系数/10⁻⁵K⁻¹		11～13	16～18	9.8		4.9		5～9
	收缩率/%		1.5～3.0	1.5～5.0	1.0～3.0		0.4～0.8	0.5～1.5	1.5～1.8
	比热容/[J/(kg·K)]		2310	2310	1930	2100			1470
	热导率/[W/(m·K)]		0.49	0.335	0.118	0.126			0.21
	燃烧性/(cm/min)		很慢	很慢	慢				慢
力学性能	屈服强度/MPa		22～30	7～19	37	36	78～90	16～185	80
	拉伸强度/MPa		27	7～16			78～90	16～175	80
	断后伸长率/%		15～100	90～650	>200	>430		43	2～10
	拉伸弹性模量/GPa		0.84～0.95	0.12～0.24	1.1～1.6		5.4～6.0		3.16
	弯曲强度/MPa		27～40	25	67	53	132	77	145
	弯曲弹性模量/GPa		1.1～1.4	0.11～0.24	1.45	1.23	4.5		2.56
	压缩强度/MPa		22		56	43	70	35	84～127
	剪切强度/MPa							190	
	冲击强度（无缺口）（简支梁式）（缺口）/(kJ/m²)		不断 65.5	不断 48	78 3.5～4.8	不断 10	51 14.1	56 7.4	23.7 3
	布氏硬度（HBW）		2.07 邵D60～70	邵D41～46	86.5 R95～105	6.94	9.1	5.4	15.3
电性能	表面电阻率/Ω								
	体积电阻率/Ω·m		10¹³～10¹⁴	>10¹⁴	10¹⁴	10¹⁴			>10¹²
	击穿电压/(kV/mm)		17.7～19.7	18.1～27.5	30	24			17.7～21.6
	介电常数（10⁶Hz）		2.3～2.35	2.25～2.35	2.0～2.6				2.7～3.2
	介电损耗角正切（10⁶Hz）		<0.0003	<0.0005	0.001				0.02～0.03
	耐电弧性/s		150	135～160	125～185				

续表

性能名称			聚甲基丙烯酸甲酯		聚氯乙烯		聚苯乙烯		
			与苯乙烯共聚	与 α-甲基苯乙烯共聚	硬质	软质	一般型	抗冲型	20%～30%玻璃纤维增强
物理性能	密度/(g/cm³)		1.12～1.16	1.16	1.35～1.45	1.16～1.35	1.04～1.06	0.98～1.1	1.2～1.33
	比体积/(cm³/g)		0.86～0.89	0.86	0.69～0.74	0.74～0.86	0.94～0.96	0.91～1.02	0.75～0.83
	吸水率/%	24h	0.2	0.2	0.07～0.4	0.15～0.75	0.03～0.05	0.1～0.3	0.05～0.07
		长期							
	折射率 n_D				1.52～1.55		1.59～1.6	1.57	
	透光率/%		90		透明	透明	透明	不透明	不透明
	摩擦系数		Taher法 5.5 (mm/1000r)			负荷10N, 1000转磨损量 15～17mg			
热性能	玻璃化温度/℃				87		100		
	熔点(或黏流温度)/℃				160～212	110～160	131～165		
	熔体流动速率 (MFR)/(g/10min)						23.9(190℃ 负荷50N, 喷嘴 ϕ2.09)		
	维卡软化温度/℃		≥110						
	马丁耐热/℃		<60		65	<60	70	70	
	热变形温度/℃	45N/cm²	85～99	127～131 108～112	67～82 54		65～96	64～92.5	82～112
		180N/cm²							
	线胀系数/10^{-5}K^{-1}		6～8	5.4	5.0～18.5	7.0～25	6～8	3.4～21	3.4～6.8
	收缩率/%				0.6～1.0	1.5～2.5	0.5～0.6	0.3～0.6	0.3～0.5
	比热容/[J/(kg·K)]				1260	1680	1340	1400	1000
	热导率/[W/(m·K)]		0.147		0.21	0.147	0.12	0.084	0.163
	燃烧性/(cm/min)		慢	慢	自熄	自熄	慢	慢	慢
力学性能	屈服强度/MPa		63	35～63	35～50	10～24	35～63	14～48	77～106
	拉伸强度/MPa				35～50		35～63	14～48	77～106
	断后伸长率/%		4～5	≥15～50	20～40	300	1.0	5.0	0.75
	拉伸弹性模量/GPa		3.5	1.4～2.8	2.4～4.2		2.8～3.5	1.4～3.1	3.23
	弯曲强度/MPa		113～130	56～91	>90		61～98	35～70	70～119
	弯曲弹性模量/GPa				0.05～0.09	0.006～0.012			
	压缩强度/MPa		77～105	28～98	68		80～112	28～63	84～112
	剪切强度/MPa								
	冲击强度(无缺口)(简支梁式)(缺口)/(kJ/m²)		0.75～1.1 (悬臂缺口)	0.64 (悬臂缺口)	58		0.54～0.86 (悬臂缺口)	1.1～23.6 (悬臂缺口)	0.75～13 (悬臂缺口)
	布氏硬度(HBW)		M70～85	R99～120	16.2 R110～120	邵96(A)	M65～80	M20～80	M65～90
电性能	表面电阻率/Ω		1.35×10¹³						
	体积电阻率/Ω·m		>10¹²		6.71×10¹¹	6.71×10¹¹	>10¹⁴	>10¹⁴	10¹¹×10¹⁵
	击穿电压/(kV/mm)		15.7～17.7	18.7	26.5	26.5	19.7～27.5		
	介电常数(10^6Hz)		2.81	3.03		4.24	2.4～2.65	2.4～3.8	2.4～3.1
	介电损耗角正切(10^6Hz)		0.019		0.0579	0.0579	0.00001～0.0004	0.0004～0.002	0.0005～0.005
	耐电弧性/s						60～80.3	20～100	60～135

续表

性能名称			苯乙烯共聚树脂				聚对苯二甲酸乙二醇酯		纤维素
			ACS	AAS	ABS	ABS玻璃纤维增强	纯	玻璃纤维增强	乙基纤维素
物理性能	密度/(g/cm³)		1.07~1.10	1.05~1.12	1.02~1.16	1.20~1.38	1.32~1.37	1.63~1.70	1.09~1.17
	比体积/(cm³/g)		0.91~0.93	0.89~0.95	0.86~0.98	0.72~0.83	0.73~0.76	0.59~0.61	0.85~0.92
	吸水率/%	24h	0.20~0.30	0.5	0.2~0.4	0.1~0.7	0.26		0.8~1.8
		长期					—		
	折射率 n_D								1.47
	透光率/%		不透明	不透明					
	摩擦系数						阿姆斯勒试验 $\mu=0.27$, $b=2.5$		
热性能	玻璃化温度/℃						69		
	熔点(或黏流温度)/℃		200	200	130~160		255~260		165~185
	熔体流动速率(MFR)/(g/10min)				0.41~0.82 (200℃负荷50N,喷嘴ϕ2.09)				
	维卡软化温度/℃		93~94	90	71~122				
	马丁耐热/℃				63		82	150~178	
	热变形温度/℃	45N/cm²	85~100	106~108	90~108	116~121	115	240	46~88
		180N/cm²		80~102	83~103	112~116	85		
	线胀系数/$10^{-5}K^{-1}$		6.8	8~11	7.0	2.8	6.0	2.5	10~20
	收缩率/%		0.4~1.0	0.4~1.0	0.4~0.7	0.1~0.2	1.8	0.2~1.0	
	比热容/[J/(kg·K)]		1180	1470	1470		2200	1800	2200
	热导率/[W/(m·K)]		0.122	0.263	0.263	0.263	0.250	0.270	0.227
	燃烧性/(cm/min)		慢	慢	慢	慢 改性聚苯乙烯(丁苯橡胶性)	慢	慢	快
力学性能	屈服强度/MPa		36	36	50	33	68	125	
	拉伸强度/MPa		31	35	38	38	68	125	14~56
	断后伸长率/%		11	37	35	30.8	78	0	5~40
	拉伸弹性模量/GPa			1.7~2.3	1.8		2.9		0.7~2.1
	弯曲强度/MPa		47	59	80	56	104	138~210	28~84
	弯曲弹性模量/GPa		1.34	1.7	1.4	1.8		9.1	
	压缩强度/MPa		44	46	53	72	77	159	70~240
	剪切强度/MPa				24		63		
	冲击强度(无缺口)(简支梁式)(缺口)/(kJ/m²)		214 49	130 11	261 11	89 14.4	73 5.3	58.2 12.4	4.3~18.2
	布氏硬度(HBW)		4.98	5.98	9.7 R121	9.8	14.2	16.6	R50~115
电性能	表面电阻率/Ω		6.2×10¹⁵	1.2×10	1.2×10¹³		3.02×10¹⁶	2.86×10¹⁶	
	体积电阻率/Ω·m		2.55×10¹⁴		6.9×10¹⁴		3.92×10¹⁴	3.67×10¹⁴	10¹⁰~10¹²
	击穿电压/(kV/mm)		21.7					30~35	9.8~14.4
	介电常数(10⁶Hz)		3.01		3.04		3.04	3.7	3.2~7.0
	介电损耗角正切(10⁶Hz)		0.0114		0.007		1.61×10⁻²	1.33×10⁻²	0.01~0.10
	耐电弧性/s				50~85	90		90~120	50~310

续表

	性能名称		纤维素		聚碳酸酯			改性聚碳酸酯	
			醋酸纤维素	硝酸纤维素	纯	20%～30%长玻璃纤维	20%～30%短玻璃纤维	与高密度聚乙烯共混	与ABS共混
物理性能	密度/(g/cm³)		1.23～1.34	1.35～1.40	1.20	1.35～1.50	1.34～1.35	1.18	1.15
	比体积/(cm³/g)		0.75～0.81	0.71～0.74	0.83	0.67～0.74	0.74～0.75	0.85	0.87
	吸水率/%	24h	1.9～6.5	1.0～2.0	23℃50%RH0.15	23℃50%RH 0.09～0.15	0.09～0.15	0.15	0.15
		长期			23℃浸水中 0.35	23℃浸水中 0.2～0.4	0.2～0.4	—	—
	折射率 n_D		1.46～1.50	1.49～1.51	(25℃)1.586				
	透光率/%								
	摩擦系数				阿姆斯勒试验 $\mu=0.37,b=16$,PC/PC 0.24(速度1cm/s) PC/不锈 0.73(速度1cm/s)				
热性能	玻璃化温度/℃			53	149				
	熔点(或黏流温度)/℃				225～250(267)	245～250	235～245	225～240	220～240
	熔体流动速率(MFR)/(g/10min)								
	维卡软化温度/℃				150～162				
	马丁耐热/℃				116～129	134	129	114	104
	热变形温度/℃	45N/cm²	49～76	60～71	132～141	146～157	146～149		
		180N/cm²	44～88		132～138	143～149	140～145		
	线胀系数/10⁻⁵K⁻¹		8～16	8～12	6	2.13～5.16	3.2～4.8		
	收缩率/%				0.5～0.7	0.05～0.4	0.05～0.5		
	比热容/[J/(kg·K)]		1680	1480	1220	840	840	1500	1900
	热导率/[W/(m·K)]		0.252	0.231	0.193	0.290	0.218		
	燃烧性/(cm/min)		快	快	自熄	自熄	自熄	慢	慢
力学性能	屈服强度/MPa				72	120	84	64	71
	拉伸强度/MPa		13～59	49～56	60	120	84	62	59
	断后伸长率/%		6～70	40～45	75 泊松比0.38	泊松比0.38	泊松比0.3	92	86
	拉伸弹性模量/GPa		0.46～2.8	1.3～1.5	2.3		6.5	2.1～2.3	
	弯曲强度/MPa		14～110	63～77	113	169	134	197	108
	弯曲弹性模量/GPa				1.54	4.0	3.12	1.53	1.84
	压缩强度/MPa		15～250	150～246	77	130	110	69	92
	剪切强度/MPa				40		53		
	冲击强度(无缺口)(简支梁式)(缺口)/(kJ/m²)		0.86～11.1	10.7～15	不断 55.8～90	65 22	57.8 10.7	不断 90	不断 74
	布氏硬度(HBW)		R35～125	R95～115	11.4, M75	14.5	13.5	10.4	11.3
电性能	表面电阻率/Ω				3.02×10¹⁵	10¹⁶	10¹⁶		6.6×10¹³
	体积电阻率/Ω·m		10¹⁰～10²²	1.0～1.5 ×10⁹	3.06×10¹⁵	10¹⁵	10¹⁵	9.98×10¹³	2.9×10¹⁵
	击穿电压/(kV/mm)		10.8～23.6	>15	17～22	22	22		13～19
	介电常数(10⁶Hz)		6.4	2.54	2.54	3.17	3.17	3.06	2.40
	介电损耗角正切(10⁶Hz)		0.06～0.09	0.006～0.007	(6～7)×10⁻³	7×10⁻³	(3～5)×10⁻³	8×10⁻³	5×10⁻³
	耐电弧性/s		～	120	120	5～120	5～120		70～120

续表

	性能名称	聚甲醛(POM) 纯	聚甲醛(POM) 聚四氟乙烯填充	聚砜 纯	聚砜 30%玻璃纤维增强	聚砜 聚四氟乙烯填充	聚芳砜	聚醚砜
物理性能	密度/(g/cm³)	1.41	1.52	1.24	1.34~1.40	1.34	1.37	1.36
	比体积/(cm³/g)	0.71	0.66	0.80	0.71~0.75	0.75	0.73	0.73
	吸水率/% 24h	24h 0.12~0.15	0.06~0.15	0.12~0.22	<0.1	<0.1	1.8	0.43
	吸水率/% 长期	长期 0.8	0.55	23℃,28天 0.62				
	折射率 n_D			1.63			1.67	1.65
	透光率/%			透明				
	摩擦系数	阿姆斯勒试验 $\mu=0.31, b=6$ 负荷 28N/cm², 动 0.14, 静 0.21, POM/POM 0.2~0.4, POM/钢 0.1~0.2	负荷 28N/cm², 动 0.07~0.12, 静 0.15~0.18	阿姆斯勒试验 $\mu=0.46, b=16$, 聚砜/聚砜 0.67, 聚砜/不锈钢 0.4		阿姆斯勒试验 $\mu=0.15~0.16$ $b=5.5~6$		
热性能	玻璃化温度/℃	~50		190			288	230
	熔点(或黏流温度)/℃	180~200		250~280				
	熔体流动速率 (MFR)/(g/10min)	2.71~16.9 (190℃ 负荷 21N ϕ2.09)		0.5~0.6				
	维卡软化温度/℃	152~160		173	180	170		
	马丁耐热/℃	≤60	<60	156	177~200	157	182	183
	热变形温度/℃ 45N/cm²	158~174	160~165	182	191	160~165		274
	热变形温度/℃ 180N/cm²	110~157	100	174	185	100		
	线胀系数/10⁻⁵K⁻¹	10.7	8.0~9.6	3.5	2.85	4.2~5.8		2.6
	收缩率/%	1.5~3.0	1.0~2.5	0.5~0.6	0.3~0.4	0.5~0.6	0.5~0.8	0.8
	比热容/[J/(kg·K)]	1470		1300				1100
	热导率/[W/(m·K)]	0.231	0.203	0.118	0.319			0.16
	燃烧性/(cm/min)	2.54	0.2	自熄	自熄	自熄	12.7 自熄	自熄
力学性能	屈服强度/MPa	69	62	82	>103	77	98	101
	拉伸强度/MPa	60	45~50	58	>103	55	98	97
	断后伸长率/%	55	59~72	30	0	28		26
	拉伸弹性模量/GPa	2.5		2.5	3.0	2.0		2.6
	弯曲强度/MPa	104	105	>120	>180	107	154	147
	弯曲弹性模量/GPa	1.8	2.1~2.8	2.0	3.1	1.8	2.1	2.1
	压缩强度/MPa	69	73~88	85	116	>60	127	113
	剪切强度/MPa	45		45	>45	>40		
	冲击强度(无缺口)(简支梁式)(缺口)/(kJ/m²)	202 / 15	88~90 / 13~16	430 / 20	46 / 10.1	270 / 10.9	102 / 17	480 / 18
	布氏硬度(HBW)	11.2 M78	12.5	12.7 M69、R120	14	12.8	14 M10	12.93
电性能	表面电阻率/Ω			6.5×10¹⁶	>10¹⁶	>10¹⁶	1.8×10¹⁴	4.52×10¹⁶
	体积电阻率/Ω·m	1.87×10¹⁴		9.46×10¹⁴	>10¹⁴	>10¹⁴	1.1×10¹⁵	6.14×10¹⁴
	击穿电压/(kV/mm)	18.6		16.1	20	22	29.7	
	介电常数(10⁶Hz)	3.56		2.97			3.57	3.07
	介电损耗角正切(10⁶Hz)	7.8×10⁻³		5.6×10⁻³			8.2×10⁻³	6.92×10⁻³
	耐电弧性/s	129~140	129~140	122	122	122	67	

续表

性能名称			聚苯醚		氯化聚醚			聚酚氧	聚酰胺树脂
			纯	改性聚苯醚（与聚苯乙烯共混）	纯	改性氯化聚醚		纯	尼龙1010 30%玻璃纤维增强
						与聚乙烯共混	纯		
物理性能	密度/(g/cm³)		1.06~1.07	1.06	1.4~1.14		1.17	10.4	1.19~1.30
	比体积/(cm³/g)		0.93~0.94	0.94	0.71		0.85	0.96	0.77~0.84
	吸水率/%	24h	24h 0.06	0.06	<0.01		0.13	24h 0.2~0.4	0.4~1.0
		长期	23℃水中长期 0.14	0.11	<0.01			23℃水中长期 0.5~1.7	
	折射率 n_D				1.586			~	
	透光率或透明度/%			不透明	80~87		透明至不透明	半透明	不透明
	摩擦系数		阿姆斯勒试验 $\mu=0.36$, $b=11.5$, PPO/PPO 0.18~0.23 磨损(CS17, 1000r)17mg	PPO/PPO 0.24~0.3 磨损(CS-17 1000r)20mg	油润滑 0.843		阿姆斯勒试验 $\mu=0.45$, $b=23.5$	阿姆斯勒试验 $\mu=0.50$, $b=6.0$	
热性能	玻璃化温度/℃		190~220		74				
	熔点(或黏流温度)/℃		300		178~182			2.05	
	熔体流动速率(MFR)/(g/10min)				230℃负荷21N 喷嘴ϕ2.09 3.2~14.7	3.28		215℃负荷50N 喷嘴ϕ1.18 3.19~7.18	
	维卡软化温度/℃		217		165			190	
	马丁耐热/℃		120~140	120	72		71	<60	172
	热变形温度/℃	45N/cm²	180~204	190	141		92	148	
		180N/cm²	175~193		100		86	55	
	线胀系数/$10^{-5}K^{-1}$		5.2~6.6	6.7	12		3.2~3.8	10	1.3~1.8
	收缩率/%		0.4~0.7	0.5~0.7	0.4~0.8	0.5~1.0	0.3~0.4	1.3~2.3(纵向) 0.7~1.7(横向)	0.3~0.6
	比热容/[J/(kg·K)]			1340			1680	1050	
	热导率/[W/(m·K)]		0.195	0.217	0.13		0.176	0.125	
	燃烧性/(cm/min)		1.27 自熄	自熄	自熄	自熄	自熄	自熄	自熄
力学性能	屈服强度/MPa		87	82	32	34	68	62	174
	拉伸强度/MPa		69	67	26	26	48~53	54	174
	断后伸长率/%		14	55	230	120	40~100	168	0
	拉伸弹性模量/GPa		2.5	2.1	1.1	~	2.7	1.8	8.7
	弯曲强度/MPa		140	130	49	41	137	88	208
	弯曲弹性模量/GPa		2.0	1.7	0.9	~	2.4	1.3	4.6
	压缩强度/MPa		103	93	38	44	81	57	134
	剪切强度/MPa		725	~	~	~	~	42	59
	冲击强度(无缺口)(简支梁式)(缺口)/(kJ/m²)		100 13.5	310 27	不断 10.7	38 7.7	220 13.4	不断 25.3	84 18
	布氏硬度(HBW)		13.3 R118~123	13.5 R119	4.2 R100	3.9	10 R121	9.75	13.6
电性能	表面电阻率/Ω		2.1×10¹⁶	2.96×10¹⁴	2.61×10¹⁶			4.7×10¹⁵	3.7×10¹⁵
	体积电阻率/Ω·m		2.0×10¹⁵	3.8×10¹⁴	1.56×10¹⁴		5.75×10¹³	1.5×10¹³	6.7×10¹³
	击穿电压/(kV/mm)		16~20.5		16.4~20.2			20	>20
	介电常数(10⁶Hz)		2.7	2.95	3.1		3.69	3.1	2.73
	介电损耗角正切(10⁶Hz)		1.33×10⁻³	2.03×10⁻³	8.38×10⁻³		4.9×10⁻²	1.6×10⁻²	2.7×10⁻²
	耐电弧性/s			75					

续表

	性能名称	聚酰胺树脂						
		尼龙1010	尼龙6	尼龙610	尼龙610	尼龙66	尼龙66	尼龙9
		纯	30%玻璃纤维增强	纯	40%玻璃纤维增强	纯	30%玻璃纤维增强	纯
物理性能	密度/(g/cm³)	1.10~1.15	1.21~1.35	1.07~1.13	1.38	1.10	1.35	1.09
	比体积/(cm³/g)	0.87~0.91	0.74~0.83	0.88~0.93	0.72	0.91	0.74	0.95
	吸水率/% 24h	1.6~3	0.9~1.3	0.4~0.5	0.17~0.28	0.9~1.6	0.5~9.3	0.15
	吸水率/% 长期	8~12	4.0~7.0	3.0~3.5	1.8~2.1	7~10	3.8~5.8	1.2
	折射率 n_D							
	透光率/%	半透明	不透明	半透明	不透明			半透明
	摩擦系数	负荷28N/cm² 动0.22 静0.26				负荷28N/cm² 动0.24 静0.26 尼龙66/尼龙66 0.11~0.19（无润滑）		
热性能	玻璃化温度/℃	50		40		47		
	熔点(或黏流温度)	210~225		215~225		250~265		210~215
	熔体流动速率(MFR)/(g/10min)	230℃负荷50N 喷嘴ϕ1.18 1.18~8.94						1.73(215℃ 负荷50N 喷嘴ϕ1.0)
	维卡软化温度/℃	160~180		195~205		220~257	240~247	194~202
	马丁耐热/℃	<60	190	<60	185		190	<60
	热变形温度/℃ 45N/cm²	140~176	216~264	149~185	215~226	149~176	262~265	
	热变形温度/℃ 180N/cm²	80~120	204~259	57~100	200~225	82~121	245~262	
	线胀系数/10⁻⁵K⁻¹	7.9	1.95	12		7.1~8.9	2.5	15
	收缩率/%	0.6~1.4	0.3~0.7	1.0~2	0.2~0.6	1.5	0.2~0.8	1.5~2.5
	比热容/[J/(kg·K)]	1680	1870	1700	1470	1680	1260	
	热导率/[W/(m·K)]	0.243	0.353	0.223	0.37	0.247	0.479	0.63
	燃烧性/(cm/min)	自熄	自熄	自熄	自熄	自熄	自熄	自熄
力学性能	屈服强度/MPa	62	164	75	210	89	146	55
	拉伸强度/MPa	54	164	56	210	74	146	38
	断后伸长率/%	168	0	66	0	28	0	75
	拉伸弹性模量/GPa	1.8		2.3	11.4	1.2~2.8	6~12.6	
	弯曲强度/MPa	88	227	110	280	126	215	90
	弯曲弹性模量/GPa	1.3	7.5	1.8	6.5	2.8	4.7	1.3
	压缩强度/MPa	57	180	76	165	71~98	105~168	60
	剪切强度/MPa	42		42	93	67	98	50
	冲击强度(无缺口)(简支梁式)(缺口)/(kJ/m²)	不断 25.3	80 15.5	82.6 15.2~	103 38	49 6.5	76 17.5	不断
	布氏硬度(HBW)	9.75	14.5	9.52 M90~113	14.9	12.2 R100~118	15.6 M94	8.31
电性能	表面电阻率/Ω	4.7×10¹⁵	1.57×10¹³	4.9×10¹³	>10¹³	3.1×10¹³		3.06×10¹⁴
	体积电阻率/Ω·m	1.5×10¹³	4.77×10¹³	3.7×10¹⁴	>10¹²	4.2×10¹²	5×10¹³	4.44×10¹³
	击穿电压/(kV/mm)	20		15~25	23	>15	16.4~20.2	>15
	介电常数(10⁶Hz)	3.1	3.43	2.98	3.1	4	4.7	3.1
	介电损耗角正切(10⁶Hz)	1.6×10⁻²	1.59×10⁻²	9.05×10⁻²	1.7×10⁻²	4×10⁻³	(1.7~2.6)×10⁻²	2.49×10⁻²
	耐电弧性/s							

续表

	性能名称		聚酰胺树脂		含氟树脂			
			尼龙 11	MC 尼龙	聚四氟乙烯	聚三氟氯乙烯	聚偏氟氯乙烯	聚四氟乙烯与六氟丙烯共聚
			纯	碱聚合浇铸尼龙				
物理性能	密度/(g/cm³)		1.04	1.14	2.1~2.2	2.11~2.3	1.76	2.14~2.17
	比体积/(cm³/g)		0.96	0.88	0.45~0.48	0.43~0.47	0.57	0.46~0.47
	吸水率/%	24h	0.5	0.8~1.14	0.005	0.005	0.04	0.005
		长期	0.6~1.2	5.5				
	折射率 n_D							
	透光率/%		半透明	不透明			透明-半透明	
	摩擦系数		0.17	0.45	对钢：动 50~65 静 0.04 阿姆斯勒试验 $\mu=0.13$, $b=14.5$ 聚四氟乙烯/聚四氟乙烯 0.04		对钢 0.14~0.17 磨损(5N)17.6 (mg/1000r)	
热性能	玻璃化温度/℃				~126	45		
	熔点(或黏流温度)		186~190	235~250	327	260~280	204~285	265~278
	熔体流动速率(MFR)/(g/10min)						5.5~8	
	维卡软化温度/℃		173~178					
	马丁耐热/℃		<60	60~90				
	热变形温度/℃	45N/cm²	68~150	204~218	121~126	130	150	
		180N/cm²	47~55	149~218	120	75	90	
	线胀系数/$10^{-5}K^{-1}$		11	5~8	10~12	4.5~7	15.3	
	收缩率/%		1~2		3.1~7.7	1~2.5	2	
	比热容/[J/(kg·K)]		1260		1050	920	1400	1170
	热导率/[W/(m·K)]		0.273		0.252	0.210	0.126	0.252
	燃烧性/(cm/min)		自熄		不燃	不燃	自熄	不燃
力学性能	屈服强度/MPa		54	97	14~25	32~40	46~49	20~25
	拉伸强度/MPa		42	84				
	断后伸长率/%		80	36	25~35	30~190	30~300	250~370
	拉伸弹性模量/GPa		1.4	3.6	0.4	1.1~1.3	0.8	0.3
	弯曲强度/MPa		101	134	11~14	55~70		
	弯曲弹性模量/GPa		1.6	4.2		1.3~1.8	1.4	
	压缩强度/MPa		51	98	12~42 (1%变形)	32~52	70	
	剪切强度/MPa		40			38~42		
	冲击强度(无缺口)(简支梁式)(缺口)/(kJ/m²)		56 15	不断	不断 16.4	13~17	160 20.3	不断
	布氏硬度(HBW)		7.5 R100	12.5 R91	R58 邵 D50~65	9~13 邵 D74~78	邵 D80	R25
电性能	表面电阻率/Ω		3.1×10¹⁴	9.3×10¹⁴	>10¹⁷	>10¹⁶		
	体积电阻率/Ω·m		1.6×10¹³	3×10¹³	>10¹⁶	>10¹⁵	2×10¹²	(0.94~2.1)×10¹⁶
	击穿电压/(kV/mm)		>15	19.1	25~40	19.7	10.2	40
	介电常数(10⁶Hz)		3.7	3.7(60Hz)	2~2.2	2.3~2.7		2.1
	介电损耗角正切(10⁶Hz)		6×10⁻²	2×10⁻²	0.0002 (60Hz)	0.0012 (60Hz)	0.049 (60Hz)	0.0007
	耐电弧性/s				>200	360	50~70	>165

2.1.2 常用热固性塑料

① 热固性塑料酚醛的型号组成。类别符号以字母表示，见表2-3。填料的种类以阿拉伯数字表示，见表2-4。树脂的含量以阿拉伯数字表示，见表2-5。树脂组成符号也以阿拉伯数字表示，见表2-6。

示例：

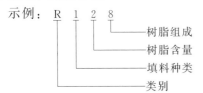

表 2-3　酚醛树脂粉类别符号

类别	符号	类别	符号	类别	符号
日用	R	高电压	Y	耐热	E
电气	D	无氨	A	冲击	J
绝缘	U	耐酸	S	耐磨	M
高频	P	湿热	H	特种	T

表 2-4　酚醛树脂粉的填料种类符号

填料种类	符号	填料种类	符号	填料种类	符号
木（竹）粉	1	石棉	4	矿物与矿物	7
石英	2	高岭土	5	纤维	8
云母	3	木粉与矿物	6	其他	9

注：1. 含有两种填料的产品，一般以复合填料的符号（6或7）表示；若其中一种填料的质量占填料总重的60%以上，则以该填料的符号表示。
2. 含有三种或三种以上填料的产品，一般以复合填料的符号（6或7）表示；若其中一种填料的质量占填料总重的50%以上，则以该填料的符号表示。

表 2-5　酚醛树脂粉的树脂含量符号

树脂含量/%	符号	树脂含量/%	符号	树脂含量/%	符号
≤30	1	>40～45	4	>55～60	7
>30～50	2	>45～50	5	>60～65	8
>35～40	3	>50～55	6	>65	9

表 2-6　酚醛树脂粉的树脂组成符号

树脂组成	符号	树脂组成	符号
苯酚、甲醛	1	苯胺、苯酚、甲醛	01
工业酚、甲醛	2	聚氯乙烯、苯酚、甲醛	02
苯酚、工业酚、甲醛	3	丁腈橡胶、苯酚、甲醛	03
苯酚、二甲酚、甲醛	4	聚酰胺、苯酚、甲醛	04
苯酚、杂酚、甲醛	5	苯乙烯、苯酚、甲醛	05
苯酚、甲酚、甲醛	6	二甲苯、苯酚、甲醛	06
苯酚、糠醛、甲醛	7	三聚氰胺、苯酚、甲醛	07
酚、糠醛、甲醛	8	聚乙烯醇缩醛、苯酚、甲醛	08

② 常用热固性塑料的使用性能见表2-7。
③ 常用热固性塑料的主要技术指标见表2-8、表2-9。

表 2-7 常用热固性塑料的使用性能

塑料名称	牌号举例	性能	用途
酚醛树脂	R131、R121 R132、R126 R133、R136 R135、R137 R128、R138	可塑性和成型工艺性良好,适宜于压缩成型	主要用来制造日常生活和文教用品
	D131、D133 D138、D135 D141、B144 D145、D151	机电性能和物理、化学性能良好,成型快,工艺性良好。适宜于压缩成型	主要用来制造日用电器的绝缘结构件 用来制造低压电器的绝缘结构件或纺织机械零件
	U1601、U1801 U2101、U2301	电绝缘性能和力学、物理、化学性能良好。适宜于压缩成型,U1601还适用于压注成型	用来制造介电性能较高的电讯仪表和交通电器的绝缘结构件,U1601可在湿热地区使用
	P2301 P7301 P3301	耐高频绝缘性和耐热、耐水性优良,适宜于热压法加工成型	用来制造高频无线电绝缘零件和高压电器零件,并可在湿热地区使用
	Y2304	电气绝缘性优良,防湿、防霉及耐水性良好。适宜于压缩成型,也可用于压注成型	用来制造在湿度大、频率高、电压高的条件下工作的机电、电信仪表、电工产品的绝缘结构件
	A1501	物理、力学性能和电气绝缘性能良好,适用于压缩成型,也可用于压注成型	主要用来制造在长期使用过程中不放出氨的工业制品和机电、电讯工业用的绝缘结构件
	S5802	耐水、耐酸性、介电性、力学性能良好。适宜于压塑成型,也可用于挤塑成型	主要用来制造受酸和水蒸气侵蚀的仪表、电器的绝缘结构件,以及医用零件
	H161	防霉、耐湿性优良,力学、物理性能和电绝缘性能良好。适用于压缩成型,也可用于压注成型	用来制造电器、仪表的绝缘结构件,可在湿热条件下使用
	E631 E431 E731	耐热、耐水性、电气绝缘性良好,E631、E431适宜于压缩成型,E731适用于压注成型	主要用来制造受热较高的电气绝缘件和电热仪器制品,适宜在湿热带使用
	M441 M4602 M5802	力学性能和耐磨性优良,适宜于压缩成型	主要用来制造耐磨性零件
	J1503 J8603	冲击强度、耐油、耐磨性和电绝缘性能优良,J8603还具有防霉、防湿、耐水性能,适用于压缩成型	主要用来制造高振动频率的电工产品的绝缘结构件和带金属嵌件的复杂制品
	T171 T661	力学性能良好,T661还具有良好的导热性	用来制造特种要求的零件,T661主要用于砂轮制造
	H161-Z H1606-Z D151-Z	力学、物理性能、电绝缘性能良好,适用于注射成型	用来制造电器、仪表的绝缘结构件,H1606-Z还可在湿热地区使用
氨基树脂	塑-33-3 塑-33-5	耐弧性和电绝缘性良好,耐水、耐热性较高,适宜于压塑成型,塑-33-5还用于压注成型	主要用来制造要求耐电弧的电工零件以及绝缘、防爆等矿用电器零件
	脲-甲醛树脂	着色性好,色泽鲜艳,外观光亮,无特殊气味,不怕电火花,有灭弧能力,防霉性良好,耐热、耐水性比酚醛树脂弱	用来制造日用品、航空和汽车的装饰件、电器开关、灭弧器材及矿用电器等

续表

塑料名称	牌号举例	性能	用途
有机硅树脂	浇铸料	耐高低温、耐潮、电阻高、高频绝缘性好、耐辐射、耐臭氧	主要用于电工、电子元件及线圈的灌封与固定
	树脂粉		用于制造耐高温、耐电弧的高频绝缘零件
聚硅氧烷		电性能良好，可在很宽的频率和温度范围内保持良好的性能，耐热性好，可在-90～300℃下长期使用，耐辐射、防水、化学稳定性好，抗裂性良好，可低压成型	主要用于低压挤塑封装整流器、半导体管及固体电路等
环氧塑料	浇铸料	强度高、电绝缘性优良、化学稳定性和耐有机溶剂性好，对许多材料的黏结力强，但性能受填料品种和含量的影响。脂环族环氧树脂的耐热性较好。适用于浇注成型和低压压注成型	主要用于电工、电子元件及线圈的灌封与固定，还可用来修复零件

表2-8 常用热固性塑料的主要技术指标（1）

塑料名称	酚醛树脂				脲醛树脂	有机硅树脂	
	无填料	木粉填充	石棉填充	玻纤填充	α-纤维素填充	浇注（软质）	玻纤填充
拉伸强度/MPa	49～56	35～63	31～52	35～126	38～91	2.4～7.0	28～45
拉伸弹性模量/GPa	5.2～7.0	5.6～11.9	7.0～21.0	13.3～23.1	7.0～10.5	63	
弯曲强度/MPa	84～105	49～98	49～98	70～420	70～126		70～98
弯曲弹性模量/GPa		7.0～8.4	7.0～15.4	14.0～23.1	9.1～11.2		7.0～17.5
表面电阻率/Ω	10^{10}～10^{12}	10^{9}～10^{12}	10^{8}～10^{12}	10^{9}～10^{12}			
体积电阻率/Ω·m	10^{9}～10^{10}	10^{7}～10^{11}	10^{8}～10^{11}	10^{10}～10^{11}	10^{10}～10^{11}	10^{12}～10^{13}	10^{12}
介电强度/(kV/mm)	11.8～15.7	10.2～15.7	7.8～14.2	5.5～15.7	11.8～15.7	21.6	7.8～15.7
耐电弧性/s			10～190	4～190	80～150	115～130	200～250
密度/(g/cm³)	1.25～1.30	1.34～1.45	1.45～2.00	1.69～1.95	1.47～1.52	0.99～1.5	1.8～1.9
吸水率/%	0.1～0.2	0.3～1.2	0.1～0.5	0.03～1.20	0.4～0.8	7天, 0.12	0.2
热变形温度(180MPa)/℃	115～126	148～187	148～260	150～310	126～140		480
线胀系数/10^{-5}℃$^{-1}$	2.5～6.0	3.0～4.5	0.8～4.0	0.8～2.0	2.2～3.6	8.0～30.0	2.0～5.0
成型收缩率/%	1.0～1.2	0.4～0.9	0.2～0.90	0.0～0.4	0.6～1.4	0.0～0.6	0.0～0.5
比热容/[J/(kg·K)]	1680	1510	1260	1070	1680		840
热导率/[W/(m·K)]	0.189	0.256	0.546	0.478	0.357	0.231	0.336
燃烧性/(cm/min)	极慢	极慢	0.80	1.60	自熄	自熄	慢燃
有机溶剂	尚耐					溶张	侵蚀
弱酸	无至极微，与酸的种类有关					无至轻微	
强酸	受氧化酸分解，对还原酸和有机酸作用，无至轻微					轻微至激烈	
弱碱	轻微至明显，与碱的种类有关					无至轻微	
强碱	分解，侵蚀					轻微至明显	
阳光	表面变黑					无	
塑料名称	环氧树脂				醇酸树脂		
	无机填充物	玻纤填充	酚醛改性	脂环族环氧	无机填充物	石棉填充	玻纤填充
拉伸强度/MPa	28～70	35～100	42～84	56～84	21～63	31～63	28～66
拉伸弹性模量/GPa				3.5～21	14～21	14～19.6	
弯曲强度/MPa	42～105	56～140		70～91	42～119	56～70	59.5～182
弯曲弹性模量/GPa				14	14～21	14	
表面电阻率/Ω		10^{11}～10^{13}			10^{13}～10^{14}		10^{11}～10^{13}

续表

塑料名称	环氧树脂				醇酸树脂		
	无机填充物	玻纤填充	酚醛改性	脂环族环氧	无机填充物	石棉填充	玻纤填充
体积电阻率/$\Omega \cdot m$	$>10^{12}$	$>10^{12}$	$>10^{13}$	$>10^{13}$	$10^{12} \sim 10^{13}$	6.6×10^6	6.6×10^6 1.5×10^{13}
介电强度/(kV/mm)	9.8~15.7	9.8~15.7			13.7~17.7	14.9	9.8~20.8
耐电弧性/s	120~180	120~180		优良	75~240	138	130~420
密度/(g/cm³)	1.7~2.1	1.7~2	1.16~1.21	1.16~1.21	1.6~2.3	1.65~2.2	2.03~2.33
比体积/(cm³/g)	0.58~0.47	0.58~0.5	0.86~0.83	0.86~0.83	0.62~0.43	0.6~0.45	0.49~0.43
吸水率/%	0.03~0.20	0.04~0.20	优良		0.05~0.5	0.14	0.03~0.50
热变形温度(180MPa)/℃	107~230	107~230	148~260	90~230	176~260	157	200~260
线胀系数/$10^{-5}℃^{-1}$	3.0~6.0	3.0~5.0			2.0~5.0		1.5~3.3
成型收缩率/%	0.4~1.0	0.4~0.8			0.3~1.0	0.4~0.7	0.1~1.0
比热容/[J/(kg·K)]					1050		1050
热导率/[W/(m·K)]	0.294	0.294			0.781		0.840
燃烧性/(cm/min)	慢燃	自熄			慢燃	自熄	慢燃
有机溶剂	轻微至无				尚好	无	尚好
弱酸	无				无	无	差至稍好
强酸	轻微至稍蚀				侵蚀	轻微	差至稍好
弱碱	轻微至无				侵蚀	无	差至稍好
强碱	轻微至侵蚀		无或稍蚀		分解	轻微	差至稍好
阳光	轻微		变黑色	无	无	无	无

塑料名称	不饱和聚酯				聚酰亚胺		聚氨酯
	浇铸(硬)	浇铸(软)	玻纤丝填充	玻纤布填充	F_4改性	玻纤填充	纯
拉伸强度/MPa	42~91	3.5~21	100~210	210~350	35	189	
拉伸弹性模量/GPa	2.1~4.5		5.6~14	10.5~31.5		20	
弯曲强度/MPa	59.5~161		70~280	280~560	49.7	346.5	4.9~31.5
弯曲弹性模量/GPa			7~21		2.7	22.7	0.07~0.70
体积电阻率/$\Omega \cdot m$	10^{13}		10^{12}	10^{12}	2×10^{14}	5×10^{13}	$2 \times 10^9 \sim 10^{13}$
介电强度/(kV/mm)	14.9~19.6	9.8~15.7	13.7~19.6	13.5~19.6	14.9	19.6	11.8~19.6
介电常数 60Hz	3.0~4.3	4.4~8.1	3.8~6.0	4.1~5.5		4.8	4.0~7.5
耐电弧性/s	125	135	120~180	60~120			
密度/(g/cm³)	1.1~1.46	1.01~1.2	1.35~2.3	1.5~2.1	1.42	1.9	1.1~1.5
吸水率/%	0.15~0.6	0.5~2.5	0.01~1	0.05~0.5	0.3	0.20	0.02~1.5
热变形温度(180MPa)/℃	60~200		200	200	287	348	
线胀系数/$10^{-5}℃^{-1}$	5.5~10		2.5~5	1.3~3	6.6	1.5	
成型收缩率/%			0.0~0.2	0.0~0.2	0.6	0.1~0.2	
比热容/[J/(kg·K)]							1800
热导率/[W/(m·K)]	0.168				0.218	0.504	0.21
燃烧性/(cm/min)			3.4		不燃	不燃	自熄
有机溶剂	稍耐				极耐		中等
弱酸	耐				耐		轻微
强酸	侵蚀				耐		侵蚀
弱碱	耐				侵蚀		轻微
强碱	稍蚀至侵蚀				侵蚀		侵蚀
阳光	微黄或轻微						变黄

表 2-9　常用热固性塑料的主要技术指标(2)

塑料型号	R121、R126、R128、R131、R132、R133、R135、R136、R137、R138	R131 R135	D131 D133 D135	D138	D141 D144 D145	D151	D141	U1601 U1501
颜色	黑、棕	红、绿	黑、棕	黑、棕	黑、棕	黑、棕	黑、绿	黑、棕
密度/(g/cm³)	≤1.50	≤1.50	≤1.50	≤1.45	≤1.40	≤1.50	≤1.50	≤1.45
比体积/(mL/g)	≤2.0	≤2.0	≤2.0	≤2.0	≤2.0	≤2.0	≤2.0	≤2.0
收缩率/%	0.5～1.0	0.5～1.0	0.5～1.0	0.5～1.0	0.5～1.0	0.5～1.0	0.5～1.0	0.5～1.0
吸水性/(mg/cm³)			≤0.8	≤0.8	≤0.8	≤0.7	≤0.8	≤0.5
拉西格流动性/mm	100～190		80～180	100～180	80～180	80～180	80～180	100～200
马丁耐热/℃			≥120	≥120	≥120	≥120	≥120	≥115
冲击强度/(MJ/m²)	≥5		≥0.6	≥0.6	≥0.6	≥0.6	≥0.6	≥0.5
弯曲强度/MPa	≥60		≥70	≥70	≥70	≥70	≥70	≥65
表面电阻率/Ω			≥1×10¹¹	≥1×10¹¹	≥1×10¹¹	≥1×10¹¹	≥1×10¹¹	≥5×10¹³
体积电阻率/Ω·cm			≥1×10¹⁰	≥1×10¹⁰	≥1×10¹⁰	≥1×10¹⁰	≥1×10¹¹	≥5×10¹²
击穿强度/(kV/cm)			≥12	≥12	≥12	≥12	≥10	≥13

塑料型号	U165	U2101 U8101	P2301	P2301	P3301	P7301	P2701	Y2304
颜色	黑、棕	本	本	本、褐	本	本、黑	本、黑	本
密度/(g/cm³)	≤1.4	≤2.0	≤2.0	≤1.90	≤1.85	≤1.95	≤1.60	≤1.90
比体积/(mL/g)	≤2.8							
收缩率/%	0.5～1.0		0.4～0.9	0.3～0.7	0.2～0.5	0.3～0.7	0.5～0.9	0.4～0.7
吸水性/(mg/cm³)	≤0.8		≤0.25	≤0.25	≤0.25	≤0.25	≤0.25	≤0.25
拉西格流动性/mm	80～180	80～180	80～180	80～180	80～180	80～180	80～180	100～200
马丁耐热/℃	≥110	≥130	≥140	≥140	≥140	≥150	≥140	≥125
冲击强度/(MJ/m²)	≥0.5	≥0.3	≥0.3	≥0.6	≥0.2	≥0.3	≥0.4	≥0.6
弯曲强度/MPa	≥65			≥80	≥40	≥50	≥55	≥90
表面电阻率/Ω	≥5×10¹³	≥1×10¹³	≥1×10¹³	≥5×10¹³	≥5×10¹³	≥1×10¹⁴	≥1×10¹³	≥1×10¹⁴
体积电阻率/Ω·cm	≥5×10¹²	≥1×10¹³	≥1×10¹³	≥1×10¹³	≥1×10¹³	≥1×10¹⁴	≥1×10¹³	≥1×10¹⁴
击穿强度/(kV/cm)	≥13	≥12	≥13	≥12	≥12	≥12	≥12	≥16

塑料型号	A1501	S5802	H161	E631 E431	E731	J1503	J8603	M441
颜色	黑、棕	黑、棕	黑、棕 红、绿	黑、棕	黑	黑、褐	黑	黑
密度/(g/cm³)	≤1.45	≤1.60	≤1.50	≤1.70	≤1.80	≤1.45	≤1.60	≤1.80
比体积/(mL/g)	≤2.0		≤2.0	≤2.0		≤2.0		
收缩率/%	0.5～1.0	0.4～0.8	0.5～0.9	0.2～0.6		0.5～1.0	0.5～0.9	
吸水性/(mg/cm³)	≤0.8	≤0.3	≤0.40	≤0.50	≤0.20	≤0.80	≤0.30	≤0.20
拉西格流动性/mm	80～180	100～200	100～190	80～180	≥160	100～200	100～190	100～180
马丁耐热/℃	≥120	≥120	≥125	≥140	≥140	≥125	≥125	≥150
冲击强度/(MJ/m²)	≥0.55	≥0.6	≥0.6	≥0.45	≥0.25	≥0.8	≥0.8	≥0.4
弯曲强度/MPa	≥65	≥65	≥70	≥60		≥60	≥60	≥70
表面电阻率/Ω	≥1×10¹³	≥1×10¹²	≥1×10¹²	≥1×10¹¹	≥1×10¹¹	≥1×10¹²	≥1×10¹²	
体积电阻率/Ω·cm	≥5×10¹²	≥1×10¹¹	≥1×10¹¹	≥1×10¹⁰	≥1×10¹⁰	≥1×10¹¹	≥1×10¹¹	
击穿强度/(kV/cm)	≥13	≥13	≥13	≥12	≥12	≥12	≥13	

续表

塑料型号	M4602	M5802	H161-Z	H1601-Z	D151-Z	T171	T661	塑33-3	塑33-5
颜色	本	黑	黑	黑、棕	黑	黑、绿	本	蓝灰	蓝灰
密度/(g/cm³)	≤1.90	≤1.50	≤1.45	≤1.45	≤1.45	≤1.45	≤1.65	≤1.80	≤2.10
比体积/(mL/g)			≤2.0	≤2.0	≤2.0			≤2.0	
收缩率/%		0.4~0.8	0.6~1.0	0.6~1.0	0.6~1.0	0.6~1.0	0.5~0.9	0.4~0.8	0.2~0.6
吸水性/(mg/cm³)	≤0.50	≤0.30	≤0.40	≤0.40	≤0.70	≤0.50	≤0.40	≤1.00	≤0.80
拉西格流动性/mm	80~200	100~200	>200 余料 0.1~0.5g	>200 余料 0.1~0.5g		≥140	120~200	120~200	120~190
马丁耐热/℃		≥110	≥125	≥125	≥120	≥120	≥125	≥140	≥150
冲击强度/(MJ/m²)	≥0.35	≥0.5	≥0.6	≥0.6	≥0.6	≥0.6	≥0.6	≥0.45	≥0.25
弯曲强度/MPa		≥55	≥70	≥70	≥70	≥70	≥70	≥70	≥50
表面电阻率/Ω			≥1×10¹²	≥1×10¹²	≥1×10¹¹			≥1×10¹²	≥1×10¹²
体积电阻率/Ω·cm			≥1×10¹¹	≥1×10¹¹	≥1×10¹⁰			≥1×10¹²	≥1×10¹¹
击穿强度/(kV/cm)			≥13	≥13	≥12			≥12	≥12

塑料型号	MP-1	A₁(脲甲醛树脂)		A₂(半透明甲醛树脂粉)	聚邻苯二甲酸二丙烯酯(DAP)		4250(有机硅树脂粉)	KH-612(聚硅氮烷)
		粉	粒		D100(长玻纤增强)	D200(短玻纤增强)		
颜色	蓝、灰							
密度/(g/cm³)	≤2.00	≤1.50	≤1.50	<1.50	≤1.70	≤1.70	1.75~1.95	2.03
比体积/(mL/g)		≤3.0	≤2.0	≤3.0				
收缩率/%	0.1~0.4	0.4~0.8	0.4~0.8	0.4~0.8	0.1~0.3	0.4~0.8	≤0.5	0.76(成型后)
吸水性/(mg/cm³)	≤0.40	0.50	≤0.50					
拉西格流动性/mm		140~200	140~200	140~200	好	好	100~160	30
马丁耐热/℃	≥180	≥100	≥100	≥90		130~190		
冲击强度/(MJ/m²)	≥1.5	≥0.8	≥0.7	≥0.7	≥3.5	≥2		
弯曲强度/MPa	≥80	≥90	≥90	≥90	>80	70~100		
表面电阻率/Ω	≥1×10¹¹	≥1×10¹¹	≥1×10¹¹		≥1.5×10¹²	≥1.2×10¹⁶		
体积电阻率/Ω·cm	≥1×10¹⁰	≥1×10¹¹	≥1×10¹¹		≥3.87×10¹⁵	≥5.5×10¹⁵		
击穿强度/(kV/cm)	≥11	≥10	≥10		13	15		

注：1. 同一型号的塑料，因生产厂、生产日期和批量不同，技术指标会略有差异，应以产品的检验说明书为准。
2. 表中酚醛树脂粉型号按 GB 1404—1995；脲甲醛树脂粉型号按 HG2-887—1976。

2.2 常用塑料的成型工艺参数

2.2.1 常用热塑性塑料的成型工艺参数

① 常用热塑性塑料成型工艺参数见表 2-10。
② 常用热塑性塑料挤出成型时的温度参数见表 2-11。
③ 几种塑料管材的挤出成型工艺参数见表 2-12。
④ 常用热塑性增强塑料成型的主要工艺参数见表 2-13。

表 2-10 常用热塑性塑料成型工艺参数

名称		聚氯乙烯 PVC		聚乙烯		聚丙烯 PP		聚苯乙烯 PS	
		(硬 PVC)	(软 PVC)	高密度 (PE-HD)	低密度 (PE-LD)		玻纤增强		高抗冲
注射机类型		螺杆式	柱塞式	螺杆式	柱塞式	螺杆式	螺杆式	柱塞式	螺杆式
预热和干燥	温度/℃	70~80	70~80	70~80	70~80	70~80		70~80	70~80
	时间/h	3~4	3~4	1	1	1		1	1
料筒温度 /℃	后段	160~170	140~150	140~160	140~160	160~180	160~180	140~160	140~160
	中段	165~180		180~200		180~200	210~220		170~190
	前段	170~190	160~190	180~190	170~200	200~220	190~200	170~190	170~190
喷嘴温度/℃		150~170	140~150	150~180	150~170	170~190	180~190	160~170	160~170
模具温度/℃		30~60	30~40	30~60	35~55	80~90	80~90	32~65	20~50
注射压力/MPa		80~130	40~80	70~100	60~100	70~100	90~130	60~110	60~100
成型时间 /s	高压时间	0~5	0~5	0~5	0~5	0~3	2~5	0~3	0~3
	注射时间	15~60	15~40	15~60	15~60	20~60	15~40	15~45	15~40
	冷却时间	15~60	15~30	15~60	15~60	20~90	15~40	15~60	10~40
	总周期	40~140	40~80	40~140	40~140	50~160	40~100	40~120	40~90
螺杆转速/(r/min)		28		30~60		48	30~60		30~60
后处理	方法						红外线灯、烘箱		
	温度/℃						70		
	时间/h						2~4		
说明		空气循环干燥箱干燥		料斗干燥					

名称		AS	丙烯腈-丁二烯-苯乙烯共聚物 ABS						聚甲醛 POM
			ABS	高抗冲	耐热	电镀级	阻燃	透明	均聚
注射机类型		螺杆式	螺杆式	螺杆式	螺杆式	螺杆式	螺杆式	螺杆式	螺杆式
预热和干燥	温度/℃	70~85	80~95	80~95	80~95	80~95	80~95	80~95	110
	时间/h	2	4~5	4~5	4~5	4~5	4~5	4~5	2
料筒温度 /℃	后段	170~180	150~170	200~210	200~220	200~210	170~190	190~200	170~180
	中段	210~230	165~180	210~230	220~240	230~250	200~220	220~240	170~190
	前段	200~210	180~200	180~200	190~200	210~230	190~200	200~220	170~190
喷嘴温度/℃		180~190	170~180	190~200	190~200	190~210	180~190	190~200	170~180
模具温度/℃		50~70	50~80	50~80	60~85	40~80	50~70	50~70	90~120①
注射压力/MPa		80~120	60~100	70~120	85~120	70~120	60~100	70~100	80~130
成型时间 /s	高压时间	0~5	0~5	3~5	3~5	0~4	3~5	0~1	2~5
	注射时间	15~30	15~30	15~30	15~30	20~50	15~30	15~40	20~80
	冷却时间	15~30	15~30	15~30	15~30	15~30	10~30	10~30	20~60
	总周期	40~70	40~70	40~70	40~70	40~90	30~70	30~80	50~150
螺杆转速/(r/min)		20~50	30~60	30~60	30~60	20~60	20~50	30~60	20~40
后处理	方法		红外线灯、烘箱	红外线灯、烘箱	红外线灯、烘箱	红外线灯、烘箱	红外线灯、烘箱		红外线灯、烘箱
	温度/℃		70	70	70	70	70		90~145
	时间/h		2~4	2~4	2~4	2~4	2~4		4
说明		空气循环干燥箱干燥							

续表

名称		聚甲醛 POM	聚酰胺 PA						
		共聚	聚酰胺 6	玻纤增强 6	聚酰胺 11	玻纤增强 11	聚酰胺 12	聚酰胺 66	玻纤增强 聚酰胺 66
注射机类型		螺杆式	螺杆式	螺杆式	螺杆式	螺杆式	螺杆式	螺杆式	螺杆式
预热和干燥	温度/℃	110	90～100		90～100		90～100	90～100	
	时间/h	2	2.5～3.5		2.5～3.5		2.5～3.5	2.5～3.5	
料筒温度 /℃	后段	170～190	200～210	200～210	170～180	180～190	160～170	240～250	230～260
	中段	180～200	230～240	230～250	190～220	200～250	190～240	260～280	260～290
	前段	170～190	220～230	220～240	185～200	200～220	185～220	255～265	260～270
喷嘴温度/℃		170～180	200～210	200～210	180～190	190～200	170～180	250～260	250～260
模具温度/℃		90～120①	60～100	80～120	60～90	60～90	70～110	60～120	100～120
注射压力/MPa		80～120	80～110	90～130	90～120	90～130	90～130	80～130	80～130
成型时间 /s	高压时间	2～5	0～4	2～5	0～4	2～5	2～5	0～5	3～5
	注射时间	20～90	15～50	15～40	15～50	15～40	20～60	20～50	20～50
	冷却时间	20～60	20～40	20～40	20～40	20～40	20～40	20～40	20～40
	总周期	50～160	40～100	40～90	40～100	40～90	50～110	50～100	50～100
螺杆转速/(r/min)		20～40	20～50	20～40	20～50	20～40	20～50	20～50	20～40
后处理	方法	红外线灯、烘箱	水或油						
	温度/℃	90～145	90～100						
	时间/h	4	4～10						
说明		干燥箱干燥	料斗干燥		料斗干燥		料斗干燥	料斗干燥	

名称		聚酰胺 PA					聚碳酸酯 PC		聚砜 PSU
		聚酰胺 610	聚酰胺 612	聚酰胺 1010	玻纤增强 聚酰胺 1010	聚酰胺 透明		玻纤增强	
注射机类型		螺杆式	螺杆式	螺杆式	螺杆式	螺杆式	螺杆式	螺杆式	螺杆式
预热和干燥	温度/℃	90～100	90～100	90～100		90～100	120		120～140
	时间/h	2.5～3.5	2.5～3.5	2.5～3.5		2.5～3.5	8～12		3～4
料筒温度 /℃	后段	200～210	200～205	190～200	190～200	220～240	210～240	260～280	280～300
	中段	230～250	210～230	220～240	230～260	250～270	230～280	270～310	300～330
	前段	220～230	210～220	200～210	210～230	240～250	240～285	260～290	290～310
喷嘴温度/℃		200～210	200～210	190～220	180～190	220～240	240～250	240～260	280～290
模具温度/℃		60～90	40～70	40～80	40～80	40～60	90～110*	90～110*	130～150*
注射压力/MPa		70～110	70～120	70～100	90～130	80～130	80～130	100～140	100～140
成型时间 /s	高压时间	0～5	0～5	0～5	2～5	0～5	0～5	2～5	0～5
	注射时间	20～50	20～50	20～50	20～40	20～60	20～90	20～60	20～80
	冷却时间	20～40	20～40	20～40	20～40	20～40	20～90	20～50	20～50
	总周期	50～100	50～110	50～100	50～90	50～110	40～190	50～110	50～140
螺杆转速/(r/min)		20～50	20～50	20～50	20～40	20～50	20～40	20～30	20～30
后处理	方法	水或油					红外线灯、烘箱		红外线灯、烘箱
	温度/℃	90～100					100～130		110～130
	时间/h	4～10					2～8		2～8
说明		料斗干燥				料斗干燥	空气循环 干燥箱干燥		空气循环 干燥箱干燥

续表

名称		聚砜 PSU 玻纤增强	聚苯醚 PPE	改性	聚芳砜 PAS	聚三氟氯乙烯 PCTFE	全氟(乙烯-丙烯)树脂 FEP (F-46)
注射机类型		螺杆式	螺杆式	螺杆式	螺杆式	螺杆式	螺杆式
预热和干燥	温度/℃ 时间/h		95～110 2～4		200 6～8		
料筒温度/℃	后段 中段 前段	290～300 310～330 300～320	230～240 260～290 260～280	230～240 240～270 230～250	310～370 345～385 385～420	200～210 285～290 275～280	165～190 270～290 310～330
喷嘴温度/℃		280～300	250～280	220～210	290～310	265～270	300～310
模具温度/℃		130～150①	110～150①	60～80	230～260①	110～130①	110～130①
注射压力/MPa		100～140	100～140	70～110	100～200	80～130	80～130
成型时间/s	高压时间 注射时间 冷却时间 总周期	2～7 20～50 20～50 50～110	0～5 30～70 20～60 60～140	0～3 30～70 20～50 60～130	0～5 15～40 15～20 40～50	0～3 20～60 20～60 50～130	0～3 20～60 20～60 50～130
螺杆转速/(r/min)		20～30	20～30	20～50	20～30	30	30
后处理	方法 温度/℃ 时间/h		红外线灯、烘箱 150 4				
说明			空气循环干燥箱干燥		鼓风烘箱干燥		

名称		聚甲基丙烯酸甲酯 PMMA	PMMA-PC	氯化聚醚 CPT	聚酰亚胺 PI	乙酸纤维素 CA
注射机类型		螺杆式	螺杆式	螺杆式	螺杆式	柱塞式
预热和干燥	温度/℃ 时间/h	90～95 6～8			130 4	70～75 4
料筒温度/℃	后段 中段 前段	180～200 190～230 180～210	210～230 240～260 230～250	180～190 180～200 180～200	280～300 300～330 290～310	150～170 170～200
喷嘴温度/℃		180～200	220～240	170～180	290～300	150～180
模具温度/℃		40～80	60～80	80～110①	120～150①	40～70
注射压力/MPa		50～120	80～130	80～110	100～150	60～130
成型时间/s	高压时间 注射时间 冷却时间 总周期	0～5 20～40 20～40 50～90	0～5 20～40 20～40 50～90	0～5 15～50 20～50 40～110	0～5 20～60 30～60 60～130	0～5 15～40 15～40 40～90
螺杆转速/(r/min)		20～30	20～30	20～40	20～30	
后处理	方法 温度/℃ 时间/h	红外线灯、烘箱 70 4～6			红外线灯、鼓风烘箱 150 4	
说明		空气循环干燥箱干燥			鼓风烘箱干燥	

① 模具须预热。

表 2-11 常用热塑性塑料挤出成型时的温度参数

塑料名称	挤出温度/℃				原料中水分控制/%
	加料段	压缩段	均化段	机头及模段	
丙烯酸类聚合物	室温	100~170	~200	175~210	≤0.025
乙酸纤维素	室温	110~130	~150	175~190	<0.5
聚酰胺(PA)	室温~90	140~180	~270	180~270	<0.3
聚乙烯(PE)	室温	90~140	~180	160~200	<0.3
硬聚氯乙烯(硬PVC)	室温~60	120~170	~180	170~190	<0.2
软聚氯乙烯及聚氯乙烯共聚物	室温	80~120	~140	140~190	<0.2
聚苯乙烯(PS)	室温~100	130~170	~220	180~245	<0.1

表 2-12 几种塑料管材的挤出成型工艺参数

工艺参数 \ 塑料管材		硬聚氯乙烯(硬PVC)	软聚氯乙烯(软PVC)	低密度聚乙烯(PE-LD)	ABS	聚酰胺1010(PA1010)	聚碳酸酯(PC)
管材外径/mm		95	31	24	32.5	31.3	32.8
管材内径/mm		85	25	19	25.5	25	25.5
管材壁厚/mm		5±1	3	2±1	3±1	—	—
机筒温度/℃	后段	80~100	90~100	90~100	160~165	200~250	200~240
	中段	140~150	120~130	110~120	170~175	260~270	240~250
	前段	160~170	130~140	120~130	175~180	260~280	230~255
机头温度/℃		160~170	150~160	130~135	175~180	220~240	200~220
口模温度/℃		160~180	170~180	130~140	190~195	200~210	200~210
螺杆速度/(r/min)		12	20	16	10.5	15	10.5
口模内径/mm		90.7	32	24.5	33	44.8	33
芯模外径/mm		79.7	25	19.1	26	38.5	26
稳流定型段长度/mm		120	60	60	50	45	87
拉伸比		1.04	1.2	1.1	1.02	1.5	0.97
真空定径套内径/mm		96.5	—	25	33	31.7	33
定径套长度/mm		300	—	160	250	—	250
定径套与口模间距/mm		—	—	—	25	20	20

注：稳流定型段由口模和芯模的平直部分构成。

表 2-13 常用热塑性增强塑料成型的主要工艺参数

塑料名称	玻纤含量/%	密度/(g/cm³)	计算收缩率/%	成型压力/MPa	成型温度/℃	模具温度/℃	备注
聚乙烯	20	1.10	0.1~0.2	106~281	230~330	—	
聚丙烯	20~40	1.04~1.05	0.4~0.8	70~140	230~290	~	
聚苯乙烯	20~30	1.2~1.33	0.1~0.2	56~160	260~280	~	
丙烯腈-苯乙烯共聚物	20~30	1.2~1.46	0.1~0.2	106~281	230~300	~	
丙烯腈-丁二烯-苯乙烯共聚物(ABS)	20~40	1.23~1.46	0.1~0.2	106~281	260~290	75	
聚对苯二甲酸乙二酯	30	1.6	0.2~1.0	56~160	250~300	50~70 135~150	
尼龙1010	35	1.23	0.4~0.7	80~100	190~250	—	
尼龙6	30	1.34	0.3~1.0	70~176	227~316	70	
尼龙66	20~40	1.30~1.52	0.7~1.0	80~130	230~280	110~120	计算收缩率以玻纤含量为30%时计
聚甲醛	20	1.54	—	70~140	177~249	80	
聚碳酸酯	30	1.4	0.3~0.5	80~130	210~300	90~110	计算收缩率以玻纤含量为20%时计

⑤ 几种热塑性塑料棒材挤出成型工艺条件见表 2-14。
⑥ 几种热塑性塑料板材挤出加工温度条件见表 2-15。

表 2-14　几种热塑性塑料棒材挤出成型工艺条件

工艺		聚酰胺		ABS	聚碳酸酯	聚甲醛	聚苯醚	聚砜	氯化聚醚
		尼龙1010	尼龙66						
棒材规格/mm		φ60	φ60	φ60	φ60	φ60	φ30	φ30	φ40
螺杆结构类型		突变型	突变型	渐变型	渐变型	突变型	渐变型	渐变型	渐变型
挤出机规格/mm		φ65	φ65	φ65	φ65	φ65	φ30	φ130	φ65
机身温度 /℃	加料段	265~275	295~300	160~170	280~290	160~170	245~255	290~295	220~225
	压缩段	275~285	300~315	170~175	300~305	170~190	265~275	300~315	220
	匀化段	270~280	295~305	175~180	280~290	165~175	270~280	305~320	200~205
机头温度 /℃	过滤板处	260~270	290~300	175~180	280~290	170~185	270	310	170
	机头Ⅰ	250~255	290~295	150~160	290~295	170~180	250	300	160
	机头Ⅱ	210~220	280~290	150~160	290~295	170~180	220~240	270	150~160
	口模处	200~210	280~290	170~180	290	175~180	200~210	245	150~160
冷却定型模温度/℃		70~80	85~95	55~60	70~80	50~60	70~80	80~92	90~95
螺杆转速/(r/min)		10.5	6.5~8	11~14	8~10.5	9.5~10.5	4~4.5	3.5~4	4~5
棒材挤出速度/(mm/min)		44~50	25~30	22~25	30~35	25~30	15~16	18~20	15~18
冷却定型模孔径/mm		φ67	φ69.5	φ5.5	φ65	φ65	φ34.9	φ34.9	φ44.6
棒材实际直径/mm		φ63	φ65	φ94.5	φ64.2	φ62	φ33.4	φ34.5	φ43.6
产品收缩率/%		5	6.4	1.5	1.7	3.8	4.4	1.2	2.2
生产率/(kg/h)		9~9.5	5~5.5	~	5.5~6	9.5~10	1.0	1.2	1.0

表 2-15　几种热塑性塑料板材挤出加工温度条件

温度		塑料品种				
		硬聚氯乙烯	软聚氯乙烯	低密度聚乙烯	聚丙烯	ABS
料筒温度 /℃	1	120~130	100~120	150~160	150~170	40~60
	2	130~140	135~145	160~170	180~190	100~120
	3	150~160	145~155	170~180	190~200	130~140
	4	160~180	150~160	180~190	200~205	140~150
连接器温度/℃		150~160	140~150	160~170	180~200	140~150
机头温度 /℃	1	175~180	165~170	190~200	200~210	160~170
	2	170~175	160~165	180~190	200~210	150~160
	3	155~165	145~155	170~180	190~200	150~155
	4	170~175	160~165	180~190	200~210	150~160
	5	175~180	165~170	190~200	200~210	160~170
三辊压光机 温度/℃	上辊	70~80				
	中辊	80~90				
	下辊	60~70				

2.2.2　常用热固性塑料的成型工艺参数

① 常用热固性塑料模塑成型工艺参数见表 2-16。
② 热固性塑料的压缩成型温度和压力见表 2-17。
③ 常用热固性塑料注射成型工艺参数见表 2-18。
④ 部分塑料压注成型的主要工艺参数见表 2-19。
⑤ 热固性增强塑料成型条件见表 2-20。

表 2-16　常用热固性塑料模塑成型工艺参数

牌号	预热条件 温度/℃	预热条件 时间/min	成型温度/℃	成型压力/MPa	保持时间/(min/mm)	说明
R128,R131 R133,R135 R138			160~175	>25	0.8~1.0	①有机硅树脂(42~50)成型后需要高温热处理固化。②聚硅氧烷(KH-612)的固化剂为碱式碳酸钙、苯甲酸,二次固化条件为200℃,2h。③压注成型压力:酚醛树脂取50~80MPa,纤维填料的塑取80~120MPa,环氧,聚硅氧烷等低压封装用塑料取2~10MPa,模具温度一般取130~190℃
D131,D133 D141,D144 D151	100~140	根据塑件大小和要求选定	155~165	>25	0.6~1.0	
D138	100~140		160~180	>25	0.6~1.0	
U1601	140~160	4~8	155~165	>25	1.0~1.5	
U2101 U8101 U2301	150~160	5~10	165~180	>30	2.0~2.5	
P2301,P3301 P2701,P7301	150~160	5~10	160~170	>40	2.0~2.5	
Y2301	120~160	5~30	160~180	>30	2.0~2.5	
A1501	140~160	4~8	150~160	>25	1.0~1.5	
S5802	100~130	4~6	145~160	>25	1.0~1.5	
H161	120~130	4~8	155~165	>25	1.0~1.5	
E431			155~165	>25	1.0~1.5	
E631	130~150	6~8	155~165	25~35	1.0~1.5	
E731	120~150	4~10	150~155	>30	1.0~1.5	
J1503	125~135	4~8	165~175	>25	1.0~1.5	
J8603	135~145	5~10	160~175	>25	1.5~2.0	
M441 M4602 M5802	120~140	4~6	150~160	25~35	1.0~1.5	
T171,T661			155~165	25~35	1.0~1.5	
MP2F-D310	115~125	10~15	135~145	>40	2.0	
MF4P-C410	100~120	6~10	160~175	>35	2.0~2.5	
MF4P-C420	115~125	6~8	150~165	>35	2.0~2.5	
A_1(粉)			薄壁塑件 140~150	25~35	薄壁塑件 0.5~1.0	
A_1(粒)			一般塑件 135~145		一般塑件 1.0	
A_2			大型厚件 125~135		大型厚件 1.0~2.0	
4250	115~120	5~7	165~175	35~45	2.0~3.0	
KH-612	90~100	配制工艺 混炼 25~40	160~180	1~10	2.0~5.0	
D100 (长玻纤维增强)			130~160	20~30	1.0~2.0	
D200 (短玻纤维增强)			130~160	20~30	1.0~2.0	

表 2-17　热固性塑料的压缩成型温度和压力

塑料种类	成型温度/℃	成型压力/MPa	塑料种类	成型温度/℃	成型压力/MPa
酚醛树脂(PF)	146~180	7~42	不饱和聚酯树脂(UP)	85~150	0.35~3.5
三聚氰胺甲醛树脂(MF)	140~180	14~56	环氧树脂(EP)	145~200	0.7~14
脲甲醛树脂(UF)	135~155	14~56	有机硅树脂(DSMC)	150~190	7~56

表 2-18 常用热固性塑料注射成型工艺参数

项目		D151-Z T161-Z H161-Z	H1606-Z	SP2201J SP2202J	PF2C3-431J	MF4P-C410 MF4P-C420 MP1I-C710	脲甲醛树脂 （UF）
螺杆转速/(r/min)		40~60	40~60	40~60	40~60	40~50	40~50
料筒温度/℃	前段	80~100	80~100	80~100	80~100	80~95	70~95
	后段	40~60	40~60	40~60	40~60	40~60	40~50
模具温度/℃	定模	165~175	175~185	160~170	165~175	160~170	140~160
	动模	170~180	180~190	170~180	170~180	170~175	
喷嘴温度/℃		90~100	90~100	90~100	90~100	85~95	85~95
注射压力/MPa		80~150	80~150	80~150	80~150	80~150	60~80
背压/MPa		0~0.5	0~0.5	0~0.5	0~0.5	0.2~0.5	0~0.3
注射时间/s		2~10	2~10	2~10	2~10	3~12	3~8
保持时间/(s/mm 壁厚)		20~30	30~40	25~35	25~35	25~35	25~35

表 2-19 部分塑料压注成型的主要工艺参数

塑料	填料	成型温度/℃	成型压力/MPa	压缩率/%	收缩率/%
环氧双酚 A 模树脂	玻璃纤维	138~193	7~34	3.0~7.0	0.001~0.008
	矿物填料	121~193	0.7~21	2.0~3.0	0.002~0.001
环氧酚醛模树脂	矿物和玻纤	121~193	1.7~21		0.004~0.008
	矿物和玻纤	190~196	2~17.2	1.5~2.5	0.003~0.006
	玻璃纤维	143~165	17~34	6~7	0.0002
三聚氰胺	纤维素	149	55~138	2.1~3.1	0.005~0.15
酚醛	织物和回收料	149~182	13.8~138	1.0~1.5	0.003~0.009
聚酯(BMC、TMC①)	玻璃纤维	138~160			0.004~0.005
聚酯(BMC、TMC)	导电护套料②	138~160	3.4~1.4	1.0	0.0002~0.001
聚酯(BMC)	导电护套料	138~160	—		0.0005~0.004
醇酸树脂	矿物质	160~182	13.8~138	1.8~2.5	0.003~0.01
聚酰亚胺	50%玻纤	199	20.7~69	—	0.002
脲甲醛树脂	α-纤维素	132~182	13.8~138	2.2~3.0	0.006~0.014

① TMC 指黏稠状模塑料。
② 在聚酯中添加导电性填料和增强材料的电子材料工业护套料。

表 2-20 热固性增强塑料成型条件

	塑料品种	酚醛类快速压树脂（预混）		
	牌号举例	GF699	4330-1	4330-2
	流动性能	较好	较好	较好
	密度/(g/cm³)	1.75~1.80	≤1.75~1.85	≤1.7~1.9
	比体积/(mL/g)	—	—	—
成型条件	装模温度/℃	大型复杂塑件加料时模温应取低	—	—
	成型压力/MPa	350±50	450±50	450±50
	成型温度/℃	150±5	155±5	155±5
	升温速度/(℃/min)	不计	不计	不计
	保持时间/(min/g)	1~1.5	1~2.5	1~2.5
	加压时机	合模后应轻轻压紧，停10~30s后再加压	—	—
	计算收缩率/%		—	—
	成型注意事项	①预热温度 80~90℃，2~5min。 ②成型温度按塑件形状选择，140~160℃范围内不影响成型性能。 ③需放气 1~2 次，每次 15~20s。 ④到保持时间后即可脱模，脱模剂宜用机油或硬脂酸		

续表

塑料品种		镁酚醛快速压树脂		三聚氰胺甲醛快速压树脂
牌号举例		镁酚醛树脂(预混)	镁酚醛树脂(预浸)	哈5350
流动性能		较差	差	较好
密度/(g/cm³)		—	—	≤2.0
比体积/(mL/g)		一般塑件与物料体积之比为1:2~3		—
成型条件	装模温度/℃	150~170	150~170	—
	成型压力/MPa	300~400	400~500	450±50
	成型温度/℃	160~180(电热板)	模温155~160 电热板160~170	120~135
	升温速度/(℃/min)	不计	不计	不计
	保持时间/(min/g)	1	0.5~2.5 (常取0.5~1)	1~1.5(一般) 1.5~2(大型厚壁)
	加压时机	装模后加全压,保压10~15s后,在1min内排气1~3次	装模经0~50s后再加压,同时排气3~6次	—
	计算收缩率/%	0~0.3(常取0.1~0.2)	0~0.3(常取0.1~0.2)	≤0.3
成型注意事项		①预热80~100℃,5~15min。 ②成型后即可脱模。 ③脱模剂宜用机油或硬脂酸。 ④预成型时应在90~110℃中烘2~5min,并立即装模加压成坯料。 ⑤预混料可在室温储存,储存期6~12月,预浸料为3~6个月		—

塑料品种		聚邻苯二甲酸二丙烯酯(DAP,又称电酯)	
牌号举例		D100(长纤维)	D200(短纤维)
流动性能		好	
密度/(g/cm³)		≤1.70	
比体积/(mL/g)		—	
成型条件	装模温度/℃	—	
	成型压力/MPa	200~300	
	成型温度/℃	130~160	
	升温速度/(℃/min)	不计	
	保持时间/(min/g)	1~2.0	
	加压时机	装料后即可加全压,不必排气,大型塑件可放气一次	
	计算收缩率/%	0.1~0.3	0.4~0.8
成型注意事项		①保持时间到后即可脱模,脱模剂宜用机油或硬脂酸。 ②硬化速度快,不易分解,耐热性好,挥发物少,不腐蚀模具。成型前可预热但主要是使其加温软化,预热后硬化速度快,对大型塑件、厚壁塑件应取低模温。 ③成型温度低,保持时间长时不易脱模,脱模斜度应大。 ④可供压塑、挤塑成型,挤塑时浇注系统宜取大,加压速度应快。 ⑤成型温度超过160℃时流动性迅速下降	

塑料品种		不饱和聚酯料团
牌号举例		L-100(预混)
流动性能		好
密度/(g/cm³)		≤2
比体积/(mL/g)		—
成型条件	装模温度/℃	—
	成型压力/MPa	200±5
	成型温度/℃	135±5

续表

	塑料品种	不饱和聚酯料团			
	牌号举例	L-100(预混)			
成型条件	升温速度/(℃/min)	不计			
	保持时间/(min/g)	1			
	加压时机	一次加压不必排气			
计算收缩率/%		0.06~0.1			
成型注意事项		①到保持时间后即可脱模,成型时无副产物。 ②硬化速度快,硬化时发热量大要防止局部过热,大件成型温度宜取小,小件宜取大,成型时应快装料,快加压。 ③易发生填料分布不均、强度不均、收缩不均、翘曲变形,熔接不良,应力集中等弊病,应合理装料或将物料捏成与型腔相似的坯料装入型腔加压为宜。 ④塑件不宜壁薄,避免尖角、缺口、截面不均匀。 ⑤应有足够脱模斜度,去飞边困难应控制飞边厚度及模具间隙,对模具磨损大,模具应淬硬。 ⑥储存时对温度敏感,易发生性能变化			

	塑料品种	酚醛慢速压树脂		环氧慢速压树脂	
	牌号举例	616#(高硅纤维、预混)	616#(预混)	环氧酚醛	648#
	流动性能	较差	较好	好	好
	密度/(g/cm³)	—	—	—	—
	比体积/(mL/g)	一般塑件体积与物料体积之比为1:2~3			
成型条件	装模温度/℃	60	80~90	60~70(中型塑件) 80~90(小、大塑件)	65~75
	成型压力/MPa	300~400	300~400	150~300	100~200
	成型温度/℃	175±5	175±5	170±5	230
	升温速度/(℃/min)	2	10~30℃/h	10~30℃/h	装模后以0.6~0.7℃/min升到150℃,再以0.5~0.6℃/min升到230℃
	保持时间/(min/g)	4	2~5	3~5	150℃保温1h,230℃按15~30min/mm保温
	加压时机	装模后经25~30min,在(95±5)℃时一次加至全压	合模后30~90min,在(105±2)℃时一次加至全压	合模后经20~40min(小件)、60~90min(中件)、90~120min(大件)在90~105℃时一次加至全压	合模后一次加至全压
计算收缩率/%		0~0.3(常取0.1~0.2)			
成型注意事项		①应强制降低模温。 ②模温低于60℃时才可脱模。 ③脱模剂宜用硬脂酸。 ④储存期为2~4个月,储存温度为室温		①模具应强迫冷却到60℃时才可脱模。 ②脱模剂宜用硅酯。 ③储存温度为室温,储存期为0.5~1个月。 ④合模加压时,中、大件宜取90~105℃,小件宜取(105±2)℃	①强制降温。 ②90℃以下才能脱模。 ③脱模剂宜用硅酯10%的甲苯溶液

第 3 章
塑料成型设备

3.1 注射机

目前根据国家标准和行业标准规定，国内注射机型号的表示方法：用字母"S"表示塑料机械；"Z"表示注射机；"X"表示成型；"Y"表示螺杆式（无"Y"表示柱塞式）等。

注射机的分类，按塑料的塑化方式分，有柱塞式和螺杆式；按锁模装置的传动方式分，有液压式、机械式和液压-机械式；按机器的操纵方式分，有手动、半自动和全自动等。一般较普遍的还是以外形特征和使用特征分类。按外形特征分，有立式注射机、卧式注射机、角式注射机；按使用特征分，有热塑性塑料通用型、热固型、排气型、双色型、发泡型等。除通用型注射机外，其余都属于专用注射机。专用注射机的种类很多，如热固性塑料注射机、排气式注射机、双色注射机、多工位注射机、发泡注射成型机、注射吹塑成型机等。

3.1.1 注射机的规格及主要技术参数

表 3-1 部分国产注射机的主要技术参数（1）

项目	SYS-10	SYS-30	XS-ZS-22	XS-Z-30	XS-ZY-60	XS-ZY-125	XS-ZY-250	G54-S-200/400
结构形式	立式	立式	卧式	卧式	卧式	卧式	卧式	卧式
注射方式	螺杆式	螺杆式	双柱塞式	柱塞式	柱塞式	螺杆式	螺杆式	螺杆式
螺杆(柱塞)直径/mm	$\phi22$	$\phi28$	$\phi20,\phi25$	$\phi28$	$\phi38$	$\phi42$	$\phi50$	$\phi55$
最大注射量/g 或 cm³	10①	30①	20,30	30	60	125	250	200~400
注射压力/MPa	150	157	75,117	119	122	119	130	109
合模力/kN	150	500	250	250	500	900	1800	2540
最大注射面积/cm²	45	130	90	90	130	320	500 550	645
模具最大厚度/mm	180	200	180	180	200	300	350	406
模具最小厚度/mm	100	70	60	60	70	200	200	165
最大开模行程/mm	120	80	160	160	180	300	500	260

续表

项目		SYS-10	SYS-30	XS-ZS-22	XS-Z-30	XS-ZY-60	XS-ZY-125	XS-ZY-250	G54-S-200/400
喷嘴	球半径/mm	SR12	SR12	SR12	SR12	SR12	SR12	SR18	SR18
	孔直径/mm	$\phi2.5$	$\phi3$	$\phi2$	$\phi4$	$\phi4$	$\phi4$	$\phi4$	$\phi4$
	定位圈直径/mm	$\phi55^{+0.06}_{0}$	$\phi55^{+0.06}_{0}$	$\phi63.5^{+0.064}_{0}$	$\phi63.5^{+0.064}_{0}$	$\phi55^{+0.06}_{0}$	$\phi100^{+0.06}_{0}$	$\phi125^{+0.06}_{0}$	$\phi125^{+0.06}_{0}$
顶出	中心顶出孔径/mm	$\phi30$	$\phi50$			$\phi50$			
	两侧顶出 孔径/mm			$\phi16$	$\phi20$		$\phi22$	$\phi40$	
	两侧顶出 孔距/mm			170	170		230	280	
模板尺寸(长×宽)/(mm×mm)		300×360	330×440	250×280	250×280	330×440	428×458	598×520	532×634
机器外形尺寸(长×宽×高)/mm×mm×mm				2340×800×1460	2340×800×1460	3160×850×1550	3310×750×1550	4700×1000×1815	1700×1400×1800

项目	SZY-300	XS-ZY-500	XS-ZY-1000	XS-ZY-1000A	SZY-2000	XS-ZY-3000	XS-ZY-4000	XS-ZY-6000
结构形式	卧式	卧式	卧式	卧式	卧式	卧式	卧式	卧式
注射方式	螺杆式	螺杆式	螺杆式	螺杆式	螺杆式	螺杆式	螺杆式	螺杆式
螺杆(柱塞)直径/mm	$\phi60$	$\phi65$	$\phi85$	$\phi100$	$\phi110$	$\phi120$	$\phi130$	$\phi150$
最大注射量/g 或 cm³	320	500	1000	2000	2000	3000	4000	6000
注射压力/MPa	77.5	145	121	121	90	90,115	106	110
合模力/kN	1500	3500	4500	6000	6000	6300	10000	18000
最大注射面积/cm²	—	1000	1800	2000	2600	2520	3800	5000
模具最大厚度/mm	355	450	700	700	800	960,680,400	1000	1000
模具最小厚度/mm	285	300	300	300	500		700	700
最大开模行程/mm	340	500	700	700	750	1120	1100	1400
喷嘴 球半径/mm	SR18	SR18	SR18	SR18			SR20	
喷嘴 孔直径/mm	$\phi4$	$\phi7.5$	$\phi7.5$	$\phi7.5$			$\phi10$	
定位圈直径/mm	$\phi180^{+0.06}_{0}$	$\phi150^{+0.06}_{0}$	$\phi150^{+0.06}_{0}$	$\phi150^{+0.06}_{0}$	$\phi198$		$\phi300$	
顶出 中心顶出孔径/mm		$\phi150$	$\phi150$					
顶出 两侧 孔径/mm		$\phi24.5$	$\phi20$	$\phi20$			$\phi90$	
顶出 两侧 孔距/mm	280	530	850	850	720		1200	
模板尺寸(长×宽)/(mm×mm)	520×620	700×850	900×1000		1180×1180	1350×1250		
机器外形尺寸(长×宽×高)/(mm×mm×mm)	5300×940×1815	6500×1300×2000	7670×1740×2380		10908×1900×3430	1100×2900×3200	1150×3000×4500	12000×2200×3000

① 注射容量单位为 g。

表 3-2　部分国产注射机的主要技术参数(2)

项目	SZ-30/250	SZ-63/400	SZ-68/500	SZ-100/500	SZ-100/630	SZ-100/800
理论注射容积/cm³	35,50	78			100	106,138,175
注射质量/g	30,45	62	96	124	93.5	85,110,140
螺杆(柱塞)直径/mm	$\phi25,\phi30$	$\phi30$	$\phi35$	$\phi38$	$\phi33$	$\phi35,\phi40,\phi45$
注射压力/MPa	185,132	170	165	160	150	182,140,110
塑化能力/(g/s)	4.0,5.5	8.8	8.7	10.7	11.1	9.7,11.9,15.3
注射速率/(g/s)	35,50	60			70	80,85,90
锁模力/kN	250	350	500	500	630	800
模板行程/mm	160	250	250	250	250	270
模板最大开距/mm	340					570
拉杆内间距/mm	235	300×260	300×300	300×300	325×325	329×294

续表

项目	SZ-30/250	SZ-63/400	SZ-68/500	SZ-100/500	SZ-100/630	SZ-100/800
模具最大厚度/mm	180	250	300	300	260	300
模具最小厚度/mm	120	150	100	100	140	170
喷嘴球头半径/mm	SR10	SR10	SR12	SR12	SR10	SR10
模具定位孔直径/mm	$\phi 63.5H7$	$\phi 125H7$	$\phi 100H7$	$\phi 100H7$	$\phi 100H7$	$\phi 120H7$
顶出形式		中心、两侧	中心、两侧	中心、两侧		
顶杆中心距/mm		260	240	240		
顶出力/mm			28	28	27	
顶出行程/mm		70	65	65	75	
料筒加热功率/kW	3.5	6.5	3.75	3.75	7.5	7.9
液压泵电机功率/kW	7.5	15	11	11	7.5	15
机器外形尺寸（长×宽×高）/(mm×mm×mm)	240×745×1350	4200×1100×1680	3300×800×1800	3300×800×1800		315×860×1720
质量（约）/t	1.1	3.2	2.2	2.3	2.5	2.8

项目	SZ-160/1000-DC	SZ-200/1000-DC	SZ-250/1300	SZ-250/1650	SZ-320/1600	SZ-500/2000
理论注射容积/cm³			250	250	294,363,440	500
注射质量/g	171	208	227	225	247,305,369	463.5
螺杆（柱塞）直径/mm	$\phi 38$	$\phi 42$	$\phi 45$	$\phi 50$	$\phi 45,\phi 50,\phi 55$	$\phi 60$
注射压力/MPa	182	150	165	150	199,161,133	140
塑化能力/(g/s)	13	18	22.2	16.1	25	27.8
注射速率/(g/s)			134	150	159,196,237	60
锁模力/kN	1000	1000	1300	1650	1600	2000
模板行程/mm	320	320	345	350	450	380
模板最大开距/mm			730	730	900	
拉杆内间距/mm	365×365	365×365	410×410	370×370	450×450	435×435
模具最大厚度/mm	350	350	380	380	450	450
模具最小厚度/mm	130	130	180	200	220	200
喷嘴球头半径/mm	SR15	SR20	SR15	SR18	SR15	SR20
模具定位孔直径/mm	$\phi 125H8$	$\phi 125H8$	$\phi 120H7$	$\phi 125H7$	$\phi 125H7$	$\phi 160H7$
顶出形式	中心、两侧	中心、两侧	中心、两侧			
顶杆中心距/mm	254	254	254			
顶出力/kN	27	27.5				40
顶出行程/mm	85	160				105
料筒加热功率/kW	6.6	6.47	11	11	11.3	10
液压泵电动功率/kW	11	15	22	22	30	22
机器外形尺寸（长×宽×高）/(mm×mm×mm)			4000×1300×1800	5400×1140×1900	5800×1450×2600	
质量（约）/t	2.5	4.8	4.2	6	7	52

项目	SZ-500/1600	SZ-630/2500	SZ-800/2500	SZ-1250/4000	SZ-1600/4000	SZ-2000/4000
理论注射容积/cm³	315,370,449	630	800	1307	1617	2000
注射质量/g	330,388,471	584	739			
螺杆（柱塞）直径/mm	$\phi 45,\phi 50,\phi 55$	$\phi 60$	$\phi 65$	$\phi 80$	$\phi 85$	$\phi 90$
注射压力/MPa	133,161,199	140	168.1	154.2	155	130
塑化能力/(g/s)	24	29.2	36.7	65	70	75
注射速率/(g/s)	103,127,153	55	270	410	410	430

续表

项目	SZ-500/1600	SZ-630/2500	SZ-800/2500	SZ-1250/4000	SZ-1600/4000	SZ-2000/4000
锁模力/kN	1600	2500	2500	4000	4000	4000
模板行程/mm	420	390	600	750	750	750
模板最大开距/mm			1200	1520	1520	1520
拉杆内间距/mm	480×390	460×460	630×630	750×750	750×750	750×750
模具最大厚度/mm	420	450	600	770	770	770
模具最小厚度/mm	260	200	250	380	380	380
喷嘴球头半径/mm	$SR20$	$SR35$	$SR10$	$SR20$	$SR20$	$SR20$
模具定位孔直径/mm	$\phi160H7$	$\phi160H7$	$\phi160H7$	$\phi200H7$	$\phi200H7$	$\phi200H7$
顶出形式/mm	中心					
顶杆中心距/mm						
顶出力/mm		46				
顶出行程/mm	90	105				
料筒加热功率/kW	9	12	14.5	22.3	22.3	24.3
液压泵电动功率/kW	22	22	37	45	45	45
机器外形尺寸(长×宽×高)/(mm×mm×mm)	5000×1000×2000		6600×1550×2200	7750×1820×2250	7750×1820×2250	7750×1820×2250
质量(约)/t	5	5.2	12	13.5	13.5	14

项目	SZ-2500/5000	SZ-2500/6300	SZ-3200/8000	SZ-4000/8000	D430	D750
理论注射容积/cm³	2622	2500,3100	3200	4000	1560	3800
注射质量/g		2100,2600	2855	3568	1390	3390
螺杆(柱塞)直径/mm	$\phi95$	$\phi90,\phi100$	$\phi105$	$\phi110$	$\phi82$	$\phi110$
注射压力/MPa	160	154,125	165	150	151	161
塑化能力/(g/s)	80	55.6,65	75	88.9	72	109
注射速率/(g/s)	500	500,600	600	769	540	790
锁模力/kN	5000	6300	8000	8000	4300	7500
模板行程/mm	900	950	1000	1000	710	970
模板最大开距/mm	1820	1800	2025	2025	1480	2020
拉杆内间距/mm	900×900	830×830	970×970	970×970	710×710	970×970
模具最大厚度/mm	870	850	1050	1050	770	1050
模具最小厚度/mm	450	450	450	450	380	550
喷嘴球头半径/mm	$SR20$	$SR18$	$SR18$	$SR18$	$SR35$	$SR35$
模具定位孔直径/mm	$\phi250H7$	$\phi150H7$	$\phi200H7$	$\phi200H7$	$\phi200H8$	$\phi250H8$
顶出形式						
顶杆中心距/mm						
顶出力/mm						
顶出行程/mm						
料筒加热功率/kW	26.25	22	32	33.25	28.2	68
液压泵电动功率/kW	37+30	74	55×2	55×2	75	110
机器外形尺寸(长×宽×高)/(mm×mm×mm)	9500×3000×2600	8840×1800×2200	1012×2000×3300	1012×2000×3300	9650×1830×2350	1225×2300×2458
质量(约)/t	25	30	42	42	19.2	39

3.1.2 部分注射机的模板尺寸

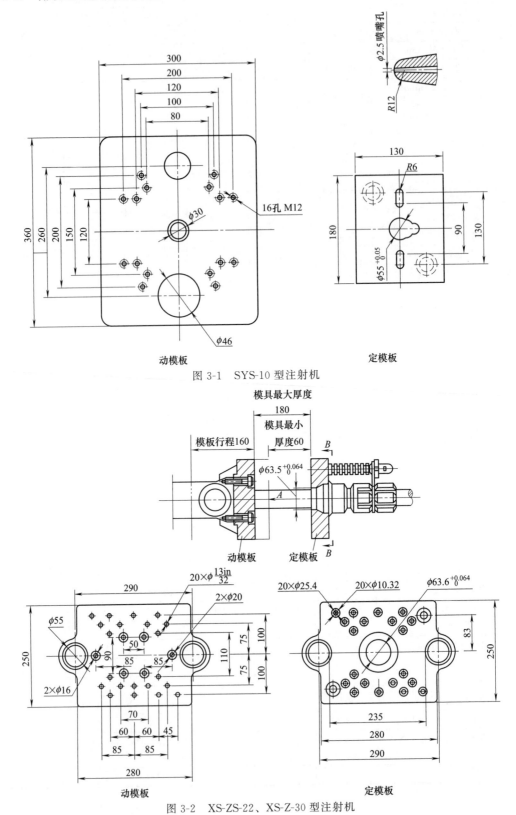

图 3-1 SYS-10 型注射机

图 3-2 XS-ZS-22、XS-Z-30 型注射机

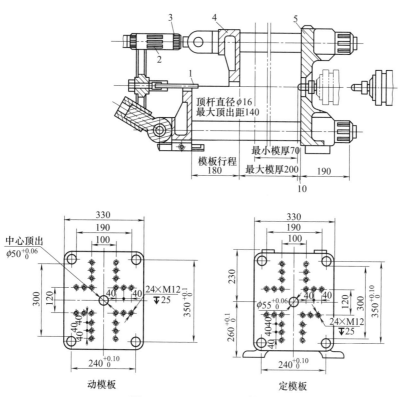

图 3-3 XS-ZY-60 型注射机

1—顶杆；2—调节螺母；3—紧定螺母；4—动模板；5—定模板

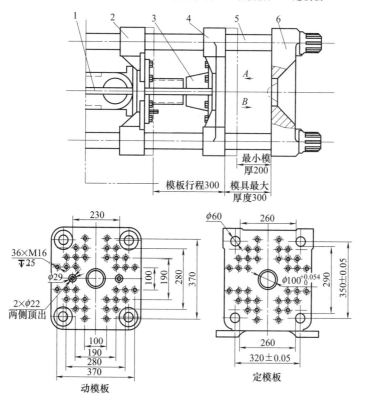

图 3-4 XS-ZY-125 型注射机

1—顶杆；2—支架；3—螺母；4—移动模板；5—拉杆；6—固定模板

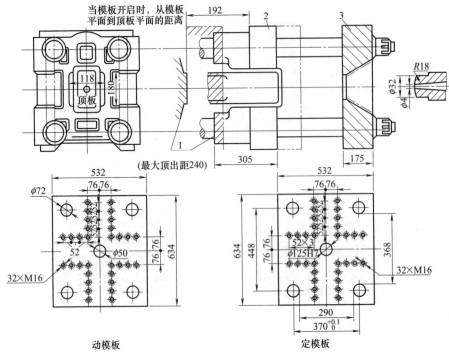

图 3-5　G54-S-200/400 型注射机
1—顶板；2—移动模板；3—固定模板

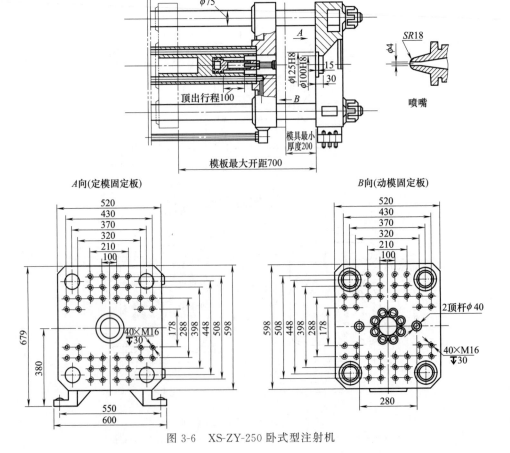

图 3-6　XS-ZY-250 卧式型注射机

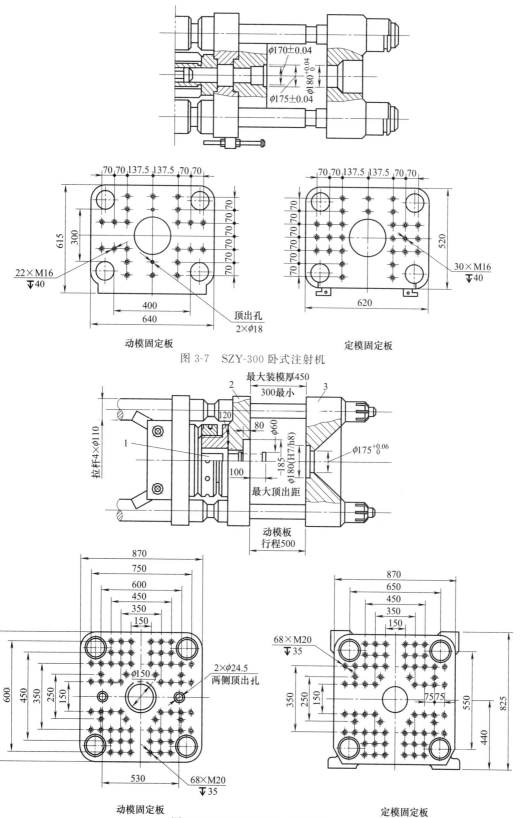

图 3-7 SZY-300 卧式注射机

图 3-8 XS-ZY-500 卧式注射机
1—中心液压顶出油缸；2—动模板；3—定模板

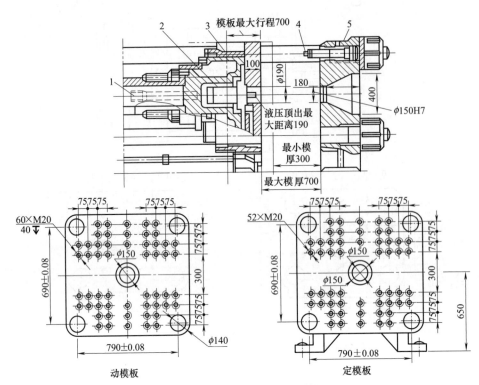

图 3-9 XS-ZY-1000 卧式注射机
1—机械顶出器；2—液压顶出装置；3—稳压油缸；4—启模辅助装置；5—定模板

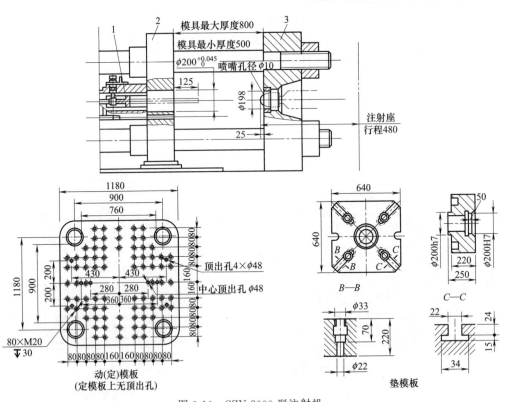

图 3-10 SZY-2000 型注射机
1—液压中心顶出器；2—前动模板；3—前定模板

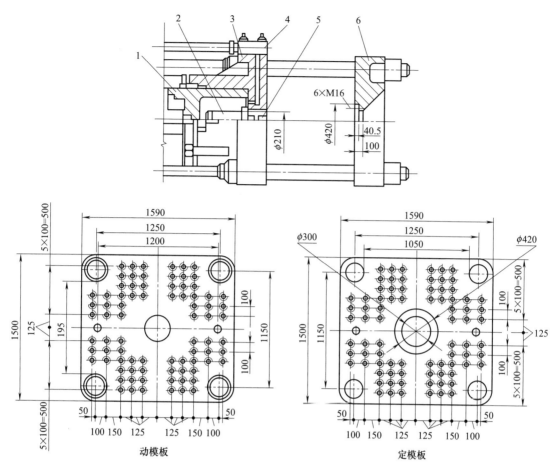

图 3-11　XS-ZY-4000 型注射机
1—柱塞；2—液压中心顶出口；3—移动模板；4—油阀；5—顶杆；6—固定模板

3.1.3　注射机的选用

在选择注射机型号时，首先应根据塑件、模具及注射工艺等确定所需要的注射机规格参数在可调范围内；其次根据注射机的技术参数校核注射压力、锁模力及模具安装部分的尺寸等。注射机的选用内容参照表 3-3。

表 3-3　注射机选用内容

项目	图例与公式	说　　明
注射容量	$G_{max} = c\rho G$	式中　G_{max}——注射机的最大注射量（即 $g_件 \leqslant 0.8 g_注$ 或 $V_件 \leqslant 0.8 V_注$，g 或 cm³ c——料筒温度下塑料的体积膨胀率的校正系数，对于结晶塑料，$c \approx 0.85$，非结晶塑料，$c \approx 0.93$ ρ——塑料在常温下的密度，g/cm³ G——注射机公称注射容量，cm³ 或 g
成型压力	$p_公 \geqslant p_注$	式中　$p_公$——注射机公称压力，MPa $p_注$——塑件成型所需的实际注射压力，MPa

续表

项目	图例与公式	说　明
锁模力	$p_{锁} \geqslant p_{注} A$	式中　$p_{锁}$——注射机公称锁模力,N 　　　$p_{注}$——注射时型腔内的压力,它与塑料的品种和塑件有关,见表 3-4、表 3-5,分别为型腔压力的推荐值,MPa 　　　A——塑料和浇注系统在分型面上的投影面积之和,mm²
注射机允许模具闭合厚度	$H_{最小} < H_{模} < H_{最大}$ 图 1　模具厚度与注射机闭合高度的关系 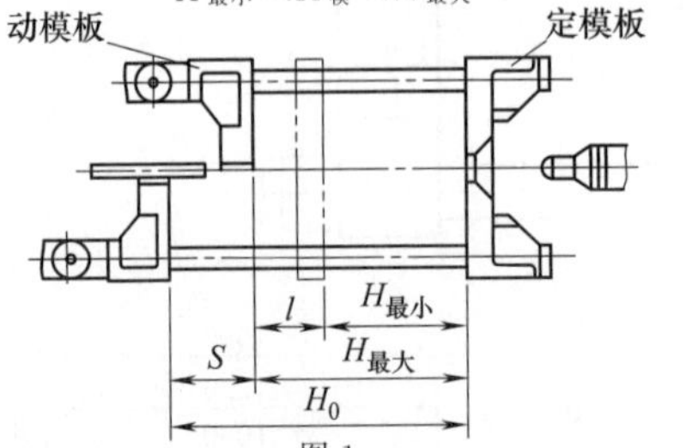	$H_{最小}$——注射机所允许的最小模具厚度,mm $H_{模}$——模具闭合厚度,mm $H_{最大}$——注射机所允许的最大模具厚度,mm S——注射机的模板行程,mm H_0——动、定模板最大开距,mm
单分型面注射模	①注射机最大开模行程与模具厚度无关: 　$S \geqslant H_1 + H_2 + (5 \sim 10)\text{mm}$ ②注射机最大开模行程与模具厚度有关: 　$S \geqslant H_m + H_1 + H_2 + (5 \sim 10)\text{mm}$ 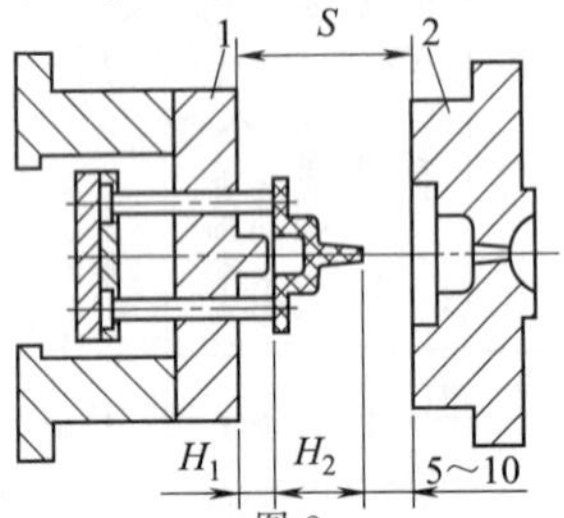 图 2　1—动模；2—定模	式中　H_1——塑件脱模距离(推出距离),mm 　　　H_2——塑件高度(包括浇注系统),mm 　　　S——注射机的最大开模行程,mm 　　　H_m——模具厚度,mm
双分型面注射模	①注射最大开模行程与模具厚度无关: 　$S \geqslant H_1 + H_2 + a + (5 \sim 10)\text{mm}$ ②注射最大开模行程与模具厚度有关: 　$S \geqslant H_m + H_1 + H_2 + a + (5 \sim 10)\text{mm}$ 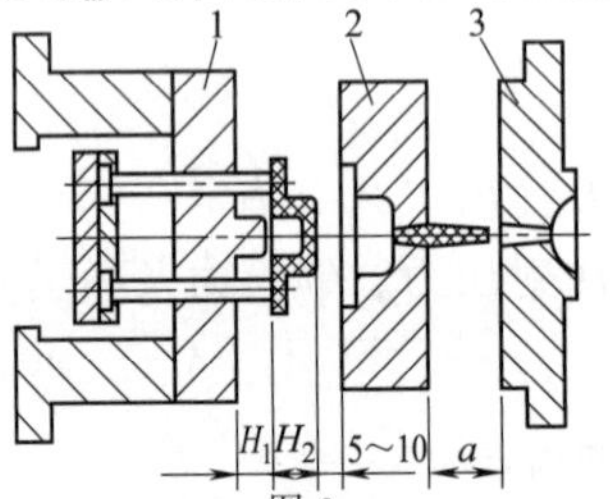 图 3　1—动模；2—中间模板；3—定模	式中　H_1——塑件脱模距离(推出距离),mm 　　　H_2——塑件高度(包括浇注系统),mm 　　　S——注射机的最大开模行程,mm 　　　a——中间模板与定模板之间的开模距离(即取浇口料柄的距离) 　　　H_m——模具厚度,mm
采用斜导柱侧向抽芯注射模	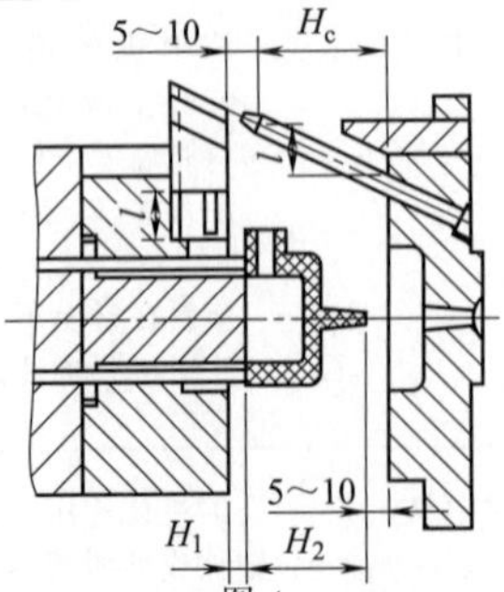 图 4	模具为单分型面,注射机最大开模行程与模具厚度无关。 当抽芯距 $H_c > H_1 + H_2$,则 $S \geqslant H_c + (5 \sim 10)$。 当抽芯距 $H_c < H_1 + H_2$,则 $S \geqslant H_1 + H_2 + (5 \sim 10)$。 如果注射机最大开模行程与模具厚度有关,注射机的最大开模行程应在上两式右端加上 H_m 尺寸

续表

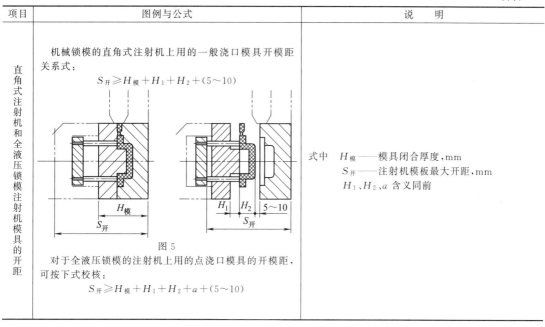

项目	图例与公式	说明
直角式注射机和全液压锁模注射机模具的开距	机械锁模的直角式注射机上用的一般浇口模具开模距关系式： $S_{开} \geq H_{模} + H_1 + H_2 + (5 \sim 10)$ 图5 对于全液压锁模的注射机上用的点浇口模具的开模距，可按下式校核： $S_{开} \geq H_{模} + H_1 + H_2 + a + (5 \sim 10)$	式中 $H_{模}$——模具闭合厚度，mm $S_{开}$——注射机模板最大开距，mm H_1、H_2、a 含义同前

表 3-4　常用塑料可选用的型腔压力

塑料	型腔平均压力/MPa	塑料	型腔平均压力/MPa
高压聚乙烯(PE-LD)	10～15	AS	30
低压聚乙烯(PE-HD)	20	ABS	30
中压聚乙烯	35	有机玻璃	30
聚丙烯	15	醋酸纤维素酯	30
聚苯乙烯	15～20		

表 3-5　制品形状和精度不同时可选用的型腔压力

条件	型腔平均压力/MPa	举例
易于成型的制品	25	PE、PP、PS等厚壁均匀的日用品、容器类
普通制品	30	薄壁容器类
高黏度塑料、精度高	35	ABS、POM等机械零件、精度高的制品
黏度特别高、精度高	40	高精度的机械零件

3.2　压延机

压延机目前一般使用的多为液压机，液压机具有压力大、工作行程大、工作压力可调，设备结构简单，操作方便，工作平稳等特点，其使用十分广泛，是热固性塑料压缩和压注成型的主要设备。常用液压机的型号和主要技术参数见表3-6。部分液压机的滑块和工作台尺寸见图3-12～图3-23。

3.3　塑料挤出机

塑料挤出机的技术参数见表3-7、表3-8。

表 3-6 常用液压机的型号和主要技术参数

常用液压机型号	特性	液压部分			活动横梁部分		顶出部分			备注
		公称压力/kN	最大回程压力/kN	工作液最大压力/MPa	动梁到工作台最大距离/mm	动梁最大行程/mm	顶出杆最大顶出力/kN	顶出杆最大回程力/kN	顶出杆最大行程/mm	
YA71-45 SY71-45	上压式、框架结构、下顶出	450	70	32	750	250	120	35	175	
YX(D)-45	上压式、框架结构、下顶出	450	70	32	330	250	—		150	
Y32-50	上压式、框架结构、下顶出	500	105	20	600	400	75	37.5	150	
YB32-63 BY32-63	上压式、框架结构、下顶出	630	133 190	25	600	400	95 180	47 100	150 120	
Y71-63	—	630	300	32	750	300	3(手动)	—	130	
YX71-100 Y71-100	上压式、框架结构、下顶出	1000	500 200	32	650	380	20		165(自动) 280(手动)	
Y32-100	上压式、柱式结构、下顶出	1000	230	20	900	600	150	80	180	
Y32-100A	—	980	157	20.6	850	600	162	68	210	
Y71-160		1600	630	32	900	—	500	—	250	
Y32-200 YB32-200	上压式、柱式结构、下顶出	2000	620	20	1100	700	300	82 150	250	
ICH-250	上压式、柱式结构、下顶出	2450	1250	29.4	1200	600	617		300	工作台有三个顶出杆,动梁上有两孔
YB71-250 SY-250	上压式、柱式结构、下顶出	2500	1250	30	1200	600	340	—	300	工作台有三个顶出杆,动梁上有两孔
YB32-300 Y32-300	上压式、柱式结构、下顶出	2940	392	19.6	1240	800	294	80.4	250	
Y33-300	—	2940	—	23.5	1000	600	—			

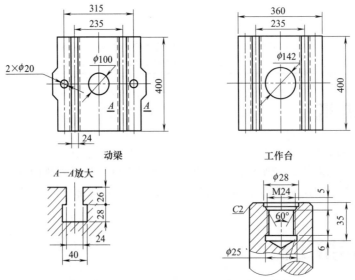

图 3-12 YA71-45 SY71-45 型液压机工作台

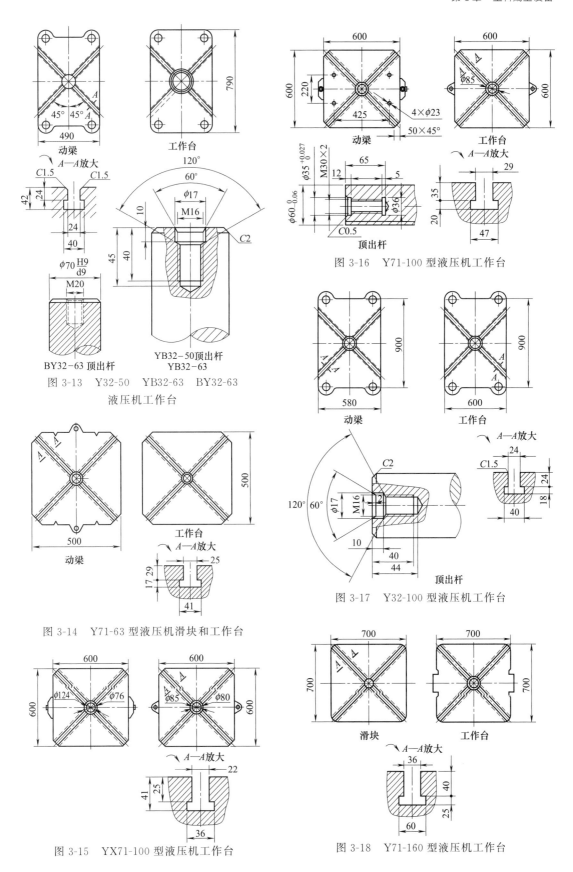

图 3-13　Y32-50　YB32-63　BY32-63 液压机工作台

图 3-14　Y71-63 型液压机滑块和工作台

图 3-15　YX71-100 型液压机工作台

图 3-16　Y71-100 型液压机工作台

图 3-17　Y32-100 型液压机工作台

图 3-18　Y71-160 型液压机工作台

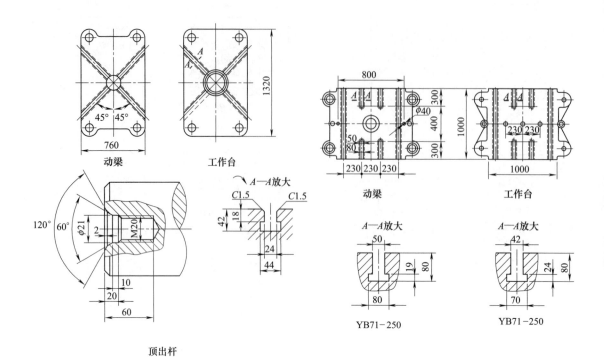

图 3-19　Y32-200、YB32-200 型液压机工作台

图 3-20　YB71-250 型液压机工作台

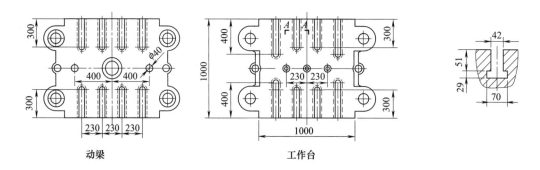

图 3-21　ICH-250 型液压机工作台

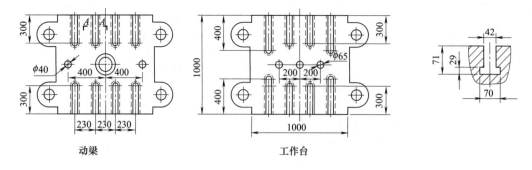

图 3-22　SY-250 型液压机工作台

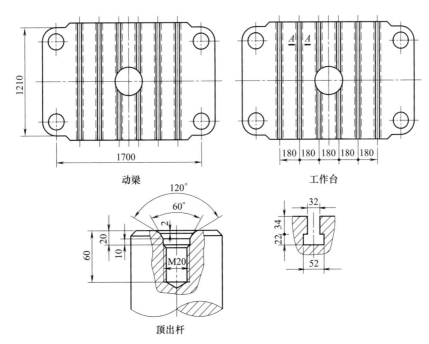

图 3-23 YB32-300、Y32-300 型液压机工作台

表 3-7 部分国产塑料挤出机的技术参数

类型	型号	螺杆直径/mm	螺杆长径比 L/D	螺杆转速/(r/min)	产量/(kg/h)	中心高/mm	加热功率/kW	加热断数	电动机功率/kW
单螺杆塑料挤出机	SJ-30	30	20∶1	11～100	0.7～6.3	1000	3.3	3	1～3
	SJ-30×25B	30	25∶1	15～225	1.5～22	1000	4.8	3	5.5
	SJ-30×25C	30	25∶1	13～200	1.5～22	1000	5.4		5.5
	SJ-45×25	45	25∶1	15.5～155	最大 50	1000	7.2		15
	SJ-45B	45	20∶1	10～90	10～33	1000	5.8	3	5.5
	SJ-45×25F	45	25∶1	8～110	4～38	1000	8.3		7.5
	SJ-45×30	45	30∶1	14～180	6～55	1000	8.8		18.5
	SJ-65A	65	20∶1	10～90	6.7～60	1000	12	3	5～15
	SJ-65B	65	20∶1	10～90	6.7～60	1000	12	3	22
	SJ-65D	65	20∶1/25∶1	10～90	7～60/7～70	1000			11/15
	SJ-65×25H	65	25∶1	13～130	最大 105	1000	14.8		30
	SJ-65×30	65	30∶1	15～150	18～120	1000	22		40.5
	SJP-65×30	65	30∶1	14～140	10～100	1000	20.9		40
	SJP-65×33(排)	65	33∶1	15～150	最大 100(ABS)	1000	21.4		37
	SJ-Z-90(排气式)	90	30∶1	12～120	25～250	1000	30	6	6～60
	SJ-90	90	20∶1	12～72	40～90	1000	18	4	7.3～22
	SJ-90×25	90	25∶1	33～100	90	1000	24	5	18.3～55
	SJ-90×25A	90	25∶1	10～150	10～150	1000	26.6		6～60
	SJ-90×25C	90	25∶1	13～130	＞280	1000	21		90
	SJ-90D	90	20∶1	5～50	10～80/15～90	1000			18.5/22
	SJ-120	120	20∶1	8～48	25～150	1100	37.5	5	18.3/55
	SJ-120D	120	20∶1/25∶1	9～54/10-71	65～130/84～180	1000			30/37
	SJ-120×25	120	25∶1	10～100	最大 380	1000	42		132
	SJ₂-120	120	18∶1	15～45	90	90	24.3	5	13.3～40
	SJ-150	150	25∶1	7～42	50～300	1100	60	8	25～75
		150	20∶1	7～42	20～200	1100	48	5	25～75
	SJ-Z-150(排气式)	150	27∶1	10～60	60～200	1100	71.5	6	25～75
	SJ-150×25	150	25∶1	7～42	50～300	1100			25～75
	SJ-200	200	20∶1	4～30	420	1100	55.2	6	25～75
	SJ-150×25B	150	25∶1	8～80	最大 650	1000	86		185

续表

类型	型号	螺杆直径/mm	螺杆长径比 L/D	螺杆转速/(r/min)	产量/(kg/h)	中心高/mm	加热功率/kW	加热断数	电动机功率/kW
锥形双螺杆塑料挤出机	SJSZ-35	35/76.6	20∶1	4~45	12~60	100			11
	SJSZ-45	45/80	20∶1	1~45.5	80	1000	11.5		15
	SJSZ-45A	45/90	20∶1	1~45.5	80	1000			15
	SJSZ-50	50/103		4~34.5	90~150	1000	11.5		22
	SJSZ-50×22	50/104	22∶1		150	1000			22
	SJSZ-55	55/110	20∶1	1~34.8	150	1000			25
	SJSZ-60	60/125		4~34.4	120~200	1000	21		30
	SJSZ-60×22	60/125	22∶1	3.8~38	200	1000			30
	SJSZ-65	65/132	20∶1	4~34.4	160~300	1000	24		37
	SJSZ-65A	65/132	20∶1	3.5~34.7	80~250	1000			37
	SJZB-68	68/146.5	20∶1	1~40.2	450	1000			55
	SJSZ-80	80/156	20∶1	3.8~38	200~420	1000			67
	SJSZ-80Ⅱ	80/172		4~38	350~700	1100	43.8		81
	SJSZ-92	92/188	20∶1	3.5~35	150~750	1100			119
	SJZ-92	92/184	20∶1	1~32.9	150~800				90

表 3-8 SJSZ-65/132 塑料挤出机的技术参数

型号	SJSZ65/132
螺杆直径/mm	$\phi65/\phi132$
螺杆硬度(HV)	>740
机筒硬度(HV)	>940
螺杆机筒材质	38CrMoAlA 渗氮处理
螺杆筒氮化层深度/mm	0.4~0.7
螺杆数量	2
螺杆长径比	22∶1
螺杆	38CrMnAl 经渗氮处理
螺筒	料筒外风机冷却,带风道的铸铝加热圈
电动机功率/kW	37
螺筒加热区段	4 区
加热功率/kW	36
机头加热区段	6 区
机头加热功率/kW	20~32
计量喂料系统	功率 1.1kW
弹簧上料机	100kg
最大产量/(kg/h)	240

第 4 章 注射模设计

4.1 浇注系统的设计

浇注系统是指注射模具中由注射机喷嘴喷出的塑料进入型腔的通道。它分为普通流道浇注系统和热流道浇注系统两大类。浇注系统的正确设计对获得优质的塑料制品极为关键。

4.1.1 普通流道浇注系统

普通流道浇注系统一般由主流道、分流道、浇口和冷料穴四部分组成，见图 4-1。

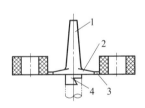 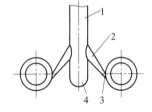

(a) 用于卧式、立式注射机　　(b) 用于直角式注射机

图 4-1　普通浇注系统的组成

1—主流道；2—分流道；3—浇口；4—冷料穴

（1）主流道

主流道的形式和尺寸见表 4-1。

（2）分流道

分流道是主流道和浇口进料的通道，其作用是通过流道截面及方向的变化，使熔料平稳地转换流向，进入模腔。常用分流道的截面形状有圆形、梯形、U 形和六角形等。流道的截面积越大，压力损失越小；流道的表面积越小，热量损失越少。因此用流道的截面积与其周长的比值来表示流道的效率，各种截面的效率见表 4-2。其中圆形和正方形（略）效率最高。但正方形流道的余料柄不易顶出，而常采用梯形截面流道。根据分形面考虑，当分形面为平面时，常采用圆形截面流道。当分形面不为平面时，为便于加工，常采用梯形或半圆形截面的流道。常用分流道截面的形状和尺寸见表 4-3。

表 4-1 主流道形式和尺寸   mm

注射模类型	主流道形式	主流道尺寸
热塑性塑料注射模	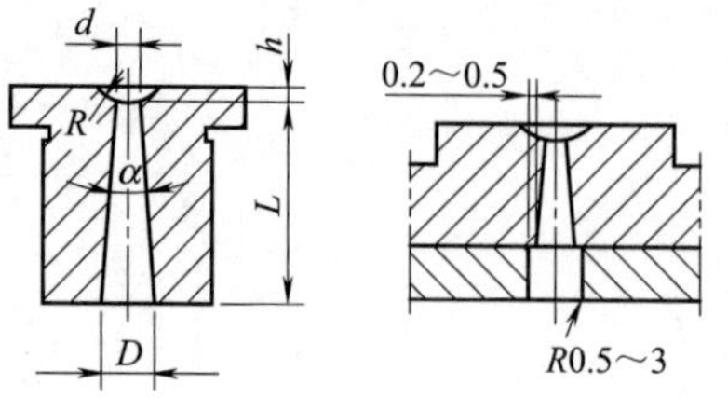 （图示）	$d = d_0 + (0.5 \sim 1)$ $R = R_1 + (1 \sim 2)$ $h = 3 \sim 5$ $L \leqslant 60$ $D = d + 2L \tan \dfrac{\alpha}{2}$ $\alpha = 2° \sim 6°$ 式中 d_0——喷嘴直径，见热塑性塑料注射机技术规格 R_1——喷嘴球半径，见热塑性塑料注射机技术规格
热固性塑料注射模	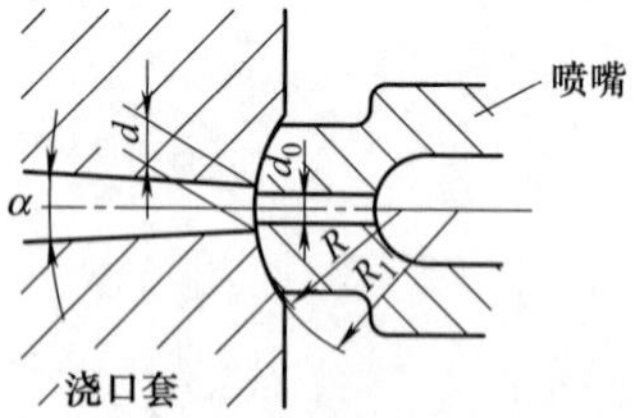 （图示）	$d = d_0 + (0.8 \sim 1)$ $R_1 = R + (0 \sim 0.5)$ $\alpha = 1° \sim 2°$ 式中 d_0——热固性塑料注射机喷嘴直径 R——热固性塑料注射机喷嘴球半径

注：直角式注射机使用的模具，因主流道开设在分型面上，而不需沿轴线拔出余料柄，故主流道常为等粗圆柱形或椭圆形。圆形截面的直径为 $\phi 5 \sim 9$ mm；椭圆形截面的长轴 A 为 $4.8 \sim 6$ mm，短轴 B 为 $0.8A$。

表 4-2 不同浇道截面形状的效率和性能

截面形状	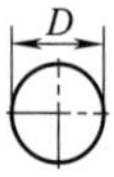 圆形	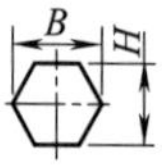 六边形	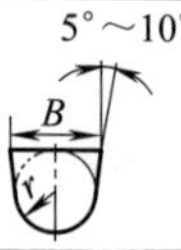 梯形(5°~10°)	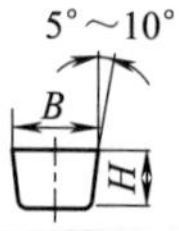 梯形(5°~10°)	 半圆形	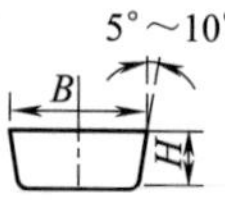 梯形(5°~10°)		
效率 $\eta = S/L$	$0.25D$	$0.217B$	$0.217B$	$0.195B$	$0.153D$	H	$B/4$	$0.166D$
							$B/2$	$0.100D$
							$B/6$	$0.071D$
效率比	1	0.952	0.92	0.887	0.864	H	$B/4$	0.836
							$B/2$	0.709
							$B/6$	0.62
热量损失	最小	小	较小	较大	大	最大		
加工性能	难	难	易	易	易	易		

表 4-3 常用分流道截面形状和尺寸

截面形状	截面尺寸/mm							
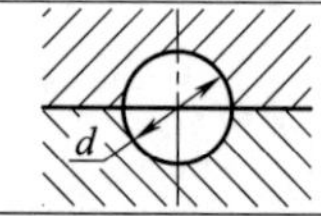 圆形	d	4	(5)	6	(7)	8	(9)	10	(11)	12
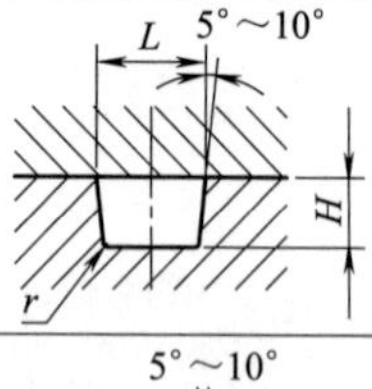 梯形	L	4	(5)	6	(7)	8	(9)	10	(11)	12
	H	3	(3.5)	4	(5)	5.5	(6)	(7)	(8)	9
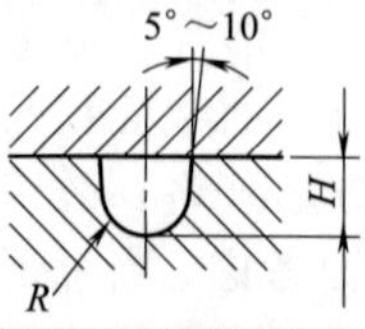 U形	R	2	(2.5)	3	(3.5)	4	(4.5)	5	(5.5)	6
	H	4	(5)	6	(7)	8	(9)	10	(11)	12

注：1. 括号内的尺寸不推荐采用。
2. r 一般取 $1 \sim 3$ mm，分流道长度一般取 $8 \sim 30$ mm。

分流道尺寸应根据塑料制品的大小和壁厚、塑料品种、注射速度及分流道长度而定，对于壁厚小于 3mm、质量在 200g 以下的制品，也可以采用下列经验公式来确定分流道的直径，但此式仅限于尺寸 3.2～9.5mm 的流道直径。若对于 PVC-U、PMMA，则应将计算结果增大 25%。

$$D = 0.2654\sqrt{W} \cdot \sqrt[4]{L} \tag{4-1}$$

式中　D——分流道直径，mm；
　　　W——塑件质量，g；
　　　L——分流道的长度，mm。

常用塑料的流道直径见表 4-4。表中值表明，流动性好的塑料，当流道较短时，其直径可小至 2mm 以下。而流动性差的塑料，如丙烯酸类，则分流道直径为 12.7mm，多数塑料的分流道直径为 4.8～9.5mm。

表 4-4　常用塑料的流道直径

塑料名称或代号	流道直径/mm	塑料名称或代号	流道直径/mm
ABS、AS	4.8～9.5	PP(聚丙烯)	4.8～9.5
POM(聚甲醛)	3.2～9.5	PE(聚乙烯)	1.6～9.5
PMMA(聚甲基丙烯酸甲酯)	8.0～9.5	PPE(聚苯醚)	6.4～9.5
耐冲击丙烯酯树脂	8.0～12.7	PPS(聚苯硫醚)	6.4～12.8
PA(尼龙 6)	1.6～9.5	PS(聚苯乙烯)	3.2～9.5
PC(聚碳酸酯)	4.8～9.5	PVC-P(软聚氯乙烯)	3.2～9.5
PSU(聚砜)	6.3～9.5	PVC-U(硬聚氯乙烯)	9.5～13

（3）分流道的布置

采用多型腔的模具，各分流道的长度、截面面积和尺寸都对应相等，在分流道与浇口的连接处应用圆弧过渡，以减少阻力，以利于熔体流动。分流道与浇口的连接方式如图 4-2 所示。分流道及型腔的布置见表 4-5。

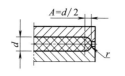 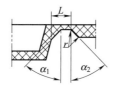 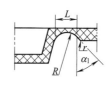

图 4-2　分流道与浇口的连接方式

$\alpha_1 \approx 0.5 \times 45°$　$\alpha_2 = 30 \times 45°$　$r = 1 \sim 2$mm　$R = 0.5 \sim 2$mm
推荐 $L \approx 0.5 \sim 1.0$mm（一般制品）；$L = 2 \sim 3$mm（大制品）

表 4-5　分流道及型腔的布置

类型	简　图	说　明
平衡式	（图示：$\phi 1 \sim 4$，$l = l_1 = 0.3 \sim 1.2$）	①主流道到各型腔的分流道长度相等。②浇口长度一致，各型腔进料均衡
非平衡式	（图示）	①主流道到各型腔的分流道长度不等。②浇口长度不等，靠近主流道的浇口长度应大于远离主流道的浇口长度

(4) 浇注系统的平衡

采用多型腔模具注射成型时，塑熔体到达各浇口的时刻有差异，因此各分流道的长度应尽量相等，以保证型腔的平衡进料和成型。在设计中根据塑件的形状，分流道应采用平衡式布置方式，使浇注系统的浇注进行平衡，保证所有的型腔能同一时刻充满，这是浇注系统平衡的目的。

① 平衡式浇注系统

平衡式浇注系统是指从主浇道到各型腔的浇道长度、截面形状和尺寸均应相等，并且各部位尺寸加工误差应控制在1%以内，以致塑熔体在相同的成型压力和温度同时充满所有的型腔，而获得理想的塑料制品。平衡式浇注系统中，以圆周式布置型腔比横列式布置较优越。其浇道直通，减少了流动时的转折和压力的损失。对于精度高的塑件，宜采用平衡式浇注系统。

② 非平衡浇注系统

在非平衡浇注系统中，采用非平衡式布置的浇注系统或同模布置不同的塑件，必须对浇口的尺寸加以修正，为了达到平衡，对靠近主流道处的浇口应做大些，而将离主流道较远处的浇口应做得小些。一般是在试模中完成修正至合理的浇口尺寸。

浇口的平衡通过下列经验公式计算：

$$k = \frac{S}{l\sqrt{l_1}} \tag{4-2}$$

式中 k——浇口平衡系数；

S——浇口截面积，mm^2；

l——浇口长度，mm；

l_1——浇口至主流道的分流道长度，mm。

对于不同塑件的多型腔成型，可采用下列公式计算来平衡浇口：

$$\frac{k_1}{k_2} = \frac{V_1}{V_2} = \frac{S_1 l_2 \sqrt{l_2}}{S_2 l_1 \sqrt{l_1}} \tag{4-3}$$

式中 V_1，V_2——型腔1与型腔2的塑料填充量，g；

S_1，S_2——型腔1与型腔2的浇口面积，mm^2；

l_1，l_2——主浇道中心到型腔1与型腔2流动通道的长度，mm。

对于不同塑件的多型腔，很难计算出准确的尺寸，常采用经验公式确定，初始取其下限，然后通过试模修正。浇口的截面积S与分流道的截面积S'之比为0.07~0.09，截面的形状为矩形或圆形，浇口长度为1~1.5mm，矩形浇口宽度b与厚度t的比值常取3:1。

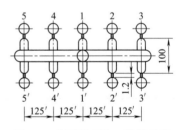

图4-3 非平衡式浇口计算示例

[例] 如图4-3所示一模10个型腔模具，各段分流道的直径相等，分流道直径为5mm，各浇口的长度为1.2mm，求各浇口的截面积。

解： 取浇口截面积与分流道截面积的比值为0.07。

则 $S_1 = 0.07 \times \pi \times (5/2)^2 = 1.38 (mm^2)$

取浇口的宽度b_1为浇口厚度t_1的3倍，

则 $t_1 = \sqrt{S_1/3} = \sqrt{1.38/3} = 0.68$；$b_1 = 3t_1 = 3 \times 0.68 = 2.04$ (mm)

聚浇口长度$l = 1.2mm$，平衡浇口系数为：$k = S_1/(l_1\sqrt{l_2}) = 1.38/(1.2\sqrt{100/2}) = 0.16$

由图4-3所示可得：$l_3 = 125 + 50 = 175$ (mm)；$S_3 = 0.16 \times 1.2\sqrt{175} = 2.54$ (mm^2)

则 $3t_2^2 = 2.54$；$t_{2-4} = 0.92mm$；$b_{2-4} = 3t_{2-4} = 3 \times 0.92 = 2.76$ (mm)

由图 4-3 所示可得：$l_7=125+125+50=300$（mm）；$S_7=0.16\times 1.2\sqrt{300}=3.33$（mm²）$3t_3^2=3.33$；$t_{3-5}=1.05$mm；$b_{3-5}=3t_3=3\times 1.05=3.15$（mm）

则 $l_{1-5}=1.2$mm；$t_1=0.68$mm，$b_1=2.04$mm；$t_{2-4}=0.92$mm，$b_{2-4}=2.76$mm；$t_{3-5}=1.05$mm，$b_{3-5}=3.15$mm

各浇口尺寸计算结果列于表 4-6。

(5) 浇口的类型

① 直浇口

这是一种直接由主流道进料，熔体压力损失小，成型容易，常用于成型大而深的塑料制品。为了防止冷料进入型腔，需在浇口内部开设为制品厚度 1/2 的冷料穴。这种浇口的缺点是截面尺寸较大，熔体固化时间长，并且在浇口处切除余料后，塑件上仍有较大的疤痕。

直浇口的形式和尺寸见表 4-7。按塑料品种和重量不同而异，几种塑料的直浇口尺寸见表 4-8。

表 4-6 达到平衡的各浇口尺寸　mm

型腔号	1-1'	2-2'	3-3'	4-4'	5-5'
长度 l	1.2	1.2	1.2	1.2	1.2
宽度 b	2.04	2.76	3.15	2.76	3.15
深度 t	0.68	0.92	1.05	0.92	1.05

表 4-7 直浇口的形式和尺寸

简图	尺寸/mm
	$d=d_0+(0.5\sim 1)$ $D\leqslant 2t$ d_0——喷嘴直径 t——塑件壁厚

表 4-8 常用塑料的直浇口尺寸

塑料品种	制品质量/g					
	<85		85~340		≥340	
	主流道直径/mm					
	d	D	d	D	d	D
聚苯乙烯(PS)	2.5	4	3	6	3	8
聚乙烯(PE)	2.5	4	3	6	3	7
丙烯腈-丁二烯-苯乙烯共聚物(ABS)	2.5	5	3	7	4	8
聚碳酸酯(PC)	3	5	3	8	5	10

简图：ϕd，$r=1\sim 3$，$D\leqslant 2t$，ϕD

② 侧浇口

侧浇口尺寸计算见表 4-9。

表 4-9 侧浇口尺寸　mm

类型	简图	尺寸计算	说明
热塑性塑料注射模	矩形侧浇口	$h=nt$ $b=(n\sqrt{A})/30$ 式中 h——浇口深度，mm t——制品壁厚，mm n——与塑料品种有关的系数，见附表 b——浇口宽度，mm A——型腔表面积，mm²	浇口长度 l 一般要比浇口深度 h 小，对于一般制品，l 为 0.5~1.0mm；对于大型制品，l 为 2~3mm。 附表 与塑料品种有关的系数 | 塑料代号 | n | |---|---| | PE、PS | 0.6 | | POM、PC、PP | 0.7 | | PA、PMMA | 0.8 | | PVC | 0.9 |

续表

类型	简图	塑料名称	塑件类型	a 壁厚<1.5	a 壁厚1.5~3	a 壁厚>3	b	l
热塑性塑料注射模	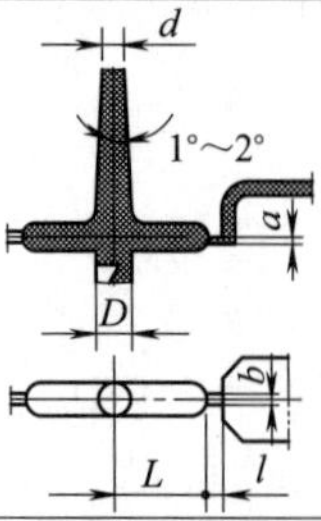	聚乙烯 聚丙烯 聚苯乙烯	简单塑件	0.5~0.7	0.6~0.9	0.8~1.1	中小型塑件 3~10a 大型塑件 >10a	0.7~2
			复杂塑件	0.5~0.6	0.6~0.8	0.8~1.0		
		372有机玻璃 ABS 聚甲醛	简单塑件	0.6~0.8	1.2~1.4	1.2~1.5		
			复杂塑件	0.5~0.8	0.8~1.2	1.0~1.4		
		聚碳酸酯 聚苯醚 聚砜	简单塑件	0.8~1.2	1.3~1.6	1.0~1.6		
			复杂塑件	0.6~1.0	1.2~1.5	1.4~1.6		
热固性塑料注射模	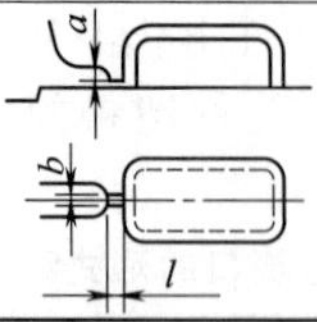	热固性塑料注射料		0.2~1.5			10a	1~2

③ 点浇口

点浇口截面尺寸小,适用于壳、盒类塑件成型,但不适宜平薄易变形和复杂形状的塑件以及流动性差和热敏性塑料的成型。点浇口的形式和尺寸见表4-10。

表4-10 点浇口形式和尺寸   mm

类型	简图	尺寸计算	说明
热塑性塑料注射模	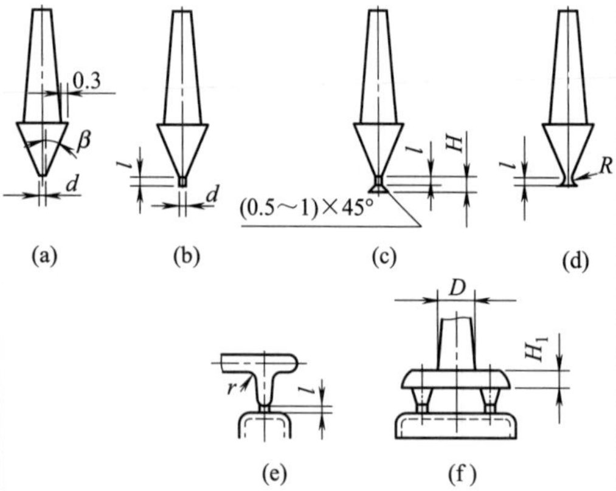 (a)(b)(c)(d)(e)(f)	$d=\phi 0.5\sim 1.5$ $l=0.5\sim 2$ $\beta=6°\sim 15°$ $R=1.5\sim 3$ $r=0.2\sim 0.5$ $H=3$ $H_1=\frac{3}{4}D$	图(a)、(b)适用于外观要求不高的塑件。 图(c)、(d)适用于外观要求较高、薄壁及热固性塑件。 壁厚小于3.2mm,点浇口直径 $d=0.8\sim 1.3$mm,长度 $l=1.0$mm;壁厚3.2~6.4mm, $d=1.0\sim 3.0$mm, $l=1.0$mm。 图(e)适用于多型腔结构。 图(f)适用于大尺寸塑件
热固性塑料注射模	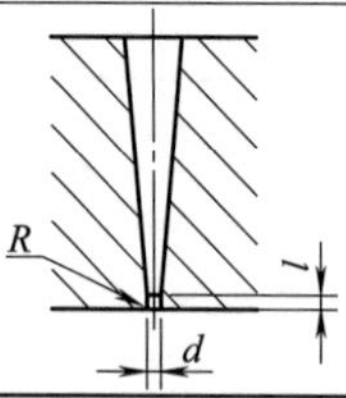	$d=\phi 0.4\sim 1.5$ $R=0.5$ 或 $0.3\times 45°$ $l=0.5\sim 1.5$	当一个进料口不能充满型腔时,不宜增大浇口孔径,而应采用多点进料

④ 潜伏式浇口

潜伏式浇口是点浇口的一种演变形式,也称为剪切浇口或隧道式浇口。一般设置于制品侧面隐蔽处,或设置在流道的分型面上,开模后自动切断浇口。为了避免侧浇口有切断残痕,可在顶杆上开设二次浇口,并与制品内壁连通。但这种浇口的压力损失大,需提高注射压力,其形式和尺寸见表4-11。

⑤ 环形浇口

环形浇口由于各浇道流程相同及良好的排气,具有好的填充效果,适用于圆筒形或中间带孔的塑件。其形式和尺寸见表4-12。

表 4-11 潜伏式浇口形式和尺寸　　　　　　　　　　　　　　　　　　　　mm

类型	简　图	尺　寸
推切式		$d=\phi 0.8\sim 1.5$ $\alpha=30°\sim 45°$ $\beta=5°\sim 20°$ $l=1\sim 1.5$ $R=1.5\sim 3$
拉切式		$d=\phi 0.8\sim 1.5$ $\alpha=30°\sim 45°$ $\beta=5°\sim 20°$ $l=1\sim 1.5$（同推切式） $R=1.5\sim 3$（同推切式）
二次浇道式		$d=\phi 1.5\sim 2.5$ $\alpha=30°\sim 45°$ $\beta=5°\sim 20°$ $l=1\sim 1.5$ $b=(0.6\sim 0.8)t$ $\theta=0\sim 2°$ $L>3d_1$

表 4-12 环形浇口形式和尺寸

类型	简　图	尺寸/mm
热塑性塑料注射模		$a=0.25\sim 1.6$ $l=0.8\sim 2$ d——直角式浇注系统的主流道直径或立、卧式浇注系统的分流道直径
热固性塑料注射模		$a=0.3\sim 0.5$ A 处应保持锐角

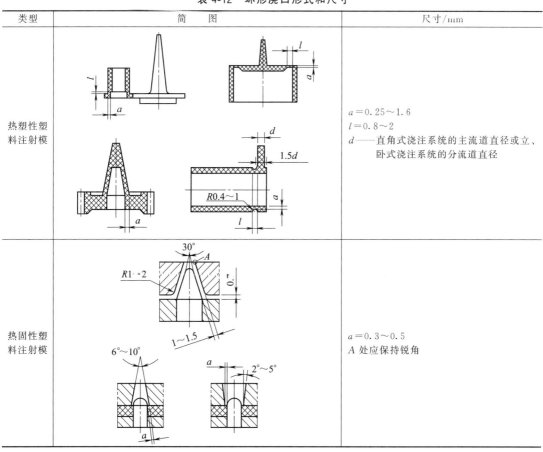

⑥ 平缝式浇口

平缝式浇口也称为薄片式浇口,这种形式可改善溶料流速,降低塑件的内应力和翘曲变形。适用于大面积扁平塑件,其形式和尺寸见表 4-13。

⑦ 扇形浇口

它与普通浇口相似,其进料口较宽而用于成型宽度较大的薄片塑件,其形式和尺寸见表 4-14。

表 4-13 平缝式浇口形式和尺寸 mm

简图	尺寸
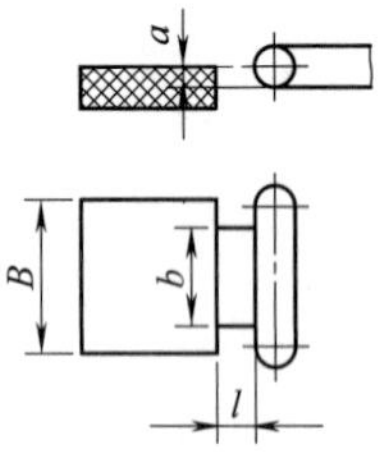	$a = 0.2 \sim 1.5$ $l \leqslant 1.5$ $b = (0.75 \sim 1)B$

表 4-14 扇形浇口形式和尺寸 mm

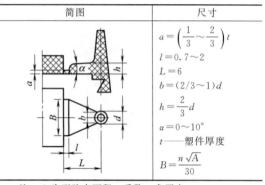

简图	尺寸
	$a = \left(\dfrac{1}{3} \sim \dfrac{2}{3}\right)t$ $l = 0.7 \sim 2$ $L = 6$ $b = (2/3 \sim 1)d$ $h = \dfrac{2}{3}d$ $\alpha = 0 \sim 10°$ t——塑件厚度 $B = \dfrac{n\sqrt{A}}{30}$

注:A 为型腔表面积,系数 n 参照表 4-9。

⑧ 轮辐式浇口

轮辐式浇口切除浇口方便,但塑件会留下熔接痕,适用范围类似环形浇口,其形式和尺寸见表 4-15。

表 4-15 轮辐式浇口形式和尺寸

简图	尺寸/mm
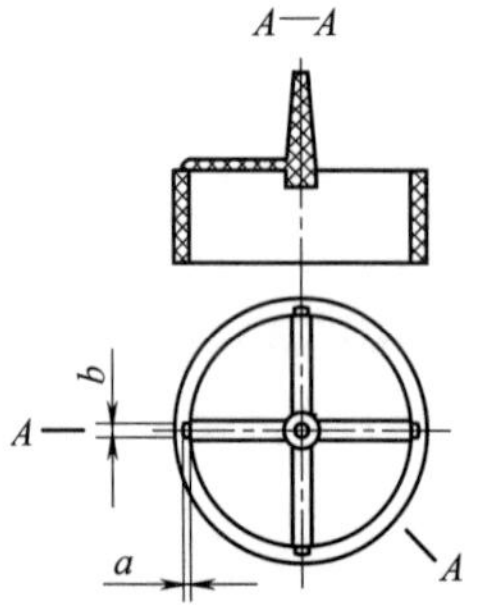	$a = 0.8 \sim 1.8$ $b = 1.6 \sim 6.4$

⑨ 爪形式浇口

它是轮辐式浇口的一种变异形式,其流道分布在分流锥上,适用于内孔较小的管状和同心度较高的塑件,其形式和尺寸见表 4-16。

表 4-16 爪形式浇口形式和尺寸

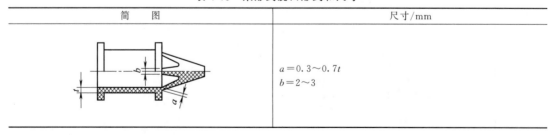

简图	尺寸/mm
	$a = 0.3 \sim 0.7t$ $b = 2 \sim 3$

⑩ 护耳式浇口

它可避免塑件成型时因喷射所造成的各种缺陷或在浇口附近由内应力引起的翘曲、压层、糯糊斑等缺陷。其缺点是切除浇口困难，并留有较大的浇痕，适用于成型聚碳酸酯、硬聚氯乙烯、有机玻璃、ABS 等塑料。其形式和尺寸见表 4-17。

表 4-17 护耳式浇口形式和尺寸

简 图	尺寸/mm
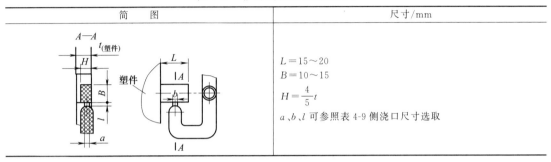	$L=15\sim20$ $B=10\sim15$ $H=\dfrac{4}{5}t$ a、b、l 可参照表 4-9 侧浇口尺寸选取

（6）浇口位置

浇口开设的位置对塑件质量影响很大，故在确定浇口位置时应注意以下事项。

① 浇口应开设在塑件较厚部位，有利于熔体从厚断面流入薄断面填充。

② 浇口位置的开设应有利于注射时型腔的排气和补缩。

③ 浇口应开设在能避免塑件表面产生熔合纹的部位。

④ 带有细长型芯的模具，应采用中心进料方式，以免熔体冲击型芯而变形。

⑤ 浇口位置的开设应避免引起熔体的断裂。

⑥ 在确定大型塑件的浇口位置时，需校核流动比，确保熔体能充满型腔。流动比是指流动通道的流动长度与厚度之比。其计算公式为：

$$K=\sum_{i=1}^{n}\frac{L_i}{t_i} \tag{4-4}$$

式中 K——流动比；

L_i——各流道的流程长度，mm；

t_i——各流道的厚度或直径，mm。

图 4-4（a）所示直浇口的塑件，其流动比：

$$K_1=\frac{L_1}{t_1}+\frac{L_2+L_3}{t_2} \tag{4-5}$$

图 4-4（b）所示侧浇口的塑件，其流动比：

$$K_2=\frac{L_1}{t_1}+\frac{L_2}{t_2}+\frac{L_3}{t_3}+\frac{2L_4}{t_4}+\frac{L_5}{t_5} \tag{4-6}$$

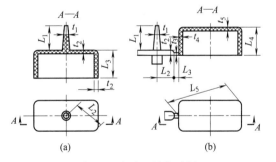

图 4-4 流动比计算示例

流动比的允许值随塑料熔体性质、温度、注射压力而变化。表 4-18 是流动比的经验数据允许值的范围。若计算得出的流动比 K 大于允许值，注射成型时就可能发生填充不足的现象，则需要改变浇口的位置，或增加制品的厚度，或者采用多浇口等方式减小流动比。

（7）浇口位置的选择示例

浇口位置选择示例见表 4-19。

（8）冷料穴

冷料穴是设置在流料的前锋，位于主浇道或分浇道的末端，防止冷料进入型腔。采用拉料杆将主流道凝料从定模中拉出。冷料穴和拉料杆见表 4-20。

表 4-18 常用塑料的流动比允许值

塑料名称	注射压力 p/MPa	流动比 L/t	塑料名称	注射压力 p/MPa	流动比 L/t
聚乙烯(PE)	150	250～280	硬聚氯乙烯(硬 PVC)	130	130～170
聚乙烯(PE)	60	100～140	硬聚氯乙烯(硬 PVC)	90	100～140
聚丙烯(PP)	120	280	硬聚氯乙烯(硬 PVC)	70	70～110
聚丙烯(PP)	70	200～240	软聚氯乙烯(软 PVC)	90	200～280
聚苯乙烯(PS)	90	280～300	软聚氯乙烯(软 PVC)	70	160～240
聚酰胺(PA)	90	360～200	聚碳酸酯(PC)	130	120～180
聚甲醛(POM)	100	210～110	聚碳酸酯(PC)	90	90～130

表 4-19 浇口位置选择示例

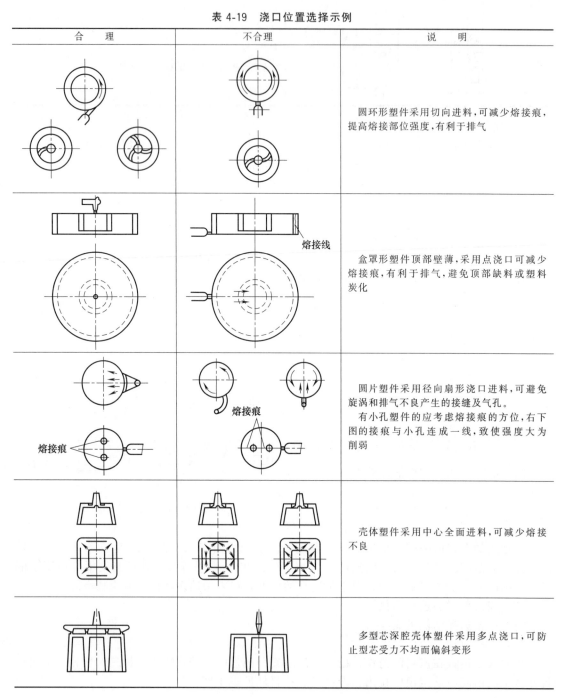

合理	不合理	说明
		圆环形塑件采用切向进料,可减少熔接痕,提高熔接部位强度,有利于排气
		盒罩形塑件顶部壁薄,采用点浇口可减少熔接痕,有利于排气,避免顶部缺料或塑料炭化
		圆片塑件采用径向扇形浇口进料,可避免旋涡和排气不良产生的接缝及气孔。有小孔塑件的应考虑熔接痕的方位,右下图的接痕与小孔连成一线,致使强度大为削弱
		壳体塑件采用中心全面进料,可减少熔接不良
		多型芯深腔壳体塑件采用多点浇口,可防止型芯受力不均而偏斜变形

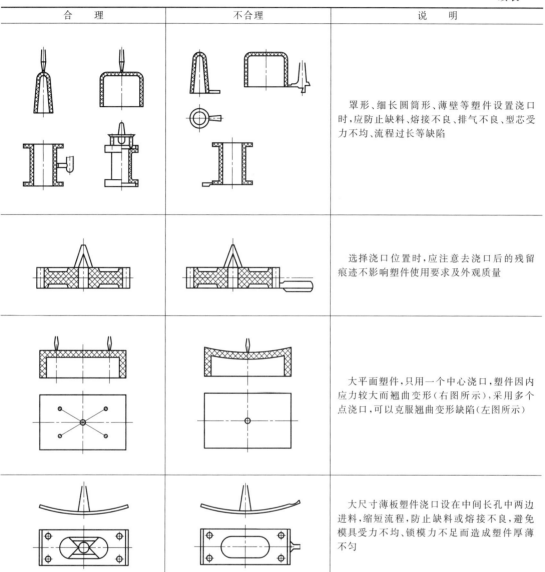

合 理	不合理	说 明
		罩形、细长圆筒形、薄壁等塑件设置浇口时,应防止缺料、熔接不良、排气不良、型芯受力不均、流程过长等缺陷
		选择浇口位置时,应注意去浇口后的残留痕迹不影响塑件使用要求及外观质量
		大平面塑件,只用一个中心浇口,塑件因内应力较大而翘曲变形(右图所示),采用多个点浇口,可以克服翘曲变形缺陷(左图所示)
		大尺寸薄板塑件浇口设在中间长孔中两边进料,缩短流程,防止缺料或熔接不良,避免模具受力不均、锁模力不足而造成塑件厚薄不匀

表 4-20 冷料穴和拉料杆

类型	简 图	说 明
带Z形头拉料杆的冷料穴	1—主流道;2—冷料穴;3—拉料杆	冷料穴井底设置带 Z 形头拉料杆,将主流道凝料钩住,开模时将凝料从主流道拔出。使用这种拉料杆,在塑件脱模后,需作侧向移动才能取出塑件

续表

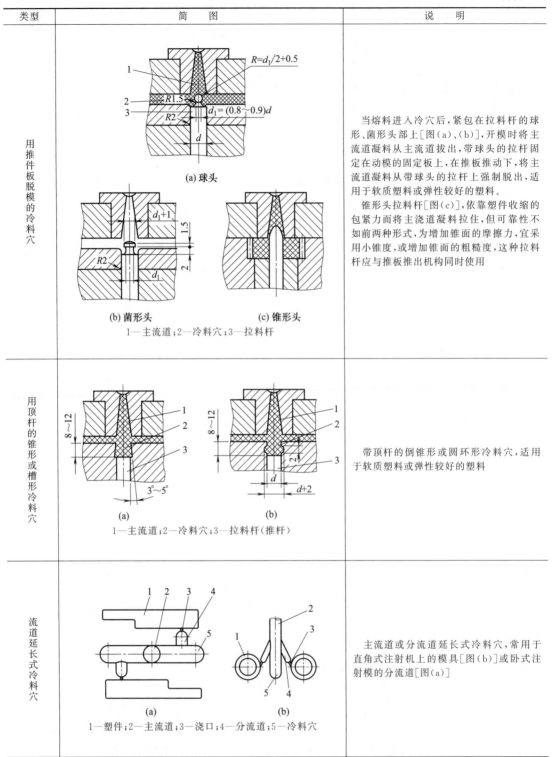

类型	简图	说明
用推件板脱模的冷料穴	(a) 球头；(b) 菌形头；(c) 锥形头 1—主流道；2—冷料穴；3—拉料杆	当熔料进入冷穴后，紧包在拉料杆的球形、菌形头部上[图(a)、(b)]，开模时将主流道凝料从主流道拔出，带球头的拉杆固定在动模的固定板上，在推板推动下，将主流道凝料从带球头的拉杆上强制脱出，适用于软质塑料或弹性较好的塑料。 锥形头拉料杆[图(c)]，依靠塑件收缩的包紧力将主浇道凝料拉住，但可靠性不如前两种形式，为增加锥面的摩擦力，宜采用小锥度，或增加锥面的粗糙度，这种拉料杆应与推板推出机构同时使用
用顶杆的锥形或槽形冷料穴	(a)；(b) 1—主流道；2—冷料穴；3—拉料杆（推杆）	带顶杆的倒锥形或圆环形冷料穴，适用于软质塑料或弹性较好的塑料
流道延长式冷料穴	(a)；(b) 1—塑件；2—主流道；3—浇口；4—分流道；5—冷料穴	主流道或分流道延长式冷料穴，常用于直角式注射机上的模具[图(b)]或卧式注射模的分流道[图(a)]

（9）排气和引气系统

排气的方式有开设排气槽和利用模具零件的配合间隙自然排气，排气槽通常开设在型腔最后充满的部位。注射模的排气方式见表4-21，排气槽的深度见表4-22。

表 4-21　注射模的排气方式

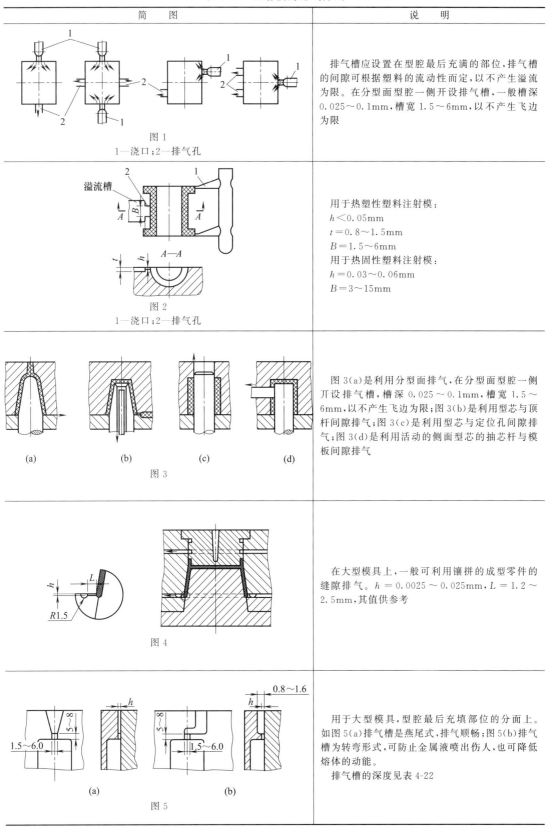

简　图	说　明
图 1　1—浇口；2—排气孔	排气槽应设置在型腔最后充满的部位，排气槽的间隙可根据塑料的流动性而定，以不产生溢流为限。在分型面型腔一侧开设排气槽，一般槽深 0.025～0.1mm，槽宽 1.5～6mm，以不产生飞边为限
图 2　1—浇口；2—排气孔	用于热塑性塑料注射模：$h<0.05$mm　$t=0.8\sim 1.5$mm　$B=1.5\sim 6$mm　用于热固性塑料注射模：$h=0.03\sim 0.06$mm　$B=3\sim 15$mm
图 3	图 3(a) 是利用分型面排气，在分型面型腔一侧开设排气槽，槽深 0.025～0.1mm，槽宽 1.5～6mm，以不产生飞边为限；图 3(b) 是利用型芯与顶杆间隙排气；图 3(c) 是利用型芯与定位孔间隙排气；图 3(d) 是利用活动的侧面型芯的抽芯杆与模板间隙排气
图 4	在大型模具上，一般可利用镶拼的成型零件的缝隙排气。$h=0.0025\sim 0.025$mm，$L=1.2\sim 2.5$mm，其值供参考
图 5	用于大型模具，型腔最后充填部位的分面上。如图 5(a) 排气槽是燕尾式，排气顺畅；图 5(b) 排气槽为转弯形式，可防止金属液喷出伤人，也可降低熔体的动能。排气槽的深度见表 4-22

续表

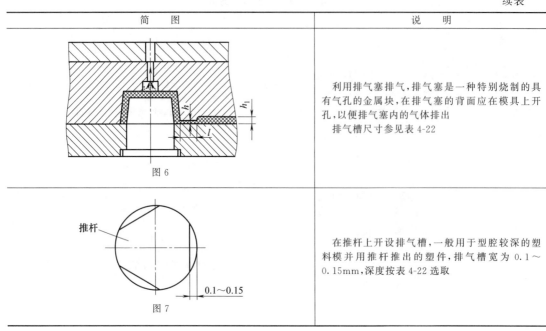

简图	说明
图 6	利用排气塞排气，排气塞是一种特别烧制的具有气孔的金属块，在排气塞的背面应在模具上开孔，以便排气塞内的气体排出 排气槽尺寸参见表 4-22
图 7	在推杆上开设排气槽，一般用于型腔较深的塑料模并用推杆推出的塑件，排气槽宽为 0.1～0.15mm，深度按表 4-22 选取

表 4-22　排气槽的深度

塑料	深度 h	l	h_1	塑料	深度 h	l	h_1
聚乙烯(PE)	0.02	0.5	6～10	聚酰胺(PA)	0.01	0.5	5～8
聚丙烯(PP)	0.01～0.02	0.5	5～8	PC、PET、PVC	0.01～0.03	0.5	5～10
聚苯乙烯(PS)	0.02	0.5	6～10	聚甲醛(POM)	0.01～0.02	0.5	6～10
ABS、SB	0.03	0.8	5～8	丙烯酸共聚物	0.03		

　　排气通常用于塑件成型的需要，而引气则是塑件脱模的需要。对于某些大型深壳塑料制品，注射成型后，在塑件与型腔的贴合表面已形成真空，致使塑件难以脱模，若要强行脱模，则塑件势必变形或损坏，因此必须设置引气装置。采用引气装置形式见表 4-23。

表 4-23　注射模的引气装置形式

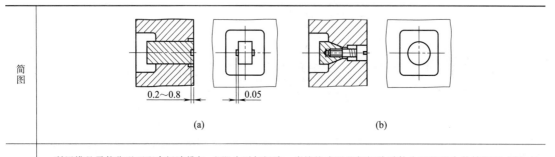

简图	(a)　　　　　　　(b)
说明	利用模具零件分型面配合间隙排气，也即为引气间隙。当镶块或型芯与相关零件为过盈配合的情况下，则空气不能引入型腔，如果将配合间隙放大，则影响镶块的配合精度，故采用图(a)在镶块侧面的局部开设引气槽，与制品接触部分槽深不应大于 0.05mm，以免溢料堵塞，而延长部分的深度为 0.2～0.8mm。其结构简单，但气槽容易堵塞。而图(b)采用阀门式引气，依靠阀门的开启与关闭，开模时制品与型腔之间的真空力将阀门吸开，空气便能引入，注射充模时，熔体的压力将阀门紧紧压住，阀门处于关闭状态。气阀顶部也可做成与型腔齐平，根据模具结构及塑件脱模需要，也可将引气装置安装在型芯上，或同时安装于型腔、型芯上

(10) 排气槽截面尺寸计算

排气槽截面尺寸计算见表 4-24。

表 4-24 排气槽截面尺寸计算

项目	计算公式	说明
排气槽截面面积	$F = \dfrac{25 m_1 \sqrt{273 + T_1}}{t p_0}$	式中 F——排气槽截面面积，mm^2 m_1——模具内气体质量，kg p_0——模具内气体的初始压力，$p_0 = 0.1 MPa$ T_1——模具内被压缩气体的最终温度，℃ t——充模时间，s
模具内气体质量	$m_1 = p_0 V_0$	式中 V_0——模具型腔体积，m^3； p_0——按照常温下 20℃的氮气密度为 1.16kg/m^3 计算
被压缩气体的最终温度	$T_1 = (273 + T_0)(p_1/p_0)^{0.1304} - 273$	式中 T_0——模具内气体的初始温度，℃ p_1——被压缩气体最终排气压力，MPa

[例] 材料为 HDPE 注射成型的模具型腔体积 $V_0 = 1.3 \times 10^{-4} m^3$，充模时间 $t = 1.8s$，若被压缩气体最终排气压力为 $p_1 = 24 MPa$，试求排气槽截面面积及尺寸。

解：$T_1 = (273 + T_0)(p_1/p_0)^{0.1304} - 273$
$= 293 \times (24/0.1)^{0.1304} - 273 = 313$（℃）

模具内气体质量：$m = V_0 p_0 = 1.3 \times 10^{-4} \times 1.16 = 1.5 \times 10^{-4}$（kg）

所需排气槽截面积：

$$F = \frac{25 m \sqrt{273 + T_1}}{t p_0}$$
$$= \frac{25 \times 1.5 \times 10^{-4} \sqrt{273 + 313}}{1.8 \times 0.1 \times 10^6} = 0.504 \ (mm^2)$$

由表 4-22 查得 PE 排气槽深度 $h = 0.02mm$，故排气槽总宽度为：
$W = F/h = 0.504/0.02 = 25.2 (mm)$

4.1.2 热流道设计

热流道又称为无流道，热流道与普通流道浇注系统相比较具有许多优点：无须去浇口和回收浇口凝料等工序；节省塑料和人力，也缩短成型周期；浇道内塑料始终保持熔体状态，流道通畅无阻，压力损失小，易于实现多点浇口，多型腔模具及大型塑件的低压注射成型；同样有利于压力的传递，克服塑料因补充不足而产生缩孔和凹陷，同时有利于实现自动化生产。

热流道按加热方式分为绝热式流道和加热流道。按塑料品种来选择热流道模具类型，见表 4-25。

表 4-25 部分塑料对热流道模具的适应性

流道形式	聚乙烯(PE)	聚丙烯(PP)	聚苯乙烯(PS)	ABS	聚甲醛(POM)	聚氯乙烯(PVC)	聚碳酸酯(PC)
井式喷嘴	可	可	较困难	较困难	较困难	不可	不可
延长式喷嘴	可	可	可	可	可	不可	不可
绝热流道	可	可	较困难	较困难	不可	不可	不可
半绝热流道	可	可	较困难	较困难	不可	不可	不可
热流道	可	可	可	可	可	可	可

(1) 塑料加工温度范围

为了预测塑料的加工性能，各种塑料的温度特性和流动性比较见表 4-26。对于非结晶型塑料，$T_\Delta = T_w - T_g$，是最高注塑温度与玻璃化转变温度之差；对于结晶型塑料，$T_\Delta = T_w - T_p$，是最高注塑温度与对晶温度之差。

表 4-26 各种塑料的温度特性和流动性比较

形态	塑料	注塑温度/℃	玻璃化转变温度/℃	模具温度/℃	加工温度范围 ΔT/℃	浇注区的特性	塑料流动性
非结晶型塑料	PPO	300	120	80		较准	
	PEI	370	215	100			
	PMMA	245	100	70			
	ABS	250	110	75			
	ASA	245	105	75			
	AS	255	115	80			
	PS	225	100	45			
	SB	225	100	70			
	PESU	350	230	150			
	PSU	315	200	150			
	PVC	195	100	35		提高温度	
	PC	300	220	90			
	CAB	215	140	55			
	TPU	210	150	35			
形态	塑料	注塑温度	对晶温度	模具温度			
结晶型塑料	PE	250	140	25		较热	
	PP	255	165	35			
	LCP	400	330	175			
	PA11	230	175	60			
	PA12	230	175	60			
	FEP	340	290	150			
	PET	285	245	140			
	PBT	265	225	60			
	PPS	330	290	110			
	PEEK	370	334	160			
	PA610	250	215	90			
	PA6	250	220	90			
	PA66	285	255	90			
	POM	200	181	100			

注：粗线条表示加工温度的范围。

由于非结晶型塑料、结晶型塑料以及热塑性弹性体状态转化的热性能不同，其热流道系统的分流板、喷嘴的加热准则也不同，热流道成型技术的温度范围见表 4-27。

表 4-27 热流道成型技术的温度范围

塑料名称	代号	温度/℃		状态变化
		成型温度	模具温度	固化-熔融
非结晶型塑料				
聚苯乙烯	PS	160～230	20～60	90
高抗冲聚苯乙烯	PS-HI	160～250	20～60	85
丙烯腈-苯乙烯共聚物	AS	200～260	40～80	100
丙烯腈-丁二烯-苯乙烯共聚物	ABS	180～260	40～85	105
硬聚氯乙烯	硬PVC	160～180	20～60	80
软聚氯乙烯	软PVC	150～170	20～40	55～75
乙酸纤维素	CA	185～225	30～60	100
乙酸丙酸纤维素	CAB	160～190	30～60	125
丙酸纤维素	CP	160～190	30～60	125
聚甲基丙烯酸甲酯	PMMA	350～390	60～110	105
聚苯醚	PPO	220～250	70～120	120～130

续表

塑料名称	代号	温度/℃		状态变化
		成型温度	模具温度	
非结晶型塑料				固化-熔融
聚碳酸酯	PC	290~320	60~120	150
聚芳酯	PAR	350~390	120~150	190
聚砜	PSU	320~390	100~160	200
聚醚砜	PESU	340~390	120~200	260
聚醚酰亚胺	PEI	340~425	100~175	220~230
聚酰胺酰亚胺	PAI	340~360	160~210	275
非结晶型聚酰胺	PA	260~300	70~100	150~160
结晶型塑料				结晶-熔融
低密度聚乙烯	PE-LD	210~250	20~40	105~225
高密度聚乙烯	PE-HD	250~300	20~60	125~140
聚丙烯	PP	220~290	20~60	158~168
聚酰胺46	PA46	210~330	60~150	295
聚酰胺6	PA6	230~260	40~100	215~225
聚酰胺66	PA66	270~295	50~120	250~265
聚酰胺610	PA610	220~260	40~100	210~225
聚酰胺11	PA11	220~260	40~100	180~190
聚酰胺12	PA12	200~250	40~100	175~185
聚甲醛	POM	185~215	80~120	165~175
聚对苯二甲酸乙二酯	PET	260~280	50~140	255~258
聚对苯二甲酸丁二酯	PBT	230~270	40~80	220~225
聚苯硫醚	PPS	300~360	20~200	280~288
全氟烷氧基烷树脂	PFA	350~420		300~310
全氟共聚物	FEP	340~370	150~200	285~295
聚四氟乙烯	PTFE	315~365	80~120	270
聚偏二氟乙烯	PVDF	220~300	70~90	171
聚醚酮	PEK	400~430	150~180	365
液晶聚合物	ICP	280~450	30~160	270~380
热塑性弹性体				—
热塑性聚酰胺弹性体	TPE-A	220~260	20~50	
热塑性酯弹性体	TPE-E	200~250	20~50	
热塑性苯乙烯弹性体	TPE-S	180~240	20~50	
热塑性聚氨酯弹性体	TPE-U	190~240	20~40	
热塑性聚烯烃弹性体	TPE-O	110~180	15~40	

注：1. 注塑机喷嘴温度等于热流道喷嘴温度。
2. 状态变化中，"~"前为固化温度或结晶温度，后为熔化温度。

(2) 热流道系统的组成

热流道系统作为注塑模的熔料填充系统，其作用是将熔融塑料从注塑机喷嘴注入型腔。热流道系统由喷嘴、分流板、温度及流动控制、连接系统和热半模等部件组成。

1) 喷嘴

喷嘴是热流道系统中最关键的零件，它是将熔融塑料注入模具型腔的通道，可直接浇注成型，也可通过冷流道浇注成型。喷嘴的种类可分开放式喷嘴、鱼雷式喷嘴、针阀式喷嘴、侧浇口喷嘴及多点式喷嘴五大类。其特点见表4-28。

2) 分流板

分流板的作用是恒温地将熔料从主流道送入各个单独喷嘴。熔体在传送过程中压力降应尽可能小，不允许有塑料降解。熔体到各喷嘴的流程应尽量一致。为减小加热功率，分流板的体积以小为宜，但也不能太小，否则比热容太小，温度不易稳定。

表 4-28 喷嘴特点

喷嘴类型	开放式喷嘴	鱼雷式喷嘴	针阀式喷嘴	侧浇口喷嘴	多点式喷嘴
特点	浇口可为热力闭合（即自身冻结），断裂去除；在浇口断裂处会留下痕迹或短柱；浇口区域温度较低，压力降较小，但相对容易拉丝流延，适用于热塑性塑料	浇口可为热力闭合即自身冻结，断裂去除；浇口较为隐蔽，会留下痕迹或短柱；浇口区域温度较高，比较不容易拉丝及流延。对非结晶型、结晶型或热塑性弹性体的注塑方式都有一定的限制	浇口机械闭合；在浇口上仅留下印记。广泛应用于家电、精密多腔模具。对加工和剪切敏感的塑料很有好处	浇口热力闭合即自身冻结，剪切分离；浇口在侧向位置，经剪断留下残迹	一般是热力闭合，适用于多型腔模具

① 分流板的加热方式

一般分为外加热和内加热的分流板两大类。内加热流道是采用内部加热的环形流道，由加热元件提供加热。但此方法会阻碍熔料的流动，而且在熔料的最外围与金属管壁接触处，会形成一层温度较低的薄膜，塑料必须在薄膜与加热元件之间不停地流动，因而会造成系统内的压力下降，故平衡性非常关键。内加热系统最适用于成型温度范围宽的塑料及平衡流道，但内加热流道不适用于热敏性塑料。

外加热流道系统适用于工程塑料，其装置围绕流道外围的发热线或加热器，其优点是使流道内阻力减小，加热更为均匀，消除了塑料流动路径上的盲点。而盲点会导致塑料和着色剂滞留，对温度十分敏感的塑料不能顺畅地流过，也会使塑料颜色发生变化。由于其热控制较好，外加热流道系统适用于大部分工程塑料。

② 分流板的发热线形式

根据分流发热线的定置方法不同，外加热流道系统可分为固定式和互换式两种。固定式的发热线或加热器熔焊在管壁上，由于接触较紧密，热传递的效率较高，发热线与管道接触面积达 80%，温度控制非常灵敏。但其价格较贵，当发热线烧毁或喷嘴损坏时，需要更换整个部件。而对于互换式，由于发热线可替换，使用较灵活简便，但其热传递效率较低，发热线与管道接触面积只有 24%～40%。

3) 热流道的温度及流动控制

热流道模具技术需要多个环节予以保障，但最重要的是两个技术因素：一是塑料温度的控制；二是塑料流动的控制。

① 塑料温度的控制

热流道系统较理想状态应是热平衡状态，即是等温状态，热损失必须由加热补偿。影响热平衡的因素有热损失、模具热平衡、注塑机及外围设备。

热损失是热流道系统可控的一个因素，应尽可能地保持最小的温度偏差，有效补偿热损失。需要保证加热元件有足够大的功率；加热元件应设置在合理的位置上；感温元件设置位置准确。热损失还是影响感温精度的因素，它与感温元件探头的插入深度、感温元件的响应时间、周围环境热辐射、感温元件氧化导致热电势降低、热敏电阻的高阻抗及仪表测量误差等有关。

塑料温度的控制，一般通过温控箱来控制塑料的成型温度，目前常用的有 LEC 温控箱及 TTC 温控箱。LEC 热流道温控箱具有很好的实用性、可靠性和经济性，适用于小型热流道系统；TTC 热流道温控箱，一般用于大型热流道系统，具有安全可靠，简单易行，功能先进，其功能可与流通顺序功能相结合等优点，但价格较昂贵。

② 塑料流动的控制

热流道系统应必须处于流动平衡状态，而影响平衡的因素有：热平衡；流道直径的一致性；熔体本身的重力；跑道效应。

a. 同序填充控制。同序填充控制要使热流道系统中的流动平衡，浇口要同时使塑料同步填充各型腔。对于塑件质量相差悬殊的型腔，要进行流道尺寸平衡设计，否则，出现塑件充模保压不够，或充模保压过度，造成飞边过大、质量差等问题。流道尺寸设计要合理，如尺寸太小，则充模压力损失过大；尺寸太大，则热流道体积过大，塑料在热流道中停留时间过长，降低材料性能并导致塑件成型后不能满足使用要求。

b. 顺序填充控制。对于尺寸大或结构复杂以及难以成型的塑件，常采用顺序填充控制，在使用顺序填充的热流道分流板系统中有液压或气压驱动的针阀式喷嘴。在使用顺序填充控制时，通过处理器可选择性地控制每个喷嘴开关的时间，以精确控制材料前端流速。顺序填充控制操作一般需要通过专门的顺序填充控制器来完成。

c. 动态填充控制。动态填充通过分流板上的压力传感器来动态感应熔融塑料的压力，并通过调节阀的移动来改变流道的截面，从而控制流量的大小。动态填充控制特点是：能优化多浇口制品的填充和保压过程；提高多型腔模的制品质量；生产中可在线平衡动、定模和组合模具内的流道系统。

4）连接系统

① 接线方式。热流道的接线方式有很多，比较简单的接线方式可按照"先喷嘴，后分流板，从前向后，由上至下"的分组（发热区）编号进行，见图 4-5。插芯接线方式见图 4-6。

② 热电偶的颜色标准

热流道热电偶分为 J 型和 K 型两种，见表 4-29。

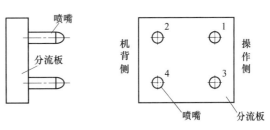

图 4-5 热流道系统接线编号

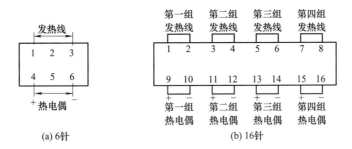

图 4-6 插芯接线方式

表 4-29 国际通用的热电偶颜色标准

类型	国际标准 IEC584-3	
J	黑色	+黑色
		-白色
K	绿色	+绿色
		-白色

5）热半模

① 热半模的组成

热半模是定模的一部分，由独立的模板组成，用于布线，也可安装水管、油管，安装后可随时组装。对于复杂系统，使用热半模可以避免用户安装错误，并能最大化利用热流道系统的性能。

② 热半模热流道的维修

大部分热半模由两块模板组成：歧管支架和喷嘴托板，分别用于固定歧管和喷嘴。喷嘴从喷嘴托板的后面安装，而加热器和热电偶线路都布置在托板上。在维修时，如卸除喷嘴，则要求将热半模全部拆开。目前有从前面安装喷嘴的热半模，设计这种形式的热半模，喷嘴从喷嘴托板的前面安装，所有的线路被安装在喷嘴托板前面经过加工的沟槽内，这样便于安装也易于拆卸喷嘴，方便进行维修。

（3）热流道选型

1）喷嘴的选用原则

喷嘴的结构及制造较为复杂，模具设计与制造时通常选用不同规格的系列制品。在进行模具设计时应考虑制品的质量、塑料的种类，然后根据下列要求选用合适规格的喷嘴。

① 喷嘴的注塑量计算方式。最大注塑量的确定因素是：注塑时间、塑料类型、流道长度和直径、允许的最大压力损失及保压时间等。对于多型腔、热流道转冷流道间接进浇，每个喷嘴的注塑量（W）等于所有制品与流道凝料的质量总和；对于多型腔的，从制品表面直接进浇，则喷嘴注塑量（W_1、W_2）等于每个制品的质量；对于单型腔多点直接进浇，喷嘴注塑量（W_1、W_2、W_3）等于制品注塑部分的质量。

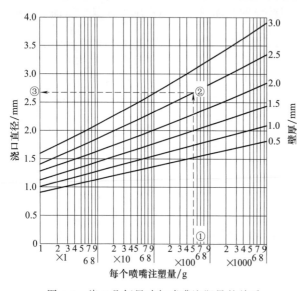

图 4-7　浇口几何尺寸与喷嘴注塑量的关系

② 浇口大小的选择。浇口大小对制品外观和质量的影响所决定的因素是：浇口直径、制品壁厚、制品质量、塑料类型、流动速度、浇口温度控制及制品几何形状。浇口几何尺寸与喷嘴注塑量的关系见图 4-7。

例如，当制品质量为 500g，制品壁厚为 2.5mm，允许制品表面直接点浇口进浇，采用外加热方式时，从图 4-7 中①→②→③可以看出，浇口直径为 2.65mm。

2）喷嘴的注塑量

无论是开放式喷嘴还是针阀式喷嘴，一般都有三种形式：单喷嘴、滑动式喷嘴、旋入式（螺纹式）喷嘴。各种不同规格的系列标准，其喷嘴结构、规格均不相同。现以圣万提（Synvetive）热流道的系列规格进行介绍，见表 4-30～表 4-32。

3）分流板的厚度

分流板有滑动式喷嘴分流板和旋入式（螺纹式）喷嘴分流板，见表 4-33、表 4-34。

表 4-30　单喷嘴系列

	熔融塑料黏度 高黏度 $\eta>150\mathrm{Pa\cdot s}$：PC、PMMA、PEEK、PESU、PSU、PEI、POM。 中等黏度 $\eta=60\sim150\mathrm{Pa\cdot s}$：ABS、AS、ASA、PBT、PET、POM(Copolymer)、PA、PPE(PPO)、PPS、PC/ABS、PC/PBT。 低黏度 $\eta<60\mathrm{Pa\cdot s}$：PP、PE、PS、LCP、TPE

续表

喷嘴系列	制品类型	标准流径/mm	根据喷嘴类型和熔融塑料黏度确定的喷嘴的最大注塑量/g					
			开放式喷嘴			针阀式喷嘴		
			高黏度	中等黏度	低黏度	高黏度	中等黏度	低黏度
03 S01	API	3	2	5	10	—	—	—
04 S01	API	4	20	40	70	—	—	—
CB..E	API	7	50	100	150	—	—	—
CBN.S	API	7	—	—	—	10	50	80
GA..E	API	12	500	800	1500	—	—	—
12S01V GA N..S	API	12	—	—	—	80	150	300
GB..E	API	16	1000	1500	2500	—	—	—
16S01V GB N..S	API	16	—	—	—	250	600	1500
SB5	APT	5	—	9	40	—	—	—
SB8	APT	8	300	500	1500	—	—	—
SB13	APT	13	3000	5000	10000	—	—	—
SB15	APT	15	3000	5000	10000	—	—	—
SB24	APT	24	5000	7500	15000	—	—	—

表 4-31 滑动式喷嘴系列

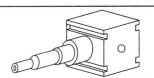

熔融塑料黏度
高黏度 η＞150Pa·s：PC、PMMA、PEEK、PESU、PSU、PEI、POM。
中等黏度 η＝60～150Pa·s：ABS、AS、ASA、PBT、PET、POM(Copolymer)、PA、PPE(PPO)、PPS、PC/ABS、PC/PBT。
低黏度 η＜60Pa·s：PP、PE、PS、LCP、TPE

喷嘴系列	制品类型	标准流径/mm	根据喷嘴类型和熔融塑料黏度确定的喷嘴的最大注塑量/g						相关分流板类型
			开放式喷嘴			针阀式喷嘴			
			高黏度	中等黏度	低黏度	高黏度	中等黏度	低黏度	
03 C01	API	3.5	10	20	30	6	10	15	VC
04 C01	API	4,5,6	20	40	70	8	15	20	VC
04 C03	API	4,5,6	20	40	70	8	15	20	VC
(N)CB..M	API	7	50	100	150	10	50	80	VC
SR8	API	8	50	100	150	10	50	80	VC
(N)GA..M	API	5～12	500	800	1500	100	250	500	VC、VE
(N)GB..M	PAI	6～16	1000	1500	2500	500	800	1500	VE
SR16	APT	8～16	1000	1500	4000	300	600	1500	VE
SR20	APT	8～20	3000	5000	10000	300	600	1500	VF
SR24	APT	10～25	5000	7500	15000	850	4450	7500	VF

表 4-32 旋入式（螺纹式）喷嘴系列

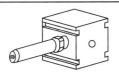

熔融塑料黏度
高黏度 η＞150Pa·s：PC、PMMA、PEEK、PESU、PSU、PEI、POM。
中等黏度 η＝60～150Pa·s：ABS、AS、ASA、PBT、PET、POM(Copolymer)、PA、PPE(PPO)、PPS、PC/ABS、PC/PBT。
低黏度 η＜60Pa·s：PP、PE、PS、LCP、TPE

喷嘴系列	制品类型	标准流径/mm	根据喷嘴类型和熔融材料黏度确定的喷嘴的最大注塑量/g						相关分流板类型
			开放式喷嘴			针阀式喷嘴			
			高黏度	中等黏度	低黏度	高黏度	中等黏度	低黏度	
07 E01	API	6～8	50	100	150	10	50	80	VD、VE
12 E01	API	8,10,12,14	500	800	1500	100	250	500	VE、VF
16 E01	API	12,14,16,18	1000	1500	2500	500	800	1500	VE、VF
16 E02	API	(14),16,18	700	1000	2000	100	200	400	VE、VF
22 E01	API	16,18,20,22	1500	2500	5000	800	1200	2000	VF
22 E02	API	(18),20,22	1200	2000	3500	300	800	1500	VF
T16	APT	8～16	1000	1500	4000	300	600	1500	VH
T20	APT	10～20	2000	3000	7500	300	600	1500	VH
T24	APT	10～25	5000	7500	15000	850	4450	7500	VI

表 4-33 滑动式喷嘴分流板参数

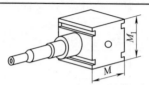

喷嘴系列	类型	标准流径/mm	VC $M=37$ $M_1=56$	VE $M=50$ $M_1=80$	VF $M=65$ $M_1=80$
03 C01	API	3.5	√		
04 C01	API	4,5,6	√		
04 C03	API	4,5,6	√		
(N)CB..M	API	7	√		
SR8	API	8	√		
(N)GA..M	API	5～12	√	√	
(N)GB..M	API	6～16		√	
SR16	APT	8～16			√
SR20	APT	8～20			√
SR24	APT	10～25			√

表 4-34 旋入式（螺纹式）喷嘴分流板参数

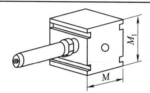

喷嘴系列	类型	标准流径/mm	VD $M=42$ $M_1=56$	VE $M=50$ $M_1=80$	VF $M=65$ $M_1=80$	VH $M=80$ $M_1=87$	VI $M=85$ $M_1=97$
07 E01	API	6～8	√	√			
12 E01	API	8,10,12,14		√	√		
16 E01	API	12,14,16,18		√	√		
16 E02	API	(14),16,18		√	√		
22 E01	API	16,18,20,22			√		
22 E02	API	(18),20,22			√		
T16	APT	8～16				√	
T20	APT	10～20				√	
T24	APT	10～25					√

(4) 绝热流道结构

绝热流道的特点：主流道和分流道截面尺寸设计得相当大，利用靠近浇道壁的塑熔体固化层起绝热作用。其形式有单腔井式喷嘴和多型腔绝热流道。

① 单腔井式喷嘴

井式喷嘴是最简单的热流道，又称为绝热主流道。在注射机喷嘴和模具入口之间设置一个主流道杯。以便积蓄塑料熔体。虽然塑熔体外层很快冷凝，但在中心部位仍保持熔融状态，使之能连续注射成型，适用于单型腔模，其结构形式见表 4-35。

② 多型腔绝热流道

模具的主流道及分流道都设计得较粗大，其断面形状常为圆形。分流道直径一般为16～32mm。由于塑料的导热性差，外层的塑料接触模壁后形成固化层，而中心的塑料仍保持熔融状态，它适用于多型腔的连续成型。为了减小塑料的流动阻力，流道内的转角处一般都用圆弧过渡，其结构形式见表 4-36。

表 4-35 井式喷嘴

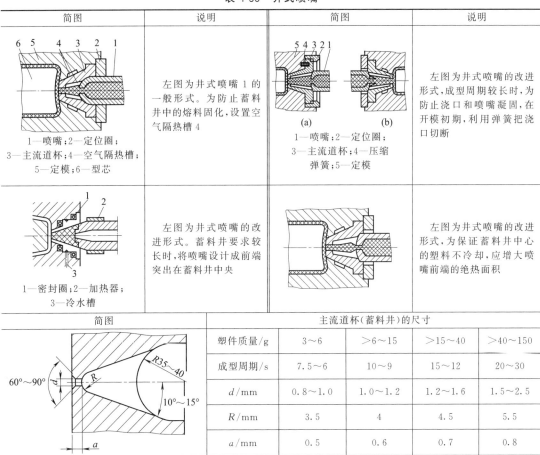

表 4-36 多型腔的绝热流道

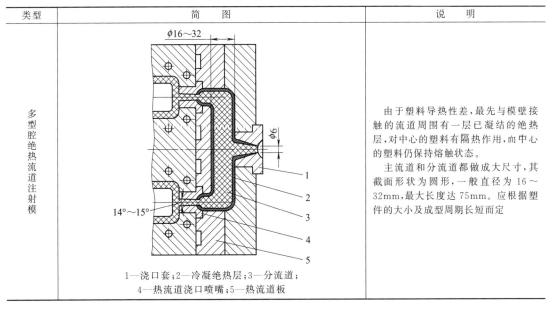

续表

类型	简 图	说 明
主流道型浇口的绝热流道注射模	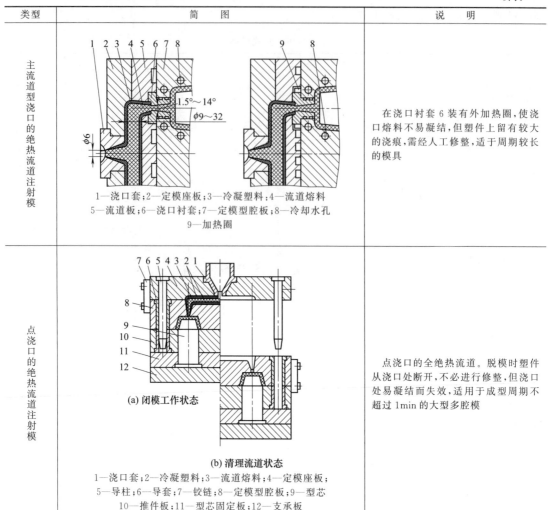　1—浇口套；2—定模座板；3—冷凝塑料；4—流道熔料；5—流道板；6—浇口衬套；7—定模型腔板；8—冷却水孔；9—加热圈	在浇口衬套6装有外加热圈，使浇口熔料不易凝结，但塑件上留有较大的浇痕，需经人工修整，适于周期较长的模具
点浇口的绝热流道注射模	(a) 闭模工作状态　(b) 清理流道状态　1—浇口套；2—冷凝塑料；3—流道熔料；4—定模座板；5—导柱；6—导套；7—铰链；8—定模型腔板；9—型芯；10—推件板；11—型芯固定板；12—支承板	点浇口的全绝热流道。脱模时塑件从浇口处断开，不必进行修整，但浇口处易凝结而失效，适用于成型周期不超过1min的大型多腔模

(5) 半绝热流道

一般主流道浇口的绝热流道注射成型的塑件，带有一小段流道料，必须加以切除，而点浇口的绝热流道可克服上述缺点，但点浇口处最容易凝结，采用半绝热流道则可防止浇口凝结。半绝热流道注射模见表4-37。

(6) 加热流道

加热流道是对主流道和分流道设置加热器补充加热，使浇道内的塑料始终保持熔融状态，保证连续进行注射，操作便利，停车后也不需要打开模具取浇道料，当接通电源后重新加热至适当温度即可。由于分流道中压力传递好，故可相应降低成型温度和注射压力，以利于防止塑料的热裂解，降低塑件的内应力均有好处。

① 延伸式喷嘴

延伸式喷嘴是将喷嘴延长到直接与型腔接触，延长部分相当于点浇口流道，为使喷嘴内塑料保持熔融状态，防止喷嘴前端冷凝和堵塞，必须安装外加热器，并需采取有效的绝热措施，避免喷嘴的热量过多地传给低温型腔，其结构形式见表4-38。

② 多型腔热流道

根据分流道的加热方法不同，这类模具可分为外加热式和内加热式。外加热式多腔热流道模具结构形式较多,其特点是在模具内设有加热流道板,主流道和分流道的截面多为圆形,其直径为 $\phi 5 \sim 12\text{mm}$,在钻有孔的流道板上插入管式加热器,使流道内的塑料始终保持熔融状态。流道板采用绝热材料(石棉水泥板等)或利用空气间隙与模具其他部分隔热。常设置的主流道浇口和点浇口中,多型腔模比较常用的是点浇口。为防止浇口凝料,必须对浇口部分进行绝热,浇口喷嘴有半绝热式和全绝热式,可视情况选用。其结构形式见表 4-39。

表 4-37 半绝热流道注射模

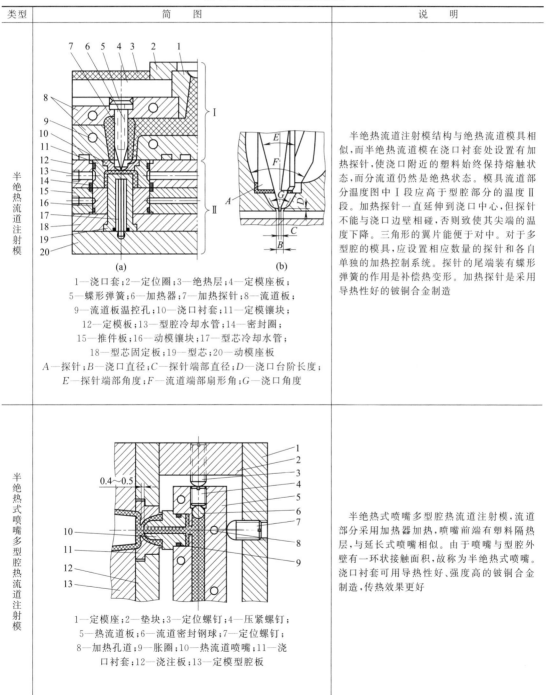

类型	简 图	说 明
半绝热流道注射模	1—浇口套;2—定位圈;3—绝热层;4—定模座板;5—蝶形弹簧;6—加热器;7—加热探针;8—流道板;9—流道板温控孔;10—浇口衬套;11—定模镶块;12—定模板;13—型腔冷却水管;14—密封圈;15—推件板;16—动模镶块;17—型芯冷却水管;18—型芯固定板;19—型芯;20—动模座板 A—探针;B—浇口直径;C—探针端部直径;D—浇口台阶长度;E—探针端部角度;F—流道端部扇形角;G—浇口角度	半绝热流道注射模结构与绝热流道模具相似,而半绝热流道模在浇口衬套处设置有加热探针,使浇口附近的塑料始终保持熔触状态,而分流道仍然是绝热状态。模具流道部分温度图中Ⅰ段应高于型腔部分的温度Ⅱ段。加热探针一直延伸到浇口中心,但探针不能与浇口边壁相碰,否则致使其尖端的温度下降。三角形的翼片便于对中。对于多型腔的模具,应设置相应数量的探针和各自单独的加热控制系统。探针的尾端装有蝶形弹簧的作用是补偿热变形。加热探针是采用导热性好的铍铜合金制造
半绝热式喷嘴多型腔热流道注射模	1—定模座;2—垫块;3—定位螺钉;4—压紧螺钉;5—热流道板;6—流道密封钢球;7—定位螺钉;8—加热孔道;9—胀圈;10—热流道喷嘴;11—浇口衬套;12—浇注板;13—定模型腔板	半绝热式喷嘴多型腔热流道注射模,流道部分采用加热器加热,喷嘴前端有塑料隔热层,与延长式喷嘴相似。由于喷嘴与型腔外壁有一环状接触面积,故称为半绝热式喷嘴。浇口衬套可用导热性好、强度高的铍铜合金制造,传热效果更好

表 4-38　延伸式喷嘴

类型	简图	说明
塑料绝热延长式喷嘴	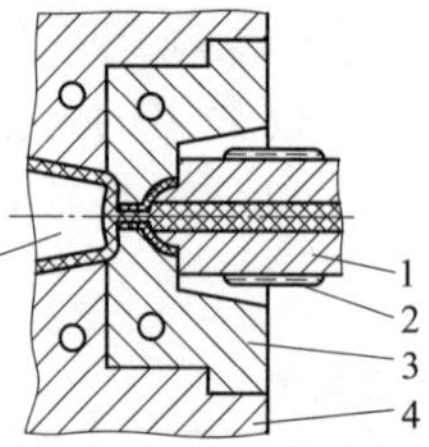 1—延伸式喷嘴；2—加热圈；3—浇口套；4—定模板；5—型芯	增加喷嘴与模具的接触面积，以提高模具的强度，但喷嘴的热量易传给模具，使模温升高。喷嘴的热量损失后，塑料易堵塞浇口
空气绝热延长式喷嘴	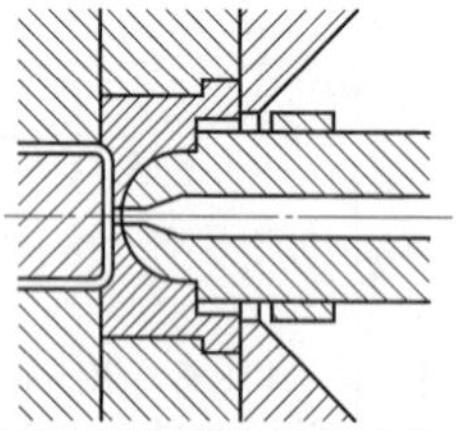	喷嘴端面构成型腔的一部分。采用空气绝热，喷嘴不易凝固堵塞，塑件残留痕迹小，但喷嘴前端活动部分易产生飞边和痕迹，通用性差
塑料绝热延长式喷嘴	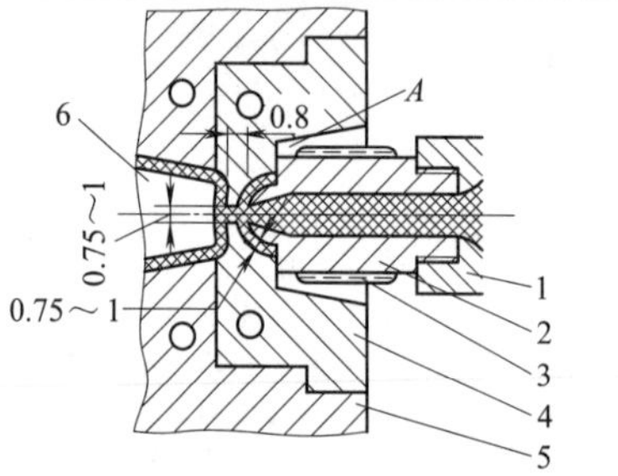 1—注射机料筒；2—延伸式喷嘴；3—加热圈；4—浇口套；5—定模板；6—型芯	采用塑料层绝热，喷嘴与模具之间有一环型接触面，它既能起密封作用，又是模具的承压面（图示 A 面），其面积不宜太大，以减少散热。浇口处的间隙约厚 0.5mm，浇口以外的绝热间隙也不要超过 1.5mm，以免注射时推力太大，造成溢料现象。浇口直径一般为 0.75～1mm。这种喷嘴与井式喷嘴相比，浇口不易堵塞，应用范围较广，由于绝热间隙存料，而不适于成型热稳定性较差、容易分解的塑料。适用于聚乙烯、聚丙烯、聚苯乙烯等塑料的成型
空气绝热延长式喷嘴	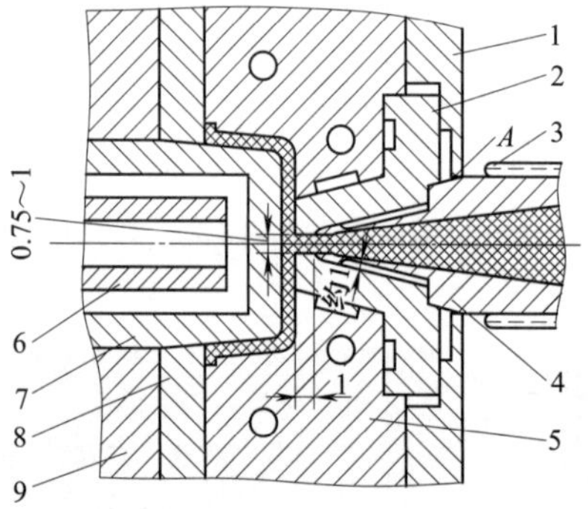 1—定模座板；2—浇口套；3—加热圈；4—延伸式喷嘴；5—定模型腔板；6—型芯冷却管；7—型芯；8—推件板；9—型芯固定板	采用空气绝热，在喷嘴与模具之间，以及浇口套与型腔板之间，除了必要的定位、接触部分外，可留出1mm 的间隙，以充满空气，可起绝热作用。由于浇口附近的型腔壁较薄，在喷嘴与浇口套之间设置环形支承面（图中 A 处），以防止被喷嘴顶坏或变形
喷嘴与模具设计成一体	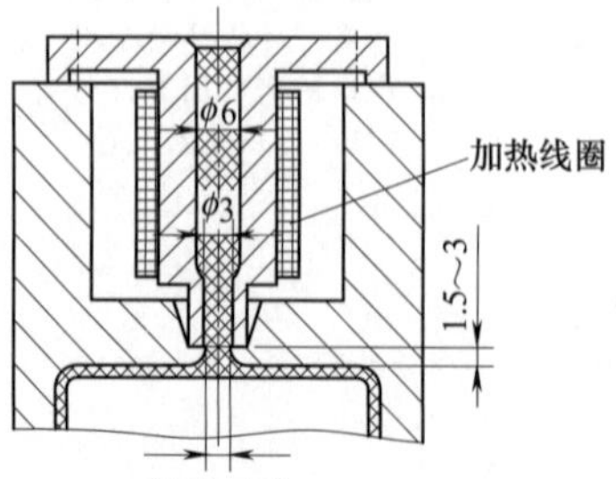	左图为改进的延伸式喷嘴。加热喷嘴与模具设计成一体，采用空气绝热和喷嘴外加热器，结构简单，更换模具时不需更换注射机喷嘴

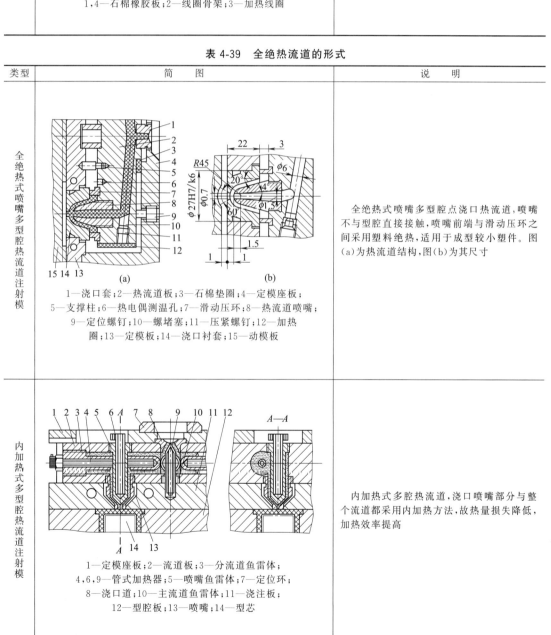

类型	简 图	说 明
喷嘴与模具设计成一体	1,4—石棉橡胶板；2—线圈骨架；3—加热线圈	左图为改进的延伸式喷嘴。加热喷嘴与模具设计成一体，加热喷嘴的端面构成型腔的一部分，采用空气、绝热材料绝热和喷嘴外加热器。更换模具时，不需更换注射机喷嘴

表 4-39 全绝热流道的形式

类型	简 图	说 明
全绝热式喷嘴多型腔热流道注射模	1—浇口套；2—热流道板；3—石棉垫圈；4—定模座板；5—支撑柱；6—热电偶测温孔；7—滑动压环；8—热流道喷嘴；9—定位螺钉；10—螺堵塞；11—压紧螺钉；12—加热圈；13—定模板；14—浇口衬套；15—动模板	全绝热式喷嘴多型腔点浇口热流道，喷嘴不与型腔直接接触，喷嘴前端与滑动压环之间采用塑料绝热，适用于成型较小塑件。图(a)为热流道结构，图(b)为其尺寸
内加热式多型腔热流道注射模	1—定模座板；2—流道板；3—分流道鱼雷体；4,6,9—管式加热器；5—喷嘴鱼雷体；7—定位环；8—浇口道；10—主流道鱼雷体；11—浇注板；12—型腔板；13—喷嘴；14—型芯	内加热式多腔热流道，浇口喷嘴部分与整个流道都采用内加热方法，故热量损失降低，加热效率提高

类型	简图	说明
单型腔弹簧针阀式浇口热流道注射模	1—定位圈；2—绝热环；3—绝热垫圈；4—绝热圈；5—绝热套骨架；6—加热线圈；7—加热线圈骨架；8—弹簧；9—鱼雷体；10—喷嘴头；11—浇口套；12—定模座板；13—推件板；14—定模型腔板；15—针阀	对于注射成型熔体黏度很低的塑料（如尼龙），为避免流延现象，常采用针阀式浇口的热流道模具，在注射和保压阶段浇口处的针阀开启，在保压结束后，将针阀关闭。阀的启闭可以在模具上设计专门的液压或机械驱动机构，也可以采用带压缩弹簧的针阀。此图为针阀式浇口，适用于单型腔注射模。注射时塑料产生的高压使阀芯退回，将浇口开启，阀芯后端的压缩弹簧被压缩，当注射力消除后靠弹簧的压力将浇口关闭
热管式主流道注射模	1—内管；2—加热圈；3—传热铝套；4—外壳；5—定位圈；6—模板；7—型腔板；8—传热介质；9—型芯	热管式主流道模，热管做成夹套形式围绕在主浇道周围，塑料沿中心流道流动，热管将其上部电加热圈的热量传给浇口喷嘴头部，从主流道始端到浇口喷嘴头部的流道各个部位，其温差均可控制在1.5~2℃，保持其极理想的成型温度。它具有塑料流动阻力小，浇道易清理，使用寿命长等特点。模具结构复杂，温控系统要求严格，模具成本高，塑料停滞而易烧焦或分解，不适用所有塑料，也不适于小批量生产

（7）温浇道

温浇道，也称冷浇道，用于热固性塑料注射成型。其特点是用冷却介质（冷水或冷油）将整个浇注系统控制在交联硬化温度之下，保证系统内的熔体不发生硬化和凝固，但对模腔必须进行加热，以利于充模，其结构形式见表4-40。

表4-40 温浇道的结构形式

形式	简图	说明
完全无浇道式		该浇道特点是将浇注系统设置在一个冷浇道板内，通过浇道板的冷却介质（冷水或冷油）对浇注系统进行冷却温控，即为低温区，其温度在105~110℃范围内；而对型腔部分利用加热装置使其保持高温，即为高温区，其温度为145~180℃。低温区与高温区之间的绝热是温控的关键。它们之间通常采用石棉板或环氧玻纤板绝热层进行隔热
延伸喷嘴式		在机筒前端装有一特殊形式的喷嘴，相当于将机筒喷嘴进行延长，可伸到模内直接向浇口料，并在内部设有冷却水路控制熔料的温度，以防流经的塑料交联硬化，在喷嘴与模具之间留有空气间隙绝热

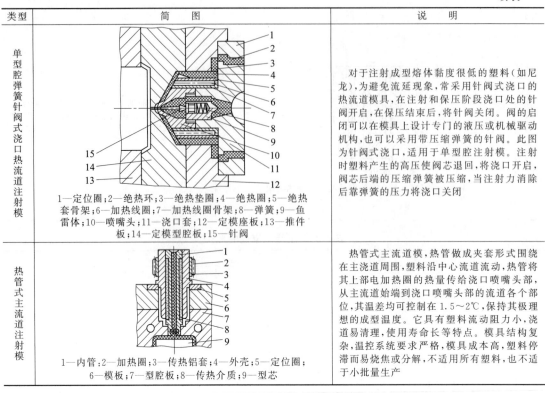

续表

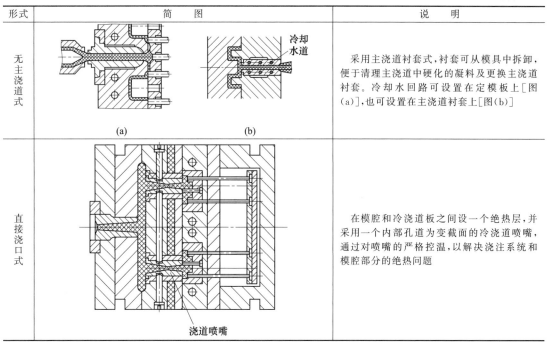

形式	简 图	说 明
无主浇道式	(a) (b) 冷却水道	采用主浇道衬套式,衬套可从模具中拆卸,便于清理主浇道中硬化的凝料及更换主浇道衬套。冷却水回路可设置在定模板上[图(a)],也可设置在主浇道衬套上[图(b)]
直接浇口式	浇道喷嘴	在模腔和冷浇道板之间设一个绝热层,并采用一个内部孔道为变截面的冷浇道喷嘴,通过对喷嘴的严格控温,以解决浇注系统和模腔部分的绝热问题

4.2 成型零件设计

4.2.1 分型面的选择

为了塑件及浇道凝料的取出和嵌件安放的需要,将模具型腔适当地分成两个或若干部分,而其可以分离的接触表面称为分型面。

分型面的表示方法:一般在图样分型面的延长面上用一小段粗实线表示分型面的位置,并用箭头表示开模的方向。若是多分型面,则用罗马数字或用大写字母表示开模顺序。分型面的基本形式和选择原则见表4-41。

表4-41 分型面的基本形式和选择原则

形式	简 图	说 明
分型面及基本形式		
分型面形式	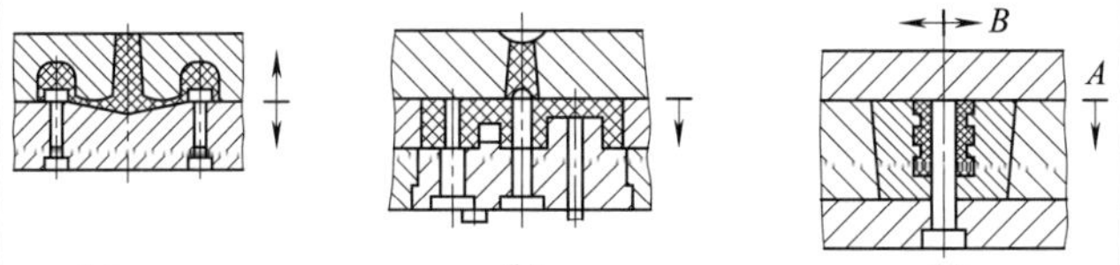 图1 (a) (b) (c)	在图样上常用表示分型面的基本形式,图1(a)表示模具开启时,模具从分型面两边移动;图1(b)模具开启时,一边模板不动,而另一边模板作移动,图1(c)表示模具若有两个或两个以上分型面时,应按分型先后顺序,用罗马数字Ⅰ、Ⅱ、Ⅲ等分别标出
不同形状分型面	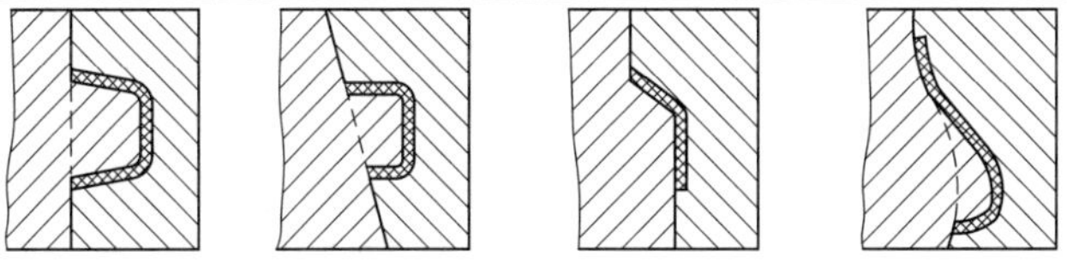 图2 (a) (b) (c) (d)	分型面的形状有平面[图2(a)]、斜面[图2(b)]、阶梯面[图2(c)]和曲面[图2(d)]。分型面应尽量选择平面的,因塑件成型需要或便于塑件脱模,也可采用后三种分型面,后三种分型面加工较困难,但型腔加工比较容易

续表

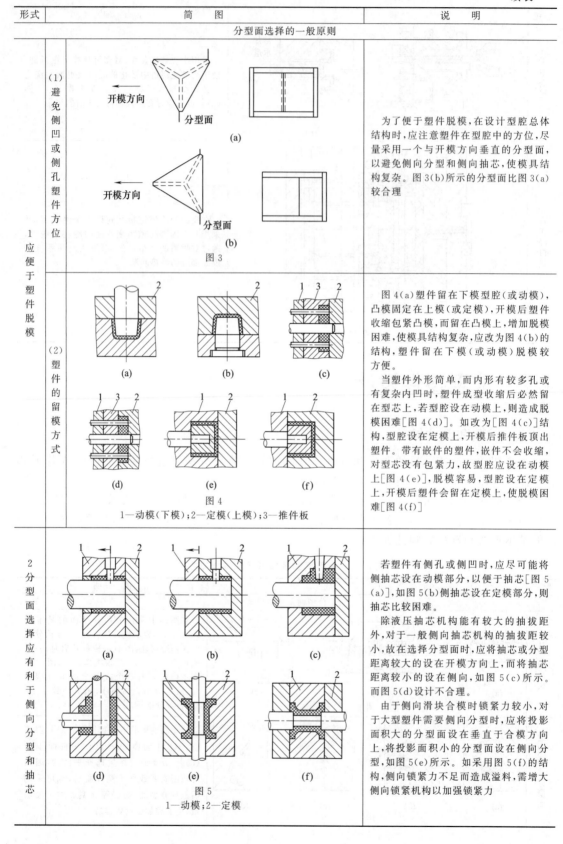

形式	简图	说明
分型面选择的一般原则		
1 应便于塑件脱模 (1) 避免侧凹或侧孔塑件方位	图3	为了便于塑件脱模，在设计型腔总体结构时，应注意塑件在型腔中的方位，尽量采用一个与开模方向垂直的分型面，以避免侧向分型和侧向抽芯，使模具结构复杂。图3(b)所示的分型面比图3(a)较合理
(2) 塑件的留模方式	图4 1—动模(下模)；2—定模(上模)；3—推件板	图4(a)塑件留在下模型腔(或动模)，凸模固定在上模(或定模)，开模后塑件收缩包紧凸模，而留在凸模上，增加脱模困难，使模具结构复杂，应改为图4(b)的结构，塑件留在下模(或动模)脱模较方便。 当塑件外形简单，而内形有较多孔或有复杂内凹时，塑件成型收缩后必然留在型芯上，若型腔设在动模上，则造成脱模困难[图4(d)]。如改为[图4(c)]结构，型腔设在定模上，开模后推件板顶出塑件。带有嵌件的塑件，嵌件不会收缩，对型芯没有包紧力，故型腔应设在动模上[图4(e)]，脱模容易，型腔设在定模上，开模后塑件会留在定模上，使脱模困难[图4(f)]
2 分型面选择应有利于侧向分型和抽芯	图5 1—动模；2—定模	若塑件有侧孔或侧凹时，应尽可能将侧抽芯设在动模部分，以便于抽芯[图5(a)]，如图5(b)侧抽芯设在定模部分，则抽芯比较困难。 除液压抽芯机构能有较大的抽拔距外，对于一般侧向抽芯机构的抽拔距较小，故在选择分型面时，应将抽芯或分型距离较大的设在开模方向上，而将抽芯距离较小的设在侧向，如图5(c)所示。而图5(d)设计不合理。 由于侧向滑块合模时锁紧力较小，对于大型塑件需要侧向分型时，应将投影面积大的分型面设在垂直于合模方向上，将投影面积小的分型面设在侧向分型，如图5(e)所示。如采用图5(f)的结构，侧向锁紧力不足而造成溢料，需增大侧向锁紧机构以加强锁紧力

续表

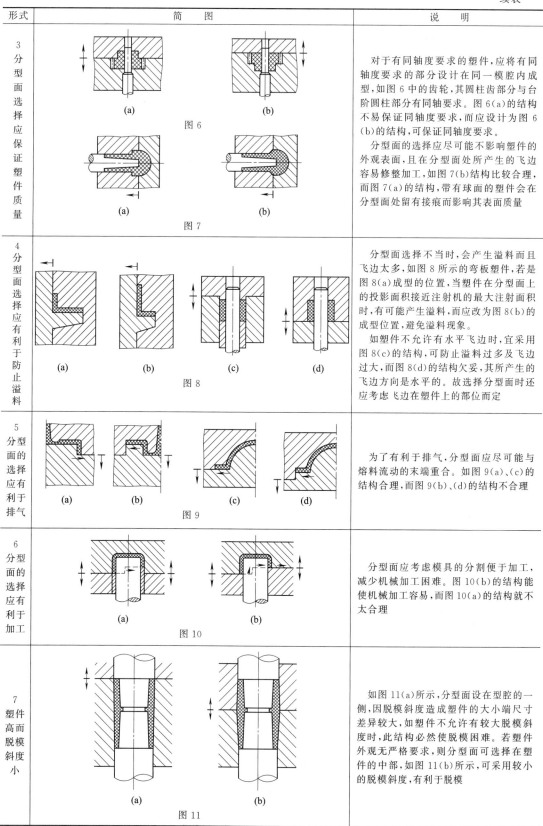

形式	简 图	说 明
3 分型面选择应保证塑件质量	图 6、图 7	对于有同轴度要求的塑件,应将有同轴度要求的部分设计在同一模腔内成型,如图 6 中的齿轮,其圆柱齿部分与台阶圆柱部分有同轴要求。图 6(a)的结构不易保证同轴度要求,而应设计为图 6(b)的结构,可保证同轴度要求。 分型面的选择应尽可能不影响塑件的外观表面,且在分型面处所产生的飞边容易修整加工,如图 7(b)结构比较合理,而图 7(a)的结构,带有球面的塑件会在分型面处留有接痕而影响其表面质量
4 分型面选择应有利于防止溢料	图 8	分型面选择不当时,会产生溢料而且飞边太多,如图 8 所示的弯板塑件,若是图 8(a)成型的位置,当塑件在分型面上的投影面积接近注射机的最大注射面积时,有可能产生溢料,而应改为图 8(b)的成型位置,避免溢料现象。 如塑件不允许有水平飞边时,宜采用图 8(c)的结构,可防止溢料过多及飞边过大,而图 8(d)的结构欠妥,其所产生的飞边方向是水平的。故选择分型面时还应考虑飞边在塑件上的部位而定
5 分型面的选择应有利于排气	图 9	为了有利于排气,分型面应尽可能与熔料流动的末端重合。如图 9(a)、(c)的结构合理,而图 9(b)、(d)的结构不合理
6 分型面的选择应有利于加工	图 10	分型面应考虑模具的分割便于加工,减少机械加工困难。图 10(b)的结构能使机械加工容易,而图 10(a)的结构就不太合理
7 塑件高而脱模斜度小	图 11	如图 11(a)所示,分型面设在型腔的一侧,因脱模斜度造成塑件的大小端尺寸差异较大,如塑件不允许有较大脱模斜度时,此结构必然使脱模困难。若塑件外观无严格要求,则分型面可选择在塑件的中部,如图 11(b)所示,可采用较小的脱模斜度,有利于脱模

4.2.2 成型零件结构设计

(1) 型腔结构设计

型腔又称为凹模,它是成型塑件外表面的主要零件,其结构和类型见表 4-42。

表 4-42 型腔的结构分类

类型	简图	特点
整体式型腔	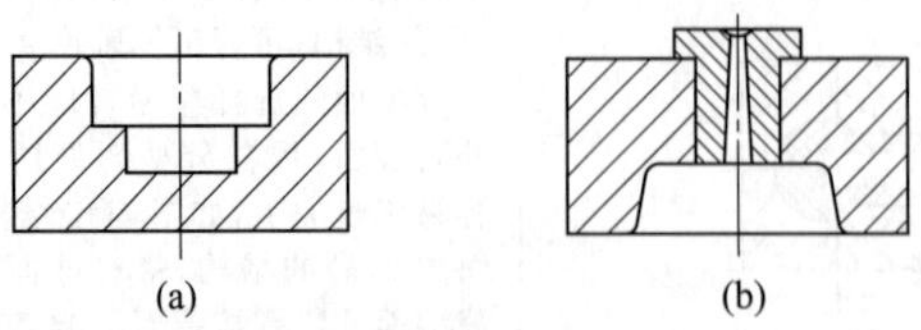 图1 (a)(b)	整体式型腔结构简单,强度高,牢固,成型的塑件质量较好,但当塑件形状复杂时,采用一般机械加工方法比较困难,适用于形状简单的中、小型塑件成型
整体嵌入型腔	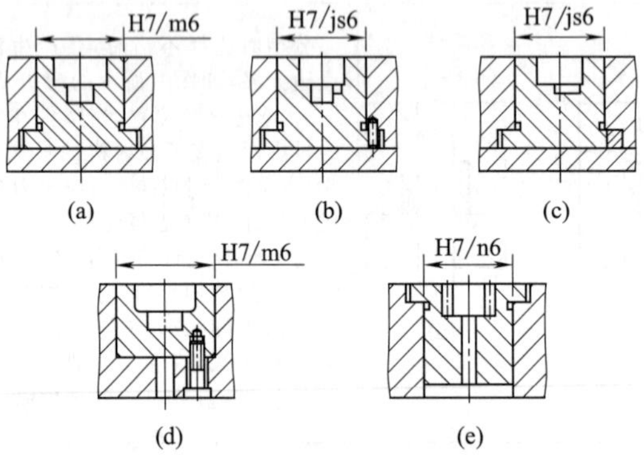 图2 (a)(b)(c)(d)(e)	整体式型腔一般采用带台肩的圆柱形,分别嵌入型腔固定板中,用支承板、螺钉固定。[图2(a)]如果有定位要求的,则应加销钉[图2(b)]或平键[图2(c)]定位防止转动,型腔镶件也可从上面嵌入型腔固定板中[图2(d)、(e)],可省去垫板,但图2(e)因其表面有间隙,不宜开设分流道
局部镶嵌式型腔	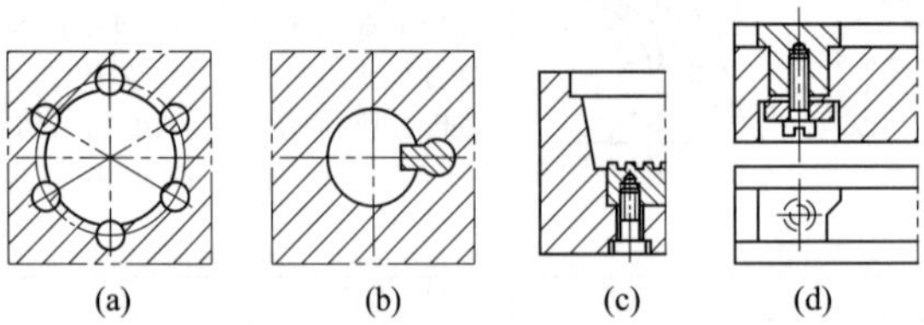 图3 (a)(b)(c)(d)	为了模具的加工方便,容易磨损部分的型腔需要经常更换,应采用局部镶嵌的方法,如图3所示
型腔底部镶拼结构	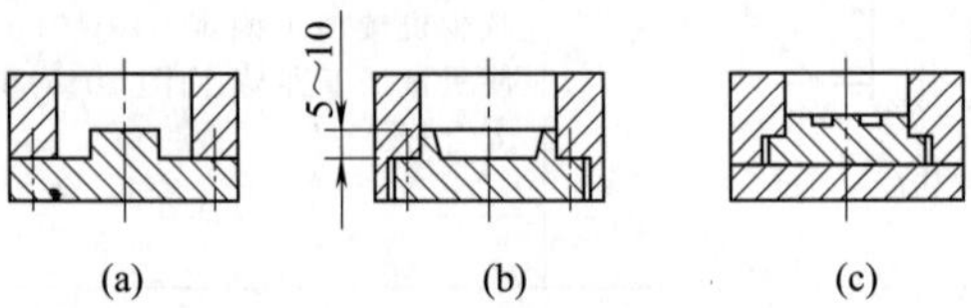 图4 (a)(b)(c)	型腔底部形状比较复杂或尺寸较大时,可将型腔制成通孔,再镶以成型底板,如图4所示。其中图4(a)结构简单,但要求结合面平整,并有足够的强度和刚度,以防挤入飞边,造成脱模困难;图4(b)、(c)的结构,采用圆柱形配合,以免挤入塑料,但制造比较费时
四壁拼合式型腔	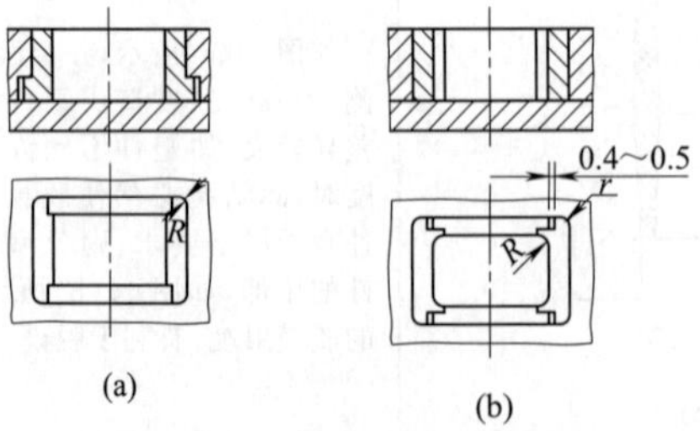 图5 (a)(b)	对于大型和复杂的型腔,可采用四壁和底部分别加工后压入模板,如图5所示,侧壁间采用锁扣式拼合组装而成,以防熔料挤入。在侧壁连接处外侧做出 0.4~0.5mm 的间隙,使内侧紧密连接,另外四角镶件转角半径应做成 $R>r$

续表

类型	简 图	特 点
侧壁拼合式型腔	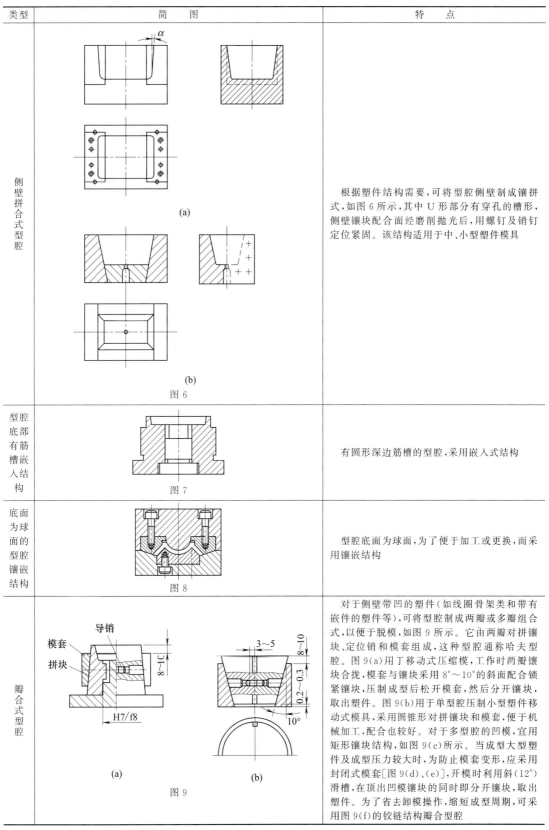 图 6	根据塑件结构需要,可将型腔侧壁制成镶拼式,如图 6 所示,其中 U 形部分有穿孔的槽形,侧壁镶块配合面经磨削抛光后,用螺钉及销钉定位紧固。该结构适用于中、小型塑件模具
型腔底部有筋槽嵌入结构	图 7	有圆形深边筋槽的型腔,采用嵌入式结构
底面为球面的型腔镶嵌结构	图 8	型腔底面为球面,为了便于加工或更换,而采用镶嵌结构
瓣合式型腔	图 9	对于侧壁带凹的塑件(如线圈骨架类和带有嵌件的塑件等),可将型腔制成两瓣或多瓣组合式,以便于脱模,如图 9 所示。它由两瓣对拼镶块、定位销和模套组成,这种型腔通称哈夫型腔。图 9(a)用于移动式压缩模,工作时两瓣镶块合拢,模套与镶块采用 8°～10°的斜面配合锁紧镶块,压制成型后松开模套,然后分开镶块,取出塑件。图 9(b)用于单型腔压制小型塑件移动式模具,采用圆锥形对拼镶块和模套,便于机械加工,配合也较好。对于多型腔的凹模,宜用矩形镶块结构,如图 9(c)所示。当成型大型塑件及成型压力较大时,为防止模套变形,应采用封闭式模套[图 9(d)、(e)],开模时利用斜(12°)滑槽,在顶出凹模镶块的同时即分开镶块,取出塑件。为了省去卸模操作,缩短成型周期,可采用图 9(f)的铰链结构瓣合型腔

类型	简 图	特 点
瓣合式型腔	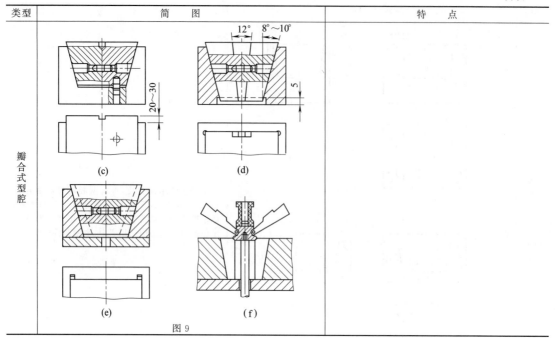 图 9	

（2）凸模和型芯的结构设计

凸模是成型塑件内表面的成型零件，而型芯是成型塑件的孔或凹槽的成型零件，其结构见表 4-43。

表 4-43　凸模和型芯的结构

类型	简 图	特 点
整体式凸模	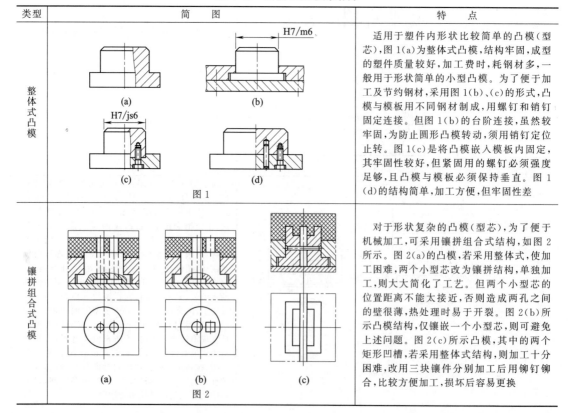 图 1	适用于塑件内形状比较简单的凸模（型芯），图 1(a)为整体式凸模，结构牢固，成型的塑件质量较好，加工费时，耗钢材多，一般用于形状简单的小型凸模。为了便于加工及节约钢材，采用图 1(b)、(c)的形式，凸模与模板用不同钢材制成，用螺钉和销钉固定连接。但图 1(b)的台阶连接，虽然较牢固，为防止圆形凸模转动，须用销钉定位止转。图 1(c)是将凸模嵌入模板内固定，其牢固性较好，但紧固用的螺钉必须强度足够，且凸模与模板必须保持垂直。图 1(d)的结构简单，加工方便，但牢固性差
镶拼组合式凸模	图 2	对于形状复杂的凸模（型芯），为了便于机械加工，可采用镶拼组合式结构，如图 2 所示。图 2(a)的凸模，若采用整体式，使加工困难，两个小型芯改为镶拼结构，单独加工，则大大简化了工艺。但两个小型芯的位置距离不能太接近，否则造成两孔之间的壁很薄，热处理时易于开裂。图 2(b)所示凸模结构，仅镶嵌一个小型芯，则可避免上述问题。图 2(c)所示凸模，其中的两个矩形凹槽，若采用整体式结构，则加工十分困难，改用三块镶件分别加工后用铆钉铆合，比较方便加工，损坏后容易更换

续表

类型	简 图	特 点
小型芯的固定方式	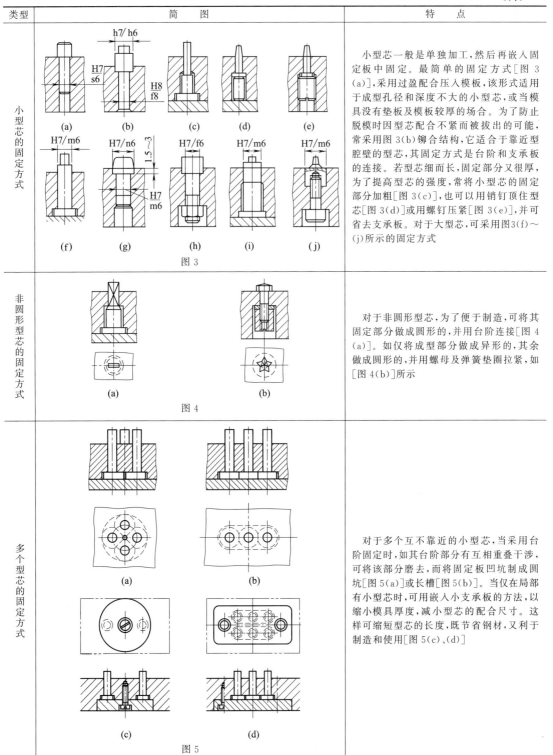 图 3	小型芯一般是单独加工,然后再嵌入固定板中固定。最简单的固定方式[图3(a)],采用过盈配合压入模板,该形式适用于成型孔径和深度不大的小型芯,或当模具没有垫板及模板较厚的场合。为了防止脱模时因型芯配合不紧而被拔出的可能,常采用图3(b)铆合结构,它适合于靠近型腔壁的型芯,其固定方式是台阶和支承板的连接。若型芯细而长,固定部分又很厚,为了提高型芯的强度,常将小型芯的固定部分加粗[图3(c)],也可以用销钉顶住型芯[图3(d)]或用螺钉压紧[图3(e)],并可省去支承板。对于大型芯,可采用图3(f)~(j)所示的固定方式
非圆形型芯的固定方式	图 4	对于非圆形型芯,为了便于制造,可将其固定部分做成圆形的,并用台阶连接[图4(a)]。如仅将成型部分做成异形的,其余做成圆形的,并用螺母及弹簧垫圈拉紧,如[图4(b)]所示
多个型芯的固定方式	图 5	对于多个互不靠近的小型芯,当采用台阶固定时,如其台阶部分有互相重叠干涉,可将该部分磨去,而将固定板凹坑制成圆坑[图5(a)]或长槽[图5(b)]。当仅在局部有小型芯时,可用嵌入小支板的方法,以缩小模具厚度,减小型芯的配合尺寸。这样可缩短型芯的长度,既节省钢材,又利于制造和使用[图5(c)、(d)]

(3) 螺纹型芯和螺纹型环的结构设计

螺纹芯型是成型塑件上的内螺纹(螺孔),而螺纹型环是成型塑件上的外螺纹(螺杆)。此外还可用来固定金属螺纹嵌件。这两种型芯在模具上成型塑件后有模外手工卸除和模内自动卸除的两种方法。对于模内自动卸除螺纹型芯的机构，可参考注射模的顶出机构。

① 螺纹型芯

螺纹型芯的结构及固定形式见表 4-44。

表 4-44　螺纹型芯的结构及固定形式

类型	简　图	特　点
螺纹型芯在模具中的固定形式	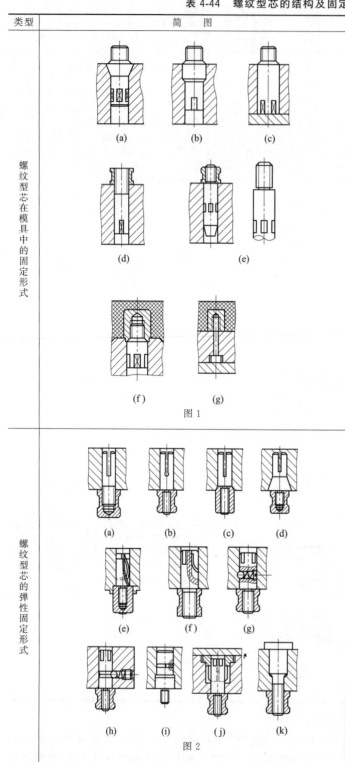　图 1	螺纹型芯在模具中的固定形式如图 1 所示，常采用 H8/h7 间隙配合，将螺纹型芯插入模板对应配合的孔中。 图 1(a)中采用圆锥面起密封和定位作用，其定位准确，使用方便，可防止塑料挤入配合面而使螺纹型芯抬起。 图 1(b)将螺纹型芯做成圆柱形的台阶保证定位和防止型芯下沉。 图 1(c)利用外圆柱面配合，下端必须设置支承板，以防止型芯受注射压力作用而下沉；若螺纹型芯是用于固定螺纹嵌件的，且嵌件外径大于型芯定位部分直径时，可利用嵌件与模具接触面定位以防止型芯受压下沉。 如图 1(d)所示，其结构简单，嵌件拧入深度难以控制，在注射压力作用下，使嵌件抬起，故可采用图 1(e)的结构形式，将型芯定位部分直径做成大于螺纹部分直径成一台阶，并制出退刀槽，方便嵌件拧到台阶为止，其插入模孔中深度不变；若固定嵌件的螺纹型芯的螺纹直径小于 3mm，则在注射压力作用下螺纹容易弯曲，故将嵌件的下端嵌入模体。 如图 1(f)所示，在注射模中，若嵌件螺纹是盲孔，并且受塑料的冲击力不大时，嵌件可直接插入固定在模板的光杆型芯上。如图 1(g)所示，对于直径小于 3.5mm 的螺纹通孔嵌件，同样可采用此方法固定
螺纹型芯的弹性固定形式	图 2	对于上模或合模时冲击振动较大的卧式注射机模具的动模，插入的型芯应带有弹性固定形式。 对于螺纹直径小于 8mm 的螺纹嵌件，其固定螺纹型芯的尾部可采用开口式胀缩弹性结构，如图 2(a)、(b)、(c)所示，便于插入固定与拔出。如嵌件螺孔直径较小时，则可加大型芯尾部直径，以便于制成开口槽，如图 2(d)所示。当螺纹直径为 8～16mm 时，开口式型芯弹力不足而影响固定，可采用直径为 0.8～1.2mm 的钢丝制成弹簧，其结构类似雨伞柄上弹簧形式，如图 2(e)所示。也可简化为图 2(f)所示结构。若型芯直径超过 16mm 时，采用图 2(g)结构，在型芯横向穿孔中安装钢球与弹簧，型芯插入模孔中钢球与对应的凹槽定位。如图 2(h)所示，适用于型芯靠近模具边缘时，可采用弹簧钢球固定直径较大的螺纹型芯。图 2(i)是采用弹簧卡圈固定型芯。图 2(j)是采用弹簧夹头固定型芯，使用可靠，其结构复杂，制造费时，故限制了它的用途。图 2(k)结构固定最牢固，但在塑件顶出前，螺纹型芯必须先拧下，因而仅适用于移动式模具

② 螺纹型环

螺纹型环有成型塑件外螺纹用的和固定带有外螺纹嵌件用的两种类型，其结构形式见表4-45。

表 4-45 螺纹型环的结构及固定形式

类型	简 图	特 点
螺纹型环的类型及固定形式	(a) (b) 图1 1—螺纹型环；2—嵌件环；3—嵌件	图1(a)是成型塑件外螺纹用的螺纹型环，图1(b)是固定带有外螺纹的环状嵌件用的。 螺纹型环是在闭合模前装入型腔，成型后随塑件一起脱模，在模外卸下型环
螺纹型环的结构	(a) (b) 图2 1—螺纹型环；2—定位销	图2(a)是整体式螺纹型环，型环的外径与模具孔间采用H8/f8间隙配合。其配合段的长度取3～5mm，其余部分制成斜度为3°～5°，型环下端开设四个方槽，槽高取$H/2$，以便使用工具拆卸。 图2(b)是组合式螺纹型环，它由两瓣拼合而成，两瓣的对合由两个销钉定位。为了取件方便，可在两瓣的组合外侧开设两条楔形槽，用尖劈状卸模器楔入两边的楔形槽，将螺纹型环分开。但这种结构成型的塑件外螺纹会留下难以修整的拼合接痕，只适用于精度要求不高的粗牙螺纹的成型

(4) 齿轮型腔的结构设计

由于塑料都有一定的收缩率，故成型塑料齿轮的模具型腔应加大一个综合收缩的尺寸。齿轮的型腔结构见表4-46。

表 4-46 塑料齿轮与型腔的尺寸关系及型腔结构

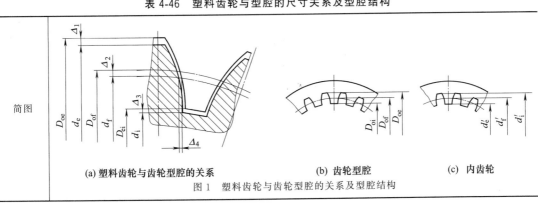

图 1 塑料齿轮与齿轮型腔的关系及型腔结构
(a) 塑料齿轮与齿轮型腔的关系　(b) 齿轮型腔　(c) 内齿轮

简图	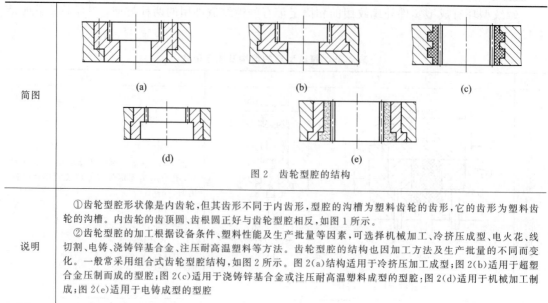 图 2　齿轮型腔的结构
说明	①齿轮型腔形状像是内齿轮，但其齿形不同于内齿形，型腔的沟槽为塑料齿轮的齿形，它的齿形为塑料齿轮的沟槽。内齿轮的齿顶圆、齿根圆正好与齿轮型腔相反，如图 1 所示。 ②齿轮型腔的加工根据设备条件、塑料性能及生产批量等因素，可选择机械加工、冷挤压成型、电火花、线切割、电铸、浇铸锌基合金、注压耐高温塑料等方法。齿轮型腔的结构也因加工方法及生产批量的不同而变化。一般常采用组合式齿轮型腔结构，如图 2 所示。图 2(a)结构适用于冷挤压加工成型；图 2(b)适用于超塑合金压制而成的型腔；图 2(c)适用于浇铸锌基合金或注压耐高温塑料成型的型腔；图 2(d)适用于机械加工制成；图 2(e)适用于电铸成型的型腔。

4.2.3　成型零件的工作尺寸计算

(1) 型腔和型芯的工作尺寸计算

塑料模具的成型零件是指型腔和型芯，它直接决定塑件形状的有关尺寸，称为工作尺寸，是指型腔和型芯的径向尺寸（包括矩形或异形的长度、宽度）、型腔的深度或型芯的高度和中心距尺寸等。在设计中应根据塑件的尺寸、精度等级及影响成型塑件尺寸和精度的因素，来确定成型零件的工作尺寸及精度。还需考虑影响成型塑件尺寸精度的下列主要因素。

① 成型收缩率 S

塑件成型收缩率是指室温下的塑件与模具凹模或型芯两者尺寸的相对差。其计算式为：

$$S = (L_m - L_s)/L_m \times 100\% \tag{4-7}$$

式中　S——塑料成型收缩率，%；
　　　L_m——模具型腔在室温下的尺寸，mm；
　　　L_s——塑件在室温下的尺寸，mm。

故计算模具成型零件尺寸的基本公式为：

$$L_m = L_s + L_s S = L_s(1+S)$$

塑件成型后的收缩率与塑料的品种、塑件的形状、模具结构以及成型工艺条件等因素有关，由于塑件的成型收缩率波动较大，因而造成塑件的尺寸误差，因此应根据实际情况合理选择收缩率，一般收缩率取其收缩范围的平均值，即：

$$S_平 = (S_{max} + S_{min})/2 \tag{4-8}$$

塑件在成型过程中，由于收缩率受注塑工艺条件的影响，可能在最大值和最小值之间波动，因而产生塑件受收缩率波动的尺寸最大误差 δ_s，其最大值为：

$$\delta_s = (S_{max} - S_{min}) L_s \tag{4-9}$$

式中　S_{max}，S_{min}——塑件最大收缩率和最小收缩率；
　　　L_s——塑件尺寸，mm。

② 成型零件的制造偏差 δ_m

成型零件精度高，则塑件精度也高。模具成型尺寸是由加工所决定的，在相同的精度情况下,模具制造公差大小与塑件尺寸的大小有一定的关系。尺寸在 0~500mm 以内,按国家《公差与配合》标准规定。

$$\delta_m = \alpha i = \alpha(0.45\sqrt[3]{D} + 0.001D) \quad (4-10)$$

式中 δ_m——成型零件制造误差值,mm;
D——被加工的零件尺寸,mm,此处可视作被加工模具零件的成型尺寸 L_M;
i——公差单位;
α——精度系数,模具制造精度常用精度等级 IT8、IT9、IT10、IT11、IT12 分别为 25、40、64、100、160,精度系数越小,精度等级越高。

模具零件的制造公差 δ_m 可选 IT7~IT8 之间,或取塑件公差 Δ 的 1/3~1/4,对中小型塑件取 $\delta_m = 1/3\Delta$;对大型塑件取 $\delta_m < 1/3\Delta$。表面粗糙度为 0.05~0.8μm。

模具制造公差 δ_m 与塑件公差 Δ 的关系见表 4-47。

表 4-47 模具制造公差 δ_m 与塑件公差 Δ 的关系

塑件公称尺寸 L/mm	δ_m/Δ	塑件公称尺寸 L/mm	δ_m/Δ
0~50	1/3~1/4	>250~355	1/6~1/7
>50~140	1/4~1/5	>355~500	1/7~1/8
>140~250	1/5~1/6		

③ 成型零件的磨损量 δ_c

模具在使用过程中,由于各种因素导致模具型腔尺寸变大,型芯或凸模的尺寸减小。因此在设计时,应根据塑件批量、塑件品种、模具材质及表面硬化处理等因素确定。一般对于中、小型塑件模具取 $\delta_c = 1/6\Delta$;对于大型塑件模具取 $\delta_c < 1/6\Delta$。模具型腔和型芯成型工作尺寸可按表 4-47 所列公式计算。

④ 模具安装配合的误差 δ_j

由于模具成型零件的安装误差或在成型过程中成型零件配合间隙的变化,会引起塑件尺寸的误差。如成型塑件上孔的型芯,若按间隙配合安装在模内,则中心位置的误差(型芯的最大偏移量)要受配合间隙值的影响。但如采用过盈配合,则不存在此误差。

由上、下模或动、定模之间合模位置确定的尺寸,其尺寸波动要受导向零件配合公差的值影响。如壳体塑件侧壁厚度的波动,则由导柱与导向孔配合间隙确定。

⑤ 水平飞边厚度的波动 δ_f

采用敞开式和半封闭式压塑模成型的塑件,其水平飞边的厚度常因工艺条件等因素的变化而波动。从而影响塑件高度尺寸误差,其高度尺寸的精度低于横向尺寸的精度。

对于挤塑模和注射模,均为闭模以后才充模,水平飞边很薄,甚至没有飞边。只要模具加工精度控制得当,确保合模锁紧模具,则可避免产生飞边。

要达到塑件尺寸合格,必须满足 $\delta \leqslant \Delta$ 的条件,控制塑件可能产生的各项误差的总和,即:

$$\delta = \delta_m + \delta_c + \delta_s + \delta'_s + \delta_j + \delta_f \quad (4-11)$$

式中 δ'_s——计算收缩率与实际收缩率之差(或收缩率选取不当)引起的塑件尺寸误差,mm,其余符号同前述。

成型零件工作尺寸的计算公式见表 4-48。

模具上的孔用普通方法加工,孔的中心距制造偏差可参考表 4-49。如采用坐标镗床加工,其中心孔距制造偏差一般不超过 0.015~0.02mm,并与基本尺寸无关。

(2) 螺纹型芯和螺纹型环成型尺寸计算

螺纹型芯和螺纹型环成型尺寸计算公式见表 4-50。

表 4-48 型腔与型芯工作尺寸计算公式

简图		尺寸类型	计算公式
(型腔简图：$L_m^{+\delta_m}_0$, $H_m^{+\delta_m}_0$)	型腔	径向尺寸（直径、长、宽）	(1)平均尺寸计算法：$L_m=(L_s+L_sS_{cp}-x\Delta)^{+\delta_m}_0$ (2)极限尺寸计算法，按修模时凹模尺寸增大容易：$L_m=(L_s+L_sS_{max}-\Delta)^{+\delta_m}_0$ 校核：$L_m+\delta_m+\delta_c-S_{min}l_s\leqslant l_s$
		深度	(1)平均尺寸计算法：$H_m=(H_s+H_sS_{cp}-x'\Delta)^{+\delta_m}_0$ (2)极限尺寸计算法，按修模时深度尺寸增大容易：$H_m=(H_s+H_sS_{min}-\delta_m)^{+\delta_m}_0$ 校核：$H_m-S_{max}H_s+\Delta\geqslant H_s$
(型芯简图：$L_{s-\Delta}^0$, $C_s\pm\frac{1}{2}\Delta$, $h_s^{+\Delta}_0$, $H_s^0_{-\Delta}$, $l_s^{+\Delta}_0$)	型芯	径向尺寸（直径、长、宽）	(1)平均尺寸计算法：$l_m=(l_s+l_sS_{cp}+x\Delta)^0_{-\delta_m}$ (2)极限尺寸计算法，按修模时凸模尺寸减小容易：$l_m=(l_s+l_sS_{min}+\Delta)^0_{-\delta_m}$ 校核：$l_m-\delta_m-\delta_c-S_{min}l_s\geqslant l_s$
(型芯简图：$l_m^{\ 0}_{-\delta_m}$, $C_m\pm\frac{\delta_m}{2}$, $h_m^{\ 0}_{-\delta_m}$)		高度	(1)平均尺寸计算法：$h_m=(H_s+H_sS_{cp}+x'\Delta)^0_{-\delta_m}$ (2)极限尺寸计算法 ① 按修模时型芯尺寸增大容易：$h_m=(H_s+H_sS_{max}+\delta_m)^0_{-\delta_m}$ 校核：$h_m-S_{min}H_s-\Delta\leqslant H_s$ ② 按修模时型芯尺寸减小容易：$h_m=(H_s+H_sS_{min}+\Delta)^0_{-\delta_m}$ 校核：$h_m-\delta_m-S_{max}H_s\geqslant H_s$
		中心距	$C_m=(C_s+C_sS_{cp})\pm\dfrac{\delta_m}{2}$

注：S_{cp}——塑料平均收缩率，见表 2-3，热固性塑料见表 2-9；
　　Δ——塑件公差，mm；
　　δ_m——成型零件制造成公差，mm；
　　x——修正系数，一般为 1/2～3/4，公差值大取小值，对大中型塑件取 3/4；
　　x'——修正系数，一般为 1/2～2/3，当塑件尺寸较大、精度比较低时取小值，反之取大值；
　　L_m——型腔径向尺寸，mm；
　　H_m——型腔深度，mm；
　　L_s——塑件外形基本尺寸，mm；
　　H_s——塑件高度基本尺寸，mm；
　　l_m——型芯径向尺寸，mm；
　　l_s——塑件内形基本尺寸，mm；
　　h_m——型芯高度，mm；
　　h_s——塑件孔深基本尺寸，mm；
　　C_m——型芯与型腔中心距，mm；
　　C_s——塑件上孔或凸台中心距，mm。

表 4-49　孔的中心距制造偏差　　　　　　　　　　　　　　　　　　　　　　　　mm

孔的中心距	制造偏差
<80	±0.01
>80~220	±0.02
>220~360	±0.03

表 4-50　螺纹型芯与螺纹型环成型尺寸计算公式

类型	简图	尺寸类型	计 算 公 式
螺纹型芯		大径	$d_w = [(1+S_{cp})d_{sw} + \Delta_z]_{-\delta_m}^{0}$
		中径	$d_z = [(1+S_{cp})d_{sz} + \Delta_z]_{-\delta_m}^{0}$
		小径	$d_x = [(1+S_{cp})d_{sx} + \Delta_z]_{-\delta_m}^{0}$
		螺距	$P_m = [(1+S_{cp})P_s] \pm \delta_m/2$
螺纹型环		大径	$D_w = [(1+S_{cp})D_{sw} - \Delta_z]_{0}^{+\delta_m}$
		中径	$D_z = [(1+S_{cp})D_{sz} - \Delta_z]_{0}^{+\delta_m}$
		小径	$D_x = [(1+S_{cp})D_{sx} - \Delta_z]_{0}^{+\delta_m}$
		螺距	$P_M = [(1+S_{cp})P_s] \pm \delta_m/2$

注：d_w，d_z，d_x——螺纹型芯大径、中径和小径，mm；
　　d_{sw}，d_{sz}，d_{sx}——塑件内螺纹的大径、中径和小径的基本尺寸，mm；
　　D_w，D_z，D_x——螺纹型环大径、中径和小径，mm；
　　D_{sw}，D_{sz}，D_{sx}——塑件外螺纹型的大径、中径和小径的基本尺寸，mm；
　　S_{cp}——塑件平均收缩率，见表 2-2；
　　Δ_z——塑件中径公差，见表 4-53；
　　P_m，P_M——螺纹型芯和螺纹型环的螺距，mm；
　　P_s——塑件外螺纹和内螺纹螺距基本尺寸，mm；
　　δ_m——螺纹型芯和螺纹型环大径、中径、小径和螺距的制造公差，见表 4-54、表 4-55。

普通螺纹的基本尺寸可查相关资料。细牙普通螺纹的尺寸和公差见表 4-51。粗牙普通螺纹的尺寸和公差见表 4-52。

成型塑件螺纹时，由于收缩不均性及收缩率波动的影响，其尺寸（如螺距尺寸）和牙型同正常螺纹相比是有较大的偏差和变化，降低了可旋入性。为了保证两塑料螺纹制品螺纹的配合比较松动，在不影响使用的情况下，螺纹型环的尺寸应比螺纹型芯相应部分的尺寸要小一些，从而保证塑件外螺纹（螺杆）比塑件内螺纹（螺母）略小。

对于同塑料的螺母与螺杆配合，螺距可不考虑收缩率。一般塑件螺纹与金属螺纹的配合长度小于 7 个牙的情况下，也可以不计算螺距的收缩率。对于不同塑料的螺纹配合，或塑件螺纹与金属件螺纹的配合，当螺纹长度 $L>20$mm 时，其螺距要考虑收缩率。

当考虑收缩率按公式计算出的螺距无法加工时，可在中径公差范围内，用加大型芯中径或缩小型环中径的方法（大径、小径同样按比例增减）来补偿塑件螺纹的累计误差。但螺纹配合长度 L 不得超过极限值，否则影响螺纹配合精度，极限长度可按下式计算。

$$L_{极} = 0.432\Delta_{中}/S_{cp} \tag{4-12}$$

式中　$\Delta_{中}$——塑件螺纹的中径公差，mm；
　　　S_{cp}——塑件成型平均收缩率，%。

普通内外螺纹中径公差见表 4-53。
普通螺纹型芯和型环直径的制造公差见表 4-54。
螺纹型芯与型环螺距的制造公差见表 4-55。
不计螺距收缩率时可以配合的极限长度见表 4-56。

表 4-51 细牙普通螺纹的尺寸和公差　　　　　　　　　　　　　　　　　mm

螺纹直径	螺距	3级螺纹公称尺寸			3级精度螺纹公差		
		大径	中径	小径	大径	中径	小径
8	1	8	7.35	6.918	0.25	0.168	0.19
10	1.25	10	9.168	8.674	0.30	0.167	0.22
10	1	10	9.35	8.918	0.25	0.168	0.2
10	0.75	10	9.513	9.168	0.15	0.175	0.19
12	1.5	12	11.026	10.376	0.35	0.205	0.25
12	1.25	12	11.168	10.647	0.30	0.187	0.22
12	1	12	11.35	10.918	0.25	0.168	0.2
14	1.5	14	13.026	12.376	0.35	0.205	0.25
14	1.25	14	13.188	12.647	0.30	0.187	0.22
14	1	14	13.35	12.918	0.25	0.168	0.2
16	1.5	16	15.026	14.376	0.35	0.205	0.25
16	1	16	15.35	14.918	0.25	0.168	0.2
18	2	18	16.701	15.835	0.41	0.25	0.3
18	1.5	18	17.026	16.376	0.35	0.228	0.25
18	1	18	17.35	16.918	0.25	0.188	0.2
20	2	20	18.701	17.835	0.41	0.25	0.3
20	1.5	20	19.026	18.376	0.35	0.22	0.25
20	1	20	19.35	18.918	0.25	0.168	0.2
24	2	24	22.701	21.835	0.41	0.25	0.3
24	1.5	24	23.026	22.376	0.35	0.22	0.25
24	1	24	23.35	22.918	0.25	0.168	0.2
27	2	27	25.701	24.835	0.41	0.28	0.32
27	1.5	27	26.026	25.376	0.35	0.22	0.25
27	1	27	26.35	25.918	0.25	0.2	0.2

表 4-52 粗牙普通螺纹的尺寸和公差　　　　　　　　　　　　　　　　　mm

螺纹直径	螺距	3级螺纹公称尺寸			3级精度螺纹公差		
		大径	中径	小径	大径	中径	小径
3	0.5	3	2.675	2.459	0.12	0.118	0.14
4	0.7	4	3.545	3.242	0.14	0.140	0.18
6	1	6	5.35	4.918	0.25	0.188	0.20
8	1.25	8	7.188	6.647	0.30	0.187	0.22
10	1.5	10	9.026	8.376	0.35	0.205	0.25
12	1.75	12	10.863	10.106	0.38	0.222	0.38
14	2	14	12.701	11.835	0.41	0.237	0.30
16	2	16	14.701	13.825	0.41	0.237	0.30
18	2.5	18	16.376	15.294	0.48	0.265	0.34
20	2.5	20	18.376	17.294	0.48	0.265	0.34
22	2.5	22	20.376	19.294	0.48	0.265	0.34
24	3	24	22.052	20.752	0.52	0.290	0.38
27	3	27	25.052	23.752	0.52	0.290	0.38
30	3.5	30	27.727	26.211	0.55	0.313	0.42
33	3.5	33	30.727	29.211	0.55	0.313	0.42
36	4	36	33.402	31.67	0.60	0.335	0.48
42	4.5	42	39.077	37.129	0.65	0.355	0.55
45	4.5	45	42.077	40.129	0.65	0.355	0.55

表 4-53 普通内外螺纹中径公差 (GB/T 197—2018)　　　　　　　　　　　mm

公称直径 d 或 D	螺距 P	内螺纹中径公差			外螺纹中径公差			
		公差等级						
		6	7	8	6	7	8	9
>2.8~5.6	0.35	0.090			0.067	0.085		
	0.5	0.100	0.125		0.075	0.095		
	0.6	0.112	0.140		0.085	0.106		
	0.7	0.118	0.150		0.090	0.112		
	0.75	0.118	0.150		0.090	0.112		
	0.8	0.125	0.160	0.200	0.095	0.118	0.150	0.190

续表

公称直径 d 或 D	螺距 P	内螺纹中径公差			外螺纹中径公差			
		公差等级						
		6	7	8	6	7	8	9
>5.6~11.2	0.75	0.132	0.170		0.100	0.125		
	1	0.150	0.190	0.236	0.112	0.140	0.180	0.224
	1.25	0.160	0.200	0.250	0.118	0.150	0.190	0.236
	1.5	0.180	0.224	0.280	0.132	0.170	0.212	0.265
>11.2~22.4	1	0.160	0.200	0.250	0.118	0.150	0.190	0.236
	1.25	0.180	0.224	0.280	0.132	0.170	0.212	0.265
	1.5	0.190	0.236	0.300	0.140	0.180	0.224	0.280
	1.75	0.200	0.250	0.315	0.150	0.190	0.236	0.300
	2	0.212	0.265	0.335	0.160	0.200	0.250	0.315
	2.5	0.224	0.280	0.355	0.170	0.212	0.265	0.335
>22.4~45	1	0.170	0.212		0.125	0.160	0.200	0.250
	1.5	0.200	0.250	0.315	0.150	0.190	0.236	0.300
	2	0.224	0.280	0.355	0.170	0.212	0.265	0.335
	3	0.265	0.335	0.425	0.200	0.250	0.315	0.400
	3.5	0.280	0.355	0.450	0.212	0.265	0.335	0.425
	4	0.300	0.375	0.470	0.224	0.280	0.355	0.450
	4.5	0.315	0.400	0.500	0.236	0.300	0.375	0.475
>45~90	1.5	0.212	0.265	0.335	0.160	0.200	0.250	0.315
	2	0.236	0.300	0.375	0.180	0.224	0.280	0.355
	3	0.280	0.355	0.450	0.212	0.265	0.335	0.425
	4	0.315	0.400	0.500	0.236	0.300	0.375	0.475
	5	0.335	0.425	0.530	0.250	0.315	0.400	0.500
	5.5	0.355	0.450	0.560	0.265	0.335	0.425	0.530
	6	0.375	0.475	0.600	0.280	0.355	0.450	0.560
>90~180	2	0.250	0.315	0.400	0.190	0.236	0.300	0.375
	3	0.300	0.375	0.475	0.224	0.280	0.355	0.450
	4	0.335	0.425	0.530	0.250	0.315	0.400	0.500
	6	0.400	0.500	0.630	0.300	0.375	0.475	0.600
	8	0.450	0.560	0.710	0.335	0.425	0.530	0.670
>180~355	3	0.335	0.425	0.530	0.250	0.315	0.400	0.500
	4	0.375	0.475	0.600	0.280	0.355	0.450	0.560
	6	0.425	0.530	0.670	0.315	0.400	0.500	0.630
	8	0.475	0.600	0.750	0.355	0.450	0.560	0.710

表 4-54 普通螺纹型芯和型环直径的制造公差　　　　　　　　　　mm

螺纹类型	螺纹直径	制造公差		
		大径	中径	小径
粗牙	3~12	0.03	0.02	0.03
	14~33	0.04	0.03	0.04
	36~45	0.05	0.04	0.05
	48~68	0.06	0.05	0.06
细牙	4~22	0.03	0.02	0.03
	24~52	0.04	0.03	0.04
	56~68	0.05	0.04	0.05

表 4-55　螺纹型芯与型环螺距的制造公差　　　　　　　　　　　　　　　　　　　　　　mm

螺纹直径	螺纹配合长度	螺纹制造公差
3~10	~12	0.01~0.03
12~22	>12~20	0.02~0.04
24~68	>20	0.03~0.05

表 4-56　不计螺距收缩率时可以配合的极限长度

螺纹规格	螺距 P/mm	收缩率 S/%							
		0.2	0.5	0.8	1.0	1.2	1.5	1.8	2.0
		螺纹可以配合的极限长度/mm							
M3	0.5	26.0	10.4	6.5	5.2	4.3	3.5	2.9	2.6
M4	0.7	32.5	13.0	8.1	6.5	5.4	4.3	3.6	3.3
M5	0.8	34.5	13.8	8.6	6.9	5.8	4.6	3.8	3.5
M6	1.0	38.0	15.0	9.4	7.5	6.3	5.0	4.2	3.8
M8	1.25	43.5	17.4	10.9	8.7	7.3	5.8	4.8	4.4
M10	1.5	46.0	18.4	11.5	9.2	7.7	6.1	5.1	4.6
M12	1.75	49.0	19.6	12.3	9.8	8.2	6.5	5.4	4.9
M14	2.0	52.0	20.8	13.0	10.4	8.7	6.9	5.8	5.2
M16	2.0	52.0	20.8	13.0	10.4	8.7	6.9	5.8	5.2
M20	2.5	57.5	23.0	14.4	11.5	9.6	7.1	6.4	5.8
M24	3.0	64.0	25.4	15.9	12.7	10.6	8.5	7.1	6.4
M30	3.5	66.5	26.6	16.6	13.3	11.1	8.9	7.4	6.7

（3）成型零件尺寸计算实例

例：如图 4-8 所示塑件，材料为 ABS，试求型腔与型芯工作部分尺寸。查表 2-2，收缩率 $S=0.4\%\sim 0.7\%$，其平均收缩率为 $S_{cp}=(S_{max}+S_{min})/2=(0.4+0.7)/2=0.55\%$。

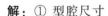

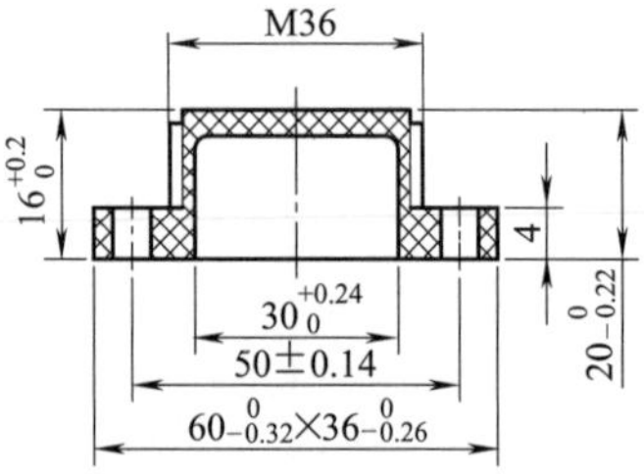

图 4-8　塑件

解：① 型腔尺寸

$L_s=60_{-0.32}^{\ 0}$ mm

$L_m=(L_s+L_sS_{cp}-x\Delta)_{\ 0}^{+\delta_m}$

$L_m=(60+60\times 0.55/100-3/4\times 0.32)_{\ 0}^{+0.107}=60.09_{\ 0}^{+0.107}$ (mm)

$L_s=36_{-0.26}^{\ 0}$ mm

$L_m=(36+36\times 0.55/100-3/4\times 0.26)_{\ 0}^{+0.087}=36_{\ 0}^{+0.087}$ (mm)

② 凹模深度

$H_s=20_{-0.22}^{\ 0}$ mm

$H_m=(H_s+H_sS_{cp}-x'\Delta)_{\ 0}^{+\delta_m}$

取 $x'=2/3$，δ_m 取 $1/3\Delta$，代入上式得：

$H_m=(20+20\times 0.55/100-2/3\times 0.22)^{\frac{1}{3}\times 0.22}$

$\quad =19.96_{\ 0}^{+0.073}$ (mm)

$H_s=4$，若按自由公差，可视作 $H_m=H_s$，如塑件精度按表 1-2 中 MT7 精度，其凹模相应深度公差取其 1/3 值计算：

$H_s=4_{-0.68}^{\ 0}$ mm

型腔深为：$H_m=4_{\ 0}^{+0.22}$ mm

③ 凸模（型芯）尺寸

$l_s=30_{\ 0}^{+0.24}$ mm

$l_m=(l_s+l_sS_{cp}+x\Delta)_{-\delta_m}^{\ 0}$

$\quad =(30+30\times 0.55/100+3/4\times 0.24)_{-0.08}^{\ 0}$

$= 30.35_{-0.08}^{0}$ （mm）

④ 凸模（型芯）高度

$h_s = 16_{0}^{+0.2}$ mm

$h_m = (H_s + H_s S_{cp} + x'\Delta)_{-\delta_m}^{0}$

$\quad = (16 + 16 \times 0.55/100 + 2/3 \times 0.2)_{-0.067}^{0}$

$\quad = 16.22_{-0.067}^{0}$ （mm）

⑤ 型芯中心距

$C_s = 50 \pm 0.14$ mm

$\delta_m = 1/4\Delta = 0.035$ mm

$C_m = (C_s + C_s S_{cp})^{\pm \frac{\delta_m}{2}}$

$\quad = (50 + 50 \times 0.55/100) \pm 0.035/2$

$\quad = 50.28 \pm 0.0175$ （mm）

⑥ 螺纹环尺寸

M36×4(螺距)，中径 $D_z = 33.402$ mm，小径 $D_x = 31.67$ mm。

$D_w = [(1+S_{cp})D_{sw} - \Delta_z]_{0}^{+\delta_m} = [(36 + 36 \times 0.55/100) - 0.355]_{0}^{+0.05}$

$\quad = 35.84_{0}^{+0.05}$ （mm）

$D_z = [(1+S_{cp})D_{sz} - \Delta_z]_{0}^{+\delta_m} = [(33.402 + 33.402 \times 0.55/100) - 0.355]_{0}^{+0.04}$

$\quad = 33.23_{0}^{+0.04}$ （mm）

$D_x = [(1+S_{cp})D_{sx} - \Delta_z]_{0}^{+\delta_m} = [(31.67 + 31.67 \times 0.55/100) - 0.355]_{0}^{+0.05}$

$\quad = 31.49_{0}^{+0.04}$ （mm）

4.2.4 型腔和底板的强度及刚度计算

模具型腔在成型过程中受塑熔体的高压作用，应具有足够的强度和刚度。对于大尺寸型腔，刚度不足是主要矛盾，应按刚度条件计算；对于小尺寸的型腔，强度不足而导致模具发生变形，其内应力超过许用应力，则应按强度条件计算。强度计算的条件是满足受力状态下的许用应力。刚度计算的条件应考虑如下三个方面。

① 要防止溢料，型腔在塑熔体高压作用下，型腔的某些配合面会产生致以溢料的间隙。为了防止型腔因弹性变形而发生溢料，应根据不同塑料的最大不溢料间隙来确定其刚度条件。常用塑料的最大不溢料间隙值见表 4-57。

② 应保证塑件的精度，塑件精度要求高的，也要求型腔具有很好的刚性，塑件在成型过程中不产生过大的弹性变形。型腔壁最大弹性变形量应小于塑件公差的 1/5，如常见中小型塑件的公差为 0.13～0.25mm（非自由尺寸），其允许弹性变形量为 0.025～0.05mm。可按塑件大小及精度等级选取。

③ 应保证塑件顺利脱模，如塑熔体压力使型腔壁产生的变形量大于塑件冷却时的收缩值，塑件的周边被型腔紧紧包住而脱模困难，因此型腔允许弹性变形量应小于塑件收缩值。一般情况下，塑件的收缩率较大，当满足上述两项条件时，同时也可满足此项条件。型腔壁的厚度和底板厚度计算公式见表 4-58。

表 4-57 常用塑料的最大不溢料间隙值

黏度特性	塑料品种举例	最大不溢料间隙[δ]/mm
低黏度塑料	聚酰胺(PA)、聚乙烯(PE)、聚丙烯(PP)、聚甲醛(POM)	0.025～0.04
中黏度塑料	聚苯乙烯(PS)、ABS、聚甲基丙烯酸甲酯(PMMA)	0.05
高黏度塑料	聚砜(PSF)、聚碳酸酯(PC)、聚苯醚(PPO)、硬聚氯乙烯(HPVC)	0.06～0.08

表 4-58 型腔壁厚和底板厚度计算公式

类型		简图	部位	强度计算公式	刚度计算公式
圆形型腔	整体式		侧壁	$t_c = r\left(\sqrt{\dfrac{[\sigma]}{[\sigma]-2p}} - 1\right)$	$t'_c = r\left(\sqrt{\dfrac{\dfrac{E[\delta]}{rp} - (\mu-1)}{\dfrac{E[\delta]}{rp} - (\mu+1)}} - 1\right)$
			底板	$t_d = \sqrt{\dfrac{3pr^2}{4[\sigma]}}$	$t'_d = \sqrt[3]{\dfrac{0.175pr^4}{E[\delta]}}$
	组合式		侧壁	$t_c = r\left(\sqrt{\dfrac{[\sigma]}{[\sigma]-2p}} - 1\right)$	$t'_c = r\left(\sqrt{\dfrac{\dfrac{E[\delta]}{rp} - (\mu-1)}{\dfrac{E[\delta]}{rp} - (\mu+1)}} - 1\right)$
			底板	$t_d = \sqrt{\dfrac{1.22pr^2}{[\sigma]}}$	$t'_d = \sqrt[3]{\dfrac{0.74pr^4}{E[\delta]}}$
矩形型腔	整体式		侧壁	$t_c = h\sqrt{\dfrac{\alpha p}{[\sigma]}} = \sqrt{\dfrac{6M}{[\sigma]}}$	$t'_c = \sqrt[3]{\dfrac{cph^4}{E[\delta]}}$
			底板	$t_d = b\sqrt{\dfrac{\alpha' p}{[\sigma]}} = \sqrt{\dfrac{6M}{[\sigma]}}$	$t'_d = \sqrt[3]{\dfrac{c'ph^4}{E[\delta]}}$
	组合式		侧壁	$t_c = \sqrt{\dfrac{phl^2}{2H[\sigma]}}$	$t'_c = \sqrt[3]{\dfrac{phl^4}{32EH[\delta]}}$
			底板	$t_d = \sqrt{\dfrac{3Rbl^2}{4B[\sigma]}}$	$t'_d = \sqrt[3]{\dfrac{5pbl^4}{32EB[\delta]}}$

注：t_c——按强度计算的型腔侧壁厚度，mm；

　　t'_c——按刚度计算的型腔侧壁厚度，mm；

　　t_d——按强度计算的底板厚度，mm；

　　t'_d——按刚度计算的底板厚度，mm；

　　r——型腔内半径，mm；

　　$[\sigma]$——许用应力，45 钢取 $[\sigma]=160$MPa，一般模具钢取 $[\sigma]=200$MPa；

　　p——型腔内熔料的压力，一般取 25～45MPa；

　　E——弹性模量，钢取 2.1×10^5MPa；

　　$[\delta]$——许用变形量，mm，PA、PE、PP、POM 的 $[\delta]\leqslant 0.025\sim 0.04$，PS、ABS、PM、MA 的 $[\delta]\leqslant 0.05$，PC、PSF、PPO 的 $[\delta]\leqslant 0.06\sim 0.08$；

　　μ——泊松比，常取 0.25～0.3；

　　h——型腔深度，mm；

　　l——型腔侧壁长边长度，mm；

　　H——型腔侧壁总高度，mm；

　　b——底板内壁短边宽度，mm；

　　B——底板外侧宽度，mm；

　　M——最大弯矩，N·mm；

　　c，c'——系数，见表 4-59、表 4-60；

　　α，α'——系数，见表 4-61、表 4-62；

　　L——垫板间距，mm。

表 4-59　系数 c

h/l	l/h	c	h/l	l/h	c
0.3	3.33	0.93	0.9	1.1	0.045
0.4	2.5	0.57	1.0	1.0	0.031
0.5	2.0	0.33	1.2	0.832	0.015
0.6	1.66	0.188	1.5	0.667	0.0063
0.7	1.43	0.177	2.0	0.5	0.002
0.8	1.25	0.073			

注：适用于三边固定一边自由的矩形板 c 值。

表 4-60　系数 c'

l/b	c'	l/b	c'	l/b	c'
1.0	0.0138	1.4	0.0226	1.8	0.0267
1.1	0.0164	1.5	0.0240	1.9	0.0272
1.2	0.0188	1.6	0.0251	2.0	0.0277
1.3	0.0209	1.7	0.0260		

注：适用于四边固定的矩形板 c' 值。

表 4-61　系数 α

L/h	0.25	0.5	0.75	1.0	1.5	2.0	3.0
α	0.02	0.081	0.173	0.321	0.727	1.226	2.105

表 4-62　系数 α'

L/b	1.0	1.2	1.4	1.6	1.8	2.0	∞
α'	0.3078	0.3834	0.4356	0.4680	0.4872	0.4974	0.5000

4.3　合模导向机构

合模导向机构是保证动、定模或上、下模的正确定位和导向装置。在模具中起导向、定位和承受一定侧向压力的作用。导向机构的主要形式有导柱导向和锥面定位两种。其机构形式见表 4-63。

表 4-63　导向机构形式

类型	简　图	说　明
导柱导套的固定与配合	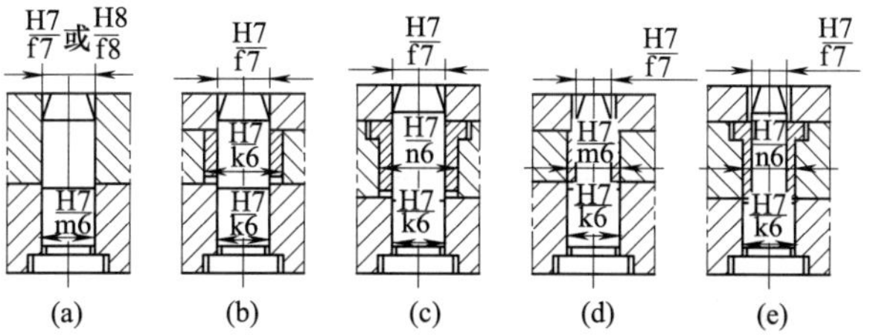 图1 (a)(b)(c)(d)(e) 各种导柱导套配合形式，标注 $\frac{H7}{f7}$ 或 $\frac{H8}{f8}$、$\frac{H7}{k6}$、$\frac{H7}{m6}$、$\frac{H7}{n6}$ 等	图1(a)无导套，图1(b)～(e)为导柱与导套的配合。其中图1(d)、(e)台阶结构导柱的固定端直径与导套外径一致，便于加工，导向精度高。导套外径与固定板孔的表面粗糙度为 $Ra \leqslant 0.8 \mu m$；导套内径与导柱导向部分表面粗糙度为 $Ra = 0.4 \sim 0.8 \mu m$

续表

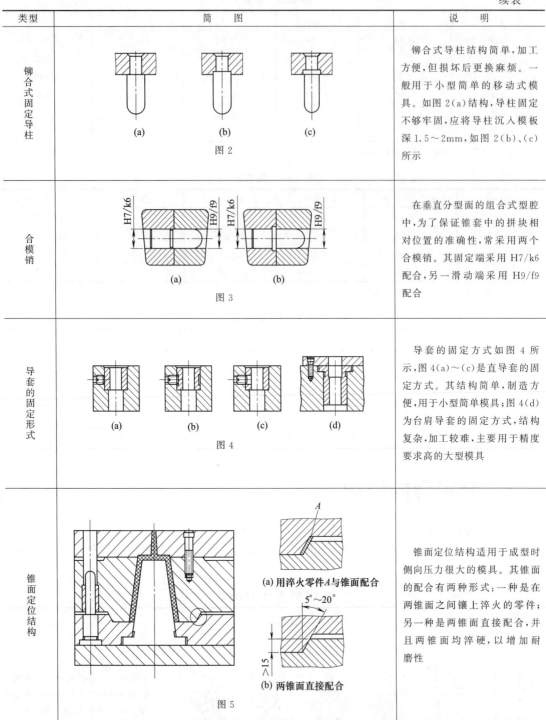

类型	简图	说明
铆合式固定导柱	图2 (a)(b)(c)	铆合式导柱结构简单,加工方便,但损坏后更换麻烦。一般用于小型简单的移动式模具。如图2(a)结构,导柱固定不够牢固,应将导柱沉入模板深1.5~2mm,如图2(b)、(c)所示
合模销	图3 (a)(b)	在垂直分型面的组合式型腔中,为了保证锥套中的拼块相对位置的准确性,常采用两个合模销。其固定端采用H7/k6配合,另一滑动端采用H9/f9配合
导套的固定形式	图4 (a)(b)(c)(d)	导套的固定方式如图4所示,图4(a)~(c)是直导套的固定方式。其结构简单,制造方便,用于小型简单模具;图4(d)为台肩导套的固定方式,结构复杂,加工较难,主要用于精度要求高的大型模具
锥面定位结构	图5 (a)用淬火零件A与锥面配合 (b)两锥面直接配合	锥面定位结构适用于成型时侧向压力很大的模具。其锥面的配合有两种形式:一种是在两锥面之间镶上淬火的零件;另一种是两锥面直接配合,并且两锥面均淬硬,以增加耐磨性

4.4 推出与复位机构

推出机构是将塑件从成型零件上脱出的机构,也称脱模机构。复位机构是使推出机构回到原来的非工作位置。

4.4.1 脱模力的计算

将塑件从包紧的型芯上脱出时所需克服的阻力称为脱模力。脱模力是由于塑件冷却后收缩包紧型芯而造成塑件与型芯的摩擦阻力和大气压力。脱模力的大小与塑件的形状及其壁的厚薄有关，脱模力的计算公式见表 4-64。

表 4-64　脱模力的计算公式

$\lambda = r_{cp}/t$	圆环形断面的脱模力/N		矩环形断面的脱模力/N	
$\lambda = \dfrac{r_{cp}}{t} \leqslant 10$ 厚壁塑件	$Q_c = \dfrac{2\pi r_{cp} E\varepsilon h K_f}{(1+\mu+K_\lambda)\cos\beta}$	(1)	$Q_c = \dfrac{2(l+b)E\varepsilon h K_f}{(1+\mu+K_\lambda)\cos\beta}$	(3)
$\lambda = \dfrac{r_{cp}}{t} \geqslant 10$ 薄壁塑件	$Q_c = \dfrac{2\pi E\varepsilon th K_f}{1-\mu}$	(2)	$Q_c = \dfrac{8tE\varepsilon h K_f}{1-\mu}$	(4)
无斜度薄壁圆筒塑件脱模力/N			薄壁矩形盒类塑件脱模力/N	
一般计算式： $Q_c = \dfrac{2\pi f_c \alpha E(T_f - T_j)th}{1-0.5\mu}$		(5)	一般计算式： $Q_c = \dfrac{8K f_c \alpha E(T_f - T_j) + h}{1-0.5\mu}$	(7)
实用计算式： $Q_c = 10K f_c \alpha E(T_f - T_j)th$		(6)	$Q_c = 12K f_c \alpha E(T_f - T_j)th$	(8)
有斜度薄壁圆筒塑件脱模力/N			厚壁塑件脱模力计算	
当脱模斜度 $\beta \neq 0$ 时，其收缩脱模力如图 4-10 所示 $Q_c = qA_{c\beta} = f_c p_{c\beta} A_{c\beta} K_f = f_c p_c A_c K_f$		(9)	当塑件的 $d/t > 20$ 时，视为厚壁 厚壁圆筒形和矩形盒类塑件的计算通式：	
式中　$A_{c\beta} = \dfrac{2\pi r_{cp} h}{\cos\beta} = \dfrac{A_c}{\cos\beta}$ $q = f_c p_{c\beta} \times \dfrac{f_c \cos\beta - \sin\beta}{f_c(1+f_c \sin\beta \times \cos\beta)}$			$Q_c = \dfrac{1.25K f_c \alpha E(T_f - T_j)A_c}{\dfrac{(d_K+2t)^2 + d_K^2}{(d_K+2t)^2 - d_K^2} + \mu}$	(13)
$\qquad = f_c p_{c\beta} K_f$		(10)	对于圆筒塑件：$d_K = d = 2r$，$A_c = 2\pi rh$	
$K_f = \dfrac{f_c \cos\beta - \sin\beta}{f_c(1+f_c \sin\beta \times \cos\beta)}$		(11)	对于矩形盒类塑件：$d_K = (l+b)/2$ $A_c = 2(l+b)h$	
实用计算式　$Q_c = 10K f_c \alpha E(T_f - T_j)th$		(12)		
环形侧凹塑件的脱模力计算				

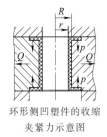

环形侧凹塑件的收缩夹紧力示意图

设侧滑块分为 n 个，则每个侧滑块应克服的抽拔阻力 Q_i 为：

$$Q_i = \dfrac{f_c p}{n} = \dfrac{4\pi f_c \alpha E(T_f - T_j)(R^2 - r^2)}{n} \qquad (14)$$

$$\sigma = \dfrac{E\varepsilon}{1-\mu} = \alpha E(T_f - T_j)$$

其中取 $\mu = 0.35$，再乘以 1.25 的工艺系数，故轴向夹紧力为 $p = \sigma A$，A 为产生轴向收缩包紧的结构部分投影面积之和。f_c、E、α、T_f、T_j 含义同前所述，查表 4-66

注：脱模力 Q_e 由两部分组成，即 $Q_e = Q_c + Q_b$。在脱模计算中，将 $\lambda = r_{cp}/t \geqslant 10$ 的塑件视为薄壁塑件，反之视为厚壁塑件。式中　Q_c——塑件对型芯包紧的脱模阻力 N；Q_b——使封闭壳体脱模需克服的真空吸力，N，$Q_b = 0.1 A_b$，此 0.1 为压力，单位为 MPa；A_b——型芯截面面积，mm^2；t——塑件壁厚，mm；r_{cp}——型芯的平均半径，mm。对于矩形型芯，$r_{cp} = (l+b)/\pi$；E——塑料的拉伸弹性模量，MPa（查表 4-65）；ε——塑料的平均成型收缩率（查表 4-65）；μ——塑料的泊松比，见表 4-65；β——型芯的脱模斜度；h——型芯脱模方向的高度，mm；l，b——矩形型芯截面的两边长度，mm；K_f——脱模斜度修正系数，其计算式为：$K_f = f\cos\beta - \sin\beta/1 + f\sin\beta\cos\beta$；$f$——塑件与钢材表面之间的静摩擦系数，见表 4-65；K_λ——厚壁塑件的计算系数，其计算式为：$K_\lambda = 2\lambda^2/\cos\beta + 2\lambda\cos\beta$；$\lambda$——比例系数，$\lambda = r_{cp}/t$；$f_c$——脱模系数，见表 4-67，即在高温下塑件与型芯表面之间的静摩擦系数，它受高分子熔体经高压在钢表面固化中黏附的影响。

表 4-65 塑料力学性能

塑料名称		成型收缩率 $\varepsilon/\%$	拉伸弹性模量 E/MPa	与钢的摩擦因数 f	泊松比 μ
聚乙烯	PE-HD 型	1.5～3.0	890～980	0.23	0.47
	PE-LD	1.5～3.5	212～216	0.3～0.5	0.49
聚丙烯	PP	1.0～3.0	1600～1700	0.49～0.51	0.43
	GFR（增强）	0.4～0.8	3100～6200	—	—
有机玻璃	PMMA	0.2～0.9	2700～2900	0.3～0.50	0.40
	372	0.2～0.6	3500	—	—
聚氯乙烯	硬 PVC	0.2～0.4	2400～4200	0.45～0.60	0.42
	半硬 PVC	0.5～2.5	—	—	—
	软 PVC	1.5～3.0	—	—	—
聚苯乙烯	PS	0.5～0.8	3200～3400	0.45～0.75	0.38
	GPS	0.2～0.8	2800～3500	—	—
	HIPS	0.3～0.6	1400～3100	0.5	—
	耐热型	0.2～0.8	2800～4100	—	—
	GFR（20%～30%）	0.3～0.5	5800～8900	—	—
ABS	ABS	0.4～0.7	1910～1980	0.45	0.3
	抗冲击型	0.5～0.7	1590～2280	—	—
	耐热型	0.4～0.5	2000～2900	—	—
	GFR（30%）	0.1～0.2	4700～7100	—	—
聚甲醛	POM	2.0～3.5	2000～2300	0.29～0.33	0.44
	F-4 填充	—	—	—	—
聚碳酸酯	PC	0.5～0.7	2100～2130	0.38～0.40	0.42
	GFR（20%～30%）	0.1～0.3	6500	—	0.38
聚酰胺（尼龙1010）	PA1010	0.5～4.0	1280	0.64	—
	GFR（30%）	0.3～0.6	8700	—	—
尼龙 6	PA6	0.7～1.5	1390～1480	0.58～0.60	0.44
	GFR（30%）	0.35～0.45	5500～10000	—	—
尼龙 66	PA66	1.0～2.5	1920	0.58	0.46
	GFR（30%）	0.4～0.55	6000～12600	—	—
尼龙 610	PA610	1.0～2.5	2300	—	—
	GFR（30%）	0.35～0.45	6900～11400	—	—
尼龙 9	PA9	1.2～2.5	1000～1200	0.5	—
尼龙 11	PA11	1.0～2.5	1400	0.17	—
尼龙 12	PA12	0.8～2.0	1240	0.1～0.2	—
氯化聚醚（CPT）		0.4～0.8	1100	0.35～0.46	—
丙烯腈-苯乙烯共聚物 S/AN(PSAN)		0.2～0.6	3300～3900	0.5	—
ACS		0.4～1.0	—	—	—
丙烯腈-苯乙烯-丙烯酸酯共聚物 A/S/A(AAS)		0.4～0.8	2280～2550	—	—
聚偏二氯乙烯（PVDC）		0.5～2.5	340～550	0.68	—
聚酚氧		0.3～0.4	2410～2690	0.45	—
聚苯醚（聚2,6-二甲基苯醚），PPO		0.7～1.0	2690	0.35	0.41
聚苯硫醚（PPS）		1.0	3400	—	—
聚芳砜（PAS）		0.5～0.8	2550	—	—
聚酯（PES）		0.8	2410～2440	—	—
PSU 聚砜（PSF）	PSU	0.8	2180	0.24～0.28	0.42
	GFR（30%）	0.4～0.7	3000	—	—

续表

塑料名称		成型收缩率 $\varepsilon/\%$	拉伸弹性模量 E/MPa	与钢的摩擦因数 f	泊松比 μ
聚对苯二甲酸乙二(醇)酯	PET	1.8	1700	0.22～0.26	0.43
	GFR(28%)	0.2～1.0	6900	0.30	—
聚对苯二甲酸丁二(醇)酯	PBT	0.44	2500	0.33	0.44
	GFR(23%)	0.20	8000	0.33	
聚四氟乙烯(PTFE)		5.0～10.0	400	0.131～0.136	0.46
聚三氟氯乙烯(PCTFE)		1.0～2.0	1100～2100	0.43	0.44
聚偏二氟乙烯(PVDF)		2.0	840	0.14～0.17	—
全氟(乙烯-丙烯)共聚物(FEP)		2.0～5.0	350	0.25	

注：GFR（30%）——含玻璃纤维30%。

表 4-66　塑料制品脱模力计算参数

塑料品种	E/GPa	f_c	T_i/℃	T_j/℃	$\alpha/(10^{-5}℃^{-1})$	σ_p/MPa	μ
HEPE	0.84～0.95	0.35～0.5	65～82	50～60	11～13	7～13	0.38
PP	1.1～1.6	0.4～0.5	102～115	55～65	7.8	12	0.33
PMMA	3.16	0.44～0.55	80～109	50～70	5～9	25	—
PVC(硬)	2.4～4.2	0.45～0.6	70～82	45～60	5～18.5	12～16	
PS	2.2～3.2	0.4～0.5	82～104	50～70	6～8	8.2～18.6	0.32
HIPS	1.8～2.4	0.45～0.55	82～104	50～70	7～9	5～10	
ABS	1.8～2.6	0.35～0.55	90～108	50～70	7～10	11.7～16.7	
PC	2.2	0.5～0.75	132～140	90～110	6	26	0.38
30%玻纤 PC	10	0.5～0.75	150～155	95～115	2.5～5	28～40	
POM	2.5～2.9	0.3～0.4	158～174	90～120	8.5～10.5	23	
PSU	2.5	0.7～0.9	182	130～150	3.1	28	
PPO	2.5	0.65～0.75	180～204	110～150	5.2～6.6	29	
尼龙	2.1	0.65～0.75	120～160	110～150	2.5～5.9	27	
PBT	2.2	0.3～0.4	150～165	60～80	4～7	22	
30%玻纤 PBT	9.8	0.3～0.4	225	70～90	2.5～4	42	
PA1010	1.2～1.35	0.3～0.5	148	40～60	10～14	20	0.33
PA6	1.95	0.35～0.45	140～176	60～90	8	23	
PA66	0.98～2.18	0.35～0.45	150～180	60～90	9	29	

注：若无法查找泊松比，一般可取0.35。

表 4-67　取决于模具表面粗糙度的脱模系数 f_c

材料	$Ra=1\mu m$ 沿脱模方向抛光	$Ra=6\mu m$ 垂直于脱模方向抛光	$Ra=20\mu m$ 电脉冲机床加工
PE	0.38	0.52	0.7
PP	0.47	0.5	0.84
PS	0.37	0.52	1.82
ABS	0.35	0.46	1.33
PC	0.47	0.68	1.6

① 有斜度薄壁圆筒制品的脱模力计算，如图 4-9 所示，当脱模斜度 $\beta\neq 0$ 时，其收缩脱模力：

$$Q_c = qA_{c\beta} \quad (4-13)$$

式中　q——单位面积的抽拔力，MPa，与脱模方向相反；
　　　$A_{c\beta}$——型芯圆台的侧表面积，mm^2。

$$A_{c\beta} = 2\pi r_{cp}h/\cos\beta = A_c/\cos\beta \quad (4-14)$$

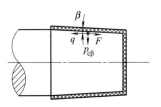

图 4-9　收缩脱模力分析

式中 r_{cp}——制件平均内径，mm；

A_c——以 r_{cp} 所构成的假想圆筒侧表面积，mm^2。

表 4-64 中式（11）的 K_f 值确定，若 $\beta=0$，$K_f=1$；$\beta>0$，$K_f<1$。K_f 值不但随 β 的增大而减小，而且还随 f_c 的增大而增加，如图 4-10 所示。

② 脱模力计算参数的确定要点。

脱模力计算中物理变量的正确确定是困难的。塑料的拉伸模量 E 随着温度的上升而下降，膨胀系数 α 却随着温度升高而增大。这对聚酰胺类塑料较为明显，因此表 4-65 中的三种聚酰胺的 E 值为室温时的四分之三。其中脱模系数 f_c 的确定最为复杂。表 4-66 所列 f_c 大于钢与塑料滑动系数的 2 倍。故脱模系数除与模壁温度、保压压力、冷却时间、开模时型腔压力以及推杆速度等工艺条件有关之外，还与模具型芯的表面粗糙度有关，其数值有较大的离散性，见表 4-67。

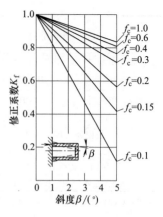

图 4-10 $\beta<5°$ 的脱模斜度修正系数 K_f 的线图

塑件在推顶接触面上的压力过大，会留下较大内应力而发白，甚至使塑件损伤开裂。根据经验，推杆作用在塑件表面上的接触许用压力，大致是该种塑料常温下抗拉强度的三分之一，其许用压力 σ_p 见表 4-66。根据许用压力，可计算出脱出塑件所需的推顶接触面积及推杆根数。有些壳体类塑件虽然形状复杂，但在型芯上的肋槽、沟坑和桩头等，由于塑料朝着自身的方向收缩，脱模力可以不计，因此可以将形状简化为圆筒类或矩形盒类塑件作近似计算。

[例 1] ABS 带孔圆筒类制品，内径 10mm，壁厚 2mm，高 35mm，脱模斜度忽略不计，试计算脱模力。

解：由已知 $r=5mm$，$t=2mm$，$h=35mm$，$\beta=0$，根据表 4-66 查得 $E=2\times10^3 MPa$，$\varepsilon=0.006mm$，$f_c=0.4$，$\mu=0.3$，又 $Q_b=0$，$\lambda=r/t=5/2<10$ 为厚壁圆筒制品。

由式

$$K_f=\frac{f\cos\beta-\sin\beta}{1+f\sin\beta\cos\beta}=\frac{0.4}{1+0}=0.4$$

$$K_\lambda=\frac{2\lambda^2}{\cos\beta+2\lambda\cos\beta}=\frac{2\times2.5^2}{1+2\times2.5}=2.08$$

$$Q_e=Q_c=\frac{2\pi r_{cp}E\varepsilon h K_f}{(1+\mu+K_\lambda)\cos\beta}=\frac{2\times3.14\times5\times2\times10^3\times0.006\times35\times0.4}{1+0.3+2.08}=1562(N)$$

[例 2] 成型壁厚 $t=3.5mm$，内径 $d=70mm$，高度 $h=70mm$ 的 PC 塑料闭式套筒，试计算其脱模力及估算所需的推顶接触面积。

解：由表 4-66 查得有关参数：弹性模量 $E=2.2\times10^3$，线胀系数 $\alpha=6\times10^{-5}°C^{-1}$，软化温度 $T_f=135°C$，脱模温度 $T_j=100°C$，脱模系数 $f_c=0.65$，推出制品的许用压力 $\sigma_p=26MPa$，$d/t=70/3.5=20$，属薄壁制品；又因脱模斜度 $\beta=0$，故脱模斜度修正系数 $K_f=1$，收缩脱模力由下式计算：

$$Q_c=10K_f f_c \alpha E(T_f-T_j)th$$

$$=10\times1\times0.65\times6\times10^{-5}\times2.2\times10^3\times(135-100)\times3.5\times70=7357(N)$$

需克服的真空吸力为：

$$Q_b=0.1A=0.1\times\pi\times70^2\times1/4=385(N)$$

该闭合套筒的脱模力为：

$$Q_e = Q_c + Q_b = 7357 + 385 = 7742 \text{ (N)}$$

制品端面环形接触面积为：

$$a = \pi(R^2 - r^2) = \pi \times [(35+3.5)^2 - 35^2] = 808 \text{ (mm}^2\text{)}$$

若用推管推出制品，其接触面上的压力为：

$$\sigma = Q_e/a = 7742/808 = 9.58 \text{ (MPa)}$$

因 $\sigma_p = 26 \text{MPa}$，则 $\sigma < \sigma_p$。

若用推杆推出制品，所需接触面积为：

$$a' = Q_e/\sigma_p = 7742/26 = 298 \text{ (mm}^2\text{)}$$

[例3] 某收录机中框，内壁大端尺寸 $l'b'h' = 372\text{mm} \times 196\text{mm} \times 133\text{mm}$，根据模具结构，布置 $\phi 8\text{mm}$ 推杆 17 根，$\phi 6.5\text{mm}$ 推杆 5 根，$\phi 6\text{mm}$ 推杆 4 根，$\phi 5\text{mm}$ 推杆 7 根，型芯斜度为 $1.5°$，该制品壁厚 $t = 2\text{mm}$，塑料材料为 ABS，试校核推杆的总推顶面积是否合理。

解：由表 4-66 确定参数：$E = 2.2 \times 10^3$，$\alpha = 8.5 \times 10^{-5} \text{℃}^{-1}$，$T_f = 100\text{℃}$，$T_j = 60\text{℃}$，$f_c = 0.5$，$\sigma_p = 13.5 \text{MPa}$。由图 4-10 可知，在 $\beta = 1.5°$ 处得 $K_f = 0.92$，由结构可知 $Q_b = 0$。

矩形边长平均值为：

$$l = l' - h\tan\beta = 372 - 133\tan 1.5 = 368 \text{ (mm)}$$
$$b = b' - h\tan\beta = 196 - 133\tan 1.5 = 192 \text{ (mm)}$$

当量折算直径为：

$$d_K = \frac{1}{2}(l+b) = 0.5 \times (368+192) = 280 \text{ (mm)}$$

由 $d_K/t = 280/2 > 20$ 可知该制品属薄壁矩形盒，故：

$$Q_e = Q_c = 12K_f f_c \alpha E(T_f - T_j)th$$
$$= 12 \times 0.92 \times 0.5 \times 8.5 \times 10^{-5} \times 2.2 \times 10^3 \times (100-60) \times 2 \times 133 = 10983 \text{ (N)}$$

推杆推顶接触总面积为：

$$a' = \pi/4 \sum d_i^2 n_i = \pi/[4 \times (8^2 \times 17 + 6.5^2 \times 5 + 6^2 \times 4 + 5^2 \times 7)] = 1270 \text{ (mm}^2\text{)}$$

接触压力校核：

$$\sigma = Q_e/a' = 10983/1270 = 8.65 \text{ (MPa)}，因 \sigma_p = 13.5 \text{MPa}，则 \sigma < \sigma_p。$$

由此可知，该模具推杆的推顶总面积是可行的。

4.4.2 推出机构的零件尺寸的确定

推出机构中的推板厚度与推杆的直径，对推出机构的作用影响较大。对于一般中小型模具的设计，可选择标准模架，其推件板厚可确定，而推杆的直径及数量也可根据模具结构由经验选定。对于大型模具脱模力较大的，设计推板的厚度和推杆直径尺寸的大小，必须经过刚度和强度校核来确定。推出零件的尺寸计算见表 4-68。

4.4.3 推出机构的类型

(1) 一次推出机构

一次推出机构是最简单的常用的推出形式。其应用广泛，主要机构形式见表 4-70。

(2) 二次推出机构

设置二次推出机构，是用一次推出动作之后，塑件仍难于从型腔取出或不能自动脱落的情况下，需要再设一次推出，即为二次推出机构形式，其常用机构形式见表 4-71。

表 4-68 推出零件的尺寸计算

零件		计算公式	说　明
推件板厚度	圆形	按刚度计算： $t = \left(\dfrac{c_3 F R^2}{E \delta}\right)^{\frac{1}{3}}$ 按强度计算： $t = \left(K_3 \dfrac{F}{[\sigma]}\right)^{\frac{1}{3}}$	式中　c_3——系数,见表 4-69 　　　F——脱模力,N 由表 4-64 中的公式计算 　　　R——作用在推件板上的推杆的半径,mm 　　　E——模具钢的弹性模量,一般取 2.1×10^5 MPa 　　　K_3——随 R/r 值变化的系数,由表 4-69 选取 　　　δ——推件板中心所允许的最大变形量,一般取塑件在被推出方向上尺寸公差的 $1/10 \sim 1/5$,mm
	矩形	按刚度计算： $t = 0.54 L_0 \left(\dfrac{F}{E B \delta}\right)^{\frac{1}{3}}$	L_0——推件板长度方向上两推杆的最大距离,mm 　　　B——推件板宽度,mm 　　　L——推杆长度,mm
推杆直径		$d = \psi \left(\dfrac{L^2 F}{n E}\right)^{\frac{1}{4}}$ 计算出 d 后,进行强度校核： $\sigma_c = \dfrac{4F}{n \pi d^2} \leqslant [\sigma_s]$	ψ——安全系数,取 $\psi = 1.5 \sim 2$ 　　　n——推杆数目 　　　$[\sigma_s]$——推杆材料的许用应力,MPa 　　　σ_c——推杆所受的应力,MPa

表 4-69 系数的 c_3 与 K_3 的推荐值

R/r	c_3	K_3	R/r	c_3	K_3
1.25	0.0051	0.227	3	0.209	1.205
1.5	0.0249	0.428	4	0.293	1.514
2	0.0877	0.753	5	0.35	1.745

注：r——推板环形内孔（或型芯）半径, mm。

表 4-70 一次推出机构形式

类型	简　图	说　明
1 推杆推出机构	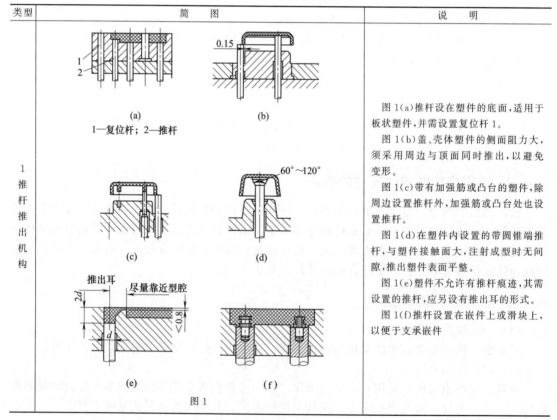 图 1	图 1(a)推杆设在塑件的底面,适用于板状塑件,并需设置复位杆 1。 图 1(b)盖、壳体塑件的侧面阻力大,须采用周边与顶面同时推出,以避免变形。 图 1(c)带有加强筋或凸台的塑件,除周边设置推杆外,加强筋或凸台处也设置推杆。 图 1(d)在塑件内设置的带圆锥端推杆,与塑件接触面大,注射成型时无间隙,推出塑件表面平整。 图 1(e)塑件不允许有推杆痕迹,其需设置的推杆,应另设有推出耳的形式。 图 1(f)推杆设置在嵌件上或滑块上,以便于支承嵌件

续表

类型	简 图	说 明
2 推杆的固定形式	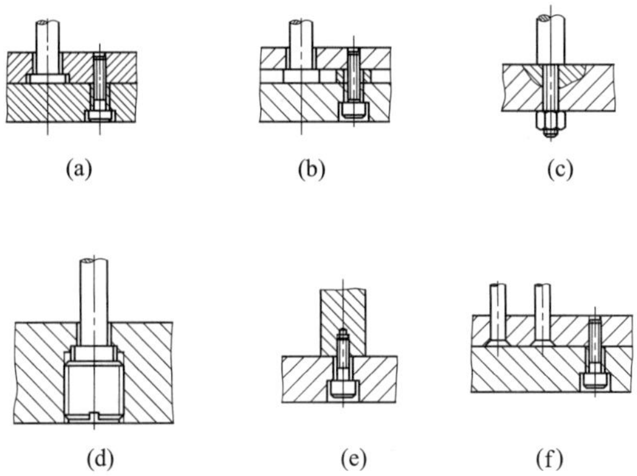 图2 (a)(b)(c)(d)(e)(f)	推杆与固定板的连接形式见图2,图2(a)是常见的固定形式,适用于各种不同形式的推杆;图2(b)用垫片与推杆台肩等厚代替沉头孔的加工,适用于非圆形推杆的固定;图2(c)用螺母拉紧推杆,用于直径较大的推杆及固定板较薄的场合;图2(d)利用螺丝塞顶紧推杆,适用于直径较大的推杆及固定板较厚的场合;图2(e)用螺钉紧固推杆,适用于各种截面较大的推杆;图2(f)采用铆接形式,将推杆铆在推板上,适用于直径小、数量多及推杆间距较小的场合
3 推杆机构的导向装置	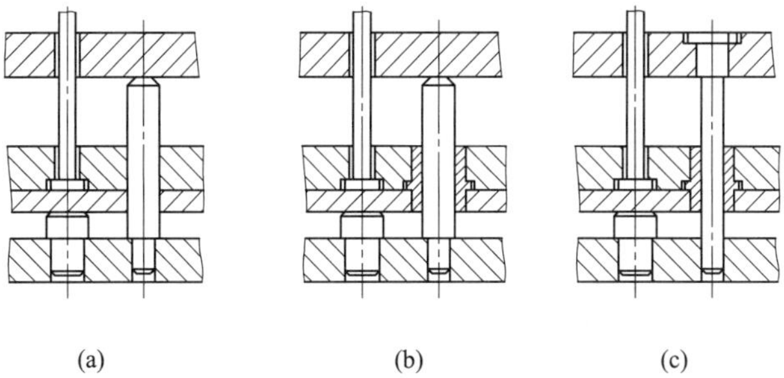 图3 (a)(b)(c)	在推杆机构中,如果推杆较细长、较多或推力不均匀,工作中可能发生偏斜,造成推杆弯曲或折断,故应考虑设计导向装置,如图3所示。图3(a)、(b)中的导柱既能起支承作用,又能减小注射成型时动模板、支承板的变形;图3(c)结构仅起导向作用,对于小型模具、推杆少、生产量不多时,其导柱可不用导套
推杆设计要点	①推杆直径不宜过细,应有足够的强度承受推力,一般取直径$\phi 2.5 \sim 12$mm,对小于$\phi 3$mm的推杆,应采用阶梯式增粗推杆下部,而增加强度。 ②推杆应设在脱模阻力大或塑件刚度好的部位,使推出的塑件受力均匀,但不宜与型芯或镶件距离过近,以免影响凸模或凹模的强度。 ③装配后的推杆顶端面应比型腔或镶件平面高出0.05~0.1mm。 ④进料口处尽量不设推杆,以防该处内应力大而易碎裂。 ⑤推杆的布置应避开冷却水道和侧抽芯,以免推杆与抽芯机构发生干扰。如必须设置时,则应设置先复位机构。 ⑥推杆与模体孔配合间隙应不大于成型塑料的溢边值,常用塑料的溢边值见下表:	

塑料名称	聚乙烯	聚丙烯	软聚氯乙烯	聚苯乙烯	聚酰胺	聚甲醛	372有机玻璃	ABS	聚碳酸酯	聚砜
溢边值/mm	0.02	0.03	0.03	0.03	0.02	0.03	0.03	0.04	0.06	0.08

类型	简 图	说 明
4 推管推出机构	(a) (b)	图4(a)、(b)推管固定于中间推出板上,型芯较长,适用于推出距离不大的场合,推管接触的塑件壁厚不小于1.5mm;图4(c)推管设在型腔板内,可缩短推管和型芯的长度,但型腔板要增厚。

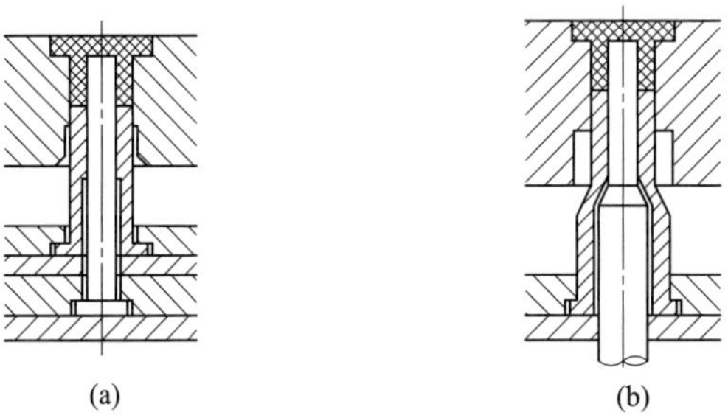

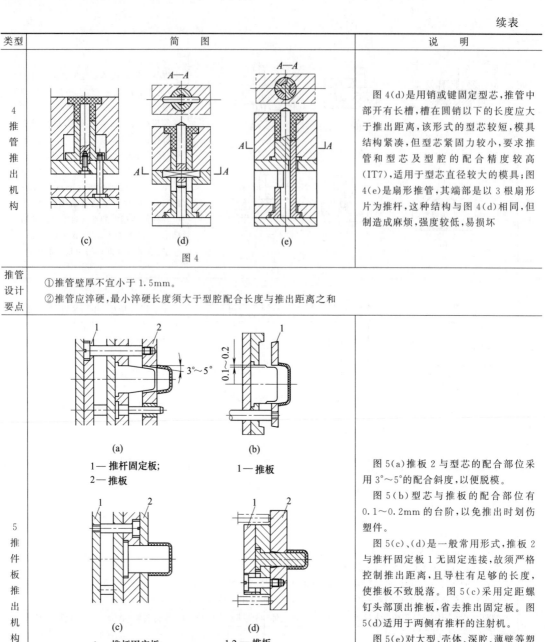

类型	简 图	说 明
4 推管推出机构	图4	图4(d)是用销或键固定型芯,推管中部开有长槽,槽在圆销以下的长度应大于推出距离,该形式的型芯较短,模具结构紧凑,但型芯紧固力较小,要求推管和型芯及型腔的配合精度较高(IT7),适用于型芯直径较大的模具;图4(e)是扇形推管,其端部是以3根扇形片为推杆,这种结构与图4(d)相同,但制造成麻烦,强度较低,易损坏
推管设计要点	①推管壁厚不宜小于1.5mm。 ②推管应淬硬,最小淬硬长度须大于型腔配合长度与推出距离之和	
5 推件板推出机构	图5	图5(a)推板2与型芯的配合部位采用3°～5°的配合斜度,以便脱模。 图5(b)型芯与推板的配合部位有0.1～0.2mm的台阶,以免推出时划伤塑件。 图5(c)、(d)是一般常用形式,推板2与推杆固定板1无固定连接,故须严格控制推出距离,且导柱有足够的长度,使推板不致脱落。图5(c)采用定距螺钉头部顶出推板,省去推出固定板。图5(d)适用于两侧有推杆的注射机。 图5(e)对大型、壳体、深腔、薄壁等塑件,应增加进气装置,否则在脱模过程中塑件内腔形成真空,造成脱模困难。图示结构是靠大气压力使进气阀2进气,并用弹簧3的弹力使气阀复位

续表

类型	简 图	说 明
推件板设计要点	①推板与凸模间的配合采用 H8/f8,推件板与其他零件的配合采用 H7/f7。 ②推件板须淬硬,在推出过程中不得脱开导柱。 ③采用有配合斜度的推件板,其配合间隙须小于塑料的溢边值。 ④采用推件板推出大型深腔塑件时,应设置进气装置	
6 推块推出机构	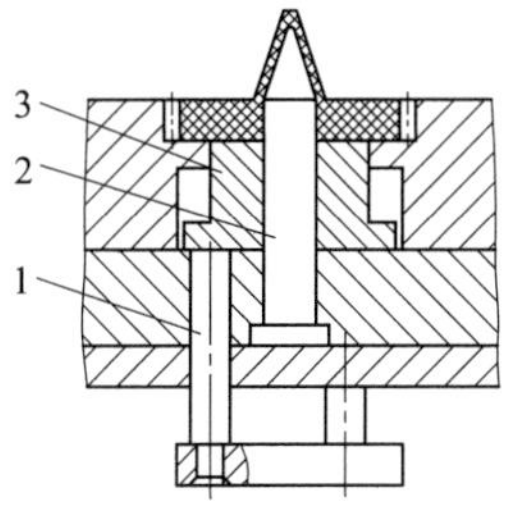 (a) 1—推杆;2—型芯;3—推块 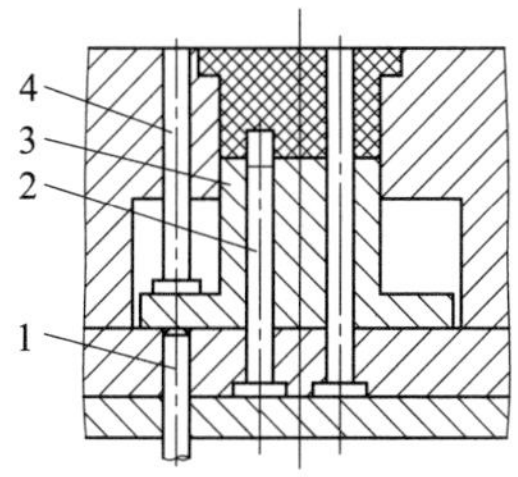 (b) 1—推杆;2—型芯;3—推块;4—复位杆 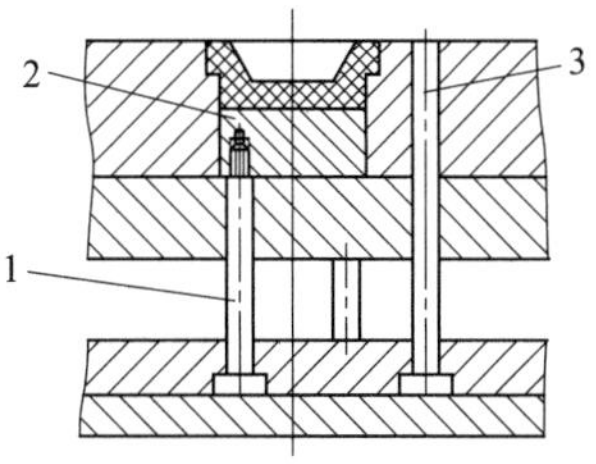 (c) 1—推杆;2—推块;3—复位杆 图 6	图 6(a)所示由推块 3 推出齿轮塑件,该结构无复位杆,推块靠主流道中的熔体压力复位。 图 6(b)采用台阶推块 2 推出塑件,复位杆 4 装在推块的台肩上,其结构简单紧凑,但复位杆离型腔较近时,对型腔的强度有一定的影响。 图 6(c)采用非台阶推块 2 推出塑件,推块不得脱离型腔的配合面,推块由复位杆 3 复位
推块设计要点	①推块应有足够的导向长度及推出距离,对于台阶推块的推出距离应大于塑件所需的推出距离;而对于非台阶推块,其推出过程中不得脱开型腔或型芯导滑面。 ②推块须有较高的硬度、较小的表面粗糙度值。 ③推块的配合要求灵活,配合间隙不允许溢料,推块由复位杆复位	
7 利用成型件脱模	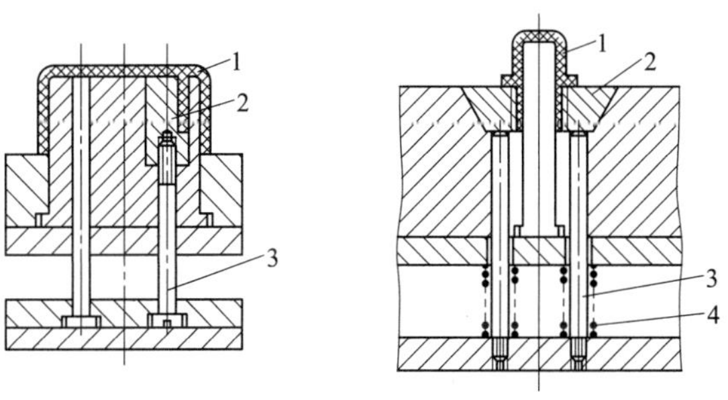 (a) (b) 图 7 1—塑件;2—型环;3—推杆;4—弹簧	图 7(a)由推杆 3 推动镶块型环 2 推出塑件,卸下塑件后,由推杆带动镶件复位。 图 7(b)由推杆 3 推动型环 2,用手工取出塑件 1,然后将型环放回模内,由弹簧 4 的作用复位

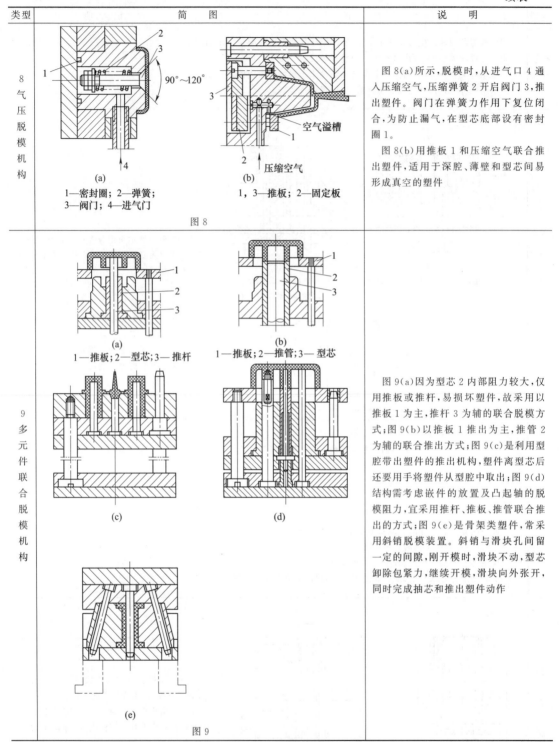

(3) 顺序推出机构

一般模具尽可能使塑件留在动模一侧，但有时因塑件形状特殊，而有可能留于动模一侧，也有可能留于定模一侧，为此要使动、定模分型，故需要在定模上设置推出机构，则称为顺序推出机构，其结构形式见表4-72。

表 4-71 二次推出机构形式

类型	简图	说明
摆块拉板式	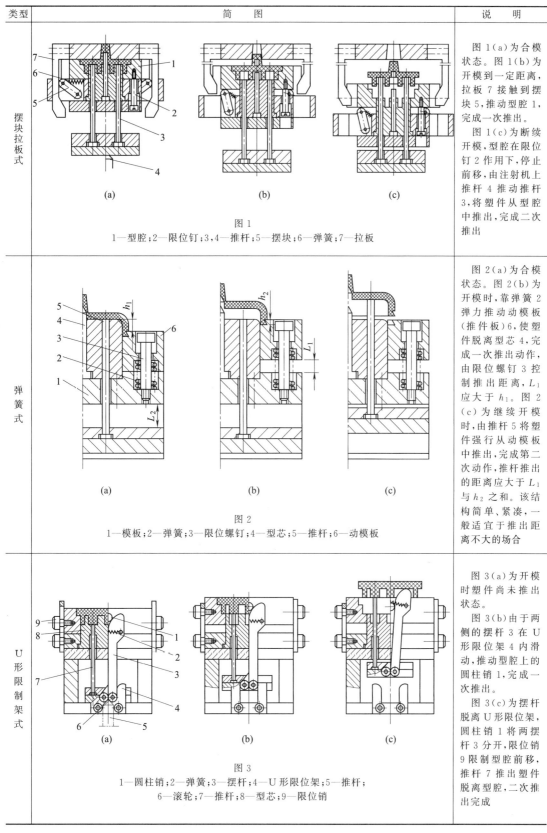 图1 1—型腔；2—限位钉；3,4—推杆；5—摆块；6—弹簧；7—拉板	图1(a)为合模状态。图1(b)为开模到一定距离，拉板7接触到摆块5，推动型腔1，完成一次推出。图1(c)为继续开模，型腔在限位钉2作用下，停止前移，由注射机上推杆4推动推杆3，将塑件从型腔中推出，完成二次推出
弹簧式	图2 1—模板；2—弹簧；3—限位螺钉；4—型芯；5—推杆；6—动模板	图2(a)为合模状态。图2(b)为开模时，靠弹簧2弹力推动动模板(推件板)6，使塑件脱离型芯4，完成一次推出动作，由限位螺钉3控制推出距离，L_1应大于h_1。图2(c)为继续开模时，由推杆5将塑件强行从动模板中推出，完成第二次动作，推杆推出的距离应大于L_1与h_2之和。该结构简单、紧凑，一般适宜于推出距离不大的场合
U形限制架式	图3 1—圆柱销；2—弹簧；3—摆杆；4—U形限位架；5—推杆；6—滚轮；7—推杆；8—型芯；9—限位销	图3(a)为开模时塑件尚未推出状态。图3(b)由于两侧的摆杆3在U形限位架4内滑动，推动型腔上的圆柱销1，完成一次推出。图3(c)为摆杆脱离U形限位架，圆柱销1将两摆杆3分开，限位销9限制型腔前移，推杆7推出塑件脱离型腔，二次推出完成

第4章 注射模设计

续表

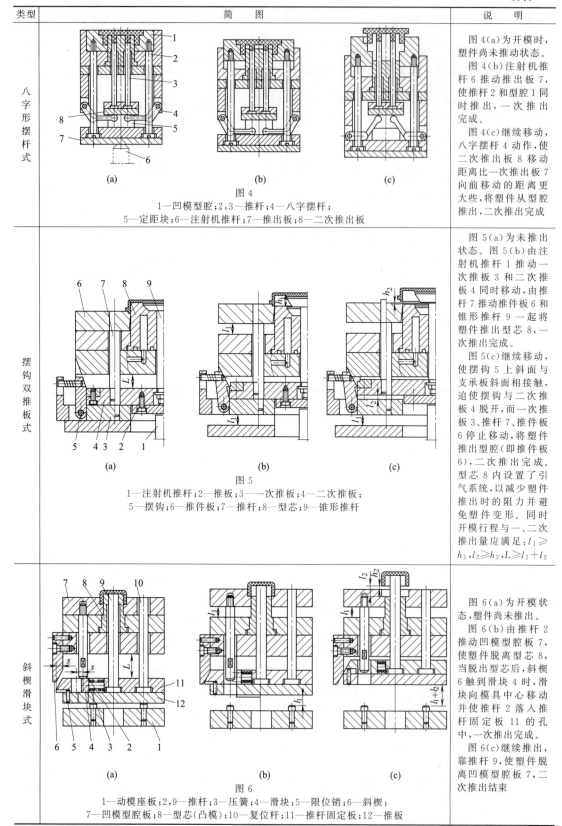

第4章 注射模设计

续表

类型	简 图	说 明
弹簧式	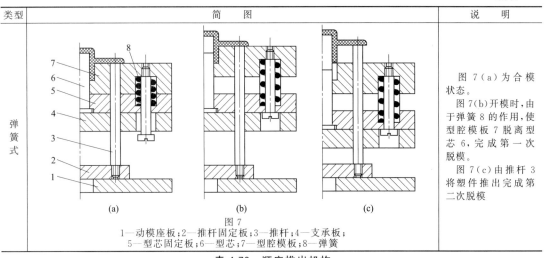 图 7 1—动模座板；2—推杆固定板；3—推杆；4—支承板； 5—型芯固定板；6—型芯；7—型腔模板；8—弹簧	图7(a)为合模状态。 图7(b)开模时,由于弹簧8的作用,使型腔模板7脱离型芯6,完成第一次脱模。 图7(c)由推杆3将塑件推出完成第二次脱模

表 4-72 顺序推出机构

类型	简 图	说 明
拉钩式	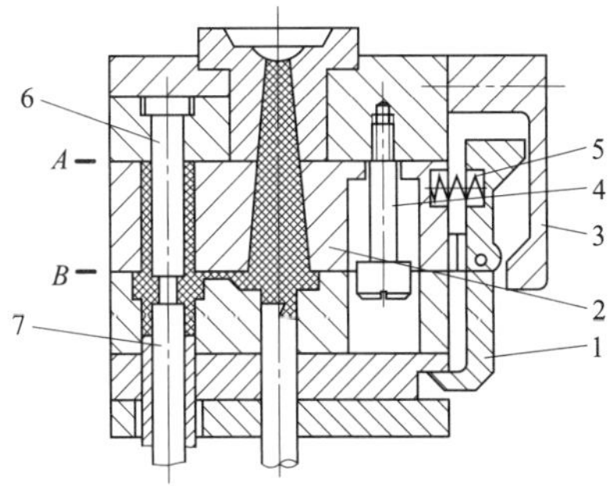 图1 1—拉钩；2—型腔；3—压板；4—限位钉；5—弹簧；6,7—型芯	图1开模时,分型面A处首先开启(定模分型),定模中间板起推板作用,将塑件从型芯6脱下,开模至一定距离后,压板3使拉钩1脱钩,与型芯固定板脱离,定模从B分型处分型,继续升模,推出装置将塑件推出
弹簧式	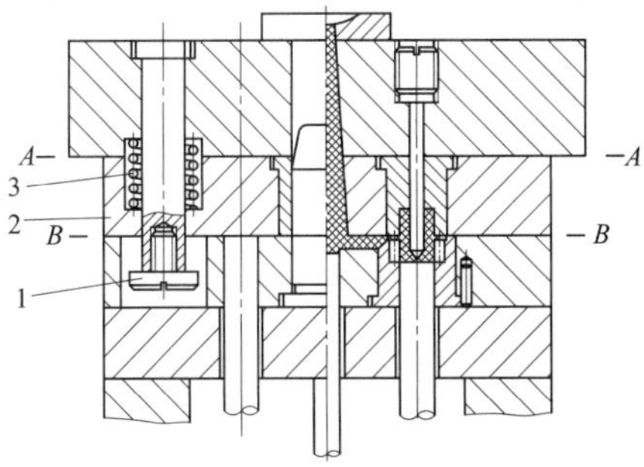 图2 1—限位螺钉；2—中间板；3—弹簧	图2合模时弹簧3受压缩,开模时,首先在弹簧力作用下,使A—A分型面分型,开模至一定距离后,由限位螺钉1限制中间板2的移动,然后从B—B分型面分型,继续开模,由推杆推出塑件
拉钩压杆式	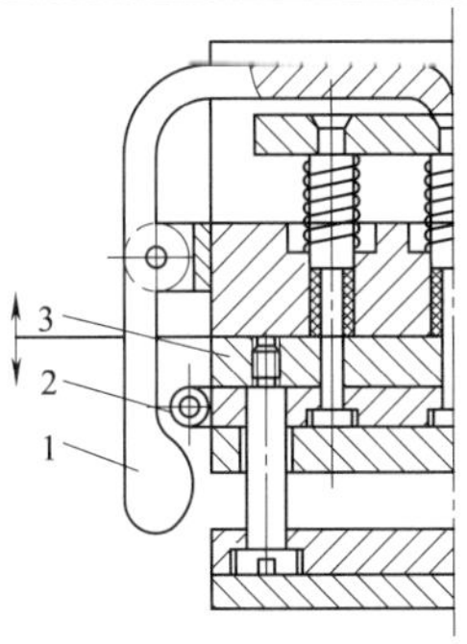 图3 1—压迫杠杆；2—滚轮；3—推件板	图3是利用杠杆的作用实现定模脱模的结构。开模时,固定在动模上的滚轮2压迫杠杆1,使定模推出机构动作,迫使塑件留于动模上,然后由动模推件板3推出塑件

类型	简图	说明
弹簧式	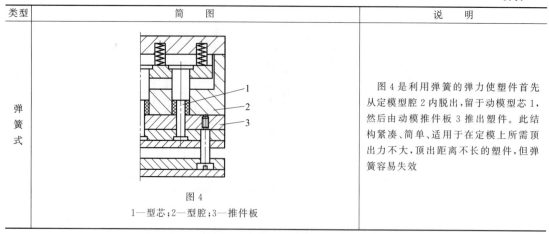 图 4 1—型芯；2—型腔；3—推件板	图 4 是利用弹簧的弹力使塑件首先从定模型腔 2 内脱出，留于动模型芯 1，然后由动模推件板 3 推出塑件。此结构紧凑、简单、适用于在定模上所需顶出力不大，顶出距离不长的塑件，但弹簧容易失效

（4）凸、凹脱模机构

通常脱模方向都与注射机开模方向相同，但有些塑件在成型侧面上有凸台或凹槽等，使脱模方向和开模方向不一致，而不能使塑件从型腔或凸模上直接推出，故需设计活动型芯机构来脱模。常采用内侧和外侧脱模机构，分别见表 4-73 和表 4-74。常用抽芯机构见表 4-75。

表 4-73　内侧凸、凹脱模机构

类型	简图	说明	类型	简图	说明
强制脱模	(a) (b)	对于软质塑料，可利用塑件的材料弹性，对内侧凸凹形状浅的用推件板直接推出塑件，但 t 值一般不大于 0.5mm	用成型镶件推出	(c) 1—镶件；2,3—推杆	图(c)镶件 1 与螺钉推杆 2 连接在一起，通过推杆 2 与 3 推出动作完成后取下塑件
用成型镶件推出	(a) (b) 1—镶件；2—推杆	图(a)由推杆 2 推出镶件 1，镶件和塑件同时脱模，然后取下塑件。 图(b)镶件 1 与螺钉推杆 2 连接在一起，推出动作完成后取下塑件。	内侧滑动杆型芯	A—A 1—型芯；2—模板	塑件两侧均有凹槽，滑动杆型芯 1 由模板 2 上的斜孔导向，在推出时使推杆上端向内移动而脱出侧凸凹，同时也推出塑件

续表

类型	简 图	说 明	类型	简 图	说 明
成型推杆	1—推杆；2—套板；3—型芯	在推板作用下，由成型推杆1向上推动至一定距离时，推杆靠向内侧，即脱离塑件内凹同时脱出塑件	斜拉杆内侧抽芯	1—滑块；2—斜拉杆	开模时由方斜拉杆2，带动滑块1，移动抽芯，分型后推出塑件
斜滑推杆内侧抽芯	1—推杆；2—推板	斜滑推杆1由型板上的斜导向孔导向，在推板2推出时使斜滑推杆上端向内移动而脱出侧凸凹，同时推出塑件		1—抽芯；2—斜拉杆	开模时斜拉杆2带动滑块移动抽芯1，然后解脱定距分型装置，由脱件板将塑件脱出
滑块内侧抽芯	1—型芯；2—推杆	开模时由推杆2推动两侧活动型芯1，向内移动脱出凸凹，同时推出塑件	弹簧内侧抽芯	1—推杆；2—托板；3—滑块；4—型芯	合模时型芯4撑开滑块3拼合成凸模。开模时推杆1推动托板2，抽出型芯4，滑块在弹簧作用下，作内侧抽芯
自动开合型芯	(a) 芯棒　开合型芯　　扇形片　张开时　闭合时　(b)				

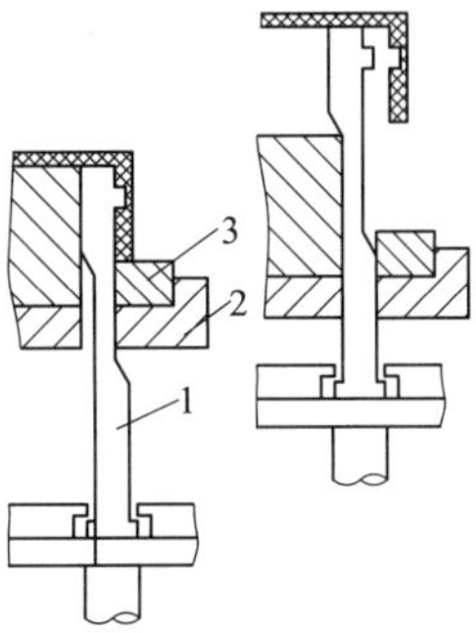

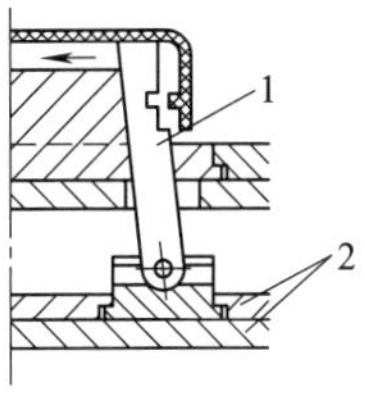

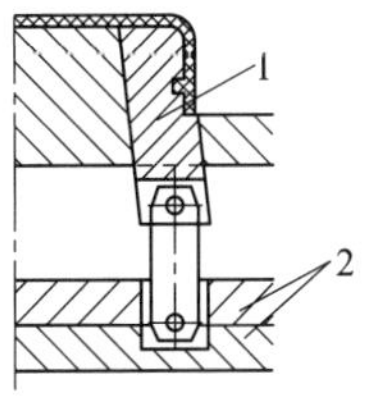

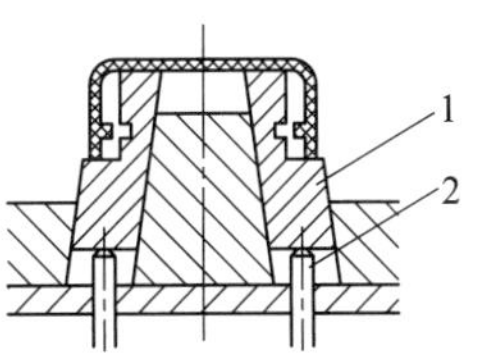

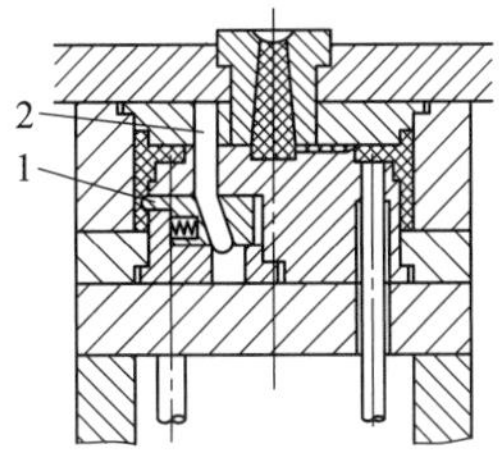

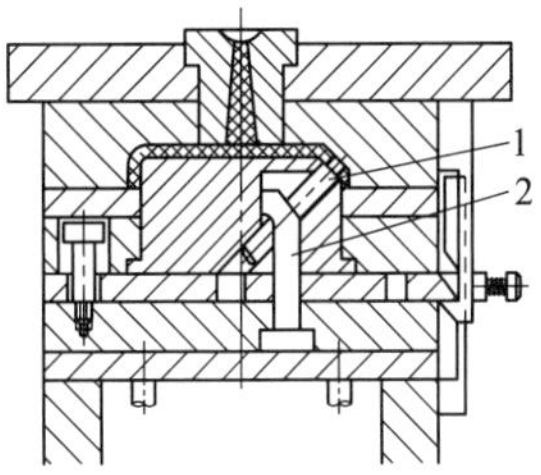

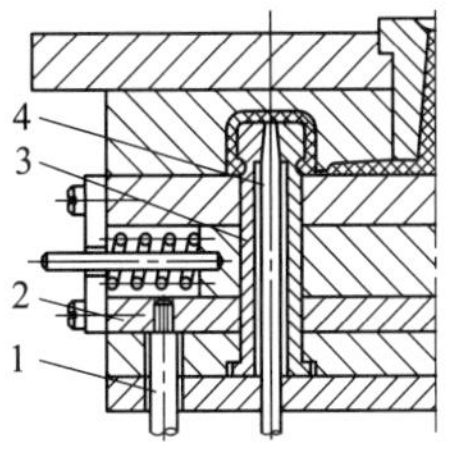

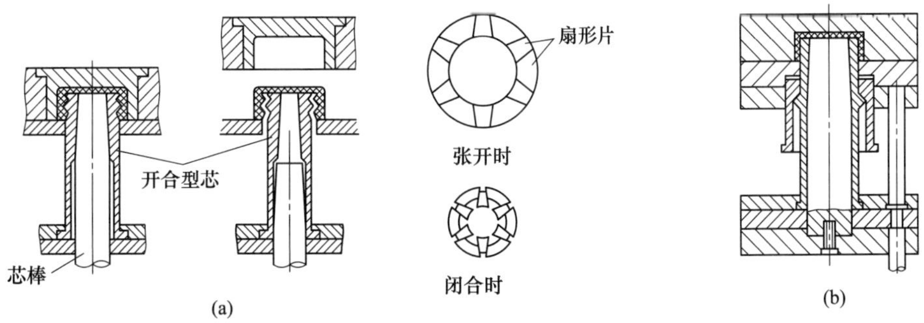

表 4-74 外侧凸、凹脱模机构

类型	简图	说明	类型	简图	说明
摆杆推出	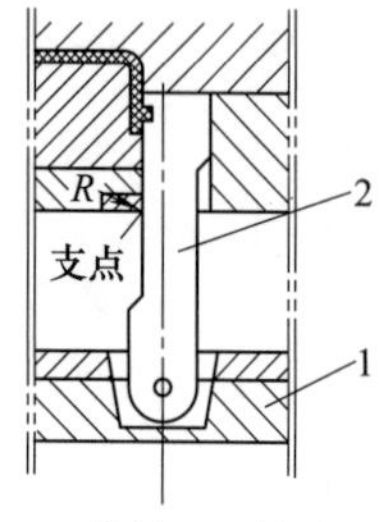 1—推板；2—侧型芯	推动推板1使侧型芯2接触到以淬硬的导向支点圆弧R时，使其向外侧脱开，取下塑件	斜滑块滑板	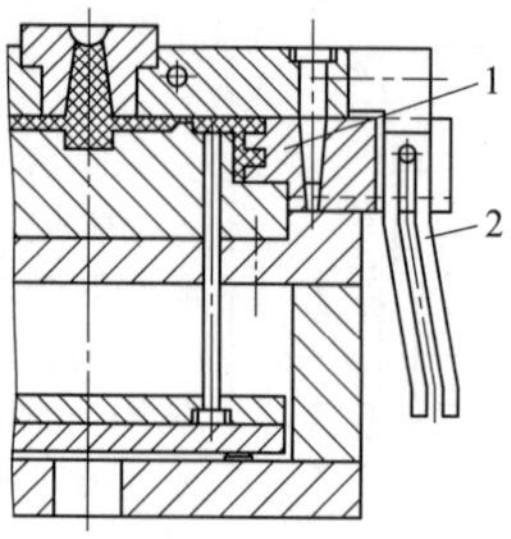 1—滑块；2—斜滑板	开模时，滑块1在斜滑板2作用下移动抽芯。适用于抽拔距离比较大的或需要先分型至一定距离开始抽芯的模具
滑轮推杆	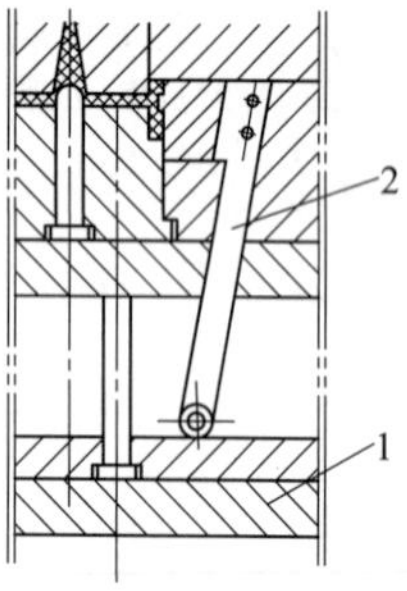 1—推板；2—推杆	由推板1推动滑轮推杆2往倾斜方向移动，脱出侧凸凹。适于抽拔力和抽拔距离较小的塑件	斜楔分型与抽芯机构	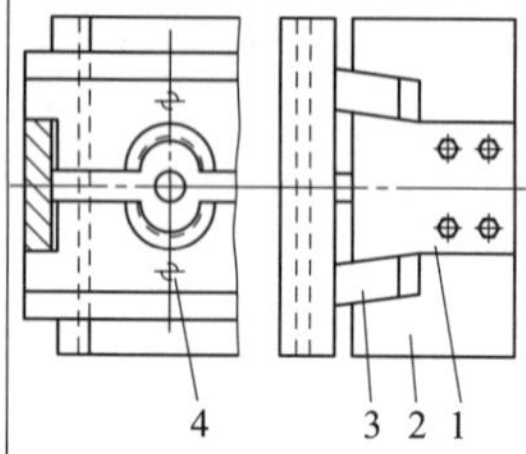 1—楔块；2—定模板；3—滑块；4—定位销	该图为斜楔分型与抽芯机构，两楔块1分别安装在定模两边，滑块3装在动模上，开模时由于楔块两侧斜面的作用，使滑块在导滑槽内滑动而分型，滑块的终止位置靠定位销4定位。合模时靠定模板2上的斜面使滑块闭合并锁紧，其结构较简单，开模与锁模力较大，适用于大型塑件和抽芯距不大的场合

表 4-75 常用抽芯机构

类型	简图	说明
手动抽芯	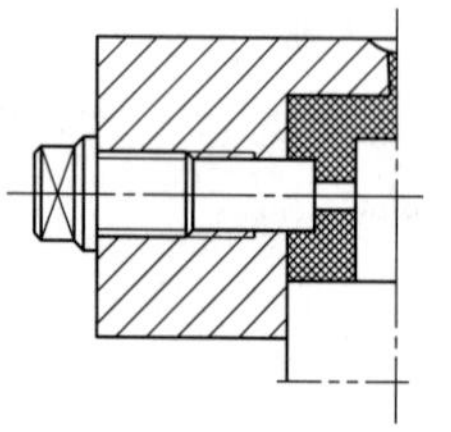	模具结构简单，劳动强度大，生产效率低，适用于小批量生产
液压或气动抽芯	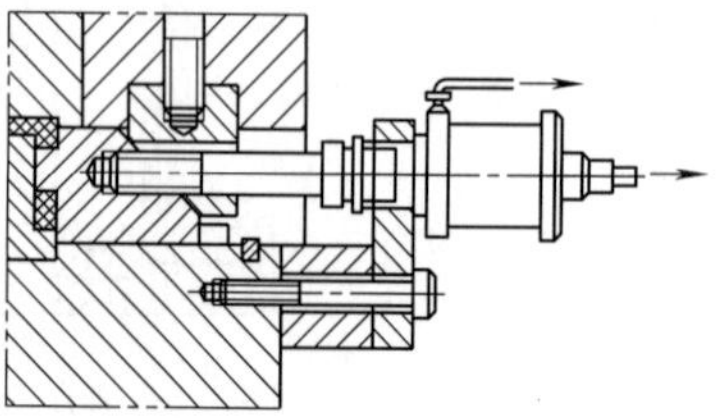	抽拔力大，抽拔距长，运动平稳，但液压或气动装置成本高，一般用于形状复杂、表面积大的大型塑件的抽芯。液压（气动）机构，在侧孔为通孔或型芯承受的侧压力很小时，气缸压力可能侧向型芯锁不紧，应考虑设置锁紧装置。图中所示液压抽芯机构带有锁紧装置，侧向抽芯设在动模一边，成型时，侧向型芯由定模上的压紧块锁紧，开模时，首先由液压抽芯机构抽出侧向型芯，然后再顶出制品，顶出机构复位后，侧向型芯再复位

续表

类型	简 图	说 明
斜导柱抽芯	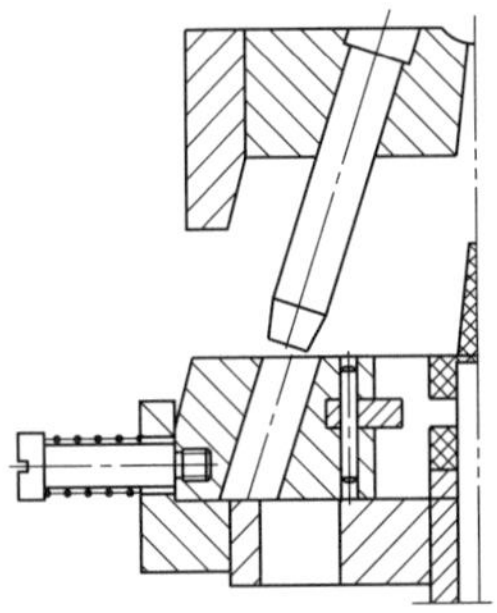	结构紧凑,动作安全可靠,加工方便,生产效率高,借助机床开模力和开模行程完成抽芯动作,它广泛用于抽拔力及主抽拔距不大的场合
斜滑块抽芯	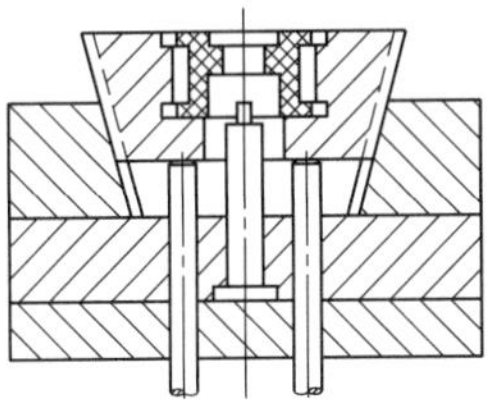	借助于机床推出力和推出行程来同时完成塑件的分型抽芯和推出动作,常用于抽拔成型深度较浅,成型面积较大的凹凸型芯
齿轮齿条抽芯	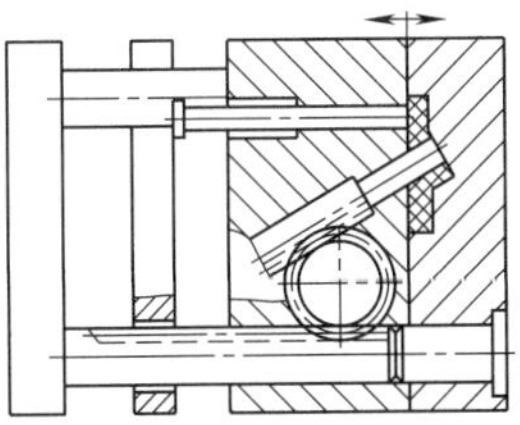	该结构可获得较大的抽拔力和抽拔距,且能抽拔于分型面成一定角度的型芯。模具结构较复杂,适用于简便机构无法抽芯的场合
斜导柱和滑块均在定模	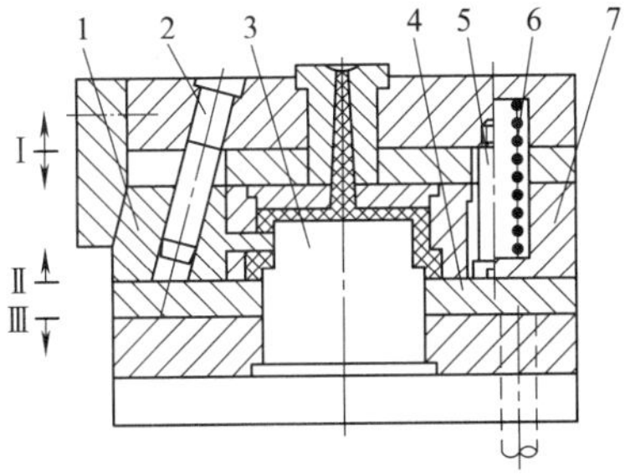 1—滑块;2—斜导柱;3—型芯;4—推板;5—定距螺钉;6—弹簧;7—型腔	在模内装有弹簧6和定距螺钉5,模具开启时,型腔7在弹簧6的作用下使Ⅰ分型面先分型,滑块1在斜导柱2的作用下开始侧抽芯;当型腔7移动至定距螺钉5起限位作用时,型腔7停止移动,同时抽芯也结束,动模继续移动,使Ⅱ分型面分型,塑件脱出定模,留在动模型芯3上;当动模移动到一定距离后,推杆推动推板4推出塑件
斜导柱在定模滑块在动模	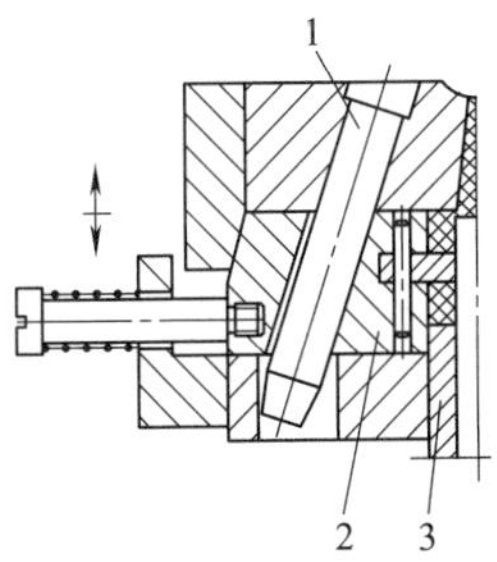 1—斜导柱;2—滑块;3—推管	开模时,动、定模分型,滑块2在斜导柱1的作用下进行抽芯;抽芯完毕,由推管3推出塑件

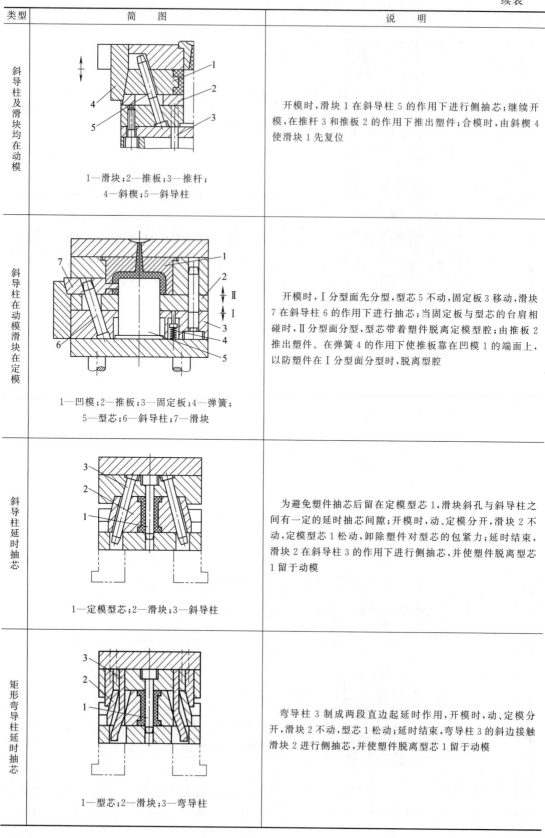

续表

类型	简图	说明
斜导柱及滑块均在动模	1—滑块；2—推板；3—推杆；4—斜楔；5—斜导柱	开模时,滑块1在斜导柱5的作用下进行侧抽芯;继续开模,在推杆3和推板2的作用下推出塑件;合模时,由斜楔4使滑块1先复位
斜导柱在动模滑块在定模	1—凹模；2—推板；3—固定板；4—弹簧；5—型芯；6—斜导柱；7—滑块	开模时,Ⅰ分型面先分型,型芯5不动,固定板3移动,滑块7在斜导柱6的作用下进行抽芯;当固定板与型芯的台肩相碰时,Ⅱ分型面分型,型芯带着塑件脱离定模型腔,由推板2推出塑件。在弹簧4的作用下使推板靠在凹模1的端面上,以防塑件在Ⅰ分型面分型时,脱离型腔
斜导柱延时抽芯	1—定模型芯；2—滑块；3—斜导柱	为避免塑件抽芯后留在定模型芯1,滑块斜孔与斜导柱之间有一定的延时抽芯间隙;开模时,动、定模分开,滑块2不动,定模型芯1松动,卸除塑件对型芯的包紧力;延时结束,滑块2在斜导柱3的作用下进行侧抽芯,并使塑件脱离型芯1留于动模
矩形弯导柱延时抽芯	1—型芯；2—滑块；3—弯导柱	弯导柱3制成两段直边起延时作用,开模时,动、定模分开,滑块2不动,型芯1松动;延时结束,弯导柱3的斜边接触滑块2进行侧抽芯,并使塑件脱离型芯1留于动模

续表

类型	简 图	说 明
斜导柱内侧抽芯	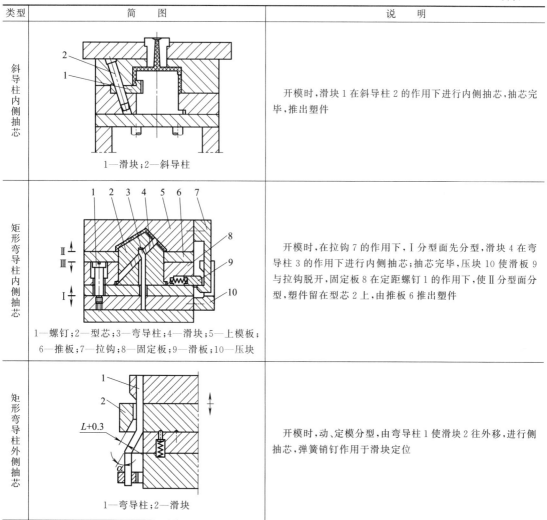　1—滑块；2—斜导柱	开模时，滑块 1 在斜导柱 2 的作用下进行内侧抽芯，抽芯完毕，推出塑件
矩形弯导柱内侧抽芯	1—螺钉；2—型芯；3—弯导柱；4—滑块；5—上模板；6—推板；7—拉钩；8—固定板；9—滑板；10—压块	开模时，在拉钩 7 的作用下，Ⅰ分型面先分型，滑块 4 在弯导柱 3 的作用下进行内侧抽芯；抽芯完毕，压块 10 使滑板 9 与拉钩脱开，固定板 8 在定距螺钉 1 的作用下，使Ⅱ分型面分型，塑件留在型芯 2 上，由推板 6 推出塑件
矩形弯导柱外侧抽芯	1—弯导柱；2—滑块	开模时，动、定模分型，由弯导柱 1 使滑块 2 往外移，进行侧抽芯，弹簧销钉作用于滑块定位

(5) 斜导柱延时抽芯有关参数计算

斜导柱延时抽芯有关参数计算见表 4-76。

表 4-76　斜导柱延时抽芯有关参数计算公式

简　图	有关参数计算公式
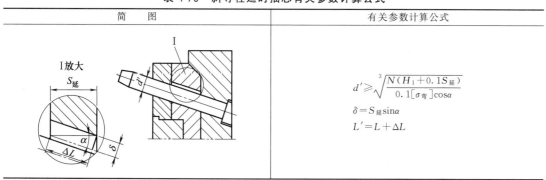	$d' \geqslant \sqrt[3]{\dfrac{N(H_1+0.1S_{延})}{0.1[\sigma_{弯}]\cos\alpha}}$ $\delta = S_{延}\sin\alpha$ $L' = L + \Delta L$

注：d'——延时抽芯时的斜导柱直径，mm；$S_{延}$——延时抽芯行程，mm，按需要确定；δ——滑块斜孔增长量，mm，见附表；L'——延时抽芯时的斜导柱总长，mm；L——非延时抽芯时的斜导柱总长，mm；ΔL——延时抽芯时的斜导柱增长量，mm，见附表；N——斜导柱抽芯时承受的弯曲力，N；H_1——滑块端面至受力点的垂直距离，mm；$[\sigma_{弯}]$——斜导柱许用弯曲应力，MPa；α——斜导柱倾斜角，(°)。

附表

斜导柱倾斜角 α	延时抽芯行程 $S_{延}$/mm					
	5	10	15	20	25	30
滑块斜孔增长量 δ/mm						
10°	0.87	1.74	2.61	3.46	4.33	5.21
15°	1.29	2.59	3.88	5.18	6.47	7.76
18°	1.54	3.09	4.63	6.18	7.72	9.27
20°	1.71	3.42	5.13	6.84	8.55	10.26
22°	1.87	3.75	5.62	7.49	9.36	11.24
25°	2.11	4.23	6.34	8.45	10.56	12.68
斜导柱增长量 ΔL/mm						
10°	5.08	10.15	15.23	20.31	25.39	30.46
15°	5.18	10.35	15.53	20.70	25.88	31.05
18°	5.27	10.52	15.78	21.10	26.30	31.60
20°	5.32	10.64	15.97	21.28	26.60	31.92
22°	5.39	10.78	16.17	21.56	26.95	32.24
25°	5.52	11.03	16.65	22.07	27.59	33.10

(6) 斜导柱设计

斜导柱的工作参数，包括倾斜角 α、抽拔力 F、抽拔距 S、直径 d、斜导柱的长度 L 以及开模行程 H。其结构设计及相关计算见表 4-77。由于计算较复杂，有时为了方便，也可以用查表法来确定斜导柱的有关尺寸。先按抽芯力 F_c 和斜导柱倾斜角 α 在表 4-78 中查出最大弯曲力 F_w，然后根据 F_w 和 H_w 以及 α，在表 4-79 中查出斜导柱直径 d。

表 4-77 斜导柱结构及相关参数计算

序号	参数	简图	计算公式	说明
1	斜导柱倾斜角的确定	图1 图2	$L = S/\sin\alpha$ $H = S\cot\alpha$ $F_w = F_t/\cos\alpha$ $F_k = F_t\tan\alpha$	式中 L——斜导柱的工作长度，mm； S——抽芯距，mm； α——斜导柱的倾斜角； H——与抽芯距 S 对应的开模行程，mm； F_w——侧抽芯时斜导柱所受的弯曲力，kN； F_t——侧抽芯时的脱模力，其大小等于抽芯力 F_c，kN； F_k——侧抽芯时所需的开模力，kN。 由式可知，α 增大，L 和 H 减小，有利于减小模具尺寸，但 F_w 和 F_k 增大，影响斜导柱和模具的强度和刚度；反之，α 减小，斜导柱和模具受力减小。倾斜角的大小关系到斜导柱所承受弯曲力和实际达到的抽拔力，也关系到斜导柱的有效工作长度、抽拔距和开模行程。因此，α 应小于 25°，一般取 12°~22°。而锁紧楔 $\alpha' = \alpha + (2° \sim 3°)$，以防侧型芯受成型压力后向外移动

续表

序号	参数	简图	计算公式	说明
1	斜导柱侧斜角的确定	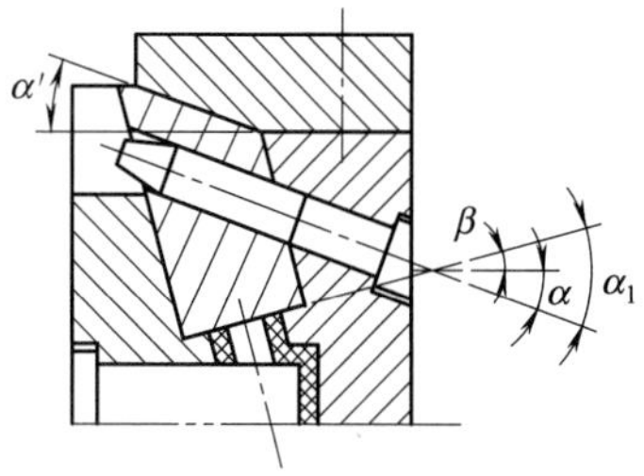 (a) 滑块向动模一侧倾斜 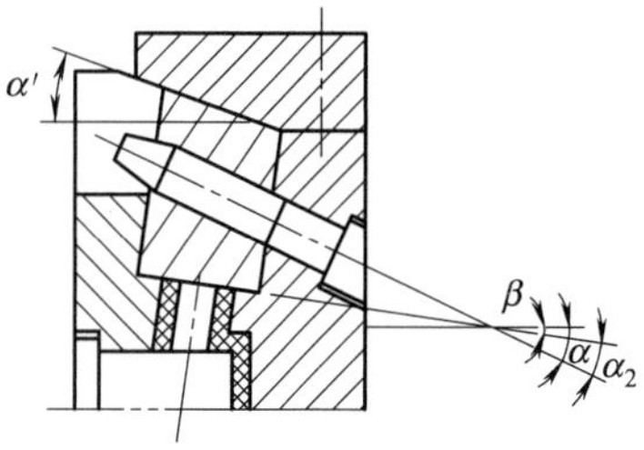 (b) 滑块向定模一侧倾斜 图 3	①滑块向动模一侧倾斜时的开模行程(mm) $H=S(\cos\beta\cot\alpha-\sin\alpha)$ ②滑块向定模一侧倾斜时的开模行程(mm) $H=S(\sin\beta+\cos\beta\cot\alpha)$	当抽芯方向与开模方向不垂直而成一定交角 β 时,也可采用斜导柱抽芯机构。图 3(a) 为滑块外侧向动模一侧倾斜 β 角度的情况,影响抽芯效果的斜导柱有效倾斜角为 $\alpha_1=\alpha+\beta$,斜导柱的倾斜角 α 值应在 $12°\leqslant\alpha+\beta\leqslant22°$ 内选取,比不倾斜时要取小些。图 3(b) 为滑块外侧向定模一侧倾斜 β 角度的情况,影响抽芯效果的斜导柱有效倾斜角为 $\alpha_2=\alpha-\beta$,斜导柱的倾斜角 α 值应在 $12°\leqslant\alpha-\beta\leqslant22°$ 内选取,比不倾斜时可取大些。 在确定斜导柱倾斜角 α 时,抽芯距短时,α(或 α_1,α_2)可适当取小些;抽芯距长时,α 取大些。抽芯力大时,α 取小一些;抽芯力小时,α 取大些。但需注意,斜导柱在对称布置时,抽芯力可相互抵消,α 可取大些;而斜导柱非对称布置时,抽芯力不能抵消,α 取小些
2	抽芯距的确定	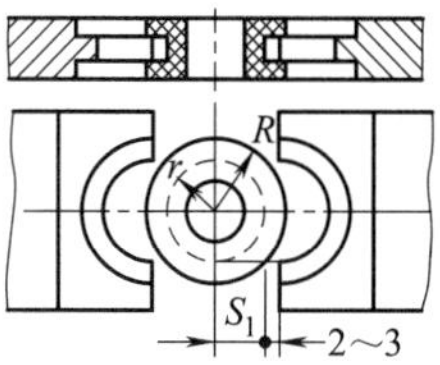 (a) 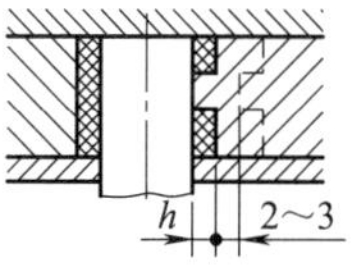 (b) 图 4	(1)图 4(a) 适用于两等分合模 $S_{抽}=S_1+(2\sim3)$ $=\sqrt{R^2-r^2}+(2\sim3)$ (2)图 4(b) 适用于塑件带侧孔时抽芯距: $S_{抽}=h+(2\sim3)$	式中 $S_{抽}$——分开拼合凹模所需抽拔距离,mm S_1——侧凹分至不影响塑件脱模的距离,mm R——塑件最大外形半径,mm r——塑件推出的外形最小半径,mm h——塑件孔深,mm
		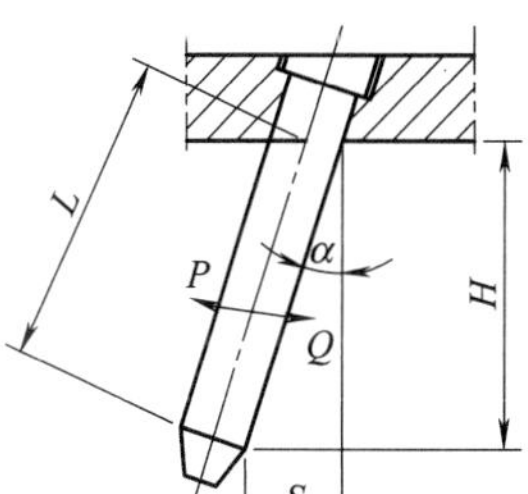 图 5	$S=H\tan\alpha+(2\sim5)$	式中 S——抽芯距,mm H——斜导柱完成抽芯距所需的开模行程,mm α——斜导柱斜角,通常取 $15°\sim20°$

续表

序号	参数	简图	计算公式	说明
2	抽芯距的确定	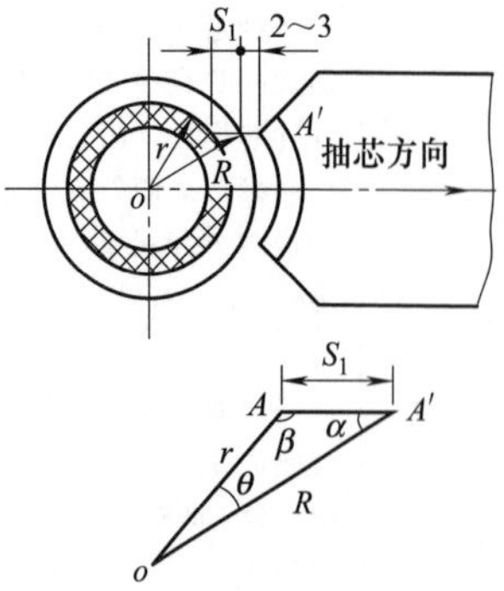 图6	图6为多瓣拼合结构,其抽芯距为： $S_{抽}=S_1+(2\sim3)$ 式中,$S_1=R\sin\theta/\sin\beta$ 只有当A点位置移到A'位置时,塑件才能无阻碍塑件推出。 $\theta=180°-\beta-\alpha$ 其α按正弦定理得： $\alpha=\arcsin(r\sin\beta/R)$	式中 R——塑件最大外形半径 r——阻碍塑件推出的外形最小半径 β——夹角,3等分滑块拼合$\beta=120°$;4等分滑块拼合$\beta=135°$;5等分滑块拼合$\beta=144°$。如塑件外形复杂时,常用作图法确定抽芯距
3	抽芯力计算	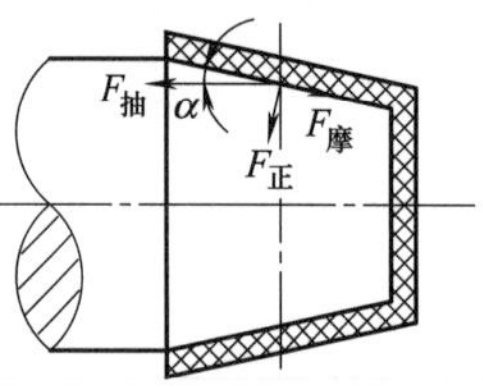 图7	当塑件包紧型芯时,由于型芯有脱模斜度,在抽芯力F的作用下,塑件对型芯的正压力降低了$F_{抽}\sin\alpha$,此时摩擦阻力为： $F_{摩}=f(F_{正}-F_{抽}\sin\alpha)$ (1) 列出受力平衡方程式： $\sum F_x=0$ $F_{摩}\cos\alpha=F_{抽}+F_{正}\sin\alpha$ (2) 将式(1)代入式(2)得： $f(F_{正}-F_{抽}\sin\alpha)\cos\alpha=F_{抽}+F_{正}\sin\alpha$ (3) 故 $F_{抽}=\dfrac{F_{正}\cos\alpha(f-\tan\alpha)}{1+f\sin\alpha\cos\alpha}$ (4) 因为 $F_{正}=pA$ (5) 故 $F_{抽}=\dfrac{pA\cos\alpha(f-\tan\alpha)}{1+f\sin\alpha\cos\alpha}$ (6)	式中 $F_{摩}$——摩擦阻力,N f——系数摩擦,一般取0.15~1.0 $F_{正}$——塑件收缩产生对型芯的正压力,N $F_{抽}$——抽芯力,N α——脱模斜度,取$\alpha=1°\sim2°$ p——塑件的收缩应力,N/m²,模内冷却的塑件$p=19.6$MPa,模外冷却的塑件$p=3.92$MPa A——塑件包紧型芯的侧面积,m² 对于不通孔时塑件脱模时,还须克服大气压力造成的阻力,即： $F_q=0.1A_i$ A_i——垂直于抽芯方向型芯的投影面积
4	斜导柱的断面尺寸	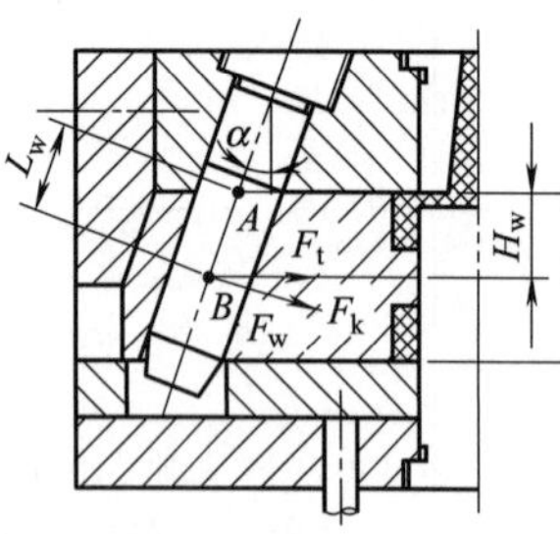 图8	在已知导柱材料和承受最大的弯矩时,可按下式进行强度校核： $\sigma_{wmax}=M_{max}/W\leqslant[\sigma]$ (7) $M_{max}=FL_w$ $L_w=\dfrac{H_w}{\cos\alpha}=\dfrac{(H/2+z/\sin\alpha)}{\cos\alpha}$ 对于圆形断面的斜导柱： $W=\dfrac{1}{32}\pi d^3\approx0.1d^3$ 对于矩形断面的斜导柱： $W=1/6bh^2$ 当$b=2h/3$时,则$W=h^3/9$。 圆形斜导柱： $d=\sqrt[3]{\dfrac{M_{max}}{0.1[\sigma]}}=\sqrt[3]{\dfrac{F_wL_w}{0.1[\sigma]}}$ $=\sqrt[3]{\dfrac{10F_tL_w}{[\sigma]\cos\alpha}}=\sqrt[3]{\dfrac{10F_cH_w}{[\sigma]\cos^2\alpha}}$ (8) 矩形斜导柱 $h=\sqrt[3]{\dfrac{9M_{max}}{[\sigma]}}=\sqrt[3]{\dfrac{9F_wH_w}{[\sigma]}}$ (9)	式中 σ_{wmax}——最大弯曲应力,MPa M_{max}——最大弯矩,N·m W——斜导柱断面系数,m³ z——斜导柱与孔的单边间隙 $[\sigma]$——导柱材料许用弯曲应力,MPa,对于碳钢,$[\sigma]=137.2$MPa F_w——斜导柱所受最大弯曲力,N F_c——抽芯力,N F_t——抽芯力F_c的反作用力,N L_w——弯曲力作用点B距斜导柱伸出端根部A的距离,m H_w——弯曲力作用点B距斜导柱固定板(A点)的距离,m d——圆形斜导柱的直径,m b——矩形斜导柱的宽度,m h——矩形斜导柱的高度,m

续表

序号	参数	简图	计算公式	说明
5	圆形斜导柱的长度计算	图9	圆形斜导柱的长度根据抽芯距、斜导柱直径及斜角确定（图9） 斜导柱的长度计算公式： $L_1 = l_1 + l_2 = \dfrac{D}{2}\tan\alpha + \dfrac{H}{\cos\alpha}$ $L_2 = l_3 + l_4 = \dfrac{d}{2}\tan\alpha + \dfrac{S_{抽}}{\sin\alpha}$ $L_3 = 5 \sim 10$ $L = L_1 + L_2 + L_3$ $= \dfrac{D}{2}\tan\alpha + \dfrac{H}{\cos\alpha} + \dfrac{d}{2}\tan\alpha + \dfrac{S_{抽}}{\sin\alpha} + (5 \sim 10)$	式中 L——斜导柱的总长度，mm L_1——斜导柱固定段长度，mm L_2——斜导柱工作段长度，mm L_3——斜导柱导向段长度，mm D——斜导柱台肩直径，mm d——斜导柱工作部分直径，mm H——斜导柱固定板厚度，mm $S_{抽}$——抽芯距，mm α——斜导柱的倾斜角，(°)

表4-78 最大弯曲力与抽芯力和斜导柱倾斜角的关系

最大弯曲力 F_w/kN	斜导柱倾斜角 α/(°)					
	8	10	12	15	18	20
	脱模力（抽芯力）F_t/kN					
1.00	0.99	0.98	0.97	0.96	0.95	0.94
2.00	1.98	1.97	1.95	1.93	1.90	1.88
3.00	2.97	2.95	2.93	2.89	2.85	2.82
4.00	3.96	3.94	3.91	3.86	3.80	3.76
5.00	4.95	4.92	4.89	4.82	4.75	4.70
6.00	5.94	5.91	5.86	5.79	5.70	5.64
7.00	6.93	6.89	6.84	6.75	6.65	6.58
8.00	7.92	7.88	7.82	7.72	7.60	7.52
9.00	8.91	8.86	8.80	8.68	8.55	8.46
10.00	9.90	9.85	9.78	9.65	9.50	9.40
11.00	10.89	10.83	10.75	10.61	10.45	10.34
12.00	11.88	11.82	11.73	11.58	11.40	11.28
13.00	12.87	12.80	12.71	12.54	12.35	12.22
14.00	13.86	13.79	13.69	13.51	13.30	13.16
15.00	14.85	14.77	14.67	14.47	14.25	14.10
16.00	15.84	15.76	15.64	15.44	15.20	15.04
17.00	16.83	16.74	16.62	16.40	16.15	15.98
18.00	17.82	17.73	17.60	17.37	17.10	16.92
19.00	18.81	18.71	18.58	18.33	18.05	17.86
20.00	19.80	19.70	19.56	19.30	19.00	18.80
21.00	20.79	20.68	20.53	20.26	19.95	19.74
22.00	21.78	21.67	21.51	21.23	20.90	20.68
23.00	22.77	22.65	22.49	22.19	21.85	21.62
24.00	23.76	23.64	23.47	23.16	22.80	22.56
25.00	24.75	24.62	24.45	24.12	23.75	23.50
26.00	25.74	25.61	25.42	25.09	24.70	24.44
27.00	26.73	26.59	26.40	26.05	25.65	25.38
28.00	27.72	27.58	27.38	27.02	26.60	26.32
29.00	28.71	28.56	28.36	27.98	27.55	27.26
30.00	29.70	29.65	29.34	28.95	28.50	28.20
31.00	30.69	30.53	30.31	29.91	29.45	29.14
32.00	31.68	31.52	31.29	30.88	30.40	30.08
33.00	32.67	32.50	32.27	31.84	31.35	31.02
34.00	33.66	33.49	33.25	32.81	32.30	31.96
35.00	34.65	34.47	34.23	33.77	33.25	32.00
36.00	35.64	35.46	35.20	34.74	34.20	33.81
37.00	36.63	36.44	36.18	35.70	35.15	34.78
38.00	37.62	37.43	37.16	36.67	36.10	35.72
39.00	38.61	38.41	38.14	37.63	37.05	36.66
40.00	39.60	39.40	39.12	38.60	38.00	37.60

表 4-79 斜导柱倾斜角、高度 H_w、最大弯曲力、斜导柱直径之间的关系

斜导柱直径/mm

斜导柱倾斜角 α/(°)	H_w /mm	最大弯曲力/kN																													
		1	2	3	4	5	6	7	8	9	10	11	12	13	14	15	16	17	18	19	20	21	22	23	24	25	26	27	28	29	30
8	10	8	10	10	12	12	14	14	14	15	15	16	16	18	18	18	18	18	20	20	20	20	20	20	20	22	22	22	22	22	22
8	15	8	10	12	14	14	15	16	16	18	18	18	20	20	20	20	20	22	22	22	22	24	24	24	24	24	24	24	25	25	25
8	20	10	12	14	14	15	16	18	18	20	22	20	22	22	22	22	24	24	24	24	24	25	25	25	26	26	26	28	28	28	28
8	25	10	12	14	15	18	18	18	20	22	22	22	24	24	24	24	24	25	25	26	26	26	28	28	28	28	28	30	30	30	30
8	30	12	14	16	16	18	18	18	20	20	22	24	24	25	24	25	24	26	28	28	28	28	28	30	30	30	32	32	32	32	32
8	35	12	14	16	18	18	20	20	20	22	22	24	25	25	26	26	26	28	28	30	30	30	30	30	32	32	32	34	34	34	34
8	40	12	14	16	18	20	22	22	22	24	24	25	26	26	28	28	28	30	30	30	32	32	32	32	32	34	34	34	34	34	35
10	10	8	10	12	12	12	14	14	14	15	15	16	18	18	18	18	18	18	20	20	20	20	20	20	22	22	22	22	22	22	22
10	15	8	10	12	14	14	15	16	16	18	18	18	20	20	20	22	22	22	22	22	22	22	24	24	24	24	24	24	25	25	25
10	20	10	12	14	14	15	16	18	18	20	20	20	22	22	22	24	24	24	24	24	26	25	25	25	26	26	28	28	28	28	28
10	25	10	12	14	15	18	18	18	20	22	22	24	24	24	25	25	26	26	28	28	28	28	28	28	28	30	30	30	30	30	30
10	30	12	14	16	16	18	20	20	22	22	24	24	24	25	26	26	26	28	28	30	30	30	30	30	30	32	32	32	32	32	32
10	35	12	14	16	18	18	20	20	22	24	24	25	25	25	26	26	28	28	30	30	32	30	32	32	32	32	34	34	34	34	34
10	40	12	14	18	18	20	22	22	24	24	24	26	26	26	28	28	28	30	30	32	32	32	32	32	32	34	34	34	34	34	36
12	10	8	10	12	12	12	14	14	14	15	16	16	18	18	18	18	18	18	20	20	20	20	20	20	22	22	22	22	22	22	22
12	15	8	12	12	14	14	15	16	16	18	18	18	20	20	20	20	22	22	22	22	22	22	24	24	24	24	24	24	24	25	25
12	20	10	12	14	14	16	16	18	18	20	20	20	22	22	24	24	24	24	24	24	26	26	26	25	26	26	26	28	28	28	28
12	25	10	12	15	16	18	18	18	20	22	22	24	24	24	25	25	25	26	28	28	28	28	28	28	28	30	30	30	30	30	30
12	30	12	14	15	16	18	20	20	22	22	24	24	24	25	25	25	25	26	28	30	30	30	30	32	30	32	32	32	32	32	32
12	35	12	14	16	18	18	20	20	22	24	24	25	25	25	25	26	28	28	30	30	32	32	32	32	32	34	34	34	34	34	34
12	40	12	14	16	18	20	22	22	24	24	24	26	26	26	28	28	28	30	30	30	32	32	32	32	32	34	34	34	34	34	35

续表

斜导柱倾斜角 $\alpha/(°)$	H_w/mm	\multicolumn{30}{c	}{最大弯曲力/kN 斜导柱直径/mm}
		1	2	3	4	5	6	7	8	9	10	11	12	13	14	15	16	17	18	19	20	21	22	23	24	25	26	27	28	29	30
15	10	8	10	12	12	12	14	14	14	15	16	16	16	18	18	18	18	18	20	20	20	20	20	20	22	22	22	22	22	22	22
	15	10	12	12	14	14	15	16	16	18	18	20	20	20	20	22	22	22	22	22	22	24	24	24	24	24	24	25	25	25	25
	20	10	12	14	14	16	16	18	18	20	20	20	22	22	22	22	22	22	24	24	24	25	25	26	26	26	28	28	28	28	28
	25	10	12	14	16	18	18	20	20	22	22	22	22	24	24	25	25	25	25	26	26	28	28	28	28	28	30	30	30	30	30
	30	12	14	15	16	18	20	20	22	22	22	24	24	24	25	25	26	26	28	28	28	28	30	30	30	30	30	32	32	32	32
	35	12	14	16	18	18	20	22	22	24	24	24	24	25	26	28	28	28	28	28	30	30	30	32	32	32	32	34	34	34	34
	40	12	15	16	18	20	20	22	24	24	24	25	26	28	28	28	30	30	30	30	32	32	32	32	34	34	34	34	34	35	36
18	10	8	10	12	12	14	14	14	14	15	16	16	18	18	18	18	18	20	20	20	20	20	20	22	22	22	22	22	22	22	22
	15	10	12	12	14	14	15	16	18	18	18	18	20	20	20	20	22	22	22	22	22	24	24	24	24	24	24	25	25	25	25
	20	10	12	14	15	16	18	18	18	20	20	20	22	22	22	22	24	24	24	24	25	25	25	26	26	26	28	28	28	28	28
	25	10	14	14	16	18	18	20	20	20	22	22	22	24	25	25	25	25	26	26	26	28	28	28	28	28	30	30	30	30	30
	30	12	14	15	18	18	20	20	22	24	24	24	24	24	26	28	28	28	28	30	30	30	30	32	32	32	32	32	32	32	32
	35	12	14	16	18	18	20	20	22	24	24	24	24	26	26	28	28	28	30	30	30	30	30	32	32	32	34	34	34	34	34
	40	12	15	18	18	20	22	22	24	24	25	25	26	28	28	28	30	30	30	30	32	32	32	32	34	34	34	34	34	35	35
20	10	8	10	12	12	14	14	14	14	15	16	16	18	18	18	18	18	20	20	20	20	20	20	22	22	22	22	22	22	22	22
	15	10	12	12	14	14	15	16	18	18	18	18	20	20	20	20	22	22	22	22	22	24	24	24	24	24	25	25	25	25	25
	20	10	14	14	14	16	18	18	18	20	20	20	22	22	22	24	24	24	24	24	25	25	25	26	26	26	28	28	28	28	28
	25	12	14	14	16	18	18	20	20	22	22	22	22	24	25	25	25	25	26	26	26	28	28	28	28	28	30	30	30	30	30
	30	12	14	15	16	18	20	20	22	22	22	24	24	24	25	26	26	28	28	28	28	30	30	30	30	30	32	32	32	32	32
	35	12	14	16	18	20	20	22	22	24	24	24	24	26	26	28	28	28	28	30	30	30	32	32	32	32	32	34	34	34	34
	40	12	14	18	18	20	22	22	24	24	25	25	26	28	28	28	30	30	30	30	32	32	32	32	34	34	34	34	34	35	35

(7) 滑块设计

型芯与滑块的连接形式见表 4-80。滑块导滑槽与固定形式见图 4-11。锁紧楔块的形式见表 4-81。

表 4-80 型芯与滑块连接形式

简　图	应用说明	简　图	应用说明
	通槽,型芯用销子固定,适用于固定薄片型芯		型芯带螺钉头固定,适用于固定小型芯
	型芯固定于滑块燕尾槽,适用于固定大的型芯		滑块型芯用压板固定,适用于多型芯固定

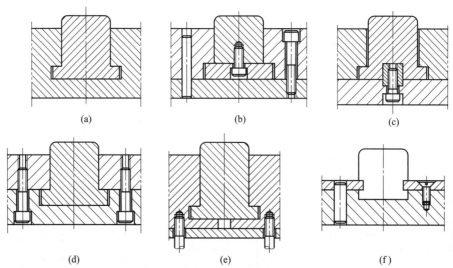

图 4-11　滑块导滑槽与固定形式

注：滑块在导滑槽中活动必须平稳顺利,不得发生卡滞或跳动现象。

表 4-81　锁紧楔块形式

简　图	说　明	简　图	说　明
	嵌入后,并用螺钉固定。$\beta = \alpha + (2\sim3)$（$\alpha$ 为导柱斜角）		带凸肩结构嵌入压紧

续表

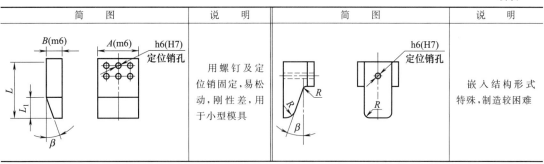

锁紧楔块刚度计算公式见表 4-82。侧向固定楔紧块的螺钉直径和作用总拉力计算公式见表 4-83。螺钉许用拉应力 $[\sigma_拉]$ 的值见表 4-84。

表 4-82　锁紧楔块刚度计算公式

结构简图	计算公式	说　明
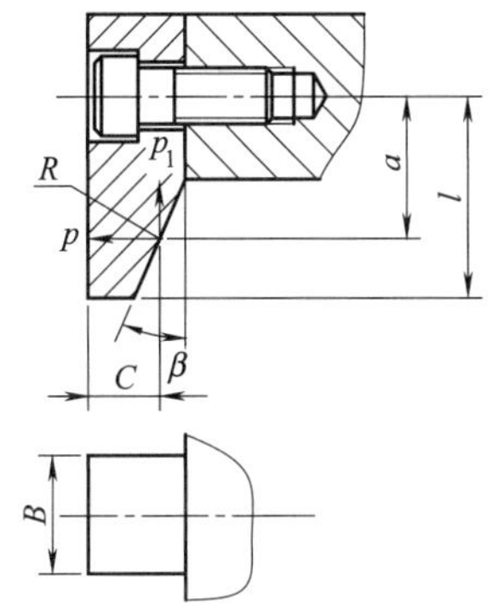	$C \geqslant \sqrt[3]{\dfrac{2pa^3}{EB[\delta]}\left(\dfrac{3l}{a}-1\right)}$	$P=pS$ 或 $P=ql$ 式中　P——楔紧块承受的侧向力，N 　　　q——作用于楔紧块斜面的均布载荷，N/mm 　　　p——作用于型腔侧壁的压力，通常为 30~50MPa 　　　S——活动型芯在抽芯方向上的垂直投影面积，mm^2 　　　l——螺钉中心到楔紧块底面的距离，mm 其余公式中，参数含义如下。 　　　C——楔紧块受力中点处的厚度，mm 　　　a——螺钉中心到楔紧块面受力中点的距离，mm 　　　E——弹性模量，碳钢取 $21×10^4$MPa 　　　B——楔紧块宽度，mm 　　　$[\delta]$——楔紧块弹性变形量，一般取 0.05，mm 　　　l'——螺钉中心到楔紧块斜面外侧受力中点的距离，mm
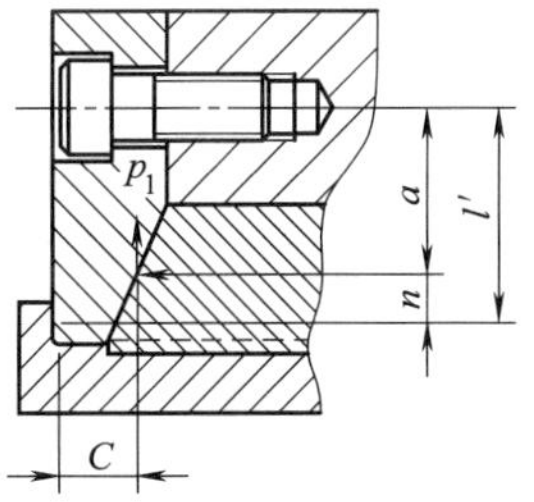	$C \geqslant \sqrt[3]{\dfrac{2pa^2}{E[\delta]}}\sqrt{\dfrac{B}{2l'+B}}$	
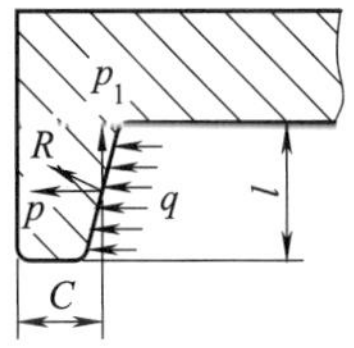	$C \geqslant \sqrt[3]{\dfrac{12pl^3}{8EB[\delta]}}$	
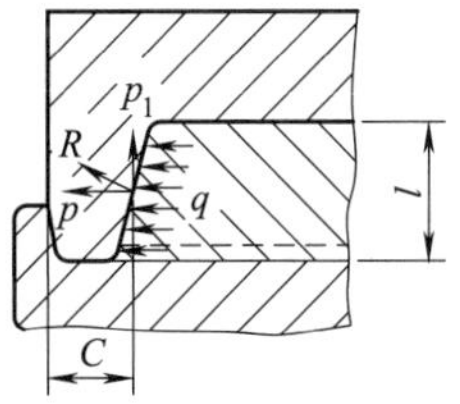	$C \geqslant \sqrt[3]{\dfrac{12pl^3}{185EB[\delta]}}$	

表 4-83　侧向固定楔紧块的螺钉直径和作用总拉力计算公式

序号	结构简图	计算公式	作用于螺钉的总拉力计算公式
1	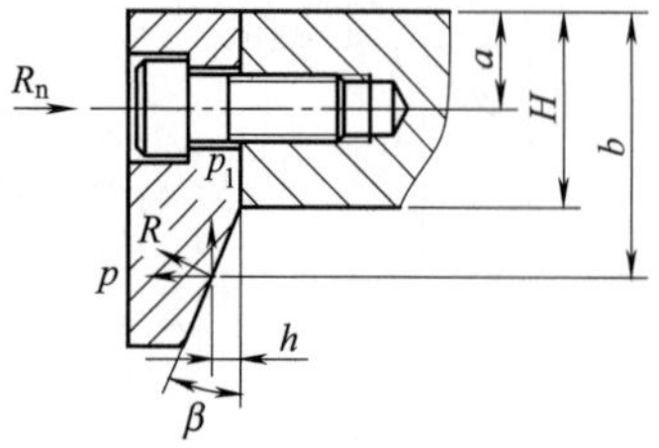	$d=\sqrt{\dfrac{(10\sim11.2)R_n}{\pi[\sigma_{拉}]n}}$	$R_n=\dfrac{p[b+(b-H)\tan\beta]}{a}$
2	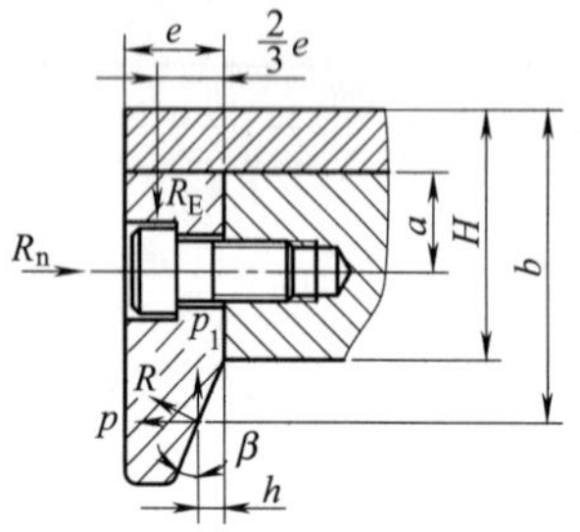	$d=\sqrt{\dfrac{(10\sim11.2)R_n}{\pi[\sigma_{拉}]n}}$	$R_n=\dfrac{p[b+(b-H)\tan^2\beta-\dfrac{2}{3}e\tan\beta]}{a}$
3	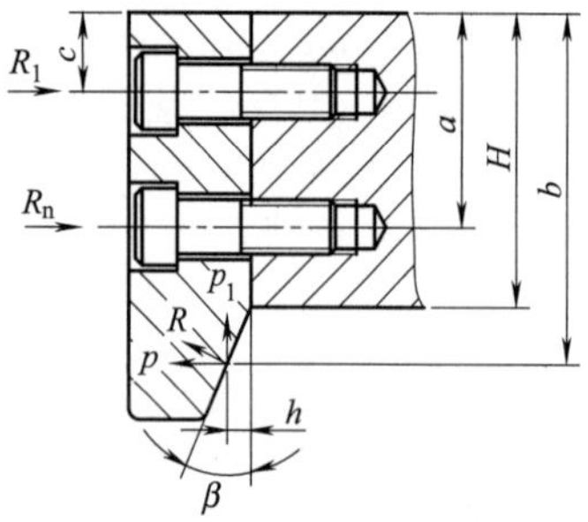	$d=\sqrt{\dfrac{(10\sim11.2)R_n}{\pi[\sigma_{拉}]n}}$	$R_n=\dfrac{pa[b+(b-H)\tan^2\beta]}{a^2+c^2}$ $R_1=R_n\dfrac{c}{a}$
4	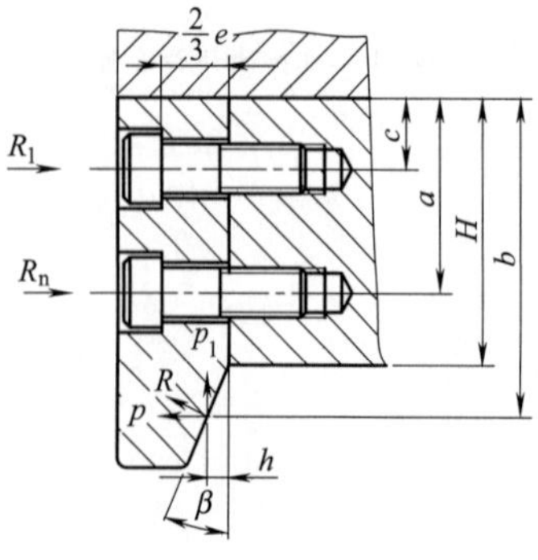	$d=\sqrt{\dfrac{(10\sim11.2)R_n}{\pi[\sigma_{拉}]n}}$	$R_n=\dfrac{pa[b+(b-H)\tan^2\beta-\dfrac{2}{3}e\tan\beta]}{a^2+c^2}$ $R_1=p_1\dfrac{c}{a}$

续表

序号	结构简图	计算公式	作用于螺钉的总拉力计算公式
5	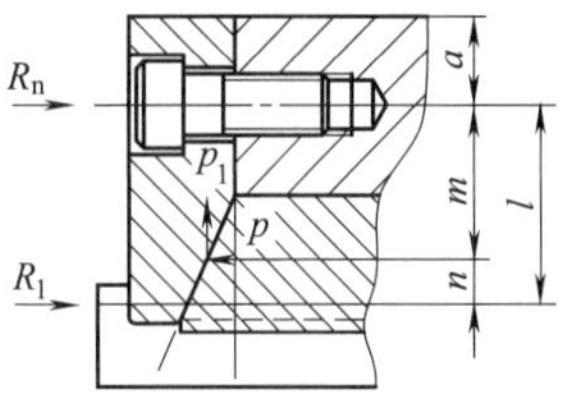	$d=\sqrt{\dfrac{(10\sim11.2)R_n}{\pi[\sigma_{拉}]n}}$	$R_n=\dfrac{2l^3-3m^2+m^3}{2l^3}p$ $R_1=\dfrac{a^2(3l-m)}{2l^3}p$

注：d——承受作用力 R_n 的螺钉直径，mm；R_n——作用在螺钉上的总拉力，N；$[\sigma_{拉}]$——螺钉许用拉应力，MPa，见表4-84；n——受作用力 R_n 的螺钉数量；a——楔紧块顶面到主受力的螺钉中心线的距离，mm；b——楔紧块顶面到受力中点的距离，mm；c——楔紧块顶面到作用力 R_1 的螺钉中心的距离，mm；e——楔紧块厚度，mm；H——定模板厚度，mm；l——受力螺钉中心到楔紧块外侧受力中点的距离，mm；m——受力螺钉中心到楔紧块内侧受力中点的距离；P——楔紧块承受的侧向力，N，$P=pS$；p——作用在型腔侧壁上的压力，通常取25~45MPa；S——活动型芯在抽芯方向的垂直投影面积，mm^2。

表4-84　螺钉许用拉应力 $[\sigma_{拉}]$ 的值

螺钉材料	静载荷			变载荷		
	$d=6\sim16mm$	$d=16\sim30mm$	$d=30\sim60mm$	$d=6\sim16mm$	$d=16\sim30mm$	$d=30\sim60mm$
碳素钢	$(0.20\sim0.25)R_m$	$(0.2\sim0.4)R_m$	$(0.4\sim0.6)R_m$	$(0.08\sim0.12)R_m$	$0.12R_m$	$(0.08\sim0.12)R_m$
合金钢	$(0.15\sim0.2)R_m$	$(0.2\sim0.3)R_m$	$0.30R_m$	$(0.1\sim0.15)R_m$	$0.15R_m$	$(0.1\sim0.15)R_m$

注：R_m——材料拉伸强度，MPa。

滑块定位装置见表4-85。滑块定位装置中的圆柱销和钢球的定位形式及尺寸见表4-86。

表4-85　滑块定位装置

简　图	说　明	简　图	说　明
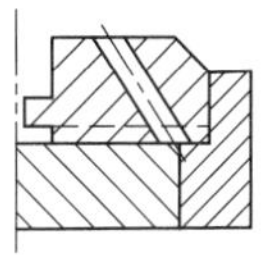	采用挡块定位，适用于向下抽芯	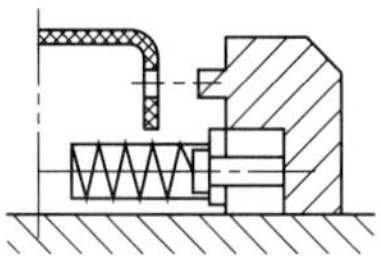	用弹簧和定位销定位，适用于侧向抽芯
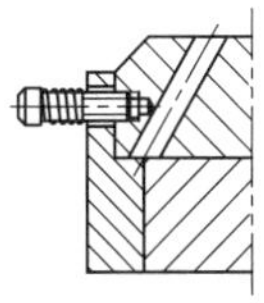	依靠弹簧的弹力使滑块停靠在挡板上定位，弹簧的弹力应为滑块质量的1.5~2倍，适用于热固性塑件向上和侧向抽芯	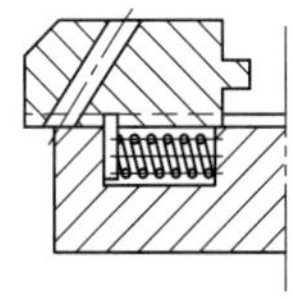	弹簧设置在模板内与滑块上的沟槽及挡块配合定位
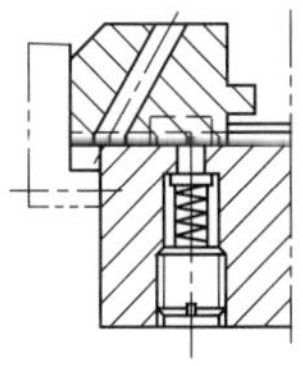	利用弹簧、螺塞和活动定位钉定位，适用于侧向抽芯	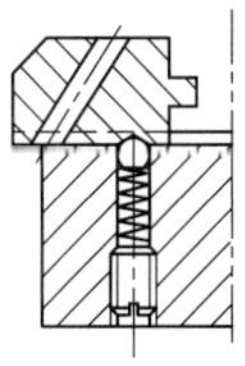	利用弹簧、钢球定位，不易磨损，适用于侧向抽芯

（8）斜导柱抽芯机构中应注意的问题和解决办法

① 斜导柱与滑块的配合间隙

斜导柱的作用仅为驱动滑块运动，而滑块运动的平稳性还须与导滑槽的配合精度来保证。闭模后的滑块由压紧楔块压紧以保证塑件成型时能承受侧向的压力。因此斜导柱与滑块间可采用较松动的配合，一般可制成单边0.5mm的间隙，或取f9配合。使开模时有一个很小的空行程，使活动型芯在未抽动前强制塑件脱出定模型腔或型芯，然后滑块随着压紧楔的脱开而顺利抽芯。

表 4-86 圆柱销和钢球的定位形式及尺寸

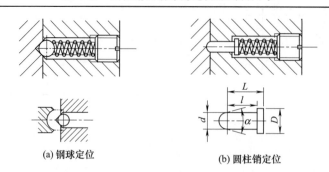

(a) 钢球定位　　　　　(b) 圆柱销定位

公称直径 d	圆柱销定位				钢球			弹簧
	D	l	L	α	钢球直径 /in	钢球孔径 /mm	螺钉直径	螺钉直径×平均直径×自由长度×圈数
6	7.5	3	7	90°～120°	9/32	7.9～8.4	M10	1×6×30×8
8	10.5	4	9	90°～120°	13/32	10.9～12	M14	1.2×8×40×8
10	13	5	11	90°～120°	17/32	13.7	M16	1.5×11×50×8

② 滑块的导滑长度

当滑块完成抽芯动作后，仍然留在导滑槽内，故留在导滑槽内的长度 l 应不短于滑块长度 L 的 2/3，如图 4-12（a）所示。如果太短，则滑块在复位时容易倾斜，甚至损坏模具。因此可采用局部加长导滑槽的方法来解决，以免增大模具尺寸，如图 4-12（b）所示。

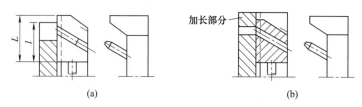

图 4-12 滑块的导滑长度

③ 抽芯时干涉现象

在一般注射模中，推出塑件后常采用反推杆进行复位。而在斜导柱抽芯机构中，侧型芯的水平投影面积与推杆相重合或推杆推出距离大于侧型芯的底面时，如采用复位杆复位，则可能会产生推杆或侧型芯互相干涉现象，如图 4-13 所示。因这种复位形式往往是滑块先于推杆复位，而导致侧型芯或推杆损坏。为了避免上述干涉现象的发生，在模具结构设计时，应能在一定条件下，采用反顶杆复位形式，使推杆能先于侧型芯复位。其条件是推杆端面至侧型芯最近距离 h' 与 $\tan\alpha$ 的乘积，要大于侧型芯与推杆或推管间在水平方向的重合距离 s'，即

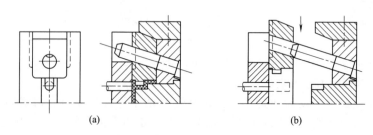

图 4-13 侧向抽芯时的干涉现象

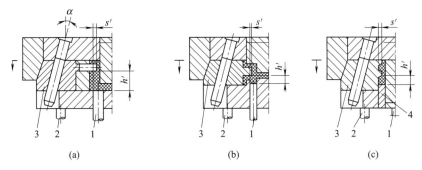

图 4-14 斜导柱抽芯机构采用反推杆复位的条件
1—推杆；2—反推杆；3—滑块；4—推管

$h'\tan\alpha > s'$（一般大于 0.5mm），此时不会产生干涉，如图 4-14 所示。如果模具结构不允许，则推杆的复位必须采用较复杂的先复位机构。常用先复位机构的形式见表 4-87。

表 4-87 先复位机构

形式	简 图	说 明
三角形滑块先复位机构	图 1 1—推杆；2—固定板；3—滑块；4—楔形杆	图 1(a)为开模状态，图 1(b)为合模状态。 合模时固定在定模上的楔形杆 4 接触楔形滑块 3，楔形滑块固定在推杆固定板 2 上，可沿导滑槽滑动，由于楔形杆 4 头部呈 45°斜面，而使楔形滑块在沿定模的 45°斜面向内移动时，同时又使推杆固定板产生退回动作，当楔形杆 4 的 45°斜面完全脱离楔形滑块斜面时，推杆 1 的先复位完成。该形式由于楔形滑块不宜过大，故推杆退回的距离较小
摆杆先复位机构	图 2 1—推杆；2—摆杆；3—楔形杆；4—垫板	图 2(a)为开模状态，图 2(b)为合模状态。 楔形杆 3 固定在定模板上，摆杆 2 的一端固定在动模垫板 4 上，其固定点是摆杆的摆动支点。 合模时，楔形杆（复位杆）3 推动摆杆 2 转动，带动推杆 1 复位。该结构形式是推杆的复位行程较大，摆杆越长，推杆先复位距离越大，由于摆杆端部装有滚轮，使滑动灵活，摩擦力小，在生产中常采用这种结构形式
杠杆先复位机构	图 3 1—楔形杆；2—杠杆；3—固定板；4—支承板；5—推杆	图 3(a)为开模状态，图 3(b)为合模状态。 楔形杆 1 固定在定模上，杠杆 2 固定在顶杆固定板 3 上。合模时，楔形杆 1 端部的 45°斜面推动杠杆 2 的外端，而杠杆的内端顶在模具支承板 4 上，推动推杆固定板 3 与推杆 5 向下移复位，当楔形 45°斜面完全脱离杠杆时，推杆 5 先复位完成

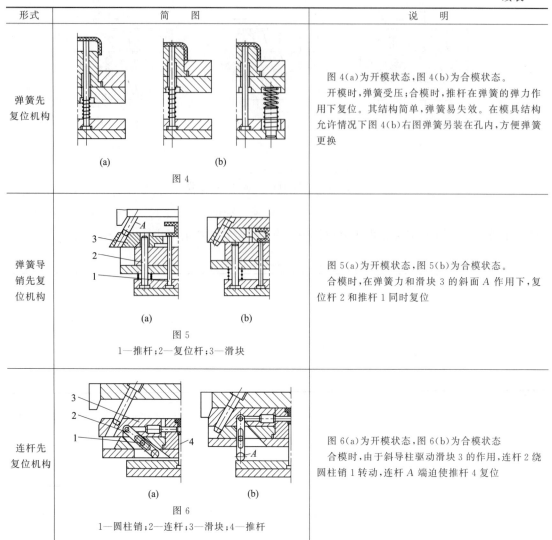

塑件推出距离见表4-88。

注：h_1——凸模与塑件的脱模距离，mm；s——成型部分高度，mm。

（9）浇注系统凝料的推出机构

浇注系统凝料的取出方法一般根据塑件的要求及浇口形式来确定。采用直接浇口和侧浇口，其浇注系统凝料和塑件连在一起脱出，然后进行二次加工，使塑件和凝料分离。采用点浇口或潜伏浇口,其浇口截面小,可在开模的同时,将塑件与凝料分离,实现浇口的自动切断,分别从模具自动脱模机构中脱下。这种结构便于实现自动化,生产效率高。常见浇口的自动切断的结构形式见表 4-89。

表 4-89 浇口的自动切断形式

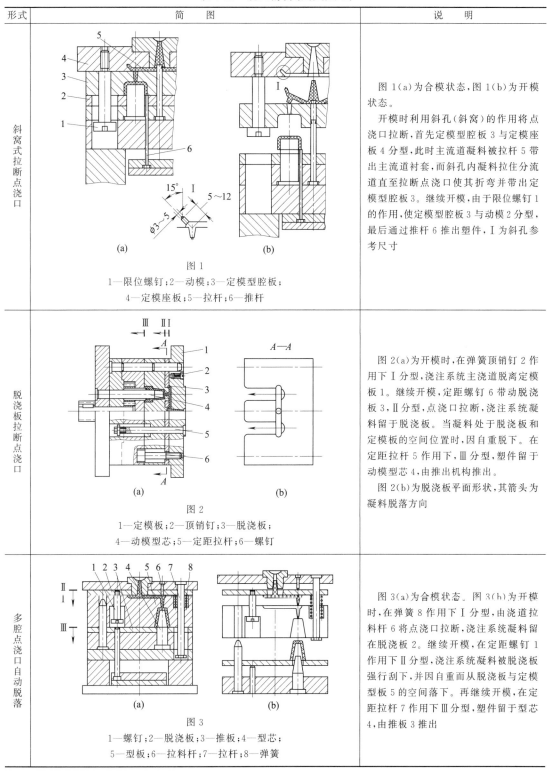

续表

形式	简 图	说 明
单腔点浇口自动脱落	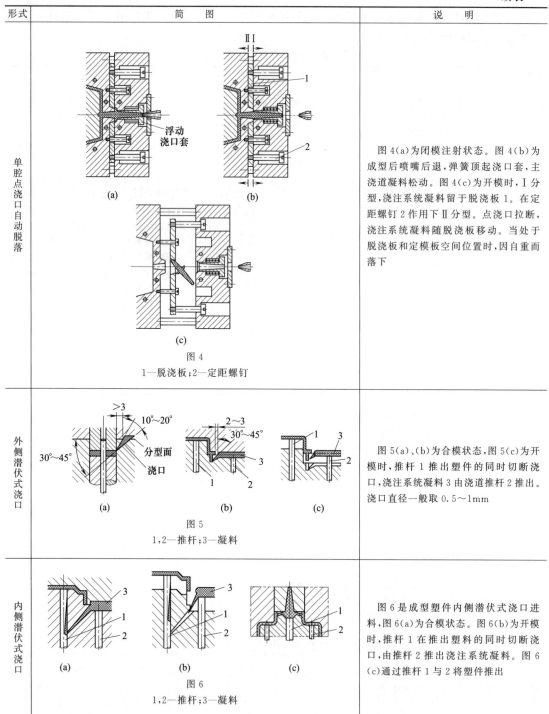图 4 1—脱浇板；2—定距螺钉	图 4(a)为闭模注射状态。图 4(b)为成型后喷嘴后退，弹簧顶起浇口套，主浇道凝料松动。图 4(c)为开模时，Ⅰ分型，浇注系统凝料留于脱浇板1。在定距螺钉2作用下Ⅱ分型。点浇口拉断，浇注系统凝料随脱浇板移动。当处于脱浇板和定模板空间位置时，因自重而落下
外侧潜伏式浇口	图 5 1,2—推杆；3—凝料	图 5(a)、(b)为合模状态，图 5(c)为开模时，推杆1推出塑件的同时切断浇口，浇注系统凝料3由浇道推杆2推出。浇口直径一般取 0.5～1mm
内侧潜伏式浇口	图 6 1,2—推杆；3—凝料	图 6 是成型塑件内侧潜伏式浇口进料，图 6(a)为合模状态。图 6(b)为开模时，推杆1在推出塑料的同时切断浇口，由推杆2推出浇注系统凝料。图 6(c)通过推杆1与2将塑件推出

(10) 带螺纹塑件的脱模机构

1) 螺纹塑件的脱模常见下列几种方式：①机外手动脱模；②拼合型芯或型环脱模方式；③强制脱模；④机动脱模。其结构形式见表 4-90。

2) 塑件止转形式及模具相应结构

塑件止转形式及模具相应结构见表 4-91。

表 4-90 螺纹塑件的脱模形式

形式	简 图	说 明
手动脱模机构	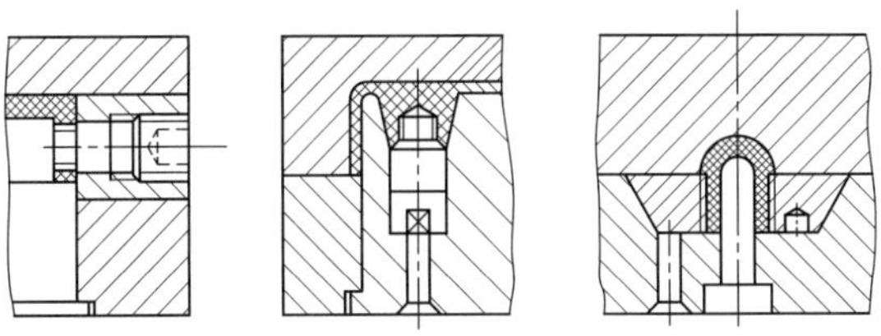 图1(a)、(b)、(c) 图 1	图1(a)为模内手动脱出螺纹型芯的形式,在塑件脱模之前必须拧出螺纹型芯,螺纹型芯两端的螺距必须相等。图1(b)、(c)为活动螺纹型芯和螺纹型环,开模后随塑件一起推出,在机外脱模。这种模具结构简单,但操作麻烦,要具备数个螺纹型芯或型环交替使用,并需有机外预热装置和辅助取出型芯或型环的装置
强制脱出螺纹型芯	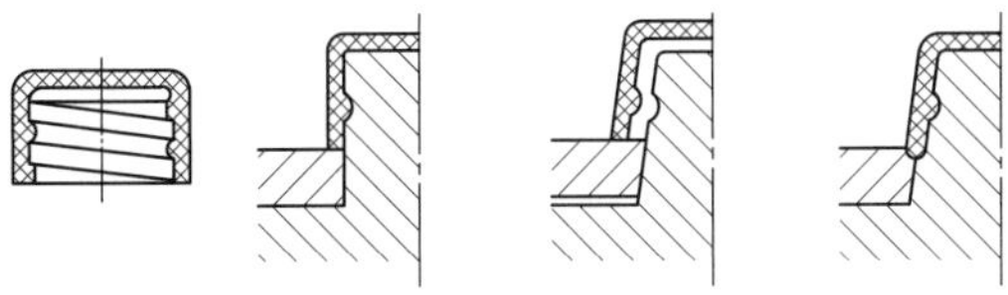 图2(a)、(b)、(c) 图 2	利用塑件的弹性,如聚丙烯、聚乙烯等软质塑料,用推板将塑件从型芯上强制脱出,其结构简单,但需注意塑件的顶出面,应避免如图2(c)所示的圆弧形端面作顶出面,此情况塑件脱模困难
机动斜滑块脱模	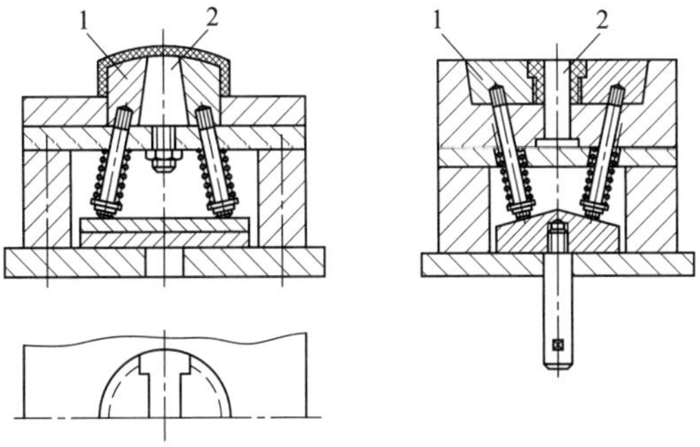 图3(a)、(b) 图 3 1—斜滑块；2—型芯	图3(a)为斜滑块脱螺纹型芯,开模后,推出机构推动斜滑块1沿型芯2锥面内侧运动,脱出塑件。图3(b)为斜滑块脱螺纹型环结构,开模后,推出机构推动斜滑块1(螺纹型环),使之向两侧分开,并带动塑件脱离型芯2和拼合螺纹环,这种结构常用于断续螺纹
液(气)动脱螺纹	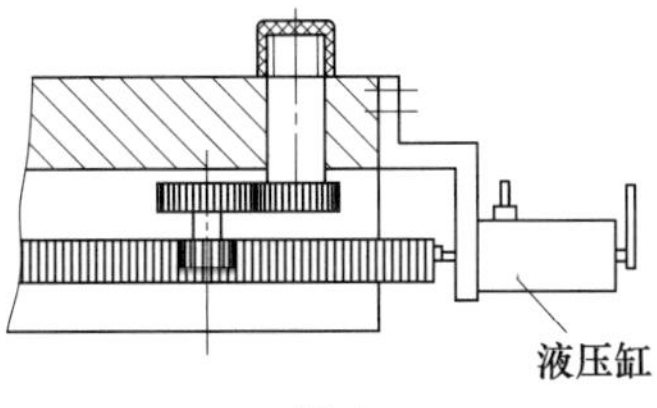 液压缸 图 4	开模时,液压缸(气缸)使齿条作往复运动,带动齿轮,使型芯旋转,脱出塑件
电动脱螺纹	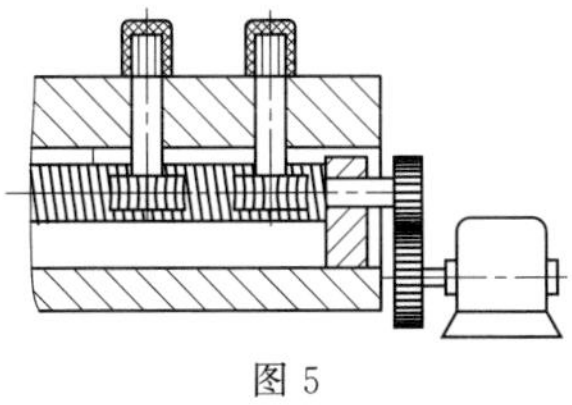 图 5	开模后,电动机通过齿轮齿条,带动蜗轮旋转,并使螺纹型芯转动脱出塑件

续表

形式	简 图	说 明
齿轮齿条脱螺纹	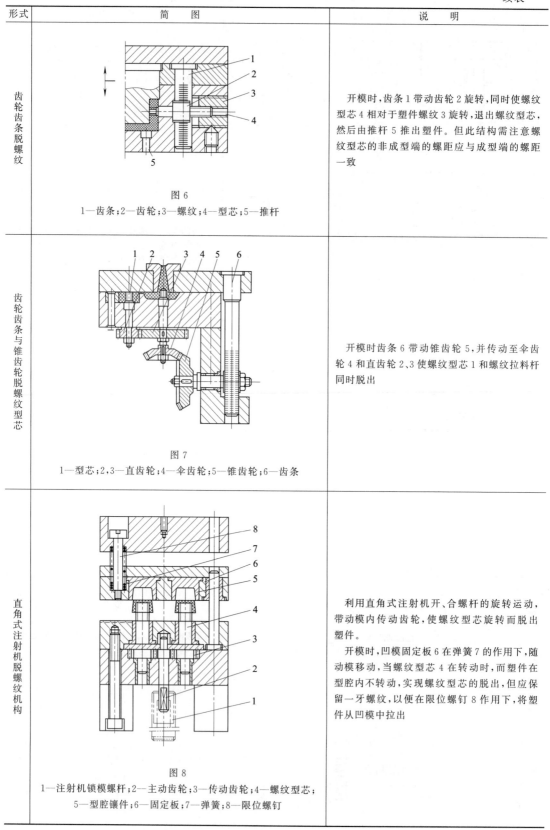 图6 1—齿条；2—齿轮；3—螺纹；4—型芯；5—推杆	开模时，齿条1带动齿轮2旋转，同时使螺纹型芯4相对于塑件螺纹3旋转，退出螺纹型芯，然后由推杆5推出塑件。但此结构需注意螺纹型芯的非成型端的螺距应与成型端的螺距一致
齿轮齿条与锥齿轮脱螺纹型芯	图7 1—型芯；2,3—直齿轮；4—伞齿轮；5—锥齿轮；6—齿条	开模时齿条6带动锥齿轮5，并传动至伞齿轮4和直齿轮2、3使螺纹型芯1和螺纹拉料杆同时脱出
直角式注射机脱螺纹机构	图8 1—注射机锁模螺杆；2—主动齿轮；3—传动齿轮；4—螺纹型芯；5—型腔镶件；6—固定板；7—弹簧；8—限位螺钉	利用直角式注射机开、合螺杆的旋转运动，带动模内传动齿轮，使螺纹型芯旋转而脱出塑件。 开模时，凹模固定板6在弹簧7的作用下，随动模移动，当螺纹型芯4在转动时，而塑件在型腔内不转动，实现螺纹型芯的脱出，但应保留一牙螺纹，以便在限位螺钉8作用下，将塑件从凹模中拉出

表 4-91 塑件止转形式及其相应结构

塑件简图	简 图	说 明
		塑件外形为六角止转,螺纹型芯和型腔均设在动模。通过齿轮带动螺纹型芯旋转,型腔内形(塑件外形)止转,螺纹型芯脱出,模具无须设相应止动机构
		塑件外形带直纹止转,螺纹型芯设在动模,型腔在定模。开模时弹簧使塑件不脱离型腔,当螺纹型芯转动时,型腔不转,螺纹型芯脱出后,型腔分开,塑件脱落
		塑件内部止转,螺纹型芯采用镶拼结构,开模时,成型镶件(推杆)转动,并在镶套内螺纹作用下向前运动,塑件脱出螺纹型芯
	1—镶件;2—推板;3—推杆	塑件端面止转,开模时螺纹型芯转动,由于推板2上的镶件1端面嵌入塑件端面止转凹槽内,使塑件不随型芯转动,推板推动塑件沿轴向移动,塑件脱离螺纹型芯,推杆3继续推动,使塑件脱离推板

3) 螺纹脱模扭矩和脱模功率计算

① 螺纹脱模扭矩的计算

如图 4-15 所示,假定塑件对螺纹型芯的总包紧力 P_s 作用在螺纹中径圆柱面上,则型芯或塑件旋转的脱模力扭矩为:

$$M = f_c P_s r_2 = f_c(P_1 + P_2)r_2 \qquad (4-15)$$

式中 r_2——螺纹中径的半径,m;

f_c——塑件与钢材表面间的脱模系数,可由表 4-66 查得;

P_1——以中径圆柱体作为内表面的圆筒塑件的包紧力,N;

P_2——塑件内螺纹牙形对钢型芯牙形的轴向包紧力,N;

当圆筒形塑件壁厚 $t \leqslant d_2/20$,d_2 为中径,则:

$$P_1 = \frac{1.5\alpha E(T_f - T_j)t}{r_2}A_c \qquad (4-16)$$

当圆筒壁厚 $t > d_2/20$,则:

$$P_1 = \frac{1.25\alpha E(T_f - T_j)t}{\dfrac{R^2 + r_2^2}{R^2 - r_2^2} + \mu}A_c \qquad (4-17)$$

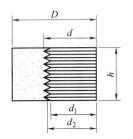

图 4-15 内螺纹制品的几何尺寸

式中 α——塑料的线胀系数,1/℃;

E——在脱模温度下塑件的拉伸弹性模量,MPa;

T_f——热变形温度,℃;
T_j——塑件脱模顶出时的温度,℃;
μ——在脱模温度下塑件的泊松比;
R——塑件外圆半径,m;
A_c——包紧有效面积,$A_c = 2\pi r_2 h = \pi d_2 h$;
h——螺纹部分长度。

P_2 是塑件内螺纹牙形对钢型芯牙形的轴向包紧力,由于牙形一般是对称的,螺纹升角影响很小,相邻螺纹牙间的夹紧力会相互抵消,故 P_2 可视为具有环形侧凹塑件的夹紧力,则:

$$P_2 = 1.5\alpha E(T_f - T_j)(d^2 - d_1^2) \qquad (4-18)$$

式中 d——螺纹外径,mm;
d_1——螺纹内径,mm。

对于外螺纹塑件,可采用:

$$M = f_c P_s r_2 = f_c P_2 r_2$$

[例] 某塑料为 PA1010 的农药喷雾器筒,其端部有普通米制内螺纹 M20,有效螺纹长度 20mm,筒体外径 28mm。求螺纹型芯旋退时的脱模扭矩。

解:由表 4-66 确定有关参数,M20 普通粗牙螺纹:中径 $d_2 = 18.376$mm,内径 $d_1 = 17.294$mm,$r_2 = 9.188$mm,外径 $d = 20$mm。PA1010:$E = 1.35 \times 10^3$ MPa,$\alpha = 12 \times 10^{-5}$℃$^{-1}$,$f_c = 0.4$,$T_f = 148$℃,$T_j = 50$℃,$\mu = 0.33$,由已知条件可知,$R = 14$mm,$h = 20$mm。

$$t = R - r_2 = 14 - 9.188 = 4.182 \text{ (mm)}$$

$$t/d_2 = \frac{4.812}{18.374} = \frac{1}{3.82} > \frac{1}{20} \text{ 为厚壁}$$

$$P_1 = \frac{1.25\alpha E(T_f - T_j)t}{\frac{R^2 + r_2^2}{R^2 - r_2^2} + \mu} \cdot A_c$$

$$= \frac{1.25 \times 12 \times 10^{-5} \times 1.35 \times 10^3 \times (148 - 50)}{\frac{14^2 + 9.188^2}{14^2 - 9.188^2} + 0.33} \times 3.14 \times 18.376 \times 20$$

$$= 8055 \text{ (N)}$$

$$P_2 = 1.5\alpha E(T_f - T_j)(d^2 - d_1^2)$$
$$= 1.5 \times 12 \times 10^{-5} \times 1.35 \times 10^3 \times (148 - 50) \times (20^2 - 17.294^2)$$
$$= 2403 \text{ (N)}$$

$$P_s = P_1 + P_2 = 8055 + 2403 = 10458 \text{ (N)}$$

$$M = f_c P_s r_2 = 0.4 \times 10458 \times 0.009188 = 38.44 \text{ (N·m)}$$

② 螺纹脱模功率计算

求得螺纹脱模力矩之后,可由下式求得旋转脱模所需功率。

$$N = \frac{Mn}{9740} = Mn_1/9740i \qquad (4-19)$$

式中 N——螺纹旋转脱模功率,kW;
M——螺纹旋转脱模力矩,N·m;
n——螺纹型芯或螺环转速,r/min;
n_1——电机转速,r/min;
i——减速器的速比。

4.5 加热与冷却系统的设计

注射模的温度直接影响塑件成型的质量和生产效率。温度的调控应保持适应各种塑料的性能和成型工艺要求。通过温度调节系统对模具的温度进行控制，在一定的模温下，适于固化定型，使收缩率与尺寸精度具有良好的稳定性，以缩短注射周期，提高生产率。因此，注射模具的温度调节系统应具有加热与冷却温度的调控功能，必须同时两者兼顾。

4.5.1 冷却系统设计

模具设置冷却系统的目的是防止塑件脱模变形，缩短成型周期，使塑件冷凝形成较低的结晶度。以获得形状和尺寸稳定、变形小和表面质量较好的塑件。模具的冷却方式，一般在型腔或型芯的合适位置布设水道，通过调节冷却水的流量及流速来控制模温。通常冷却水为常温水，为加强冷却，可先降低水温通入模具。

（1）冷却系统设计原则

① 冷却系统的水道应分布均匀，水道尽量多，孔径尽量大；冷却水道至型腔表面的距离应相等，常取 15～25mm。水道的孔径一般取 8～12mm，水道中心距为孔径的 3～5 倍。

② 冷却水道的进口处应尽量设在浇口附近，以加强浇口附近的冷却。

③ 为降低进水和出水温度差，应合理布置水道，以避免模具温度分布不均匀。

④ 水道的开设应避免塑料熔接部位，也应避开推杆、螺纹孔及型芯孔等孔部位。管道也不应穿过镶块，以免接缝处漏水，如必须通过镶块时，则应加密封。

⑤ 水管接头（冷却水嘴）的位置尽可能设置在不影响操作的一侧。

（2）冷却水路的形式

冷却水路的形式见表 4-92。型腔和型芯的冷却形式见表 4-93。

（3）冷却系统计算

冷却系统计算主要内容包括塑件在模具内的冷却时间、冷却管道的传热面积及冷却管道路的数目。其计算方法见表 4-94。

表 4-92 冷却水路的形式

简 图	说 明	简 图	说 明
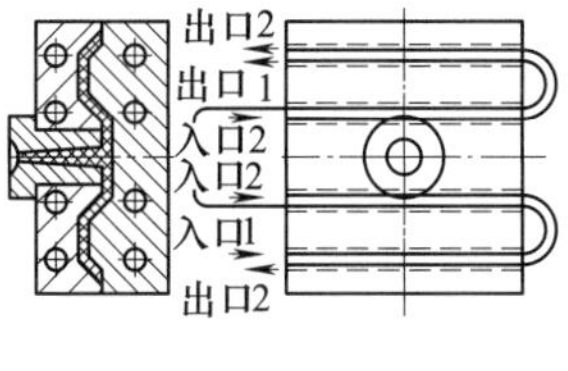	直接浇口模具的冷却水路。 1——动模冷却水路出入口； 2——定模冷却水路出入口	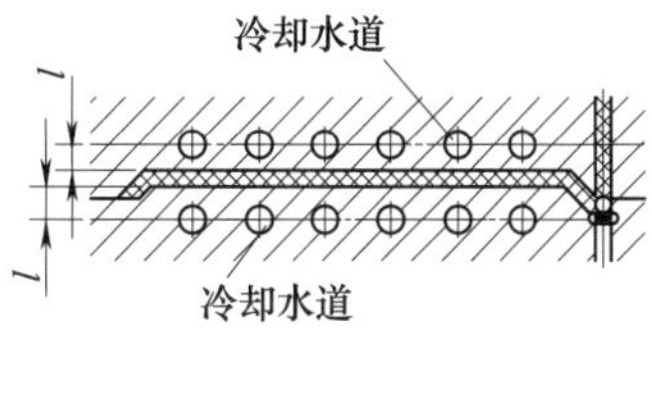	薄壁浅型塑件的冷却水路
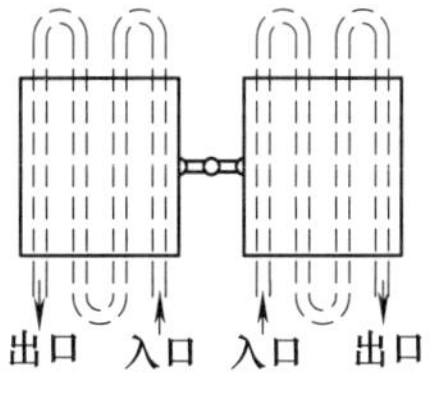	双型腔模侧浇口的冷却水路	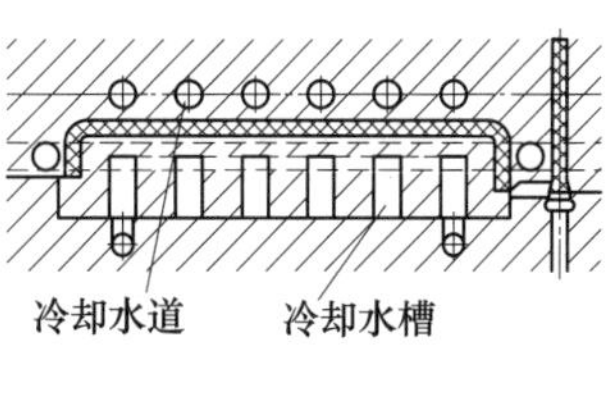	中等深度塑件的冷却水路

续表

简　图	说　明	简　图	说　明
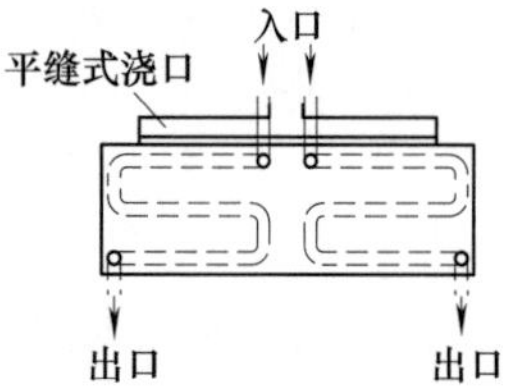	平缝式浇口模具的冷却水路	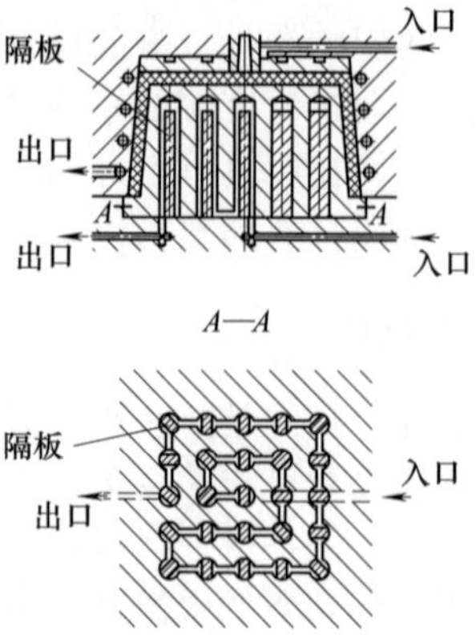	大型深腔成型塑件的冷却水路
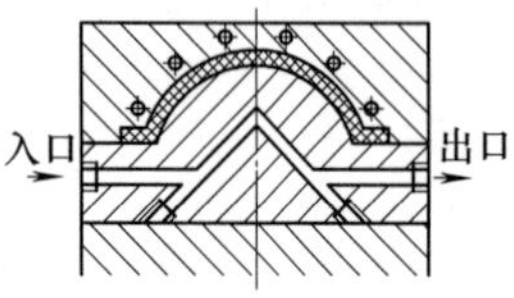	小型深腔成型塑件的冷却水路		图(b)比图(a)可缩短水路长度，减小水流温度，该形式较好

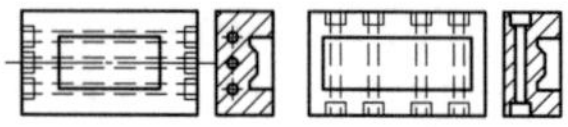

表 4-93　型腔和型芯冷却形式

形式	简　图	说　明	形式	简　图	说　明
直流式	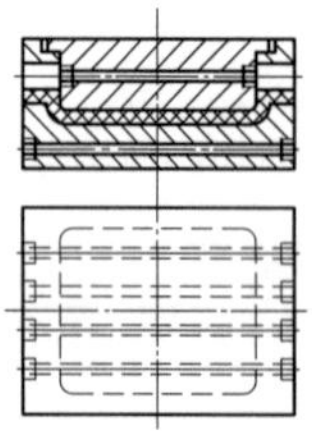	制造方便，适用于成型浅而面积大的塑件	喷流式	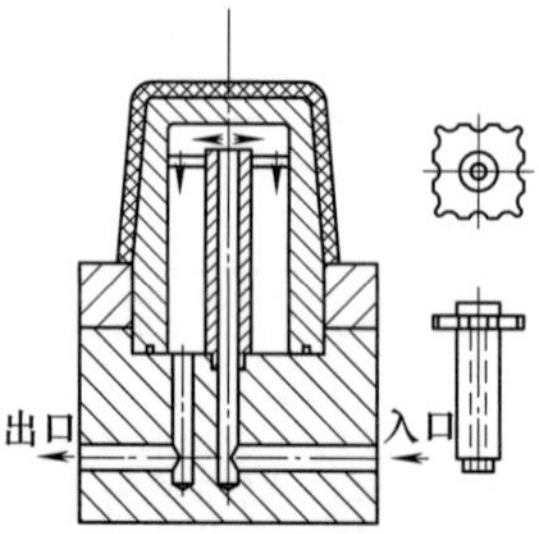	冷却水从型芯中装有特殊隔板的管道中喷出，由隔板槽流向四周，扩大了型芯顶部的冷却面积
直流循环式	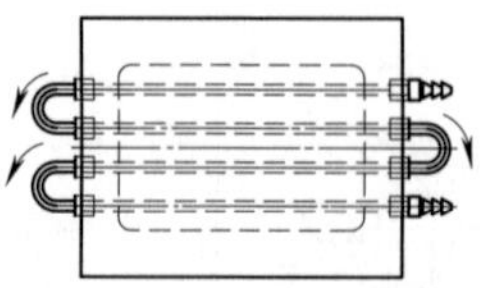	直流式改进形式，冷却效果较好	用导热性好的合金间接冷却	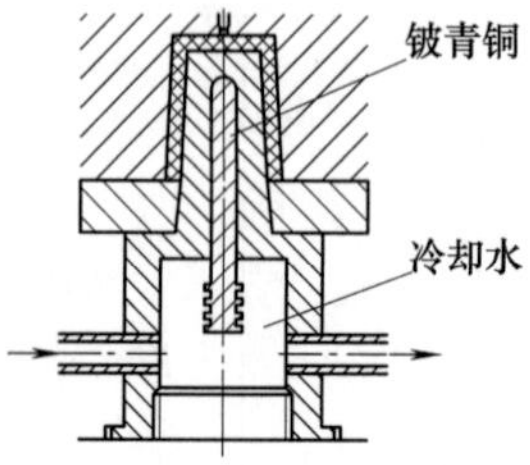	型芯上镶有导热性好的铍青铜，冷却水管接在型芯固定部分，可提高冷却效率，但必须注意镶件的配合一定要严格

续表

形式	简 图	说 明	形式	简 图	说 明
循环式		圆孔或矩形槽循环冷却,对型芯、型腔冷却效果较好	喷流循环式		冷却水从型芯镶件中间水孔向四周旋转喷出,冷却效果好,主要用于冷却较深的圆筒型芯
			压缩空气冷却	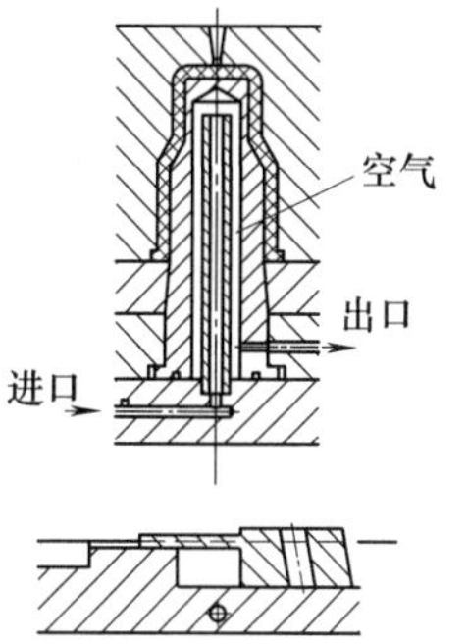	对于特别细长的型芯,因水道孔径非常小,用水冷却时,水垢容易堵塞,或不能设计冷却水道的型芯,可从外部吹压缩空气冷却
喷流式		型芯中装一喷水管,冷却水从喷水管喷出,分流向周围,冷却型芯壁,适用于长型芯	用导热性好的合金直接冷却	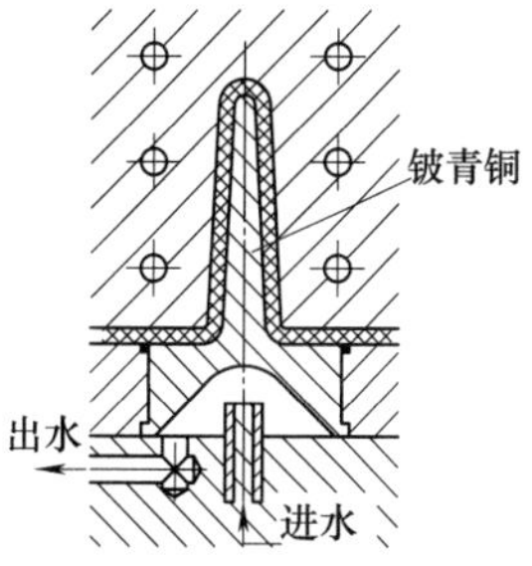	当型芯特别细不能开冷却水孔时,可选用导热性好的铍青铜作型芯材料,在型芯底部通冷却水冷却

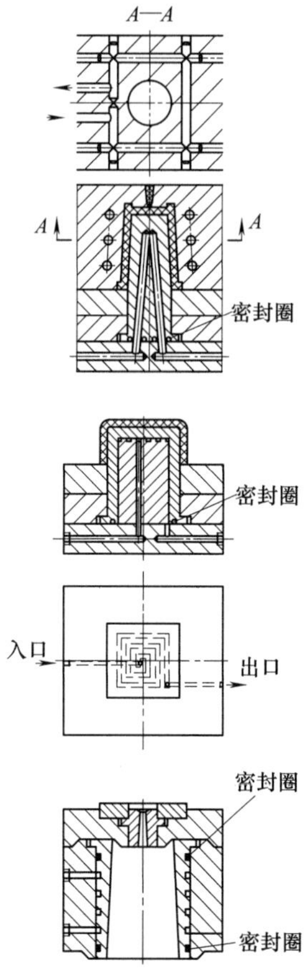

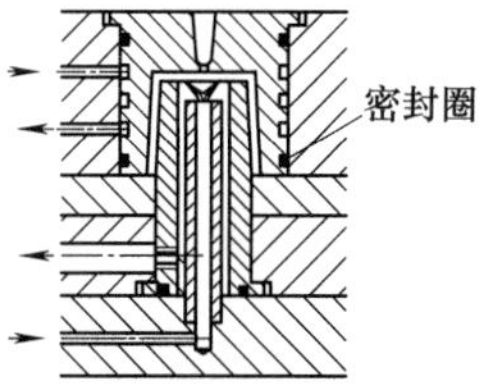

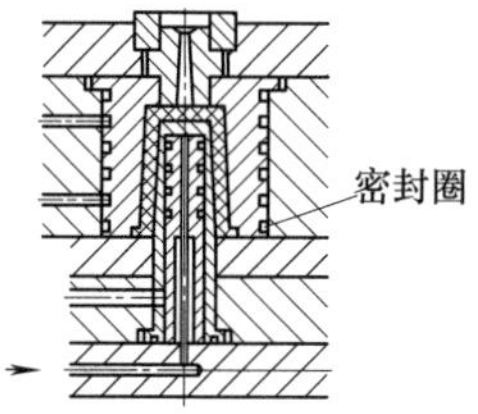

表 4-94 模具冷却系统计算

项目	类型	计算公式	说 明
冷却时间计算	塑件最大壁厚部分的中心部分温度达到热变形温度所需的冷却时间	$t_1 = \dfrac{s^2}{\pi^2 a}\left[\dfrac{4}{\pi}\left(\dfrac{T_z-T_m}{T_1-T_m}\right)\right]$ (s) (1)	式中 t_1, t_2——塑件所需冷却时间,s s——塑件壁厚,mm a——塑料热扩散系数,mm²/s,a 值可参考表 4-95 T_z——塑料注射温度,℃ T_m——模具温度,℃ T_1——塑料的热变形温度,℃ T_2——塑件截面内平均温度,℃
	塑件截面内平均温度达到规定的塑件出模温度时所需的冷却时间	$t_2 = \dfrac{s^2}{\pi^2 a}\ln\left[\dfrac{8}{\pi^2}\left(\dfrac{T_z-T_m}{T_2-T_m}\right)\right]$ (s) (2)	

续表

项目	类型	计算公式	说明
冷却时间计算	结晶型塑料成型件的最大壁厚中心层温度达到固熔点时所需的冷却时间	(1)聚乙烯(PE) $t_3=123.96R^2\dfrac{T_z+2.89}{185.6-T_m}$(棒类) $t_3=79.98s^2\dfrac{T_z+2.89}{185.6-T_m}$(板类) (3) 适用范围：$T_z=193.3\sim248.9℃$ $T_m=4.4\sim79.4℃$ (2)聚丙烯(PP) $t=65.66R^2\dfrac{T_z+490}{223.9-T_m}$(棒类) $t=37.85s^2\dfrac{T_z+490}{223.9-T_m}$(板类) (4) 适用范围：$T_z=232.2\sim282.2℃$ $T_m=4.4\sim79.4℃$ (3)聚甲醛(POM) $t=71.61R^2\dfrac{T_z+157.8}{157.8-T_m}$(棒类) $t=36.27s^2\dfrac{T_z+157.8}{157.8-T_m}$(板类) (5) 适用范围：$T_z>190℃$，$T_m<125℃$	式中 t——塑件所需冷却时间，s T_z——棒类或板类塑件的初始成型温度，℃ T_m——模具温度，℃ R——棒类塑件的半径，cm s——板类塑件的厚度，cm
冷却管道传热面积和管道数目	冷却介质的体积流量	$V=\dfrac{mQ_1}{\rho C_1(t_1-t_2)}$ (6)	式中 V——冷却介质的体积流量，m^3/min m——单位时间内注入模具中的塑料质量，kg/min Q_1——塑件在凝固时所放出的热量，J/kg ρ——冷却介质的密度，kg/m^3 C_1——冷却介质的比热，$J/kg·℃$ t_1——冷却介质出口温度，℃ t_2——冷却介质进口温度，℃
	塑料熔体的单位热流量	$Q_2=[C_2(t_1-t_2)+G]$ (7)	式中 Q_2——塑料熔体的单位热流量，J/kg，可查表4-97 C_2——塑料的比热，$J/kg·℃$ t_1——冷却介质出口温度，℃ t_2——冷却介质进口温度，℃ G——结晶型塑料的熔化潜热，J/kg，常用塑料的比热和熔化潜热查表4-96
	冷却管道直径	因为 $V=\rho V_1$ $V_1=\pi d^2 L$ $V=\rho\pi d^2 L$ 则 $d=\sqrt{\dfrac{V}{\pi L\rho}}$ (8)	式中 ρ——冷却介质的密度，kg/m^3 V——模具所需冷却水流量 V_1——冷却水管道体积 L——冷却水管道长度 d——冷却水管道直径，也可查表4-98获得

续表

项目	类型	计算公式	说明
冷却管道传热面积和管道数目	冷却管道总传热面积	$A = \dfrac{60mQ_1}{k\Delta T}$ (9) 其中 $k = \dfrac{4187f(\rho v)^{0.8}}{d^{0.2}}$ (10) 式中 $\begin{cases} f = 0.244(4187\lambda)^{0.6}\left(\dfrac{4187C_1}{\mu}\right)^{0.4} \\ v = \dfrac{4V}{\pi d^2} \end{cases}$ (11)	式中 k——冷却管道孔壁与冷静却介质间的传热膜系数,$J/(m^2 \cdot h \cdot ℃)$ ΔT——模具温度与介质温度之间的平均温差(℃) f——冷却介质温度的物理系数,可查表4-99 v——冷却介质在管道路内的流速,m/s m——单位时间内注入模具中的塑料质量,kg/min Q_1——塑件在凝固时所放出的热量,J/kg λ——冷却介质在该温度下的热传导系数,$J/(m \cdot h \cdot ℃)$ C_1——冷却介质的比热容,$J/(kg \cdot ℃)$ μ——冷却介质的黏度,$kg \cdot s/m^2$ V——冷却介质的体积流量,m^3/s
	冷却管道孔数	$n = \dfrac{A}{\pi dL}$ (12)	式中 L——冷却管道的长度,m 其他符号含义同前述公式一样

表 4-95 常用塑料的热扩散系数

类别	塑料代号	热扩散率 a /(mm²/s)	注塑温度 $\theta_0/℃$	模具温度 $\theta_0/℃$	塑件平均脱模温度 $\theta_0/℃$	截面中心层脱模温度 $\theta_0/℃$	类别	塑料代号	热扩散率 a /(mm²/s)	注塑温度 $\theta_0/℃$	模具温度 $\theta_0/℃$	塑件平均脱模温度 $\theta_0/℃$	截面中心层脱模温度 $\theta_0/℃$
非结晶型塑料	PC	0.105	230~290	80~100	90~110	40~132	结晶型塑料	GF-PBT	0.090	240~260	60~80	65~85	150~165
	CA	0.085	150~200	40~70	50~75	70~88		PA66	0.085	250~280	50~80	60~90	150~180
	CAB	0.085	190~250	50~70	60~110	75~126		PA6	0.070	210~240	50~80	60~90	140~176
	CP	0.085						PP	0.065	170~220	50~60	55~70	102~115
	PS	0.080	150~190	20~70	50~70	82~104		PE-LD	0.090	140~200	35~60	50~60	50~60
	SAN	0.08							0.075		60		
	AS	0.08	220~250	50~80	85~90	90~110		PE-HD	0.095	150~230	35~60	50~60	65~82
	ABS	0.08~0.1	190~240	40~70	50~70	90~108			0.055		60		
	PMMA	0.075	180~230	40~60	50~70	80~109		POM	0.065	180~220	50~90	90~120	158~174
	R-PVC	0.070	150~200	15~60	45~60	70~82			0.050		90		
	PSU	0.110	280~330	130~150	135~155	182							

表 4-96 常用塑料的热扩散系数、热传导系数、比热容与熔化潜热

塑料品种	热扩散系数/(m²/h)	热传导系数/[J/(m·h·℃)]	比热容/[J/(kg·℃)]	熔化潜热/(J/kg)
聚苯乙烯	3.2×10^{-4}	452	1340	—
ABS	9.6×10^{-4}	1055	1047	—
硬聚氯乙烯	2.2×10^{-4}	574	1842	—
低密度聚乙烯	6.2×10^{-4}	1206	2094	1.30×10^5
高密度聚乙烯	7.2×10^{-4}	1733	2554	2.43×10^5
聚丙烯	2.4×10^{-4}	423	1926	1.80×10^5
尼龙66	3.9×10^{-4}	837	1884	1.30×10^5
聚碳酸酯	3.3×10^{-4}	695	1717	—
聚甲醛	3.3×10^{-4}	829	1759	1.63×10^5
有机玻璃	4.3×10^{-4}	754	1465	—
聚三氟乙烯	3.4×10^{-4}	754	1046	—
聚四氟乙烯	4.0×10^{-4}	879	1046	—

表 4-97　常用塑料熔体的单位热流量 Q_2

塑料品种	$Q_2/(10^4 \text{J/kg})$	塑料品种	$Q_2/(10^4 \text{J/kg})$
ABS	31～40	低密度聚乙烯	59～69
聚甲醛	42	高密度聚乙烯	69～81
丙烯酸	29	聚丙烯	59
乙酸纤维素	39	聚碳酸酯	27
丙酰胺	65～75	聚氯乙烯	16～36

表 4-98　冷却水流速与管道直径的关系

冷却管道直径 /mm	最低流速 v /(m/s)	冷却水体积流量 V /(m/min)	冷却管道直径 /mm	最低流速 v /(m/s)	冷却水体积流量 V /(m/min)
8	1.66	5.0×10^{-3}	15	0.87	9.2×10^{-3}
10	1.32	6.2×10^{-3}	20	0.66	12.4×10^{-3}
12	1.10	7.4×10^{-3}	25	0.53	15.5×10^{-3}

表 4-99　水温与 f 的关系

平均水温/℃	0	5	10	15	20	25	30	35	40	45	50	55	60	65	70	75
f	4.91	5.30	5.68	6.07	6.45	6.84	7.22	7.60	7.98	8.31	8.64	8.97	9.30	9.60	9.90	10.20

[例]　用注射模成型聚丙烯（PP）的塑件，其产量为 55/h，常用温水（20℃）作为模具冷却介质，出口温度为 28℃ 左右。冷却水在管内呈湍流状态，平均模温设为 40℃，模具宽度为 350mm，试求冷却管道直径 d 及应开设冷却水道的孔数 n。

解：① 求塑件在固化时每小时将释放的热量 Q_3

查表 4-97 得聚丙烯的单位热流量为 $59\times10^4 \text{J/kg}$，则：

$$Q_3 = WQ_2 = 55\times59\times10^4 = 3.245\times10^7 \text{ (J/h)}$$

② 求冷却水的体积流量 V

由表 4-94 中式（6）得：

$$V = \frac{mQ_1}{\rho C_1(t_1-t_2)} = \frac{3.245\times10^7/60}{10^3\times4.187\times10^3\times(28-20)} = 1.62\times10^{-2} \text{ (m}^3\text{/min)}$$

③ 求冷却管道直径 d

由表 4-98 查得 $d = 25\text{mm}$。

④ 求冷却水道的流速 v

$$v = \frac{4V}{\pi d^2} = \frac{4\times1.62\times10^{-2}}{3.14\times(25/1000)^2\times60} = 0.55 \text{ (m/s)}$$

⑤ 求冷却管道孔壁与冷却介质间的传热膜系数 k

查表 4-99 得 $f = 7.22$（水温 30℃ 时），再由表 4-94 中式（10），得：

$$k = 4.187\times10^3 \frac{f(\rho v)^{0.8}}{d^{0.2}} = 4.187\times10^3\times\frac{7.22\times(0.996\times10^3\times0.55)^{0.8}}{(25/1000)^{0.2}} = 0.9815\times10^7$$

⑥ 求冷却管道总传热面积 A

由表 4-94 中式（9），得：

$$A = \frac{60mQ_1}{k\Delta T} = \frac{60\times3.245\times10^7/60}{0.9815\times10^7\times[40-(28+20)/2]} = 0.207 \text{ (m}^2\text{)}$$

⑦ 求模具上应开设的冷却管道的孔数 n

由表 4-94 中式（12）得：

$$n = A/\pi dL = \frac{0.207}{3.14\times(25/1000)\times(350/1000)} \approx 8\,(\text{孔})$$

4.5.2 加热装置

(1) 加热系统设计

当模具温度要求在80℃以下时，模具上无须设置加热装置，可利用塑料熔体的余热使模具升温，达到要求的工艺温度。若模具温度要求在80℃以上时，模具就要有加热装置。对于热浇道模具及成型热固性塑料的模具，都需设置加热装置。常用热塑性塑料注射成型的模具温度见表4-100，常用热固性塑料压塑成型模具温度见表4-101。

表4-100 常用热塑性塑料注射成型的模具温度

塑　料	模具温度/℃	塑　料	模具温度/℃
低压聚乙烯(PE-LD)	60～70	尼龙610(PA610)	20～60
高压聚乙烯(PE-HD)	35～55	尼龙1010(PA1010)	40～80
聚丙烯(PP)	50～90	聚甲醛(POM)*	90～120
聚苯乙烯(PS)	30～65	聚碳酸酯(PC)*	90～120
硬聚氯乙烯(硬 PVC)	30～160	氯化聚醚(CPT)*	80～110
有机玻璃(PMMA)	40～60	聚苯醚(PPO)*	110～150
ABS	50～80	聚砜(PSF)*	130～150
改性聚苯乙烯	40～60	聚三氟氯乙烯(PCTFE)*	110～130
尼龙6(PA6)	40～80		

注：有*号者表示模具应进行加热。

表4-101 常用热固性塑料压塑成型模具温度

塑　料	模具温度/℃	塑　料	模具温度/℃
酚醛塑料	150～190	环氧树脂	177～188
脲醛塑料	150～155	有机硅树脂	165～175
三聚氰胺甲醛树脂	155～175	硅酮树脂	160～190
聚邻(对)苯二甲酸二烯丙酯	166～177		

(2) 电加热元件

模具的加热方法除了热水、热油、热空气和蒸汽等流体外，目前普遍采用的是电加热温度调节系统。常用的电阻加热形式如下。

① 电热棒加热。指将电热棒［图4-16（a）］插入电热板［图4-16（b）］中加热。根据所需要的加热功率选用电热棒的型号和数量，安装在电热板内。这种电热元件使用寿命长，更换方便。

② 电热套或电热板加热。电热套或电热板（图4-17）的结构形式，可根据模具加热部位的形状，选择与其相配的结构形式。图4-17（a）是矩形电热套，它由四个电热片用螺钉连接而成。图4-17（b）、（c）为圆形电热圈，有整体式和分开式两种，整体式比分开式加热效率高，但后者安装较方便。模具上不便安装电热套的部位，可选用电热板，如图4-17（c）所示。

③ 直接用电阻丝作为加热元件。图4-18为螺旋弹簧状电阻丝构成的几种加热套和加热板，结构较简单，但热损失大，不够安全。

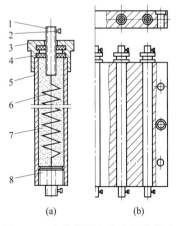

图4-16 电热棒及安装在加热板内
1—接线柱；2—螺钉；3—帽；
4—垫圈；5—外壳；6—电阻丝；
7—石英砂；8—塞子

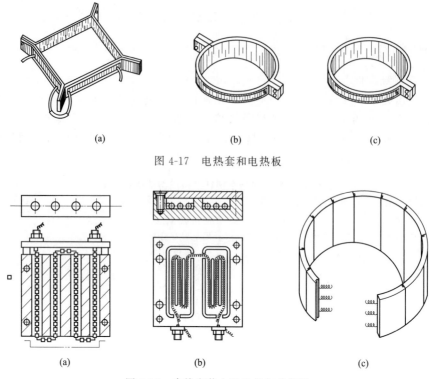

图 4-17 电热套和电热板

图 4-18 直接安装电阻丝的加热装置

(3) 电阻加热计算

用电阻加热是根据实际需要计算出电功率，以便选用电热元件或计算电阻丝的规格。其计算方法见表 4-102。

表 4-102　电阻加热计算

模具类型	计 算 公 式	说　明
模具加热所需的功率	$W = \eta G$	式中　W——模具加热所需的功率，W； 　　　G——模具质量，kg； 　　　η——每公斤模具加热到保持成型温度所需的电功率，W/kg，η 值可按如下经验选取数据： 用电热棒时　小型模具(<40kg)　$\eta = 35$ W/kg 　　　　　　中型模具(40～100kg)　$\eta = 30$ W/kg 　　　　　　大型模具(>100kg)　$\eta = 20～25$ W/kg 用电热套时　小型模具 $\eta = 40$ W/kg；中型模具 $\eta = 50$ W/kg 　　　　　　大型模具 $\eta = 60$ W/kg
电热棒参数计算	每根加热棒的电功率为： $W_b = w/n$ 每根电热棒或每组电阻丝的电流 I： $I = W_b/V$ 每根电热棒或每组电阻丝的电阻 R： $R = V/I = V^2/W_b$ 电阻丝的长度计算： $L = R/r$	式中　W_b——每根电热棒的功率，可按表 4-103 选用电热棒 　　　n——模具所需电热棒根数（串联时 $n = 1$），$n = 1000W/P_e$ 　　　P_e——电热棒额定功率，W 　　　V——选用电压，一般为 20～60V 　　　r——加热至 400℃ 时每米电阻丝的电阻，Ω/m，可查表 4-104

续表

模具类型	计 算 公 式	说　　明
热浇道模具加热量的功率	$W=\dfrac{G_c(t_1-t_2)}{860\eta T}$	式中　G——热流道板质量，kg； 　　　c——热流道板(钢)的比热容，取 0.115 J/kg·℃； 　　　t_1——热流道板温度，℃； 　　　t_2——室温，℃； 　　　T——升温时间，h； 　　　η——加热器效率，常取 0.3～0.5。 无浇道模具中热流道板加热量的功率可近似地按每 1kg 热流道板需 0.1～0.2kW 计算，当热流道板的侧面装有绝热板或支承面块面积小、热辐射小时，可取其下限每 1kg 需 0.1kW 计

表 4-103　电热棒功率和尺寸

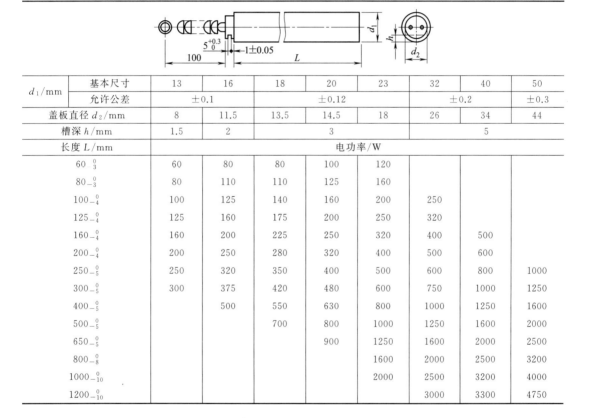

d_1/mm	基本尺寸	13	16	18	20	23	32	40	50
	允许公差	±0.1		±0.12			±0.2		±0.3
盖板直径 d_2/mm		8	11.5	13.5	14.5	18	26	34	44
槽深 h/mm		1.5	2	3			5		
长度 L/mm		电功率/W							
60_{-3}^{0}		60	80	80	100	120			
80_{-3}^{0}		80	110	110	125	160			
100_{-4}^{0}		100	125	140	160	200	250		
125_{-4}^{0}		125	160	175	200	250	320		
160_{-4}^{0}		160	200	225	250	320	400	500	
200_{-4}^{0}		200	250	280	320	400	500	600	
250_{-5}^{0}		250	320	350	400	500	600	800	1000
300_{-5}^{0}		300	375	420	480	600	750	1000	1250
400_{-5}^{0}			500	550	630	800	1000	1250	1600
500_{-5}^{0}				700	800	1000	1250	1600	2000
650_{-5}^{0}					900	1250	1600	2000	2500
800_{-8}^{0}						1600	2000	2500	3200
1000_{-10}^{0}						2000	2500	3200	4000
1200_{-10}^{0}							3000	3300	4750

表 4-104　电阻丝规格

圆形镍铬电阻丝直径/mm	截面积/mm²	最大允许电流/A	当加热到 400℃ 时每米电阻丝的电阻/(Ω/m)	每米电阻丝的质量/(g/m)
0.5	0.196	4.2	6	1.61
0.6	0.283	5.5	4	2.31
0.8	0.503	8.2	2.25	4.21
1.0	0.785	11	1.5	6.44
1.2	1.131	14	1	9.27
1.5	1.767	18.5	0.61	14.5
1.8	2.545	23	0.45	20.9
2.0	3.412	25	0.36	25.8
2.2	3.801	28	0.29	31.2

4.6 热固性塑料的注射工艺及模具

4.6.1 热固性塑料的注射成型工艺特点

由于热固性塑料成型工艺的特殊性，塑料的凝料不能再次回收利用，浇注系统需要无流道浇注，使操作工艺简单，模具寿命高。

热固性塑料与热塑性塑料在注射成型工艺上的主要差别在于当塑料熔体注入模具后的固化阶段，热塑性塑料的固化成型是从高温液相到低温固相的物理转变过程；而热固性塑料的固化成型是依赖高温高压下的交联化学反应。因此，两种塑料的注射成型工艺条件也不相同。热固性塑料成型工艺特点和典型注射工艺条件列于表4-105、表4-106。

表 4-105 热固性塑料注射成型工艺特点

	工艺条件	工 艺 特 点
1 温度	(1)料温	料筒加料一侧温度控制在20～70℃范围；而料筒喷嘴一侧控制在70～95℃范围；使喷嘴温度保持在75～100℃范围；熔体在通过喷嘴时，其流动性最佳温度范围为95～120℃，温度可达到100～130℃，以保证塑料的注射充型，同时又利于硬化定型
	(2)模温	对于不同的热固性塑料，模具的温度一般控制在150～220℃，而型芯的温度比凹模的温度高出10～15℃，以利于塑件的硬化定型
2 压力	(1)注射压力	当热固性塑料的填料较多，黏度较大，且在注射过程中对熔体有温升要求时，其注射压力要大一些，一般情况下，不同塑料的注射压力在118～235MPa之间，注射速度可在3～4.5mm/s
	(2)保压压力和保压时间	保压压力和保压时间直接影响型腔压力和塑件收缩和密度的大小。目前，由于热固性塑料熔体的硬化速度比以前有所提高，并且模具大多采用点浇口，浇口凝结比较快，故保压压力比注射压力稍低一些，保压时间也比热塑性塑料略少一些。根据不同的塑料和塑件的厚度及浇口的大小，保压时间一般可在5～20s，而型腔的压力在30～70MPa
	(3)背压和螺杆转速	热固性塑料注射时的背压不宜过大，以免引起塑料过早硬化，一般取3.4～5.2s，同时注射机螺杆的转速也不宜过大，一般取40～60r/min
	(4)成型周期	热固性塑料的成型周期包括注射时间、保压时间和硬化定型时间。其注射时间为2～10s；保压时间为5～20s；硬化定型时间应根据塑件最大厚度来确定，但也要视热固性塑料的质量，国产热固性塑料一般按8～12mm/s的硬化速度来确定硬化定型时间，国外的快速注射塑料的硬化速度一般为5～7mm/s
	(5)其他条件	①热固性塑料在料筒的存放时间及注射量。对于热固性塑料，在注射完成后，留在料筒内的少量已塑化的塑料，若存放时间稍长，就会发生硬化现象，不仅影响塑件的质量，甚至使注射机无法工作。故应严格控制热固性塑料在料筒的存放时间，其存放时间可按下式计算：$$t_s=(m_z/m_i)t$$ 式中 t_s——塑料在料筒的存放时间，s；m_z——料筒容纳的塑料总量（包括螺杆螺旋槽内的塑料），g；m_i——注射机每次的注射量，g；t——成型周期，s。由上式可知，塑料在料筒的存放时间 t_s 与 m_z 和 t 成正比，根据经验，$m_i=(0.7～0.8)m_z$ 较为合适。若要 m_i 较小，则在注射若干次以后，再空注射一次，以清除料筒内已塑化较久的热固性塑料。 ② 排气。热固性塑料在硬化定型中会产生大量的反应气体，因此排气也是十分重要，需要在模具中设置排气系统，并在成型操作中采取卸压开模放气措施，对于厚壁塑件，卸压开模时间可控制在0.2s。 ③常用热固性塑料注射工艺条件。常用热固性塑料注射工艺条件见表4-106

表 4-106 热固性塑料的典型注射工艺条件

项 目		酚醛	脲甲醛	三聚氰胺	不饱和聚酯	环氧树脂	PDAP	有机硅	聚酰亚胺	聚丁二烯
螺杆转速/(r/min)		40~80	40~50	40~50	30~80	30~60	30~80		30~80	
喷嘴温度/℃		90~100	75~95	85~95		80~90			120	120
机筒温度/℃	前段	75~100	70~95	80~105	70~80	80~90	80~90	前 88~108 中 80~93 后 65~80	100~130	100
	后段	40~50	40~50	45~55	30~40	30~40	30~40		30~50	90
模具温度/℃		160~169	140~160	150~190	170~190	150~170	160~175	170~216	170~200	230
注射压力/MPa		98~147	60~78	59~78	49~147	49~118	49~147		49~147	2.7
背压/MPa		0~0.49	0~0.29	0.196~0.49		<7.8				
注射时间/s		2~10	3~8	3~12					20	20
保压时间/s		3~15	5~10	5~10						
硬化时间/s		15~50	15~40	20~70	15~30	60~80	30~60	30~60	60~80	

4.6.2 热固性塑料注射模具设计

热固性塑料注射模与热塑性塑料注射模的总体结构基本是一致的。由于两种塑料成型工艺的差异，热固性塑料注射模在浇注系统、成型零件、导向机构、推出机构、温度调节系统及排气槽结构等方面与热塑性塑料注射模有一些区别。热固性塑料注射模的设计要求见表4-107。热固性塑料注射模的典型结构见图4-19。

表 4-107 热固性塑料注射模的设计要求

结构名称		设 计 要 求
1 浇注系统	(1)主流道	热固性塑料的主流道要求细短一些，以便靠注射摩擦使塑料升温，并减少不能回收的凝料。卧式注射模的主流道也采用圆锥形，主流道小端直径比喷嘴出料直径大0.5~1mm，锥角为1°~2°。主流道衬套上凹球面半径比喷嘴头部的球面大0.5mm，与分流道过渡处的圆角半径取3~8mm。角式注射模的主流道采用圆柱形
	(2)拉料腔	热固性塑料注射模的拉料腔的作用是收集前端的局部过热而提高硬化的熔体，也可使塑件留在动模，因热固性塑料硬而脆，因此，拉料腔应制成具有较小锥度的倒锥
	(3)分流道	热固性塑料的分流道应根据其截面形状与长度综合考虑，如分流道较长时，宜采用圆形、梯形、U形截面，以减少流动阻力；分流道较短时，可选用半圆形和矩形截面。因为半圆形和矩截面的效率较低，使塑熔体在较小的截面积内增加摩擦而快速升温。 采用半圆形或梯形截面，可用下式估算： $$A = 0.26m + 20$$ 式中 A——分流道截面积，mm^2； m——流经分流道的塑料量(包括分流道内的塑料量)，g。 采用梯形截面的分流道，梯形的底边取4~6mm，侧边斜度为15°，高度=2/3宽度，对中小型塑件的分流道截面高度取2~4mm；较大的塑件截面高度取4~8mm。分流道的排布方式与热塑性塑料相同。但应注意热固性塑料的分流道应尽可能短一些，以减少凝料量，提高经济效益
	(4)浇口	由于热固性塑料比较脆，且温升过高，会造成塑料硬化，因此各种浇口(如点浇口、潜伏浇口、侧浇口、扇形浇口及平缝浇口等)的截面都不宜过小。一般点浇口直径不宜小于1.2mm，通常在1.2~2.5mm之内取；侧浇口的深度在0.8~3mm内选取。 由于热固性塑料填的料较多，对浇注系统磨损比较严重，如果生产量较大时，浇注系统多采用耐热耐磨的特种钢材做镶件

续表

结构名称		设 计 要 求
2 型腔位置和对成型零件的要求	(1)型腔位置	由于热固性塑料的注射压力比热塑性塑料大,如果模具受力不均匀,会产生较大的飞边和溢料。因此,型腔在分型面上的布置应使其投影中心与注射机的合模力中心重合;如不能重合,应尽可能使两者的偏心小些,对于多型腔的,则应注意对称布置
	(2)对成型零件的要求	对热固性塑料注射模成型零件的要求: ①由于热固性塑料的注射压力较大,成型零件尽量采用整体结构,而不宜采用镶拼式结构,以免在拼缝处产生溢料。 ②正确选择塑料的收缩率,对于是同一种热固性塑料,成型方法不同,其收缩率也不同,注射成型收缩率最大;压缩成型收缩率次之;压注成型收缩率最小。 ③对成型零件材料要求较高,由于热固性塑料的填料及成型时的高温高压,对模具成型零件磨损较严重,而且热固性塑料的硬化成型过程中会产生大量的腐蚀性气体,所以应选用较好的模具材料,而且热处理硬度为53~57HRC,并需要镀铬处理,镀层为0.01~0.015mm
3 脱模推出机构		热固性塑料与热塑性注射模的脱模推出机构完全相同,但是,由于热固性塑料的注射压力较大,应避免推出机构与动模板间的间隙出现溢料,因此,推出机构与动模板间的间隙应为0.01~0.03mm;不宜使用推管或推板结构,尽可能采用推杆结构。若不能采用推杆结构,也可采用整体敞开式推板结构,可用压缩空气清除落入模板间的废碎料。 由于热固性塑料注射工艺要求模具温度高于注射机料筒温度,而容易造成塑件与型芯之间较大的真空吸力,脱模力较大,故应选择较大一些的脱模斜度和较光滑的侧壁,如包紧力较大处,可适当多设置一些推杆
4 排气槽		由于热固性塑料在硬化成型过程中,会释放出大量的气体,它不能像热塑性注射模一样,通过分型面或推杆与型芯的间隙进行充分排气,热固性注射模必须设计排气槽,其排气槽的结构尺寸如下图所示。 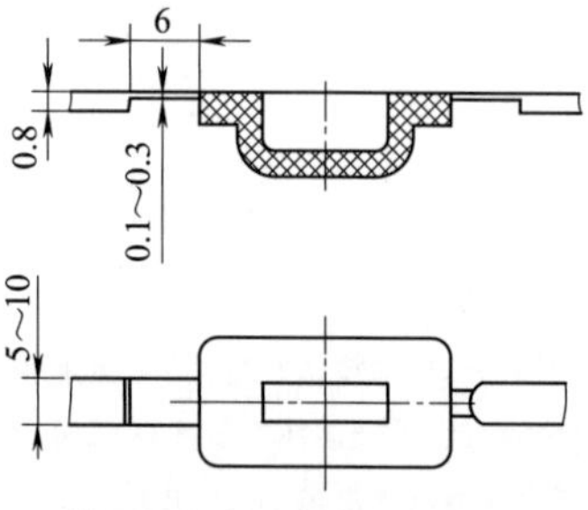 热固性塑料注射模的排气槽
5 加热系统		热固性塑料注射成型过程中,模具温度在200℃左右,故模具必须安装加热装置,一般可采用电热棒或电热圈,将电热棒分别装于动模板和定模板的加热器孔内。加热元件的电功率可按热塑性塑料的加热装置的功率计算,也可按下式计算: $$P = 0.2V$$ 式中 P——加热元件总功率,W; V——模具体积,cm^3。 在加热系统的设计中,应注意加热元件的布置,以保证模具型腔的温度差在5℃以内

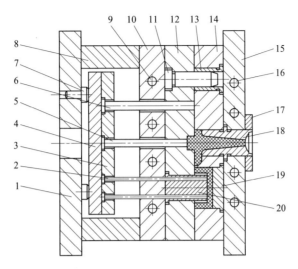

图 4-19 普通浇注系统的热固性塑料注射模
1—动模座板；2—推杆；3—推杆固定板；4—推板；5—主流道推杆；
6—复位杆；7—支承钉；8—垫块；9,16—加热器安装孔；
10—支承板；11—导柱；12—动模板；13—导套；14—定模板；
15—定模座板；17—定位圈；18—浇口套；19—定模镶块；20—凸模

第 5 章
压缩模设计

5.1 压缩模的结构与特点

压缩模又称压塑模或压胶模,是塑料成型模具中一种比较简单的模具,主要用于热固性塑料的成型。其成型方法是将塑料直接加入高温（一般在 130～180℃）的加料室（或型腔),然后以一定的速度闭模,塑料在高温、高压的作用下,逐渐软化成黏流而很快充满型腔,经一段时间的保压后,塑料固化定型,然后开模取出塑件。

压缩成型的优点是：无须浇注系统,使用设备和模具比较简单；适用于流动性差的塑料,比较容易成型大型塑件；塑件的收缩率较小,变形小,各向性能比较均匀。其缺点是：生产周期长,生产效率低,不易实现自动化,劳动强度比较大；塑件常有较厚的溢边,对于厚壁和带有深孔、形状复杂的塑件成型困难；对模具材料要求较高,模具使用寿命短且易变形和磨损。

压缩模的典型结构如图 5-1 所示。模具的上、下模分别装于压力机的上、下压板上。在上、下模合闭后,使装在加料室中的塑料受热、受压,成为熔融体充满型腔。当塑件固化成型后,开启模具,由推出机构推出塑件。

模具结构与注射模不同的是,其凹模加深为加料室,用以容纳比体积较大的塑料原料。若塑件上有侧孔或侧凹,模具必须设有侧向抽芯机构,图 5-1 所示的是采用手动丝杆抽芯机构。

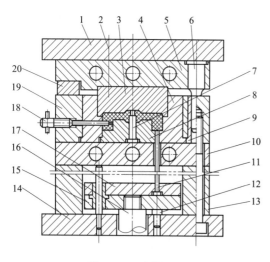

图 5-1 压缩模结构

1—上模座板；2—螺钉；3—上凸模；4—加料腔（凹模）；
5,10—加热板；6—导柱；7—型芯；8—下凸模；
9—导套；11—推杆；12—支承钉；13—垫块；14—下模座板；15—推板；16—拉杆；17—推杆固定板；18—侧型芯；19—型腔固定板；20—承压块

由于热固性塑料的压塑成型需要在高温下进行,故模具必须设置加热装置加热,常见的加热方式有电加热、蒸汽加热、煤气或天然气加热等。图 5-1 中的加热板 5 和 10 的圆孔用于插入加热棒,对凸、凹模分别进行电加热。

5.2 压缩模分类

压缩模的分类方法很多,常见的有以下几种:按模具在压力机上的固定方式分类;按压缩模上、下模的闭合特征分类;按压缩面的分型面形式分类;按型腔数目分类;按制品推出方式分类等。

① 按模具在压力机上的固定方式分类,见表 5-1。

表 5-1　按模具在压力机上的固定方式分类

分类	特点	应用
移动式压缩模	模具不固定在压力机上,成型后将模具移出压力机外,用卸模工具(卸模架)开模,取出塑件。其结构简单,制造周期短,因加料、开模、取件等工序均由手工操作,模具易磨损,劳动强度大,模具质量一般不宜超过 20kg(图 5-2)	适用于生产批量不大的中小型塑件,以及形状复杂、嵌件较多、加料困难以及带有螺纹的塑件
半固定式压缩模	只固定上模或下模一方于压力机上,另一方可沿导轨移动,并用定位块定位,其结构便于装料及放嵌件,可与通用模架配合使用(图 5-3)	当移动式模具过重或嵌件较多时,为了便于操作,可采用此类模具
固定式压缩模	上、下模都固定,开模、闭模、推杆等工序,均在机内进行,生产效率高,操作简单,劳动强度小,模具寿命长,但结构复杂,成本高,安放嵌件不方便(图 5-4)	适于成型批量较大或尺寸较大的塑件

② 按压缩模上、下模的闭合特征分类,见表 5-2。

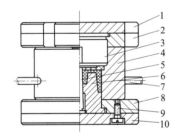

图 5-2　移动式压缩模
1—上模板;2—上凸模固定板;3—上凸模;
4—型腔套;5—型芯;6—下凸模;7—手柄;
8—下凸模固定板;9—螺钉;10—下模板

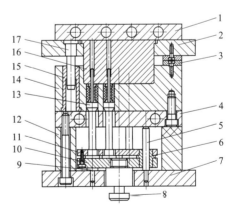

图 5-4　固定式压缩模
1—上加热板;2—上模板;3—调整块;
4—下加热板;5,17—导柱;6,15—导套;
7—下模板;8—尾轴;9—调整钉;
10—推板;11—推杆固定板;12—支承块;
13—推杆;14—凹模;
16—凸模

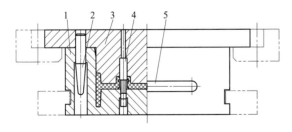

图 5-3　半固定式压缩模
1—凹模(型腔);2—导柱;3—凸模(上模);
4—型芯;5—手柄

表 5-2　按压缩模上、下模的闭合特征分类

类型	简图	特征	应用
溢式压缩模	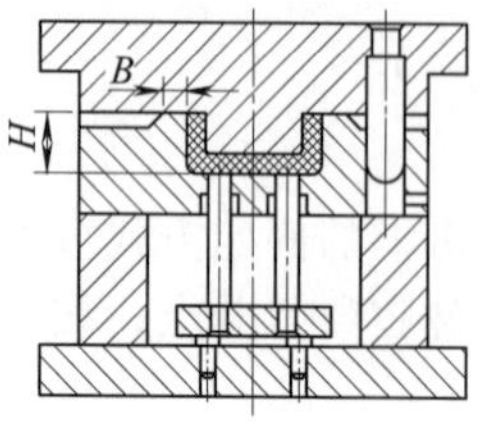	型腔为加料室,型腔深度 H 基本等于塑件的高度,加压后多余塑料溢出成为飞边,其环形挤压面,宽度 B 比较窄,以减薄制件的飞边。对加料的精度要求不高,加料量一般应大于塑件质量的 5%	适用于塑件精度低、小批量、扁平盘形或薄壁的大型塑件
不溢式压缩模	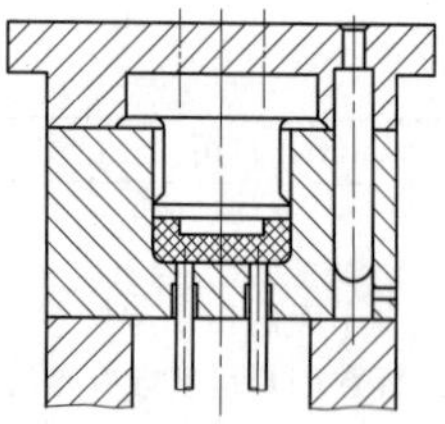	加料室与型腔上部相同,压力完全作用在塑件上,塑件的密度高,但要求按质量加料,其溢料很少	适用于塑件形状复杂、壁薄、长流程的深腔形塑件
半溢式压缩模	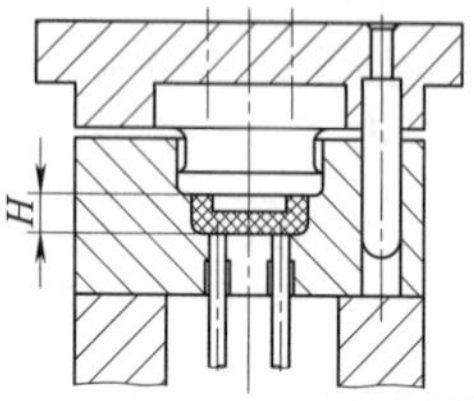	加料室截面尺寸大于塑件(型腔)尺寸,型腔顶部有一环形的挤压面(宽度 4～5mm),在工作时,使凸模下压到挤压面接触时为止,塑件的径向壁厚和高度尺寸精度均较好,密度也较高,模具寿命较长,故广泛应用	适用于流动性较好的塑料以及形状较复杂的塑件。但不适于压制以布片或长纤维作填料的塑料制品

③ 按压缩模的分型面形式分类,见表 5-3。

表 5-3　按压缩模的分型面形式分类

类型	简图	特征	应用
水平分型面压缩模	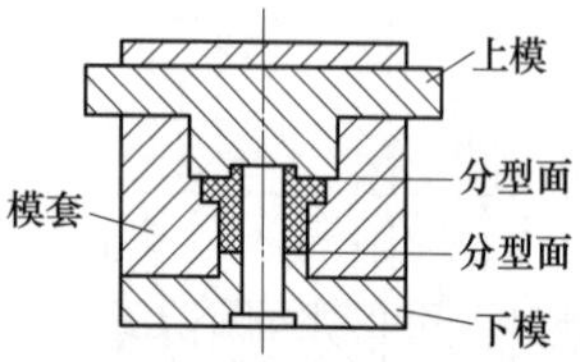	常采用两个水平分型面,开模后,分为上、下两部分,或分为上模、下模、模套三部分,如左图所示	适用于一般塑件和带有凸缘台阶或高度尺寸很大的塑件
垂直分型面压缩模	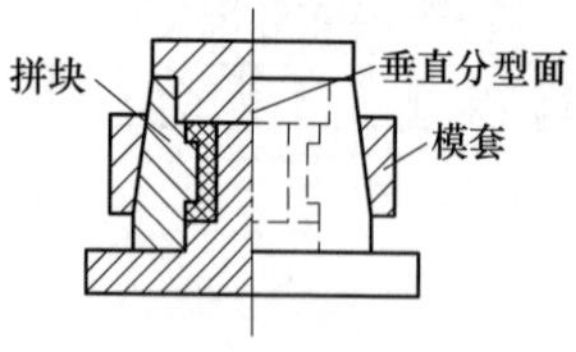	分型面垂直于压机的工作台面。一般设有一个或两个分型面。垂直分型面拼块外形为锥面或斜面。闭合时与模套的内锥面或斜面锁紧。模套及模块的斜度配合应保证紧密吻合	适用于侧面有凹、凸形状的塑件,如线圈骨架类等

5.3　塑件形状与模具结构

塑件的形状与选择分型面和加压方向（即凸模作用方向），模具结构对塑件成型质量及脱模的难易均有很大的影响。塑件选择加压方向的原则见表 5-4。

表 5-4 塑件选择加压方向的原则

原则	图例	说明
便于加料	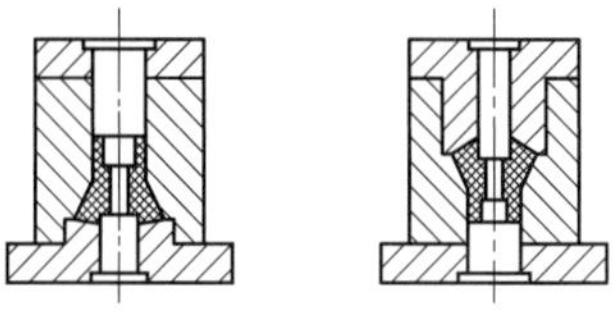 (a) 不好　(b) 合理	图(a)的加料腔较窄,不利于加料;图(b)的加料腔大而浅,便于加料
有利于压力传递	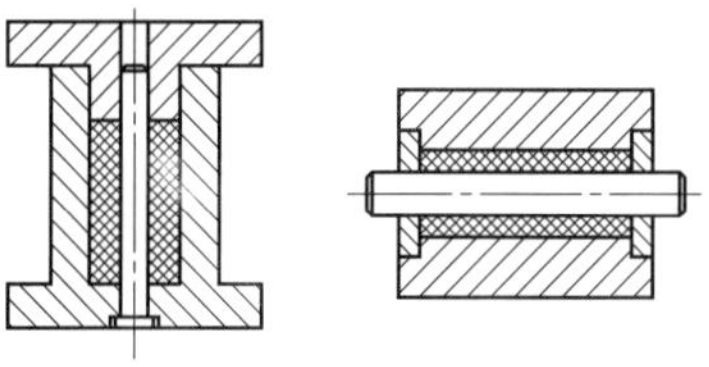 (a) 不好　(b) 合理	图(a)由于压力传递太长,导致压力损失较大,造成塑件组织松散,密度不均匀;图(b)采用横向加压的形式克服了图(a)的缺点,但塑件外圆上会产生两条飞边,若型芯过于太细,会发生弯曲
有利于保证脱模强度	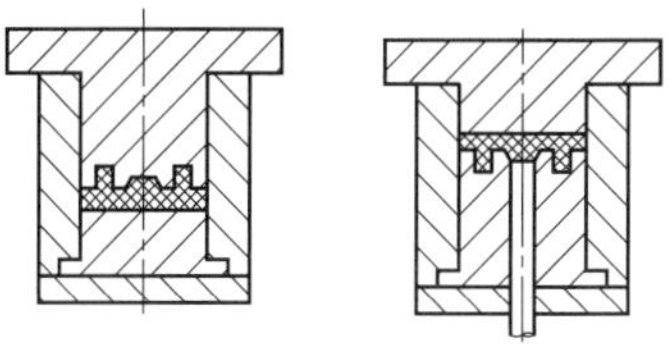 (a) 不好　(b) 合理	图(a)上模形状复杂,不利于凸模加压,故凸模形状越简单越好;图(b)结构比图(a)合理
便于安放和固定嵌件	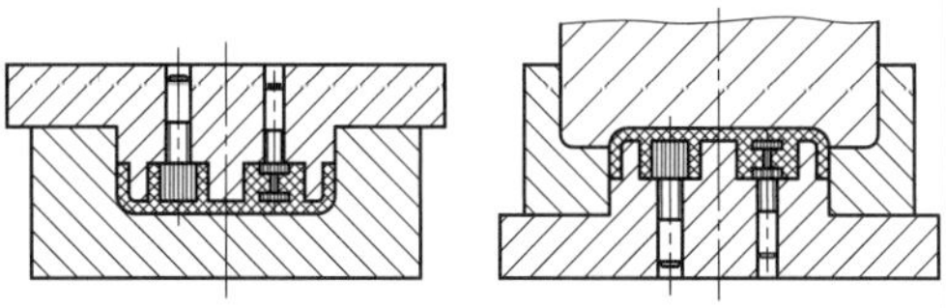 (a) 不好　(b) 合理	图(a)嵌件安放在上模,使操作麻烦,如嵌件落下造成压坏模具;图(b)嵌件放在下模,既操作方便,又可利用嵌件顶出塑件,如嵌件必须放于上模,则应采用弹性装卡固定形式
便于塑料流动	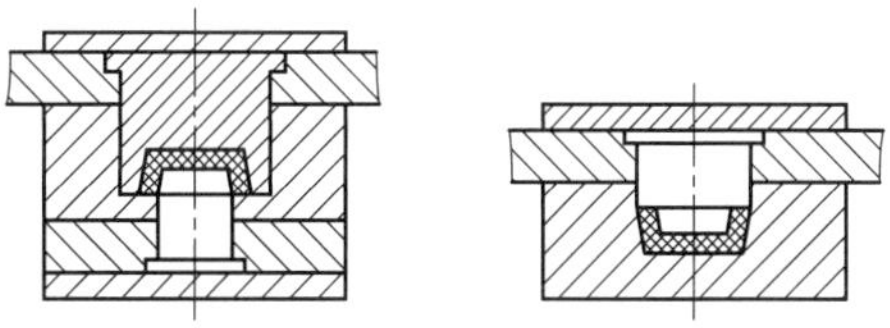 (a) 不好　(b) 合理	为了便于塑料流动,加压时应使料流方向与压力方向一致。图(a)型腔设在上模,凸模在下模,加压时,塑料逆着加压方向流动,同时又要在分型面上需要切断产生的飞边,且增加压力消耗;图(b)型腔设在下模,凸模在上模,加压方向与料流方向一致,压力能有效利用

5.4 模具与压力机的关系

模具结构应与压力机的结构及性能相适应,设计时,必须对压力机的主要技术参数进行校核,可参见表 3-6。

5.4.1 成型压力的计算

压缩成型所需的总压力可用下式计算:

$$F = pAn/1000 \tag{5-1}$$

式中　F——塑料压制所需的压力机额定压力,kN;
　　　A——单个型腔的投影面积,mm²;

p——塑件所需成型的单位压力,MPa,按表 5-5 选取;

n——型腔数,$n = F_{机}/ApK$。

选用压力机时,可按下式计算:

$$F_{机} = FK \tag{5-2}$$

式中　$F_{机}$——压力机额定压力,kN;

　　　F——计算成型压力,kN;

　　　K——压力机安全系数,新压力机取 1.1~1.2;旧压力机取 1.3~1.35。

表 5-5　塑料压缩成型所需的单位压力　　　　　　　　　　MPa

简 图	塑件尺寸 /mm	粉状酚醛塑料 不预热	粉状酚醛塑料 预热	布基塑料	氨基塑料	酚醛石棉塑料
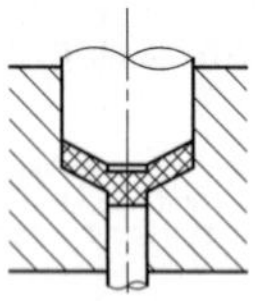	扁平厚壁	12.5~17.5	10~15	30~40	12.5~17.5	≈40
	高 20~40mm 厚 4~6mm	12.5~17.5	10~15	35~45	12.5~17.5	45~50
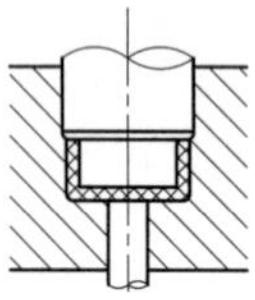	高 20~40mm 厚 2~4mm	15~20	12.5~17.5	40~50	12.5~20	45~50
	高 20~40mm 厚 4~6mm	17.5~22.5	12.5~17.5	50~70	12.5~17.5	45~50
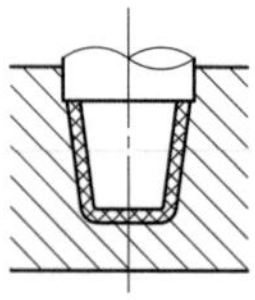	高 40~60mm 薄壁 2~4mm	22.5~27.5	15~20	60~80	22.5~27.5	45~50
	高 60~100mm 薄壁 4~6mm	25~30	15~20	—	25~30	45~50
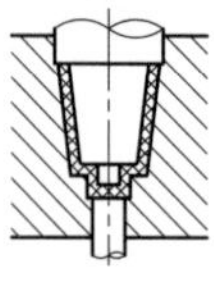	高 60~100mm 厚 2~4mm	27.5~35	17.5~22.5	—	27.5~35	50~55
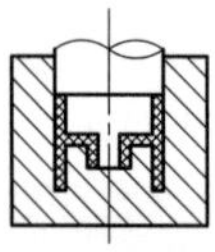	薄壁,不易填充及成型的塑件	25~30	15~20	40~60	25~30	50~55
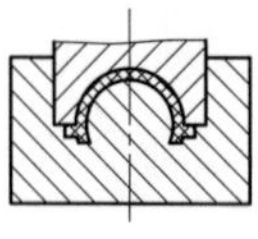	高 40mm 以下,薄壁 2~4mm	25~30	15~20	—	25~30	45~50
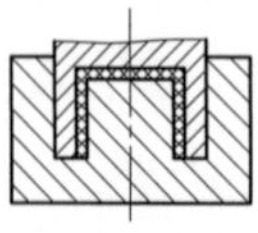	高 40mm 以上,厚 4~6mm	30~35	17.5~22.5	—	30~35	45~50
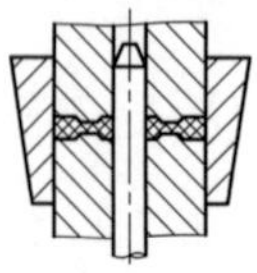	滑轮型塑件	12.5~17.5	10~15	40~60	12.5~17.5	45~50

续表

简　图	塑件尺寸/mm	粉状酚醛塑料 不预热	粉状酚醛塑料 预热	布基塑料	氨基塑料	酚醛石棉塑料
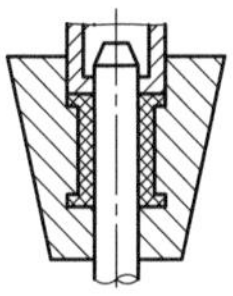	线圈骨架型塑件	22.5～27.5	15～25	80～100	12.5～27.5	50～55

5.4.2　开模力的计算

开模力是指压力机回程时保证压缩模的开启力，其作用力是需克服塑件内表面的型芯包紧力和塑件外表面与型腔的张紧力，而要克服这些摩擦阻力，则由紧固螺钉来承担，因此固定压缩模的螺钉数量也需进行校核。

（1）计算开模力

开模力 $F_{开}$ 可根据成型压力 F 进行估算：

$$F_{开}=Fk_1 \tag{5-3}$$

式中　k_1——开模力系数，塑件形状简单，上、下模配合长度较短时取 0.10；配合长度较长时取 0.15；塑件形状复杂，配合长度较长时取 0.2；

　　　F——塑件成型压力，kN。

（2）计算螺钉数量

$$n=F_{开}/F_{螺} \tag{5-4}$$

式中　n——螺钉数量；

　　　$F_{螺}$——每个螺钉所承受的负荷，N，查表 5-6。

表 5-6　螺钉 F 负荷　　　　　　　　　　　MPa

公称直径/mm	材料:45 拉伸强度 R_m/MPa 490.33	材料:T10A 拉伸强度 R_m/MPa 980.67	备　注
M5	1323.9	2598.76	
M6	1814.23	3628.46	
M8	3432.33	6766.59	
M10	5393.66	10787.32	
M12	7943.39	15788.71	对于成型压力大于 500kN 的大型模具，连接螺钉用的材料可选用 10A、T10，但不需淬火
M14	10787.32	21770.76	
M16	15200.31	30302.55	
M18	18240.37	36480.74	
M20	23634.03	47268.05	
M22	29714.15	59428.30	
M24	34127.14	68156.32	

5.4.3　脱模力的计算

脱模力是指塑件从模具型腔中脱出所需要的力，其力应小于或等于压力机推出杆的最大推出力。压力机的推杆推出力由液压缸驱动，推出力可通过调压阀进行调节。

脱模力可按下式计算：

$$F_{脱}=A_{侧}f \tag{5-5}$$

式中　$F_{脱}$——计算脱模力，N；

$A_{侧}$——塑件与型芯接触的侧面积总和，cm^2；

f——单位面积的脱模阻力，N/cm^2；酚醛树脂木粉充填 $f=50$；酚醛树脂玻璃纤维充填 $f=150$；氨基塑料纤维素充填 $f=60 \sim 80$。

5.4.4 压缩模的闭合高度与压力机开模行程的关系

压力机上、下工作台面间的最大和最小开距与压模闭合高度有关，也与开模后能否取出塑件有直接关系。因此对压模的闭合高度与压力机的开模行程需进行校核。

压缩模的闭合高度与压力机的开模行程（图 5-5 所示）应符合下式要求：

$$A_{\max} \leqslant H_{\max} - h_s - h_t - (5 \sim 10) \tag{5-6}$$

$$A_{\min} \geqslant H_{\min} + (10 \sim 15) \tag{5-7}$$

式中 $A_{\max}$——模具最大闭合高度，mm；
$A_{\min}$——模具最小闭合高度，mm；
$H_{\max}$——压力机上、下工作台面间的最大开距，mm；
$H_{\min}$——压力机上、下工作台面间的最小开距，mm；
h_s——塑件最大高度，mm；
h_t——凸模高度，mm。

若不能满足 $A_{\max} \geqslant H_{\min} + (10 \sim 15)$，则可在压机工作台上增加垫板。

5.4.5 压力机工作台面尺寸与压模安装尺寸校核

压缩模的安装尺寸应根据压力机工作台面相应的尺寸来确定。模具宽度应小于压力机立柱或框架间的距离，以适宜模具能在工作台上安装。压缩模的外形尺寸也不应超过压力机工作台面尺寸，以便于模具的安装固定。

压缩模的固定应与压力机工作台面设有的 T 形槽尺寸相适应，压缩模上的固定孔或槽应与压力机工作台面布置的平行或对角线交叉 T 形槽上、下位置相符合。压缩模采用压板螺钉固定时，应能使上、下模板尺寸安装自由，并能使压板压于模板凸缘台阶宽度在 15～30mm。

5.4.6 压力机推出机构推出行程校核

压力机的推杆行程应能保证将塑件推出模具型腔，并高出型腔表面 10mm 以上，以便取出塑件。如图 5-6 所示，其行程必须满足下式要求。

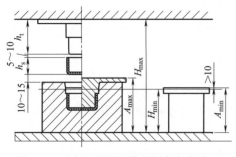

图 5-5 压力机开距与模具闭合高度关系

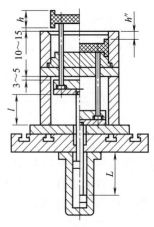

图 5-6 塑件推出行程

$$l = h + h'' + (10 \sim 15) < L \tag{5-8}$$

式中 l——压力机推杆升起行程，mm；
　　h——塑件高度，mm；
　　h''——加料室高度，mm；
　　L——压力机推杆的最大行程，mm。

5.5　压缩模成型零件设计

5.5.1　凸、凹模各组成部分的作用及有关尺寸

不溢式压缩模和半溢式压缩模的常用组合形式各部分的作用及参数见表5-7。

表 5-7　塑料压缩模的凸、凹模的组成参数

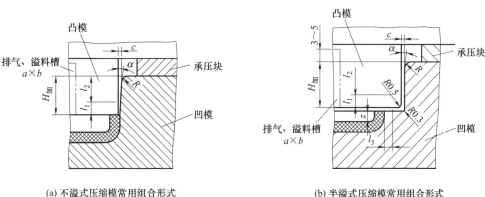

图 1　凸凹模的组合形式

序号	结构名称	参　　数	说　　明
1	配合环 l_1	移动式模具：凸凹模采用 H8/f8； 　　　　　$l_1 = 3 \sim 5$mm 固定式模具：凸凹模采用 H9/f9； 　　　　　$l_1 = 4 \sim 6$mm 当 $H_{加} > 30$mm 时，$l_1 = 8 \sim 10$mm	保证凸、凹模定位准确，防止溢料，排气通畅
2	引导环 l_2	移动式模具：$\alpha = 20' \sim 1°30'$ 　　　　　$R = 2 \sim 3$mm 固定式模具：$\alpha = 20' \sim 1°$ 　　　　　下凸模 $\alpha = 3° \sim 4°$ 　　　　　$R = 1.5 \sim 2$mm 　　　　　$l_2 = 5 \sim 10$mm 当 $H_{加} > 30$mm 时，$l_2 = 10 \sim 20$mm	引导凸模顺利地进入凹模，减小凸、凹模之间的摩擦；避免塑件推出时，擦伤表面

续表

序号	结构名称	参　数	说　明
3	挤压环 l_3	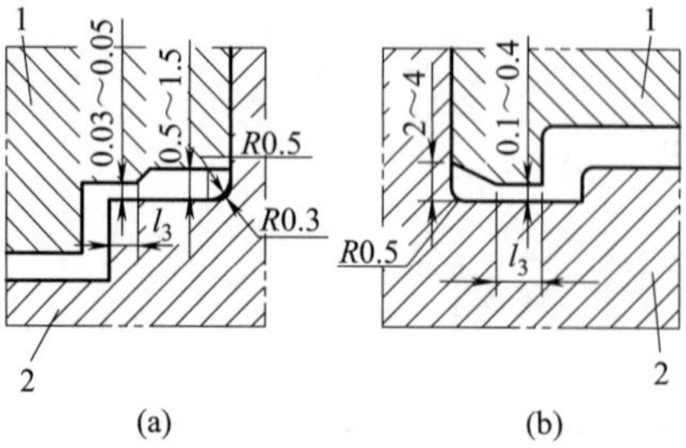 图2 挤压环形式 (a) 参数：0.03~0.05，0.5~1.5，$R0.5$，$R0.3$ (b) 参数：2~4，0.1~0.4，$R0.5$ 1—凸模；2—凹模	在半溢式压缩模中，挤压环的作用是限制凸模下行的位置，并保证在此部分的飞边为最薄。图2(a)用于圆形截面凸模，图2(b)用于非圆形截面凸模（矩形等） 中小型模具 $l_3 = 2 \sim 4\mathrm{mm}$，大型模具 $l_3 = 3 \sim 5\mathrm{mm}$
4	储料槽 z （半溢式压缩模储料槽形式）	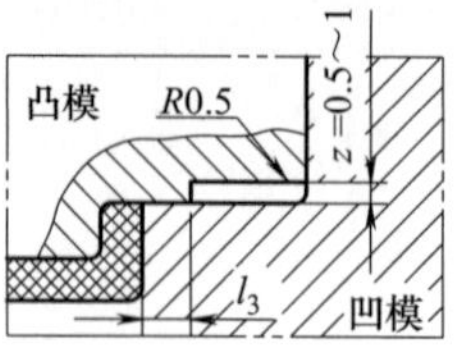 图3：凸模，$R0.5$，$z=0.5\sim1$，l_3，凹模	常用于圆形凸模时，便于加工，水平挤压边缘宽度可取 $l_3 = 2 \sim 4\mathrm{mm}$
		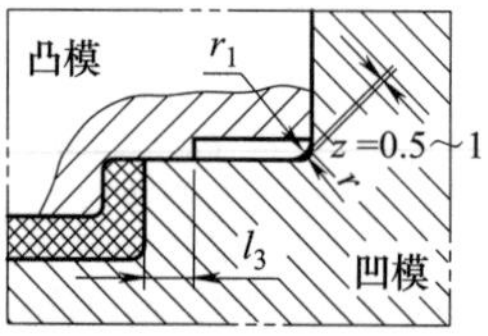 图4：凸模，r_1，$z=0.5\sim1$，r，l_3，凹模	$r_1 = r + 2.4z$ | r | 1 | | 1.5 | | 2 | | | z | 0.5 | 1 | 0.5 | 1 | 0.5 | 1 | | r_1 | 2.2 | 3.4 | 2.7 | 3.9 | 3.2 | 4.4 |
		图5：凸模，$R0.2\sim0.3$，$c\times45°$，$z=0.5\sim1$，l_3，凹模	$c = 0.58r + 1.4z$ | r | 1 | | 1.5 | | 2 | | | z | 0.5 | 1 | 0.5 | 1 | 0.5 | 1 | | c | 1.3 | 2 | 1.6 | 2.3 | 1.9 | 2.6 |
5	排气、溢料槽	图6 (a) 120° (b) 1—凸模；2—储料槽	适用于移动半溢式压缩模，图6(a)为圆形凸模上磨出 $0.2 \sim 0.3\mathrm{mm}$ 的平面，在平面与凹模间形成溢料槽，使余料沿槽流入上方更大的空间里，其空间尺寸应能足以容纳所剩余料。图6(b)为矩形凸模上均匀地开出 $3 \sim 4$ 条宽 $4 \sim 8\mathrm{mm}$、深 $0.2 \sim 0.3\mathrm{mm}$ 小通道，余料经小通道流入上方宽 $6 \sim 10\mathrm{mm}$、深 $1 \sim 1.6\mathrm{mm}$ 的小槽，这种封闭的储料槽最好不要使各槽相互连通，以免余料牢固地包紧在凸模上，使清理困难

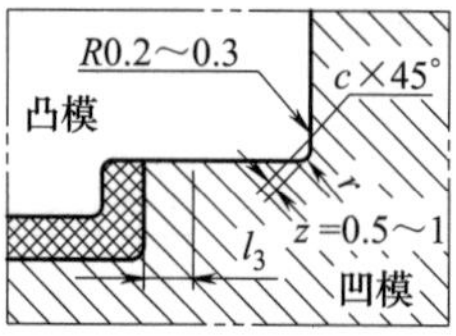

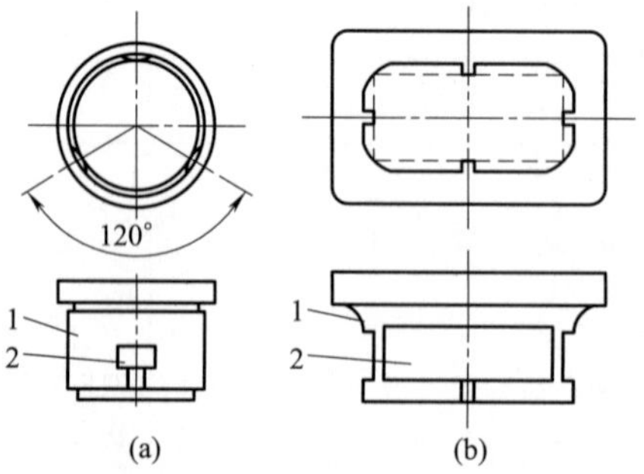

续表

序号	结构名称	参数	说明
5	排气溢料槽	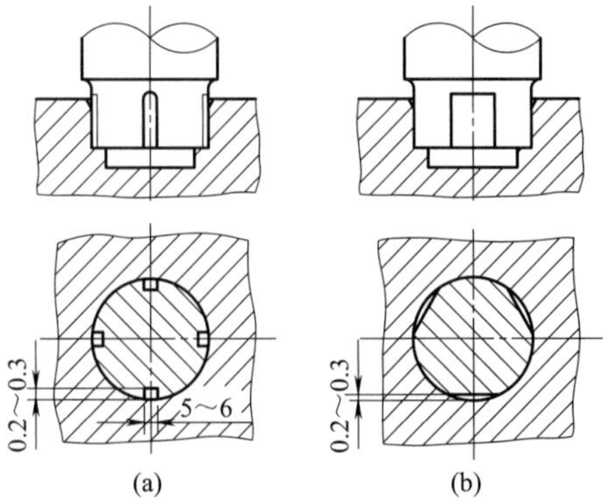 图7 (a)(b) 参数：0.2~0.3，5~6	适用于半溢式固定式压缩模，在圆形凸模上磨出四条溢流槽或三个平面作溢料槽，用于压制复杂塑件或流动性较差的纤维填料塑料
		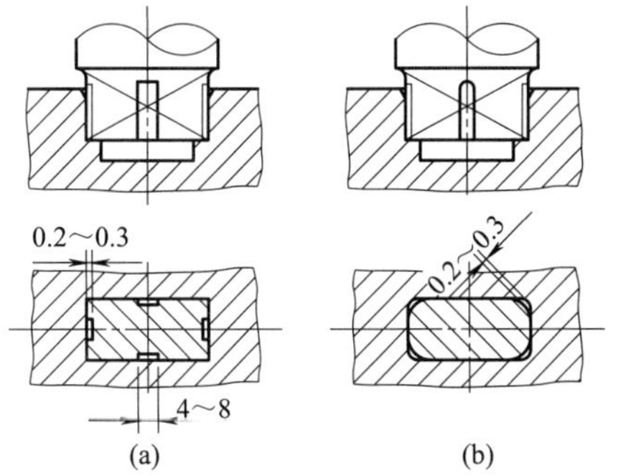 图8 (a)(b) 参数：0.2~0.3，4~8	适用于半溢式固定式压缩模，在矩形凸模周边开设溢流槽或四角磨出圆弧作溢料槽
6	承压面(块)	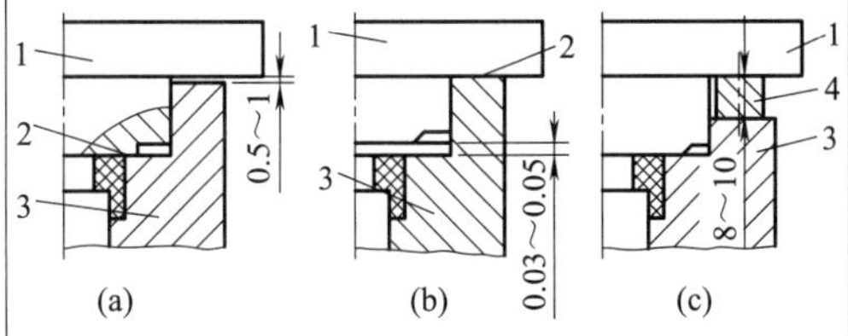 图9 (a)(b)(c) 参数：0.5~1，0.03~0.05，8~10 1—凸模；2—承压面；3—凹模；4—承压块	图9(a)是以挤压环作为承压面，飞边较薄，但模具易变形或损坏。图9(b)是由凸模固定板与凹模上端面作承压面，在凸、凹模之间留有 0.03～0.05mm 的间隙，可延长模具寿命，但飞边较厚，用于移动式压模。图9(c)是以承压块的形式，通过调节承压块的厚度来控制凸模进入凹模的深度或挤压边缘之间的间隙，减小飞边厚度，并承受压力机余压，有时也可调节塑件的高度
		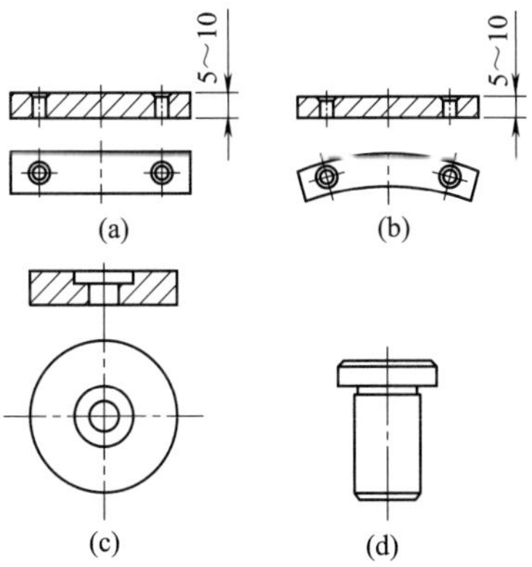 图10 (a)(b)(c)(d) 参数：5~10	图 10(a)、(b)、(c)所示为承压块。矩形模具用长条形的[图 10(a)]。圆形模具用弯月形的[图 10(b)]。小型模具用圆板形的[图 10(c)]或圆柱形的[图 10(d)]，它们的厚度一般为 8~10mm

5.5.2 压缩模凸、凹模配合形式

压缩模凸模与凹模的配合结构形式及其尺寸设计是压缩模能否压制出优质塑件的关键，其配合形式与尺寸设计见表5-8。

表5-8 塑料压缩模的凸、凹模配合形式

类　型	凸、凹模配合简图	说　明
溢式压缩模	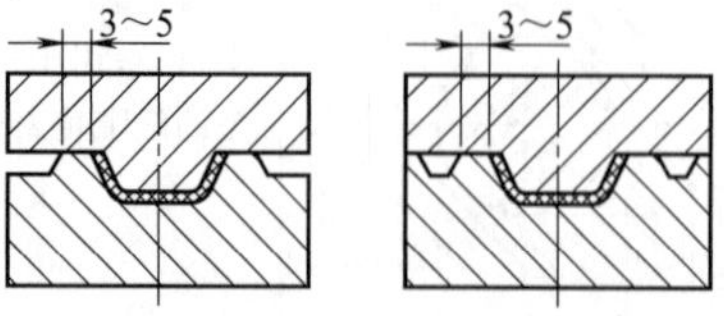 图1 (a)(b)	压缩模无加料腔，凸模与凹模无引导环及配合环，以水平分型面接触，其接触面应光滑平整，接触面宽度为3～5mm的环形面，如图1(a)所示。由于溢料面积小，为防止分型面过压而导致变形，故在溢料面处另设承压面，或在型腔周围距边缘3～5mm处开设溢流槽，如图1(b)所示
半溢式压缩模	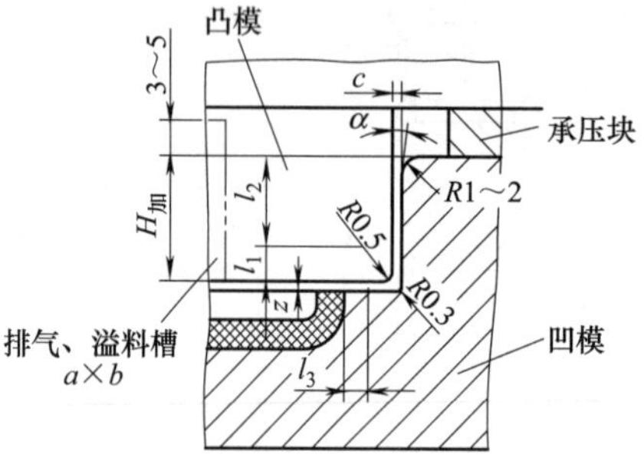 图2	半溢式压缩模最大特点是带有水平挤压面，并且凸模与加料室间的配合间隙或溢流槽可以溢料排气，凸模前端的圆角半径为0.5～0.8mm或45°倒角。加料腔的圆角半径取0.3～0.5mm，加料腔深度小于10mm的凹模可直接制出配合环，凸模与加料腔的配合采用H7/f7。型腔设有水平挤压边缘，其宽度l_3取2～4mm，大型压缩模取3～5mm
不溢式压缩模	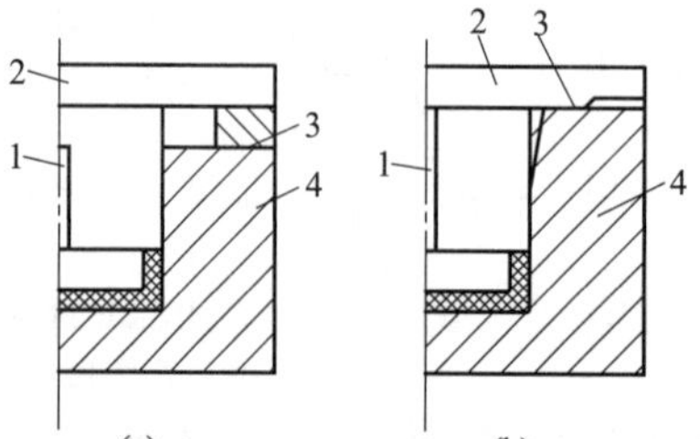 图3 1—排气溢流槽；2—凸模；3—承压；4—凹模	不溢式压缩模的加料室是型腔的延续部分，没有挤压面，但有引导环、配合环和排气溢流槽，凸、凹模配合间隙不宜太小，配合环的配合精度采用H7/f7，或单边间隙为0.025～0.075mm
改进型不溢式压缩模	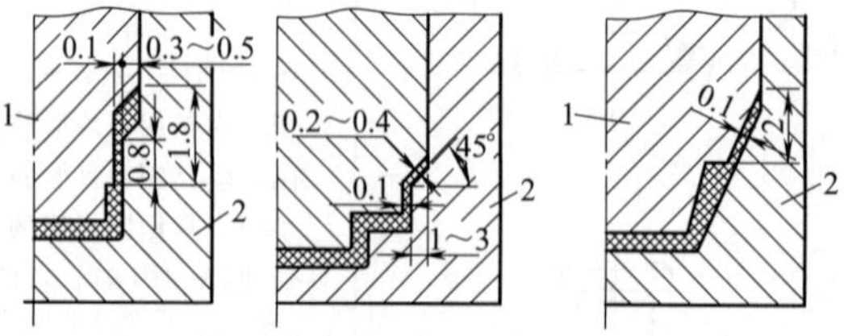 图4 1—凸模；2—凹模	改进后的图4(a)凹模延长1.8mm后，每边向外扩大0.3～0.5mm，以减少塑件推出时的摩擦，同时在凸、凹模间形成挤出余料空间；图4(b)采用45°倾斜过渡形式将加料腔扩大；图4(c)适用于带斜边的塑件，若塑料流动性差，则在凸模上需开溢料槽

5.5.3 加料腔设计

压缩模的加料腔是供储料用的,其容积是保证成型必需的加料腔,需设有 5~10mm 的空间,使凸模进入加料腔后不致溢料,故设计加料腔时,必须进行高度计算,其计算步骤见表 5-9。

表 5-9 加料腔的尺寸计算

计算内容	计算方法
计算塑件的体积	①如塑件几何形状简单,则可将塑件分成若干几何体,分别计算体积后,再计算其和; ②若塑件形状复杂,则按其质量,根据塑料的比容,计算出塑件的体积: $$V=m/\rho$$ 式中　V——塑件体积,cm^3 　　　m——塑件质量,g 　　　ρ——塑件密度,g/cm^3,见表 5-10
计算塑件所需原料的体积	$$V_1=(1+k)fV$$ 式中　V_1——塑料原料的体积,cm^3 　　　k——飞边溢料系数,取塑件质量的 5%~10% 　　　f——塑料的压缩比,见表 5-10
计算加料腔的高度	溢式压缩模的凹模型腔即为加料腔,故溢式压缩模加料腔的高度等于凹模的深度。 对于不溢式和半溢式压缩模的加料腔的高度,应保证在装入塑料粉后,留有 10mm 左右的空间,以防压缩时塑料粉溢出模外,不同的加料腔的高度计算公式见表 5-11

表 5-10 常用热固性塑料的密度、压缩比数值

塑料名称	使用的填充料	密度 $\rho/(g/cm^3)$	压缩比 f
酚醛塑料	木粉	1.34~1.45	1.0~1.5
	石棉	1.45~2.00	1.0~1.5
	云母	1.65~1.92	2.1~2.7
	碎布	1.36~1.43	3.5~18.0
脲醛塑料	纸浆	1.47~1.52	2.2~3.0
三聚氯氨甲醛塑料	纸浆	1.45~1.52	2.2~2.5
	石棉	1.7~2.0	2.1~2.5
	碎布	1.5	5.0~10.0

表 5-11 加料腔的高度 (H) 的计算

模具类型	简图	计算公式	说明
不溢式压模加料室	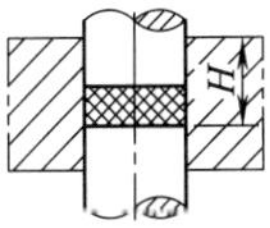	$H=V/F+(0.5\sim1.0)$	式中　H——加料腔高度,cm 　　　V——塑料体积,cm^3 　　　F——加料腔投影面积,cm^2
下模有凸出的不溢式压模	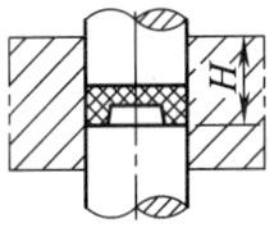	$H=(V+V_1)/F+(0.5\sim1.0)$	式中　H——加料腔高度,cm 　　　V——塑料体积,cm^3 　　　V_1——下模凸出部分体积,cm^3 　　　F——加料腔投影面积,cm^2
薄壁深腔型不溢式压模	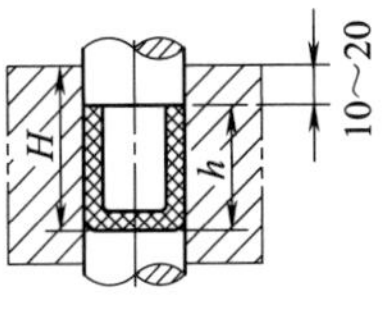	$H=h+(1\sim2)$	式中　H——加料腔高度,cm 　　　h——塑料高度,cm

续表

模具类型	简图	计算公式	说明
塑件在凹模成型的半溢式压模	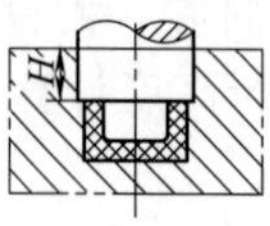	$H=(V-V_1)/F+(0.5\sim1.0)$	式中 H——加料腔高度,cm V——塑料体积,cm³ V_1——挤压边以下的型腔体积,cm³ F——加料腔投影面积,cm²
塑件在挤压边以下的半溢式压模	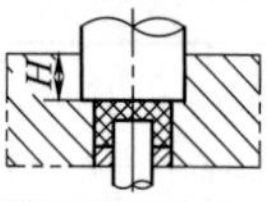	$H=(V-V_0)/F+(0.5\sim1.0)$	式中 V_0——挤压边以下的型腔体积,cm³
塑件的凸、凹模内成型的半溢式压模	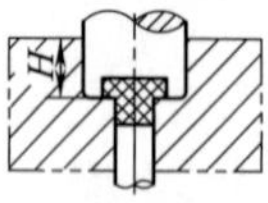	$H=V-(V_2+V_3)/F+(0.5\sim1.0)$ 因凸模内凹部分合模前不盛料,故实际为: $H=(V-V_2)/F+(0.5\sim1.0)$	式中 H——加料腔高度,cm V——塑料体积,cm³ V_2——塑件在凹模内的体积,cm³ V_3——塑件在凸模凹入部分的体积,cm³ F——加料腔投影面积,cm²
带中心导柱的半溢式压模	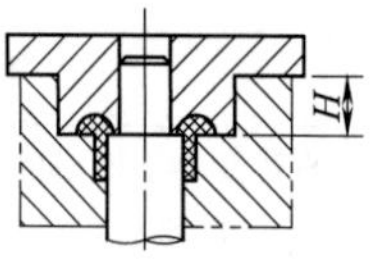	$H=V+V_1-(V_2+V_3)/F+(0.5\sim1.0)$ 不必扣除凸模内凹部分的体积,则 $H=(V-V_2+V_1)/F+(0.5\sim1.0)$	式中 V_1——导向柱在加料腔内的体积,cm³ V_2——分型面以下的塑件体积,cm³ V_3——塑件在凸模凹入部分的体积,cm³
多型腔半溢式压模	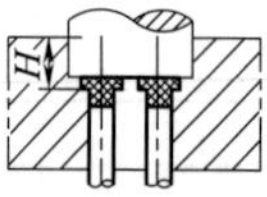	$H=(V-nV_0)/F+(0.5\sim1.0)$	式中 V——全部塑料总体积,cm³ V_0——单个型腔体积,cm³ F——加料腔总投影面积,cm² n——型腔数

5.5.4 凸模的结构设计

压缩模的凸模结构分为整体式和组合式,常用压缩模凸模的结构形式见表 5-12。

表 5-12 凸模结构形式

结构形式	说明	结构形式	说明
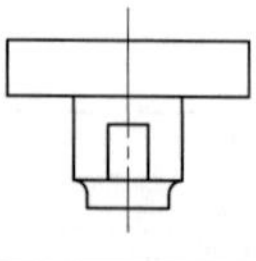	整体凸模,结构简单,加工容易,成型部分需进行热处理	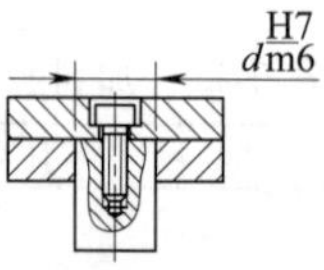	凸模尾部与模板采用 $\dfrac{H7}{m6}$ 配合定位,并用螺钉连接,适用于中小型凸模
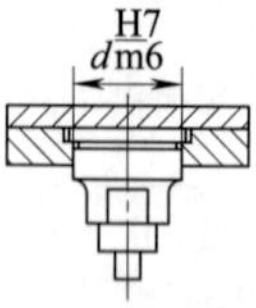	适用于圆形、矩形带台肩的凸模,但圆形凸模压入配合后需加骑缝螺钉止转	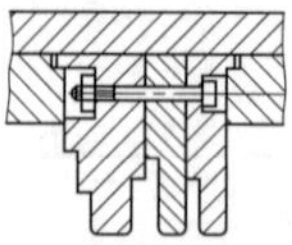	由镶件组合凸模,其结构强度稍差,需经热处理,要求接合面贴紧,以防塑料挤入镶件间隙而引起变形
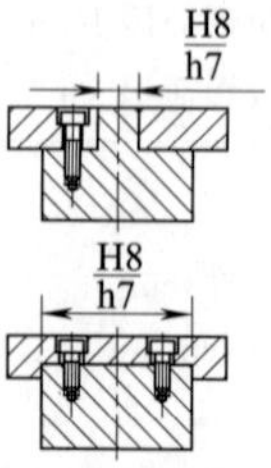	凸模与模板配合,并用螺钉固定连接,牢固可靠,适宜大型深腔压模	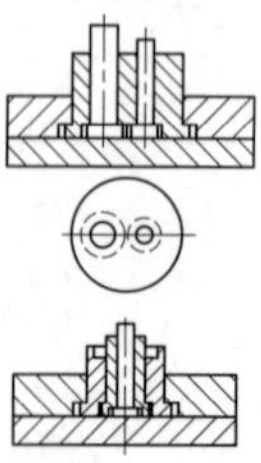	较复杂的凸模,采用组合式结构,凸模带台肩连接,牢固可靠,但配合精度要求较高

续表

结构形式	说　　明	结构形式	说　　明
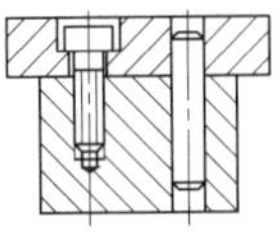	对于较大的凸模，采用螺钉与销钉连接，加工方便	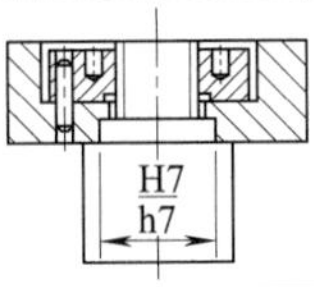H7 h7	凸模尾部用螺母连接，并用销钉定位防止松动，适用于中小型凸模

5.5.5 凹模的结构设计

压缩模的凹模结构同样分为整体式和组合式，常用压缩模凹模的结构形式见表 5-13。

表 5-13　凹模结构形式

结构形式	说　　明	结构形式	说　　明
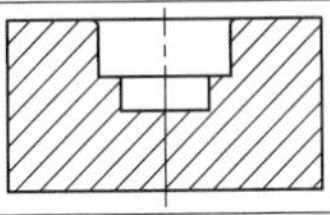	整体式凹模强度高，塑件成型质量好，但材料消耗多，适于形状简单的型腔	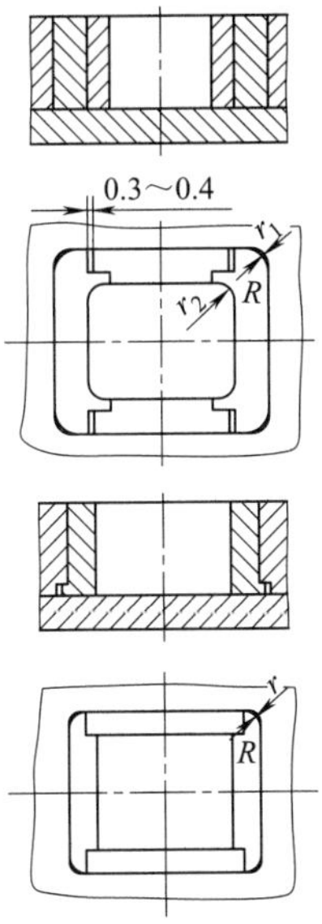0.3～0.4 r1 r2 R r R	对于大型矩形型腔，其四壁可分别制造，型腔壁部与镶缝接合面，经热处理后磨削抛光，再装入模套中
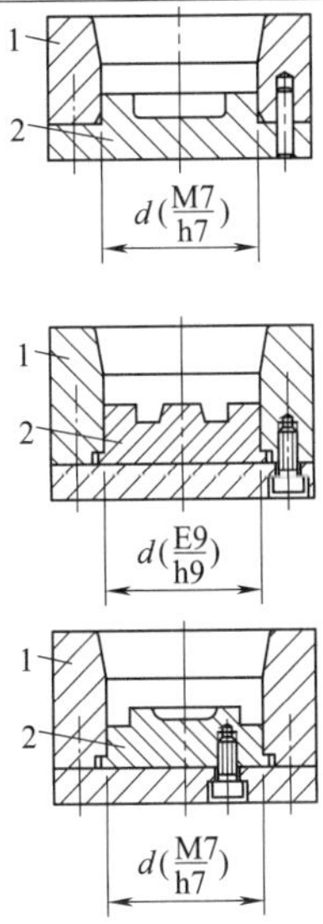1 2 d(M7/h7) 1 2 d(E9/h9) 1 2 d(M7/h7) 1—型腔；2—镶件	由于型腔底部形状较复杂，故采用分开制造，由型腔 1 与镶件 2 组成凹模型腔。适用于尺寸较大形状复杂的模具，便于制造和维修	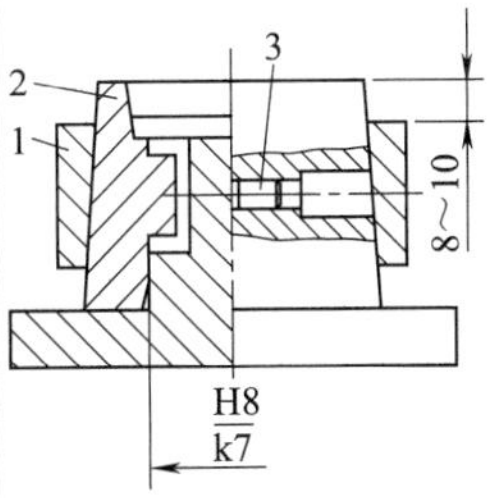2 1 3 8～10 H8 k7 1—模套；2—拼块；3—小导销	采用模套组合凹模，凹模由垂直分型面的拼块 2、模套 1 组成，两拼块的闭合由小导销 3 定位，模套以内锥面与拼块外锥面配合锁紧拼块。用开模器开模，将模套拉起，分开水平拼块，取出塑件
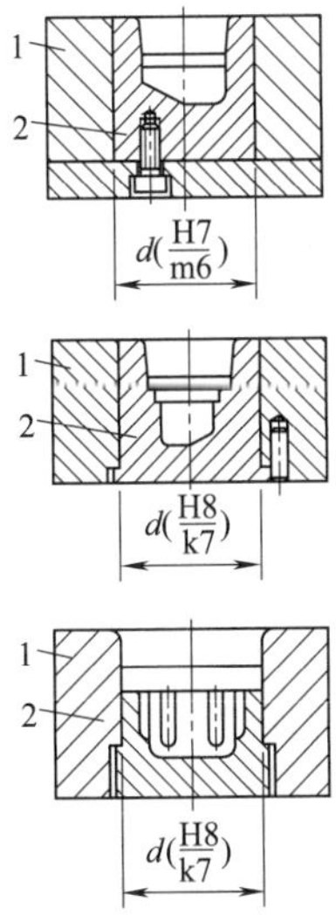1 2 d(H7/m6) 1 2 d(H8/k7) 1 2 d(H8/k7) 1—模套；2—镶件	组合式凹模，由模套 1 和镶件 2 组合而成，镶件采用过盈配合压入模套内，对于多型腔镶件，其两腔间的壁厚一般为 10～15mm，对圆形镶件，须用圆柱销或键定位	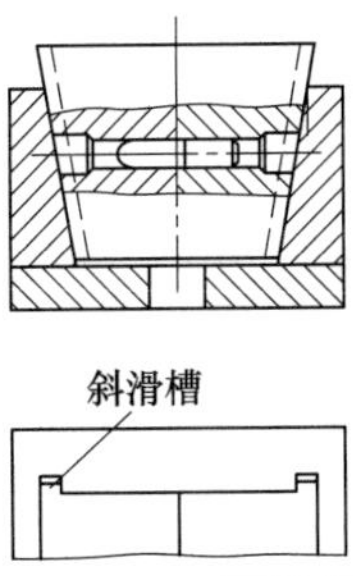斜滑槽	拼合式组合凹模，开模时利用斜模，在推出凹模拼块同时，即分开拼块，槽的斜度应保证拼块分开

5.5.6 卸模架

移动式压缩模常采用特制的卸模架,利用压力机的压力将模具各分型面同时打开并推出塑件,常见压缩模卸模架的结构形式见表 5-14。

表 5-14 卸模架结构形式

结构形式	简图	尺寸计算	说明
单分型面压模卸模架	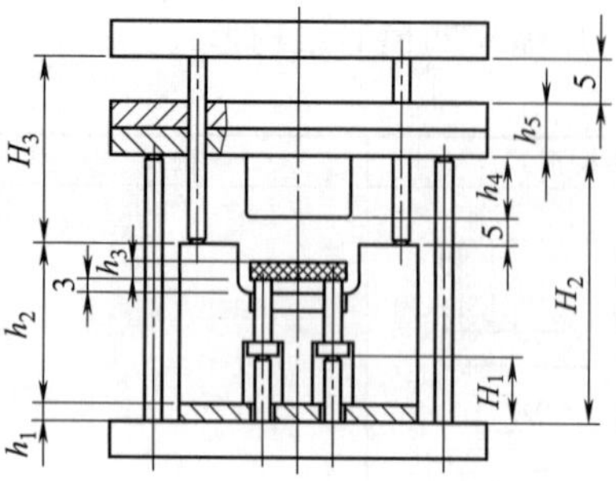	$H_1=h_1+h_3+3$ $H_2=h_1+h_2+h_4+5$ $H_3=h_4+h_5+10$	式中 H_1——下卸模架短推杆长度,mm H_2——下卸模架长推杆长度,mm H_3——上卸模架推杆长度,mm h_1——下模垫板厚度,mm h_2——凹模高度,mm h_3——塑件高度,mm h_4——上凸模高度,mm h_5——上凸模固定板厚度,mm
单分型面卸模架	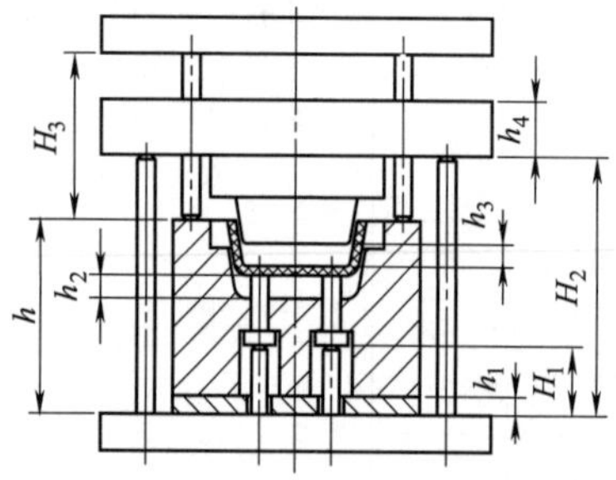	$H_1=h_2+h_1+3$ $H_2=h_2+h_3+h+5$ $H_3=h_2+h_3+h_4+10$	式中 H_1——下卸模架短推杆长度,mm H_2——下卸模架长推杆长度,mm H_3——上卸模架推杆长度,mm h_1——下模板厚度,mm h_2——塑件与型腔脱开的距离,mm h_3——上凸模与塑件脱开的距离,mm h_4——上凸模固定板厚度,mm h——凹模高度,mm
双分型面卸模架	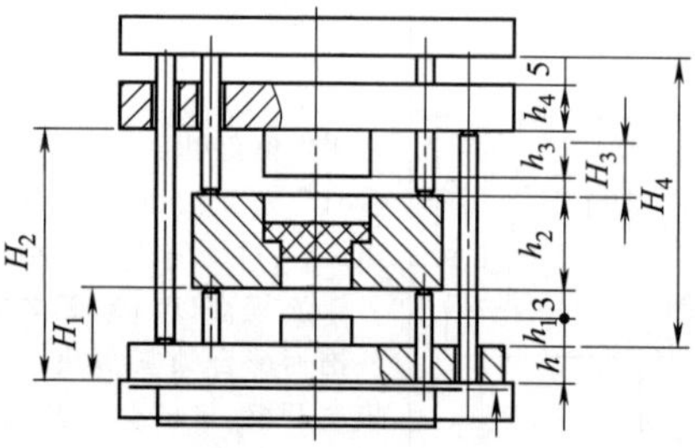	$H_1=h+h_1+3$ $H_2=h+h_1+h_2+$ $\quad h_3+8$ $H_3=h_3+h_4+10$ $H_4=h_1+h_2+h_3+$ $\quad h_4+13$	式中 H_1——下卸模架短推杆长度,mm H_2——下卸模架长推杆长度,mm H_3——上卸模架短推杆长度,mm H_4——上卸模架长杆长度,mm h——下凸模固定板厚度,mm h_1——下凸模高度,mm h_2——凹模高度,mm h_3——上凸模推出的高度,mm h_4——上凸模固定板厚度,mm
垂直分型面卸模架	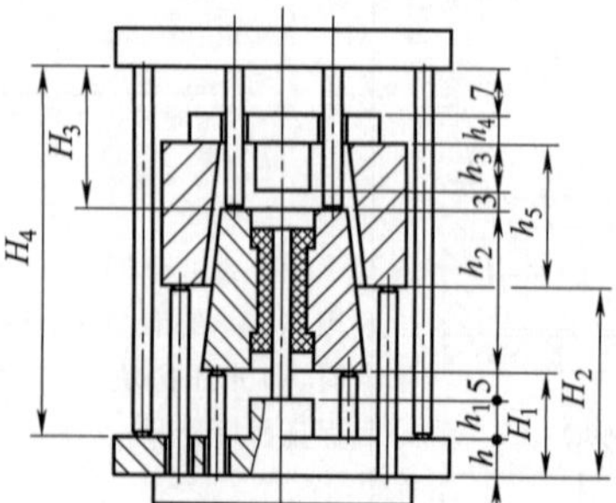	$H_1=h_1+h+5$ $H_2=h_1+h_2+h+h_3$ $\quad -h_5+8$ $H_3=h_3+h_4+10$ $H_4=h_1+h_2+h_3+$ $\quad h_4+15$	式中 H_1——下卸模架短推杆长度,mm H_2——下卸模架长推杆长度,mm H_3——上卸模架短推杆长度,mm H_4——上卸模架长杆长度,mm h——下凸模固定板厚度,mm h_1——下凸模高度,mm h_2——凹模高度,mm h_3——上凸模推出的高度,mm h_4——上凸模固定板厚度,mm h_5——凹模锥套厚度,mm

第6章 压注模设计

压注模又称传递模、挤塑模，也是成型热固性塑料成型的一种常用模具。压注成型与压缩成型的主要区别，在于压注模有单独的供塑料预热的加料腔，使熔融的塑料在压力作用下通过浇口及模具浇注系统，以高速挤入型腔，最终硬化成型。

6.1 压注模的类型

压注模的种类较多，按压注模的结构特征可分为两种类型，见表6-1。

表 6-1 压注模的类型

分类		简 图	说 明
罐式压注模	移动式压注模	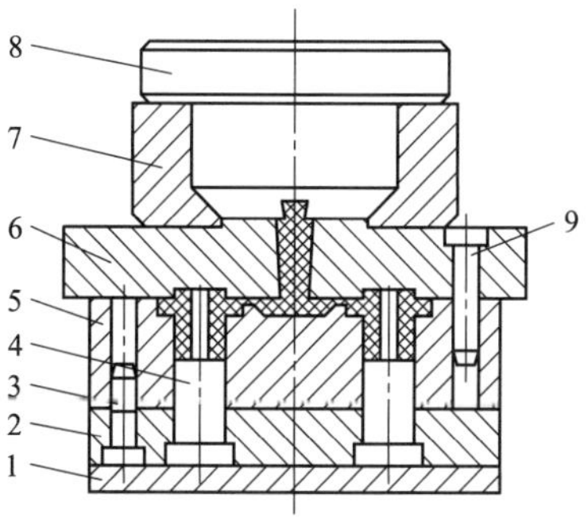 图1 1—垫板；2—型芯固定板；3,9—导柱； 4—型芯；5—凹模；6—上模板； 7—加料室；8—压料柱塞	加料室7与模具本体是可以分离的，成型时，闭合模具，将定量的塑料加入加料腔内，在液压机的作用下，柱塞8将熔化后的塑料以高速经浇注系统注入型腔，经固化定型后，取下加料腔，然后在卸模架上卸模取件

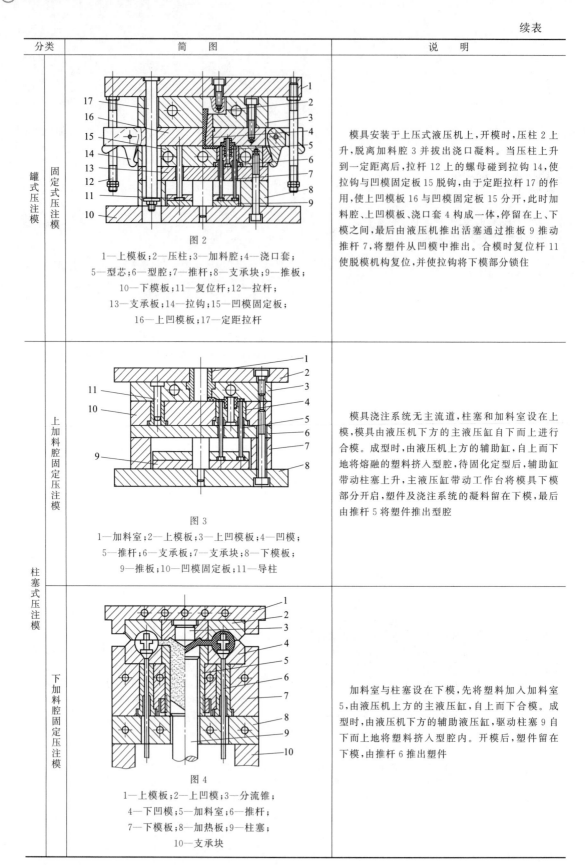

6.2 压注模的设计

6.2.1 液压机的选择

液压机的选择：应根据所压注塑料的品种及加料室的横截面积计算出压注成型所需要的总压力，然后按所需总压力来选择液压机的吨位。其计算方法见表 6-2。

表 6-2 液压机的选择及压力校核

项　目	计算方法	说　明
压注成型所需压力	$F_压 = pA_加$	式中　$F_压$——压注成型时所需压力，N p——压注塑件所需成型压力，MPa，由表 6-3 查得 $A_加$——加料室的截面积，mm^2，根据经验，加料室面积应比型腔及浇注系统截面积之和大 10%～25%，即 $A_加 = (1.1～1.25)A_1$ A_1——型腔与浇注系统截面积之和
锁模力 $F_锁$ 校核	保证压注时不溢料的条件： $F_压 > F_锁$ $F_锁 = p_压 A_1$， $F_压 = p_压 A_加$ $p_压 A_加 > p_压 A_1$ $A_加 > A_1$	式中　$p_压$——液压机所需的额定压力，MPa，参见表 5-5 $F_压$——液压机所需的成型压力，N $F_锁$——模具所需的锁模力，N k——安全系数，一般取 $k=0.8～0.9$
	压机所需的额定压力： $p_压 \geq \dfrac{1}{k} F_压$	
专用液压机	1) 辅助油缸额定压力 $F_辅$ $F_辅 \geq \dfrac{1}{k} p_压 A_辅 (N)$ 2) 主液压缸额定压力 F_z $F_z \geq \dfrac{1}{k} p_压 A_加$ 或　$F_z \geq \dfrac{1}{k} p_压 (1.1～1.25) A_1$	
垂直分型压注	1) 压注成型总压力 $F_总$ $F_总 = p_压 A_加 + p_压 2A_2 \tan(\alpha-\varphi)$ 2) 液压机额定压力应大于压注成型总压力 $p_总$ $p_总 \geq \dfrac{2}{k} p_压 A_2 \tan(\alpha-\varphi)$	式中　A_2——塑件及浇注系统在垂直分型面上的总投影面积，mm^2 α——凹模与模套的拼合角，一般取 $\alpha \geq 12°$ φ——凹模与模套材料的摩擦角，一般取 $\varphi \geq 8°$
压机锁模主缸压力校核	$F_压 = (1.1～1.25) A_总 p_塑$	式中　$F_压$——液压机主缸压力，N $A_总$——塑件、浇注系统投影面积总和，mm^2 $p_塑$——压注塑料所需的单位压力，MPa

表 6-3 热固性塑料压注成型所需的单位压力

塑料名称	填料	所需单位压力 p/MPa
酚醛树脂	木粉	60～70
	玻璃纤	80～120
	碎布	70～80
三聚氰胺塑料	矿物	70～80
	石棉纤维	80～100

续表

塑料名称	填料	所需单位压力 p/MPa
环氧树脂		4～10
聚硅氧烷树脂		4～10
氨基树脂		≈70
DAP 树脂		50～60

6.2.2 加料腔与柱塞设计

(1) 加料腔的尺寸计算

加料腔的尺寸计算见表 6-4。

表 6-4 加料腔的尺寸计算

项 目	计 算 方 法	说 明
加料腔的截面积计算	(1) 加料腔从传热方面考虑,其加热面积与加料量有关,根据经验,未经加热的热固性塑料每克约需 $1.4cm^2$ 的加热面积,即加料腔的加热面积为其内腔截面积的 2 倍与侧面积之和。为了简便计算,略去侧壁面积,则加料内腔截面积为加料腔所需加热面积的一半,即: $$A_{加}=A/2=\frac{1.4}{2}m=0.7G$$ (2) 根据经验,加料腔的截面积应比型腔和浇注系统在分型面上投影面积之和大 10%～25%,即: $$A_{加}=(1.1\sim1.25)A_1$$ (3) 对于柱塞式压注模,加料腔的截面积应根据液压机的辅助缸的额定压力来决定,则: $$A_{加}=10^{-2}\frac{F_{辅}}{p}$$	式中 $A_{加}$——加料腔内腔截面积,cm^2 A——加料腔所需加热面积,cm^2 G——每次加料质量,g A_1——型腔和浇注系统在分型面上投影面积之和,cm^2 $F_{辅}$——液压机辅助缸额定压力,kN p——压注塑料所需的单位压力,MPa,见表 6-3
加料腔中塑料所占的容积计算	$V=Gu=V_1\rho w=V_1 f$	式中 V——塑料所占的体积,cm^3 V_1——塑件、浇注系统及残留废料体积之和,cm^3 ρ——塑料密度,g/cm^3 G——塑件、浇注系统及残留废料质量之和,g u——塑料比容,cm^3/g f——塑料压缩比,常用热固性塑料的 ρ 和 f 值见表 5-10
加料腔高度计算	$H_{加}=V/A_{加}+(0.8\sim1.5)$	式中 $A_{加}$——加料腔内腔截面积,cm^2 V——塑料所占的体积,cm^3 0.8～1.5——加料腔内不装料的导向高度

(2) 加料腔的结构形式

压注模加料腔的截面形状,根据塑件形状所决定,圆形塑件常用圆形截面的加料腔,如多腔模的加料腔常采用矩形加料腔,加料腔的结构形式见表 6-5。

(3) 柱塞结构形式

柱塞结构形式见表 6-6。

表 6-5 加料腔的结构形式

类型	结构简图	说　　明
移动式压注模加料腔	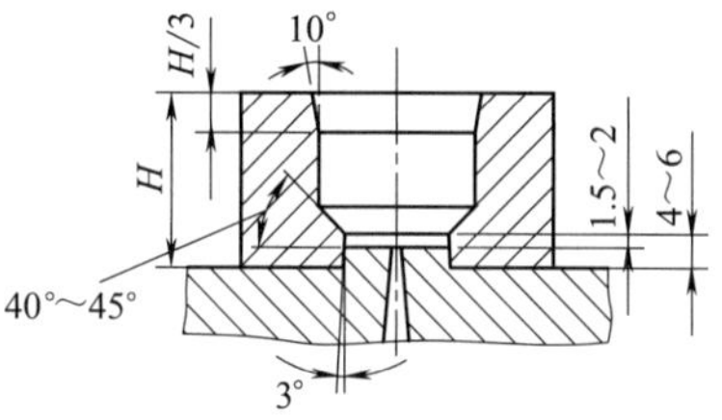	加料腔底部设计 40°～45°斜锥台阶，当加料腔的塑料受压时，压力也作用于环形斜锥台阶上，使加料腔紧紧压在上模座板上，以避免加料腔底部溢料。加料腔底部与上模座板采用圆锥或圆柱形按 H7/f7 配合，其贴合平面需磨平，且不得开设孔，避免溢料流入孔隙，影响接触面的配合
		无定位加料腔，加料腔底面与上模座的上表面均为平面，使用时，目测尽量使加料腔与进料口中心基本重合
		在上模座上用三个圆柱形挡销与加料腔外形定位
		采用两个圆柱销一端紧配合固定在上模座上或加料腔上，圆柱销与孔采用 H8/f8 配合定位
		利用加料腔的外形嵌入上模座板内定位，但其操作和清理废料不便
		长圆形加料腔，常用于有两个或多个流道的压注模
固定式加料腔	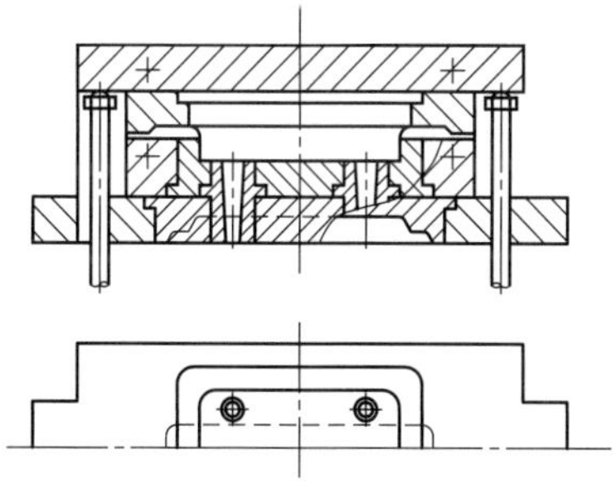	大型压注模的加料腔的底部开设多个主流道注入型腔

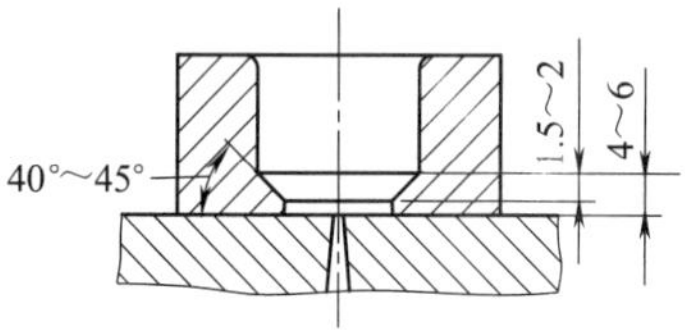

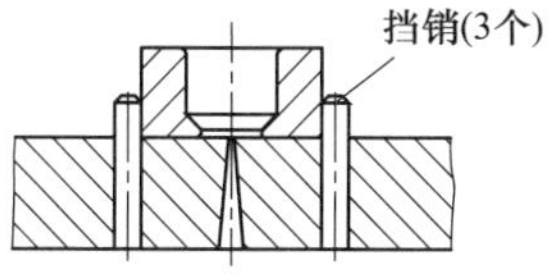

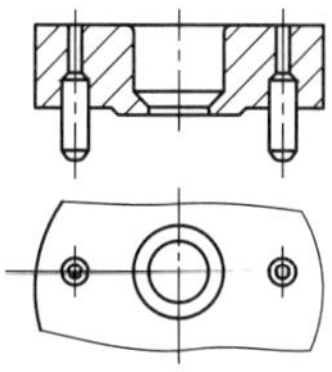

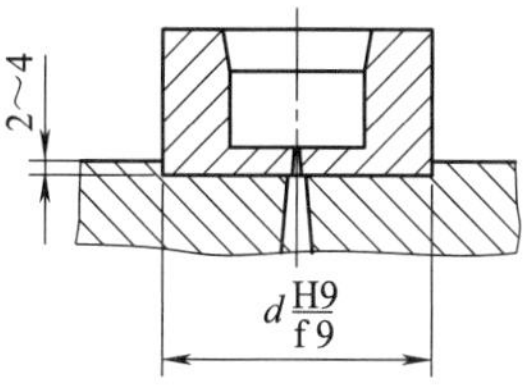

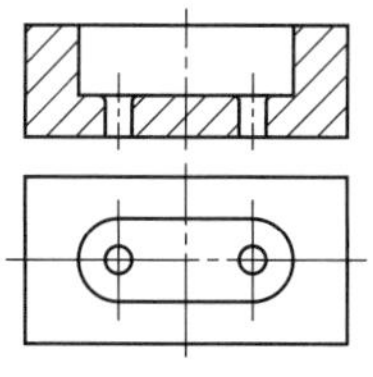

续表

类型	结构简图	说 明
柱塞式加料腔		适用于专用液机,其加料腔截面较小,而高度较高,熔料直接从加料腔进入分流道。加料腔底部带轴肩,而上部用螺母锁紧
		适用于专用液机,加料腔带轴肩连接固定
		适用于专用液机,加料腔用对剖半环及螺钉固定

注:加料腔的材料一般选用 T10A、CrWMn、9Mn2V、Cr12 等,淬火硬度为 50～56HRC,加料腔最好采用镀铬且抛光,其表面粗糙度应在 $Ra0.4\mu m$ 或 $Ra0.4\mu m$ 以下。

表 6-6　柱塞结构形式

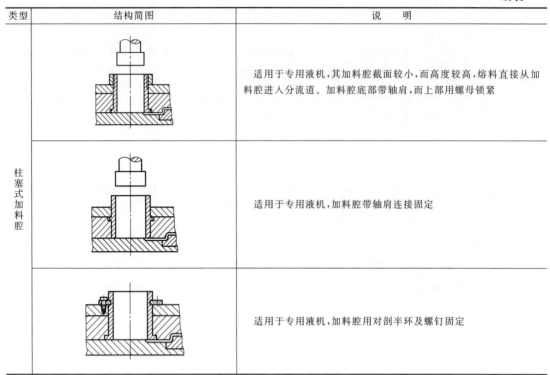

结构形式	结构简图	说 明
移动式	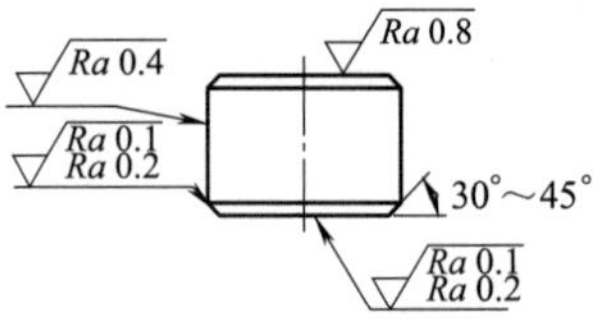	圆柱形压料柱塞,结构简单,常用于移动式压注模。其下部端面倒角应与加料腔底部倒角保持一致
固定式	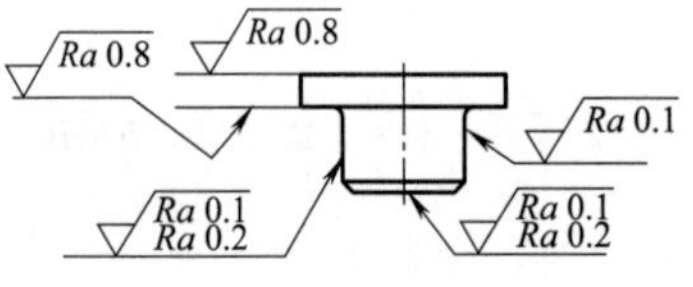 (a)(b)(c) 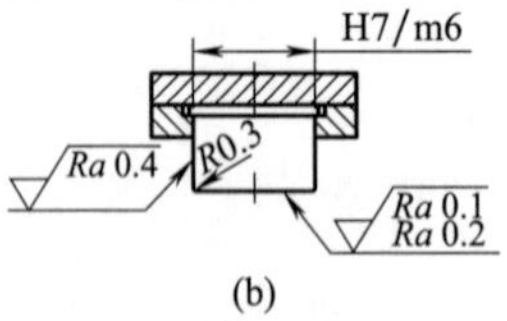 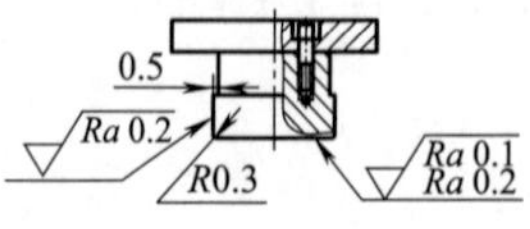	图(a)是带凸缘柱塞,承压面积较大,压注时较平稳。图(b)、(c)用于大型模具,柱塞常用轴肩与固定板连接或用螺钉紧固

续表

结构形式	结构简图	说　明
拉料式	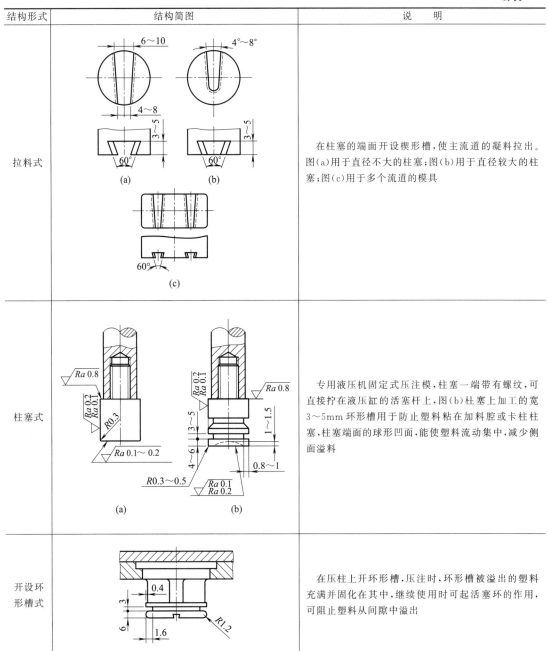	在柱塞的端面开设楔形槽,使主流道的凝料拉出。图(a)用于直径不大的柱塞;图(b)用于直径较大的柱塞;图(c)用于多个流道的模具
柱塞式		专用液压机固定式压注模,柱塞一端带有螺纹,可直接拧在液压缸的活塞杆上,图(b)柱塞上加工的宽3~5mm环形槽用于防止塑料粘在加料腔或卡柱柱塞,柱塞端面的球形凹面,能使塑料流动集中,减少侧面溢料
开设环形槽式		在压柱上开环形槽,压注时,环形槽被溢出的塑料充满并固化在其中,继续使用时可起活塞环的作用,可阻止塑料从间隙中溢出

（4）加料腔与压柱的配合

柱塞与加料腔的配合关系见图 6-1。柱塞与加料腔常采用 H9/f9 配合,或采用 0.05~0.10mm 的单边间隙配合,若柱塞带有环形槽,则间隙可增大些,柱塞高度 H_1 比加料腔高度 H 小 0.5~1mm,同时底部转角处应留有 0.3~0.5mm 的储料间隙,加料腔与模板凸台的配合高度之差为 0~0.1mm。

加料腔、柱塞及定位凸台的尺寸见表 6-7。

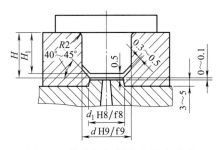

图 6-1　柱塞与加料腔的配合关系

表 6-7 加料腔、柱塞及定位凸台的尺寸

名称	加料腔					柱 塞				定位凸台	
图样											
D	d	d_1	h	H		d	d_1	h	H_1	d	h
100	$30^{+0.045}_{0}$	$24^{+0.03}_{0}$	$3^{+0.05}_{0}$	30 ± 0.2		$30^{0}_{-0.085}$	$23^{0}_{-0.10}$	20	26.5 ± 0.1	$24.3^{0}_{-0.053}$	$3^{0}_{-0.05}$
	$35^{+0.05}_{0}$	$28^{+0.033}_{0}$		35 ± 0.2		$35^{0}_{-0.10}$	$27^{0}_{-0.10}$		31.5 ± 0.1	$28.3^{0}_{-0.053}$	
	$40^{+0.05}_{0}$	$32^{+0.039}_{0}$		40 ± 0.2		$40^{0}_{-0.10}$	$31^{0}_{-0.10}$		36.5 ± 0.1	$32.3^{0}_{-0.064}$	
120	$50^{+0.06}_{0}$	$42^{+0.039}_{0}$	$4^{+0.05}_{0}$	40 ± 0.2		$50^{0}_{-0.12}$	$41^{0}_{-0.10}$	25	35.5 ± 0.1	$42.4^{0}_{-0.064}$	$4^{0}_{-0.05}$
	$60^{+0.06}_{0}$	$50^{+0.039}_{0}$		40 ± 0.2		$60^{0}_{-0.12}$	$49^{0}_{-0.10}$		35.5 ± 0.1	$50.4^{0}_{-0.064}$	

6.2.3 浇注系统设计

浇注系统是将熔融塑料由加料腔引向型腔的通道。压注模浇注系统的组成、作用及设计要求与注射模基本相似,但两者的设计要求有所不同,对压注模而言,浇注系统除了要求流动时压力损失小外,还要求塑料在高温的浇注系统中流动时进一步塑化和升温,并以最佳的流动状态进入型腔。浇注系统的组成见图 6-2。浇注系统的主流道、分流道及浇口的结构形式见表 6-8~表 6-12。

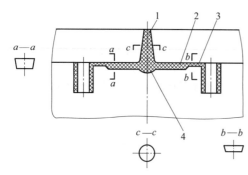

图 6-2 压注模浇注系统
1—主流道;2—分流道;3—浇口;4—冷料穴

表 6-8 主流道的形式

简 图	说 明	简 图	说 明
	这种正圆锥形主流道,广泛用于一模多腔的移动式压注模,常采用拉料杆,开模时,使主流道凝料能自动拉出		倒锥形主流道,其小端与塑件相连,可用于单型腔、多型腔或同一塑件设有几个主流道的压注模。开模时主流道凝料从浇口处与塑件拉断,凝料由柱塞端面的拉料槽拉出。它多用于普通液压机的固定式压注模

续表

简　图	说　明	简　图	说　明
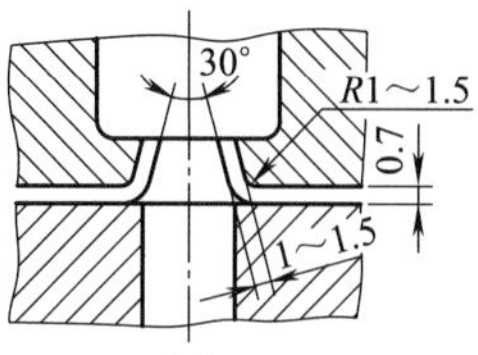 (a)(b) 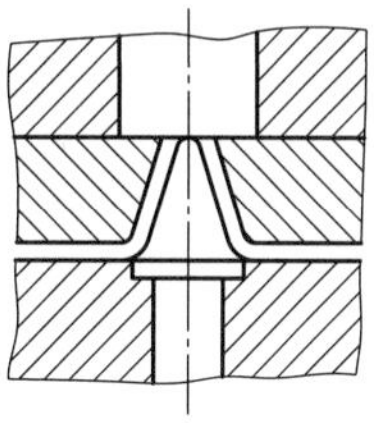	带分流锥的主流道,可缩短流道长度,主要用于塑件较大,或型腔远离中心而浇道过长的多型腔压注模。图(a)适用于多个型腔且为双排并列分布时,分流锥呈矩形截锥形状。图(b)中当多个型腔沿着圆周分布时,分流锥呈圆锥状	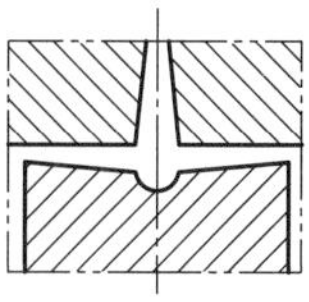 (a)(b)(c)(d) 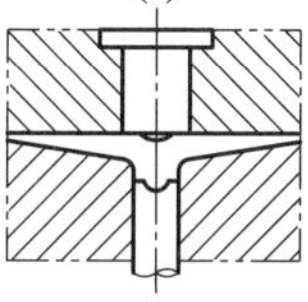 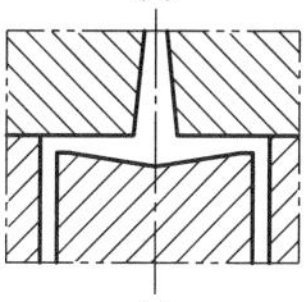 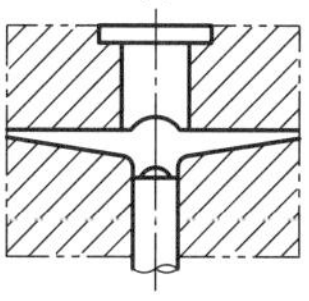	在主流道中设置反料槽,有利于塑料熔体集中流动以增大流速,还可储存冷料。图(a)、(b)用于上压式压注模,图(c)、(d)用于下压式压注模。反料槽一般位于对着主流道大端的模板平面上,其尺寸大小按塑件大小而定
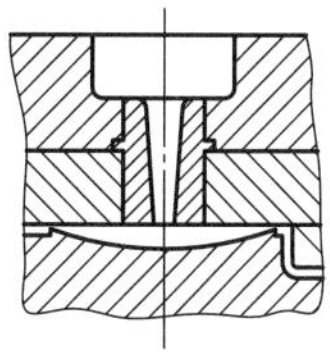 (a)(b) 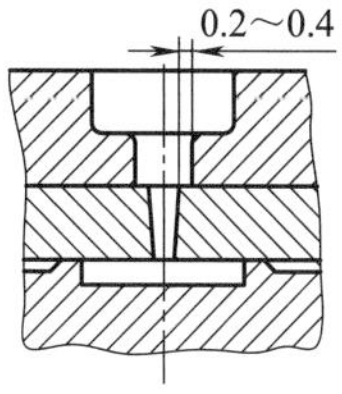	当主流道需穿过几块模板时,应设置浇口套,如图(a)所示,可防止模板接合面间溢料。图(b)不设浇口套,则应使模板贴合面间压紧,且流道也取不同直径,直径差可取 0.4～0.8mm,以便于脱模		

表 6-9　浇口套推荐尺寸　　　　　　　　　　　　　　　　　　　　　　　mm

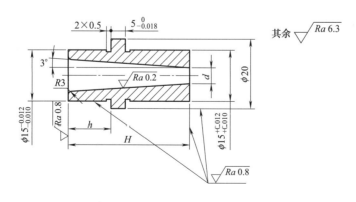

材　料	T8A、T10A				热处理 50～55HRC	
d	3		4		5	
h	12	15	12	15	12	15
H	24,27,32,37,42	27,30,35,40,45	24,27,32,37,42	27,30,35,40,45	24,27,32,37,42	27,30,35,40,45

表 6-10 主流道、浇口及进料口尺寸

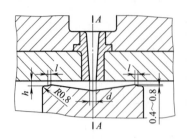 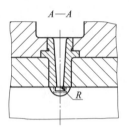

材　料	小径 d	球形半径 R	长度 l	深度 h（最小值）
木粉苯酚树脂或同类材料	4.0	$1/2(d+4.8)$	2.4	0.8
含棉苯酚树脂或同类材料	4.8	$1/2(d+5.6)$	3.2	1.2
夹布苯酚树脂或同类材料	6.4	$1/2(d+6.4)$	4.0	1.6

表 6-11 分流道截面形状及尺寸

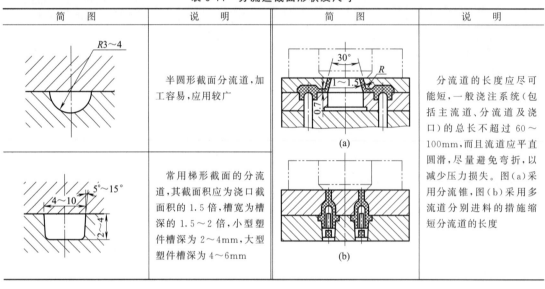

简　图	说　明	简　图	说　明
	半圆形截面分流道，加工容易，应用较广		分流道的长度应尽可能短，一般浇注系统（包括主流道、分流道及浇口）的总长不超过 60～100mm，而且流道应平直圆滑，尽量避免弯折，以减少压力损失。图 (a) 采用分流锥，图 (b) 采用多流道分别进料的措施缩短分流道的长度
	常用梯形截面的分流道，其截面积应为浇口截面积的 1.5 倍，槽宽为槽深的 1.5～2 倍，小型塑件槽深为 2～4mm，大型塑件槽深为 4～6mm		

表 6-12 压注模常用浇口形式

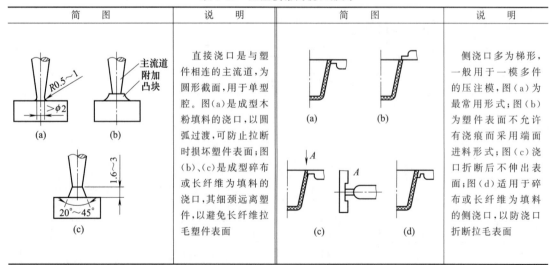

简　图	说　明	简　图	说　明
	直接浇口是与塑件相连的主流道，为圆形截面，用于单型腔。图 (a) 是成型木粉填料的浇口，以圆弧过渡，可防止拉断时损坏塑件表面；图 (b)、(c) 是成型碎布或长纤维为填料的浇口，其细颈远离塑件，以避免长纤维拉毛塑件表面		侧浇口多为梯形，一般用于一模多件的压注模，图 (a) 为最常用形式；图 (b) 为塑件表面不允许有浇痕而采用端面进料形式；图 (c) 浇口折断后不伸出表面；图 (d) 适用于碎布或长纤维为填料的侧浇口，以防浇口折断拉毛表面

续表

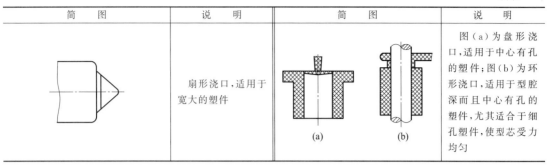

简　图	说　明	简　图	说　明
	扇形浇口，适用于宽大的塑件		图(a)为盘形浇口，适用于中心有孔的塑件；图(b)为环形浇口，适用于型腔深而且中心有孔的塑件，尤其适合于细孔塑件，使型芯受力均匀

（1）浇口截面经验计算法

浇口截面经验公式计算，其计算结果仅供参考，一般都需要试模后修正确定。

（2）浇口尺寸计算

① 流量计算法。压注时浇口截面应保证所需压入型腔的塑料容量，在 $10\sim30s$ 内填满型腔。浇口的尺寸与塑件大小、模具温度、单位压力有关，在一定成型条件下试验，浇口截面积可按下式计算：

$$F = QGK \tag{6-1}$$

式中　F——浇口的截面积，cm^2；

　　　Q——系数，一般取 0.00356；

　　　G——塑件质量，g；

　　　K——塑件系数，对木粉填料取 1，纤维填料取 $1.5\sim2.5$。

② 塑件体积计算法。按塑件体积来计算浇口的截面积：

$$F = KVA/n = 0.006VK_1 \tag{6-2}$$

式中　F——浇口的截面积，cm^2；

　　　K——系数，对木粉、矿物填料取 0.6，纤维填料取 1；

　　　K_1——系数，对木粉填料取 1，纤维填料取 $1.5\sim2.5$；

　　　V——塑件体积，cm^3；

　　　A——系数，当嵌件多、塑件形状复杂时，取 $1.2\sim1.5$，一般情况取 1；

　　　n——浇口数量。

③ 经验值。常用的压注模浇口尺寸，可参考一些经验值，如表 6-12 图例中，直接浇口最小尺寸为 $2\sim4$mm，浇口长度为 $1.6\sim3$mm；侧浇口成型普通热固性塑料的中、小型塑件时，采用的最小尺寸，其梯形深度为 $0.4\sim1.6$mm，宽度为 $1.6\sim3.2$mm，成型纤维填充抗冲击性热固性塑料时，宜采用较大的浇口，其梯形深度为 $1.6\sim6.4$mm，宽度为 $3.2\sim12.7$mm，梯形截面浇口宽、厚比例见表 6-13。对于成型大型塑件时，浇口尺寸可更大些。

表 6-13　梯形截面浇口宽、厚比例

浇口截面积/mm^2	宽×厚/(mm×mm)	浇口截面积/mm^2	宽×厚/(mm×mm)
~2.5	5×0.5	$>6.0\sim8.0$	8×1
$>2.5\sim3.5$	5×0.7	$>8.0\sim10.0$	10×1
$>3.5\sim5.0$	7×0.7	$>10.0\sim15.0$	10×1.5
$>5.0\sim6.0$	6×1	$>15.0\sim20.0$	10×2

常用浇口尺寸见表 6-14。

表 6-14　常用浇口尺寸

浇口形式	说　明
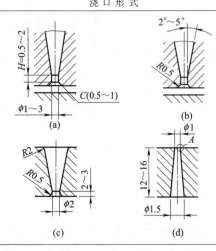	直接浇口：图(a)、(b)、(c)为倒锥形，常用于垂直分型面，图中 H 值不宜过长，否则压力损失增加。图(c)适用于碎布或长纤维为填料的塑料。浇口与塑件连接处应有过渡部分，以免除去浇口时损坏塑件表面。图(d)为正锥形直接浇口，在多型腔模中应用时直径应小一些，浇口 A 处应为锐角，以便于去除余料
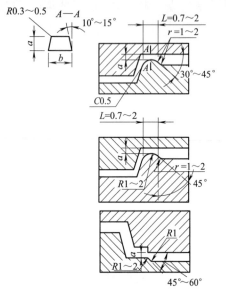	侧向浇口：为常用形式，最好沿塑件周围的切线方向进料，浇口 L 过长，会使料流动阻力增大，压力损失大。L 值常取 1~2mm，并用倒角及圆弧与分浇道及塑件连接。浇口截面一般采用梯形，其尺寸 a 取塑件壁厚的 1/3~1/2。小型塑件，a 取 0.3~0.8mm；大型塑件，a 取 0.8~1.5mm；增强塑料小型件，a 取 0.6~2mm；大型件，a 取 2mm 以上。 浇口宽度尺寸 b 与塑件填充量快、慢有关，一般可取 (5~15)a。对木粉填料，b 常取 3~6mm；对纤维填料，b 取 4~10mm。浇口太宽，则去除及修正不便。 流道与浇口连接处的 α 角大小应根据塑件长度而定，长则取大，短则取小，一般不小于 30°~45°
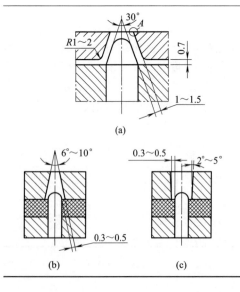	分流锥形浇口：图(a)、(b)的结构为正锥形直接浇口，常用于大端孔径较大时，以便于去除浇口。图(c)为倒锥形浇口，A 处应为锐角，以便除去余料[图(a)]

续表

浇口形式	说　明
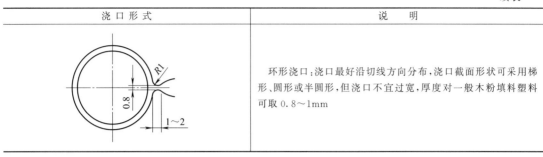	环形浇口:浇口最好沿切线方向分布,浇口截面形状可采用梯形、圆形或半圆形,但浇口不宜过宽,厚度对一般木粉填料塑料可取 0.8～1mm

6.2.4　排溢系统

(1) 溢流槽

溢流槽是为防止产生熔接痕及让多余的熔料方便排出；对于多嵌件的热固性压注模,用来避免嵌件与模具配合孔内进入多余的塑料。

溢流槽的尺寸应适当,过大则溢料太多,使塑料组织疏松或缺料；过小则溢料不足,没有发挥作用。最适宜的时机应是塑料经保压一段时间后才开始溢料。一般溢料槽的宽度可取 3～4mm,深为 0.1～0.2mm。溢流槽在制造时,先取薄些,经试模后再修正。

(2) 排气槽

塑料在填充过程中,型腔内原有的空气及塑料受热聚合作用产生的气体,必须迅速排出型腔,如模具之间的配合间隙不能满足要求时,必须开设排气槽。

排气槽应开设在模具的分型面上,并尽量开在型腔的一面,以便于制造和清理飞边。排气槽的截面形状应为矩形或梯形,排气槽的深度一般取 0.04～0.13mm,宽度为 3.2～6.4mm。其截面积可按下式计算:

$$A = \frac{0.05V}{n} \tag{6-3}$$

式中　A——排气槽截面积,mm^2；
　　　V——塑件体积,mm^3；
　　　n——排气槽数量。

排气槽的推荐尺寸见表 6-15。

表 6-15　排气槽的推荐尺寸

截面积 A/mm^2	宽×深/(mm×mm)	截面积 A/mm^2	宽×深/(mm×mm)
≈0.2	5×0.04	>0.8～1.0	10×0.10
>0.2～0.4	5×0.08	>1.0～1.5	10×0.15
>0.4～0.6	6×0.10	>1.5～2.0	10×0.20
>0.6～0.8	8×0.10		

第 7 章 挤出模设计

挤出成型是热性塑料在一定的压力和温度条件下熔融、塑化,经挤出机的螺杆旋转加压,通过特定形状的口模挤出成型截面与口模形状相仿的型材。挤出成型工艺广泛用于塑料管材、棒材、异形截面型材、板材、薄膜、细丝及电缆包层等。挤出成型取决于模具,即挤出机头,其结构合理与否是保证挤出成型质量的重要因素。

7.1 挤出机头的基本结构

挤出机头的基本结构如图 7-1 所示。将机头分为分流区、压缩区和成型区三个部分。

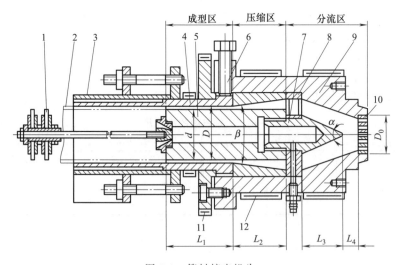

图 7-1 管材挤出机头
1—支撑器;2—管材;3—定径套;4—口模;5—芯棒;6—调节螺钉;
7—分流器;8—分流器支架;9—机头体;10—栅板;11,12—电加热圈

分流区是从螺杆推出的塑熔体经过栅板,由螺旋状流动转变为直线流动,并经过栅板的过滤作用,使熔体塑化均匀后进入压缩区。

在压缩区通过截面的变化使熔体受剪切作用,再进一步塑化。压缩区入口截面积大于出口的截面积,其两截面积之比即为压缩区的压缩比,压缩比小即剪切力小,熔体塑化不均匀,易导致融合不良;而压缩比过大,则剪切力大,过敏性塑料就会发生热分解。应根据塑料和塑件的种类不同确定合适的压缩比,一般机头的压缩比在3～10范围内选取。

机头成型区即为口模,由于塑料受压力、温度等因素影响,熔体在受压下流经口模,出口后必然要膨胀,因此口模尺寸和形状与成品不同,两者有一定的差异,设计时应考虑这一因素,使成型部分的截面形状尽可能合理,成型时的截面形状的变化与成型时间有关,而控制口模长度(成型长度)是能使塑件获得正确形状的基本方法。

7.2 挤出机头的分类

① 按挤出成型的塑件分类,有挤出管材的管机头、挤出棒材的棒机头、挤出板材的板机头、吹塑薄膜的吹塑薄膜机头等。根据塑件所用的机头的某些特点又可分为:管机头,又分直机头、弯机头和旁侧机头等;吹塑薄膜机头,也可分为芯棒式机头、中心进料式机头、螺旋式机头和多层复合薄膜机头等。

② 按挤出塑件的出口分类,有直通机头和角式机头(也称横向机头)。直通机头的特点是塑熔体在机头内挤出的流向与挤出机螺杆平行;角式机头是熔体在机头内挤出流向与挤出机螺杆轴线成一定的角度,当熔体挤出流向与螺杆轴线垂直时,称为直角机头。

③ 按塑料熔体在机头内受力情况分类,可分为低压机头,即熔体压力为4MPa;中压机头,即熔体压力为4～10MPa;高压机头,即熔体压力在10MPa以上。

7.3 挤出机头的设计

7.3.1 管材挤出成型机头

(1) 管材挤出成型机头的结构与分类

管机头的结构与类型见表7-1。

表7-1 管机头的结构与类型

类别	结构简图	特点与应用
直管式机头	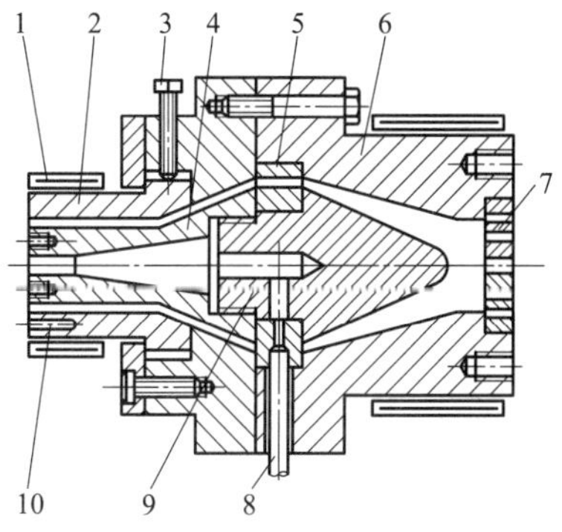 1—电加热器;2—口模;3—调节螺钉;4—芯模;5—分流器支架;6—机体;7—栅板;8—进气管;9—分流器;10—测温孔	结构简单,容易制造。具有分流器支架与分流器组合体,装卸方便。塑料熔体经过分流器支架时,易产生接痕,不易消除。适用于挤出成型软硬聚氯乙烯、聚乙烯、尼龙、聚碳酸酯等塑料管材

续表

类别	结构简图	特点与应用
直角式管机头	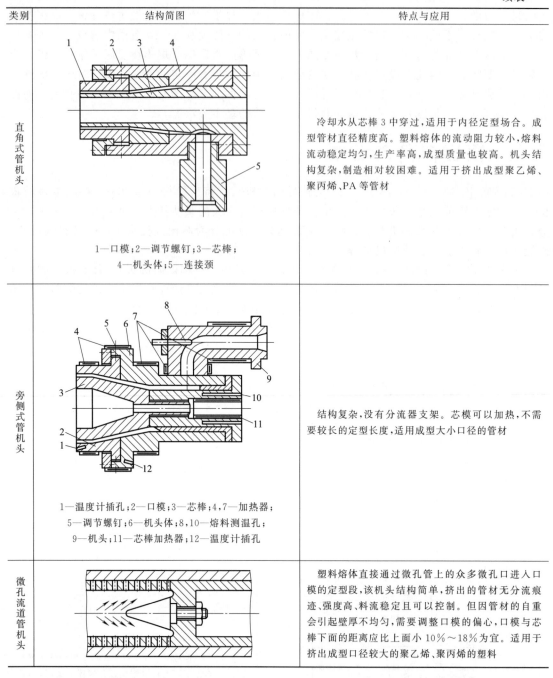　1—口模；2—调节螺钉；3—芯棒；4—机头体；5—连接颈	冷却水从芯棒3中穿过，适用于内径定型场合。成型管材直径精度高。塑料熔体的流动阻力较小，熔料流动稳定均匀，生产率高，成型质量也较高。机头结构复杂，制造相对较困难。适用于挤出成型聚乙烯、聚丙烯、PA等管材
旁侧式管机头	1—温度计插孔；2—口模；3—芯棒；4,7—加热器；5—调节螺钉；6—机头体；8,10—熔料测温孔；9—机头；11—芯棒加热器；12—温度计插孔	结构复杂，没有分流器支架。芯模可以加热，不需要较长的定型长度，适用成型大小口径的管材
微孔流道管机头		塑料熔体直接通过微孔管上的众多微孔口进入口模的定型段，该机头结构简单，挤出的管材无分流痕迹、强度高、料流稳定且可以控制。但因管材的自重会引起壁厚不均匀，需要调整口模的偏心，口模与芯棒下面的距离应比上面小10%～18%为宜。适用于挤出成型口径较大的聚乙烯、聚丙烯的塑料

(2) 管机头工艺参数的确定

管机头工艺参数主要用于确定口模、芯棒、分流器和分流器支架的形状和尺寸。设计管机头时，应根据已知的数据，包括挤出机型号、管材的内径、外径及其所用的材料等。管机头工艺参数的计算见表7-2。

表7-2　管机头的工艺参数计算

序号	参数	计算公式	说明
1	口模内径 d	$d=D/K$	式中　D——管材的外径 　　　K——补偿系数，见表1

续表

序号	参数	计算公式	说明
1	口模内径 d	表1 补偿系数 K 值 	塑料种类	定型套定管材内径	定型套定管材外径
---	---	---
聚氯乙烯(PVC)		0.95~1.05
聚酰胺(PA)	1.05~1.10	
聚烯烃(PE-PP)	1.20~1.30	0.90~1.05		
2	定型段长度 L_1	(1)按管材外径计算: $L_1=(0.5\sim3)D$ (2)按管材壁厚计算: $L_1=ct$ 表2 系数 c 值 	塑料品种	硬聚氯乙烯(硬 PVC)	软聚氯乙烯(软 PVC)	聚酰胺(PA)	聚乙烯(PE)	聚丙烯(PP)
---	---	---	---	---	---
系数 c	18~33	15~25	13~23	14~22	14~22		式中 D——管材外径公称尺寸,mm t——管材壁厚,mm c——系数,见表2 式中,系数(0.5~3)选取,一般对于较大的管材取小值,反之,取大值
3	芯棒的外径 d	$d=D-2\delta$ 如塑熔体挤出口模后因膨胀与收缩,使 δ 不等于塑件壁厚,δ 可按下式计算: $\delta=t/K_1$	式中 D——口模内径,mm δ——口模与芯棒的单边间隙,通常取 $\delta=(0.83\sim0.94)t$ t——管材壁厚,mm K_1——经验系数,$K_1=1.16\sim1.2$
4	芯棒压缩段的长度 L_2	$L_2=(1.5\sim2.5)D_0$	式中 D_0——塑料熔体在过滤板(栅板)出口处的流道直径,mm,见图7-1
5	分流锥长度 L_3	$L_3=(1\sim1.5)D_0$	
6	栅板与分流锥顶间隔 L_4	$L_4=10\sim25\text{mm}\leqslant0.1d_{螺杆}$	式中 $d_{螺杆}$——螺杆直径
7	分流锥扩张角 α	$\alpha<90°$(一般取 60°~90°) 低黏度塑料 $\alpha=30°\sim80°$ 高黏度塑料 $\alpha=30°\sim60°$	硬聚氯乙烯(硬 PVC) $\alpha\leqslant60°$
8	压缩区锥角 β	低黏度塑料 $\beta=45°\sim60°$ 高黏度塑料 $\beta=30°\sim50°$	
9	分流锥顶部圆弧半径 R	$R=0.5\sim2\text{mm}$	分流锥顶部圆弧半径 R 不可过大,过大将会产生死区滞角
10	拉伸比	管材的拉伸比计算公式: $$I=\frac{R_0^2-R_1^2}{r_0^2-r_1^2}$$ 表3 常用塑料挤出管所允许的拉伸比 | 塑料	硬聚氯乙烯(硬 PVC)	软聚氯乙烯(软 PVC)	ABS	高压聚乙烯(PE-HD)	低压聚乙烯(PE-LD)	聚酰胺(PA)	聚碳酸酯(PC)
---	---	---	---	---	---	---	---
拉伸比	1.0~1.5	1.1~1.75	1.0~1.1	1.0~1.2	1.2~1.5	1.4~3.0	0.9~1.05		式中 R_0,R_1——口模的外半径和内半径,mm r_0,r_2——管材的外半径和内半径,mm 拉伸比定义为管材成型区的环形间隙截面积与挤出管材的截面积之比。管材的拉伸比见表3

续表

序号	参数	计算公式	说　　明
11	压缩比 ε	压缩比是指分流器支架出口处流道的截面积与机头出料口模和芯棒之间形成环隙面积之比。对于低黏度塑料,压缩比取 4~10;对于高黏度塑料,压缩比取 2.5~6	
12	定径套	定径套的作用是使挤出的管材冷凝后其外径或内径能达到规定的尺寸公差范围。由于刚从模口挤出的管材温度仍然较高,其强度和刚度还不足以承受自重变形,以及脱离模口后膨胀和收缩影响,因此必须采取相应的冷却定型措施,以保证挤出的管材准确的形状和尺寸。我国的管材标准是以外径为基本尺寸并给以公差范围,所以国内常采用外径定型法	
13	外径定径	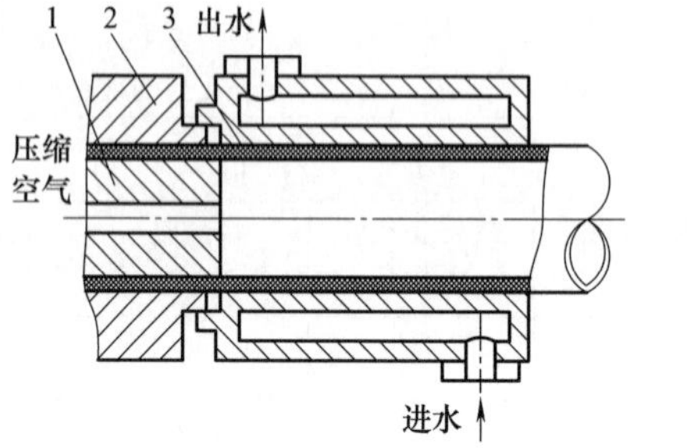 （图：1—芯棒;2—口模;3—定径套）	内压法定径,在管子内部通入 0.02~0.28MPa 的压缩空气。内压法定径的定径套尺寸可查表 7-3
		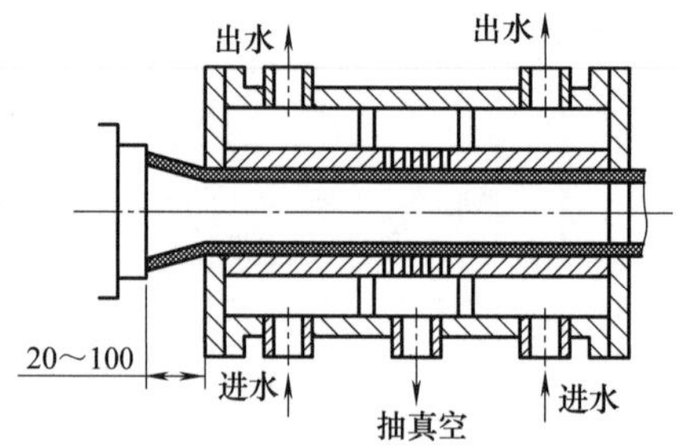 （图：真空吸附定径套）	真空吸附定径套,通过真空将挤管吸附于定径套壁面,用冷却水冷却。定径套内的真空度为 53.3~66.7MPa,抽真空的孔径为 0.6~1.2mm,塑料黏度大或管材壁厚大时取大值,反之取小值。真空套尺寸按下式估算: $$d_0=(1+c)d$$ 式中 d_0——真空管定径套内径,mm; d——管材外径,mm; c——计算系数,参考表 7-4。 真空定径套内径尺寸可查表 7-5
		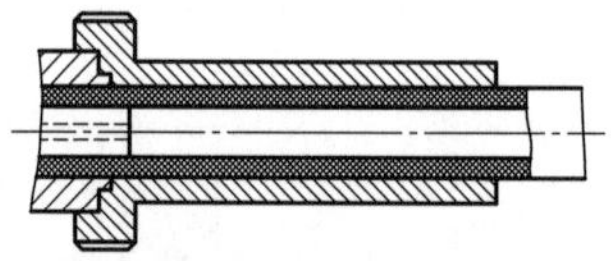 （图：浸水定径套）	浸水定径套适用于牵引装置的顶出法挤管、芯模比口模略长
14	内径定型法	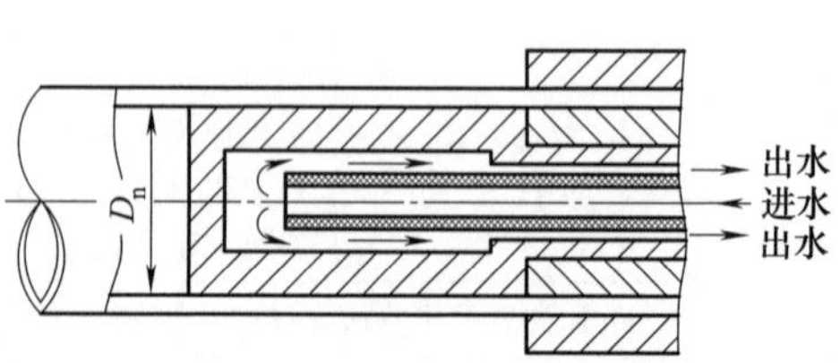 （图：内径水冷定径套）	内径定型法设有内径水冷定径套,只适用于直角式机头,不适于挤出成型聚氯乙烯、聚甲醛等热敏性塑料,一般用于挤出聚乙烯、聚丙烯和聚酰胺塑料。 定径套外径一般取: $$D_0=[1+(2\%\sim4\%)]D_n$$ 式中 D_0——定径套外径,mm; D_n——管材内径,mm。 定径套长度为 80~300mm,牵引速度较大或管材壁厚较大时取小值,定径套应沿长度方向有一定锥度,其范围为 0.6:100~1.0:100

表 7-3 内压定径套尺寸

塑 料	定径套内径	定径套长度
聚烯烃(PE、PP)	(1.02~1.04)d	≈10d
聚氯乙烯(PVC)	(1.00~1.02)d	≈10d

注：d——管材外径，mm，应用此表时，d 应小于 35mm。

表 7-4 计算系数 c

塑 料	聚氯乙烯(PVC)	聚乙烯(PE)	聚丙烯(PP)
系数 c	0.007~0.01	0.02~0.04	0.02~0.05

表 7-5 真空定径套内径尺寸

塑 料	聚氯乙烯(PVC)	聚乙烯(PE)	聚丙烯(PP)
定径套内径	(0.993~0.99)d	(0.98~0.96)d	(0.98~0.95)d

7.3.2 吹塑薄膜机头

（1）吹塑薄膜机头结构形式

吹塑薄膜机头结构形式见表 7-6。

表 7-6 吹塑薄膜机头结构形式

类别	结构简图	特点与应用
芯棒式机头	（见图）	塑料熔体通过机颈后到达芯棒轴 7 时，在芯轴棒的阻挡下，塑料被分成两股并沿芯棒分料线流动，在芯棒尖处重新汇合，然后熔体沿机头口模 2 的环形缝隙挤成管坯，由芯棒中进气管通入压缩空气，将管坯吹胀成薄膜，适用于聚氯乙烯塑料的薄膜吹塑
十字形机头	（见图）	这种结构类似管材挤出机头，管坯从模口挤出料均匀，薄膜厚度容易控制，模芯不受侧压力，不会产生"偏中"现象。但薄膜上拼缝线多，机头内空腔大，存料多，塑料易分解，故不适宜加工聚氯乙烯。一般用于聚丙烯、聚乙烯、尼龙等薄膜成型

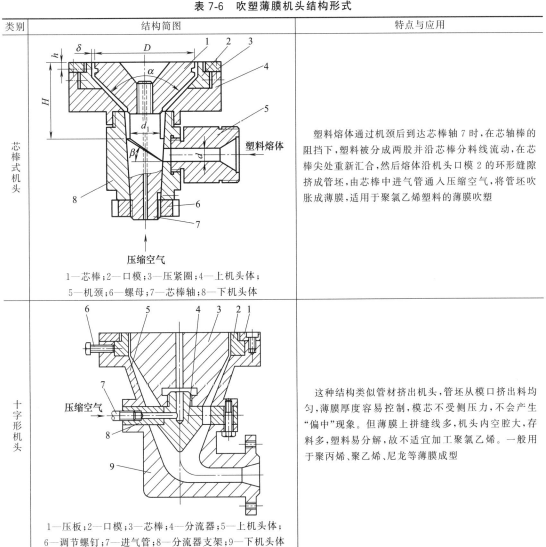

芯棒式机头图注：1—芯棒；2—口模；3—压紧圈；4—上机头体；5—机颈；6—螺母；7—芯棒轴；8—下机头体

十字形机头图注：1—压板；2—口模；3—芯棒；4—分流器；5—上机头体；6—调节螺钉；7—进气管；8—分流器支架；9—下机头体

类别	结构简图	特点与应用
螺旋式机头	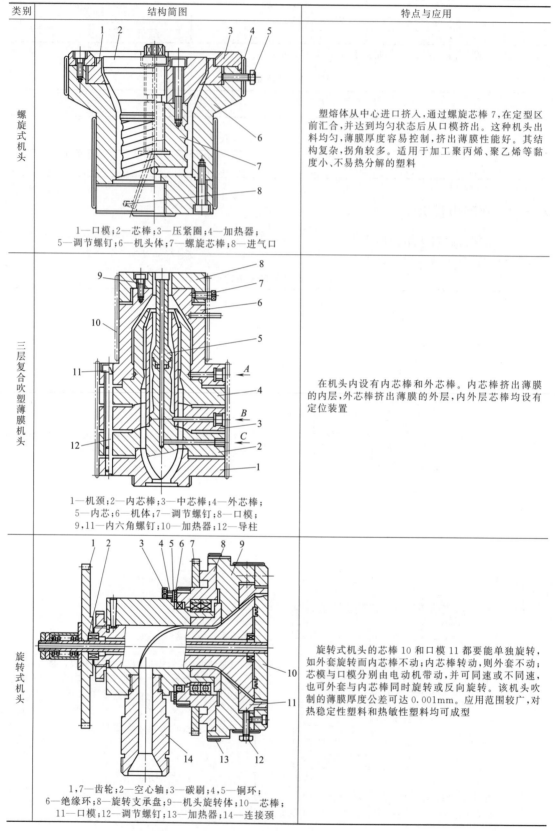1—口模；2—芯棒；3—压紧圈；4—加热器；5—调节螺钉；6—机头体；7—螺旋芯棒；8—进气口	塑熔体从中心进口挤入,通过螺旋芯棒7,在定型区前汇合,并达到均匀状态后从口模挤出。这种机头出料均匀,薄膜厚度容易控制,挤出薄膜性能好。其结构复杂,拐角较多。适用于加工聚丙烯、聚乙烯等黏度小、不易热分解的塑料
三层复合吹塑薄膜机头	1—机颈；2—内芯棒；3—中芯棒；4—外芯棒；5—内芯；6—机体；7—调节螺钉；8—口模；9,11—内六角螺钉；10—加热器；12—导柱	在机头内设有内芯棒和外芯棒。内芯棒挤出薄膜的内层,外芯棒挤出薄膜的外层,内外层芯棒均设有定位装置
旋转式机头	1,7—齿轮；2—空心轴；3—碳刷；4,5—铜环；6—绝缘环；8—旋转支承盘；9—机头旋转体；10—芯棒；11—口模；12—调节螺钉；13—加热器；14—连接颈	旋转式机头的芯棒10和口模11都要能单独旋转,如外套旋转而内芯棒不动；内芯棒转动,则外套不动。芯模与口模分别由电动机带动,并可同速或不同速,也可外套与内芯棒同时旋转或反向旋转。该机头吹制的薄膜厚度公差可达0.001mm。应用范围较广,对热稳定性塑料和热敏性塑料均可成型

（2）机头的主要参数

以表 7-6 的芯棒式机头为例，其主要参数见表 7-7。

表 7-7　机头主要参数

序号	主要参数	参 数 的 确 定
1	口模与芯棒的单边间隙	口模与芯棒的单边间隙： $\delta = 0.4 \sim 1.2$mm 或　　　　　$\delta = (18 \sim 30)t$ 式中　t——塑料薄膜厚度，mm，一般薄膜厚度为 $0.01 \sim 0.3$mm
2	口模定型长度 L_1	口模的定型长度为： $L_1 = 15\delta$ 可按经验参考表 1。 表 1　定型段长度 L_1 与间隙 δ 的关系 {塑料: 聚氯乙烯(PVC), 聚乙烯(PE), 聚酰胺(PA), 聚丙烯(PP); L_1: $(16\sim30)\delta$, $(25\sim40)\delta$, $(15\sim20)\delta$, $(25\sim40)\delta$}
3	缓冲槽尺寸	在芯棒的定型区一般开设 $1 \sim 2$ 个缓冲槽，其作用是可消除管坯上的分流痕迹。缓冲槽截面通常为弓形，其弦长沿芯轴向的尺寸即槽宽取 $b = (15 \sim 30)\delta$，其深度为 $h = (3.5 \sim 8)\delta$
4	芯棒扩张角与分流线斜角	为了避免塑件产生接合缝，芯棒尖处到口模处的距离不应小于芯棒直径 d_1 的 2 倍，以利于熔体很好地汇合。 芯棒扩张角 α，通常取 $80° \sim 90°$，必要时可取 $100° \sim 120°$，但 α 过大，会增大熔体流动阻力。 芯棒轴分流线斜角 β 值与塑料的流动性有关，不宜取得大小，一般可取 $\beta = 40° \sim 60°$
5	吹胀比、牵引比、压缩比及挤塑机与口模直径的选择	吹胀比是指吹胀后的泡管膜直径 D 与未吹胀管的管坯直径 D_0（也即机头口模直径）的比值 ε_p（即 $\varepsilon_p = D/D_0$），一般可取 $1.5 \sim 3.0$，工程上常用 $2 \sim 3$。 牵引比是指泡管膜牵引速度与管坯挤出速度的比值，通常取 $4 \sim 6$。 压缩比是指机颈内流道截面积与口模定型区环形流道截面积的比值，一般应大于或等于 2。 根据机头的结构形式，如十字形机头、螺旋芯棒式机头、旋转式机头和多层复合薄膜吹塑机头。吹塑机头选用的挤出机螺杆的长径比 $i = 20$，应有栅板和过滤网，机头直径的选取可按表 2 的值范围内选取。 表 2　挤塑机与口模直径的关系 {口模内径 D/mm: <120, 75~220, 150~300, >220, >250; 螺杆直径 d/mm: $\phi45$, $\phi65$, $\phi90$, $\phi120$, $\phi150$}

7.3.3　板材、片材挤出机头

板材、片材挤出机头的结构形式有直歧管式机头、鱼尾式机头、螺杆式机头。热塑性塑料挤出成型的板材、片材厚度为 $0.25 \sim 20$mm。厚度小于 0.25mm 为薄膜，目前国内可挤出的聚乙烯软板厚达 15mm，聚氯乙烯软板厚达 12mm，聚氯乙烯硬板厚达 6mm。适用于板材、片材挤出成型的塑料有聚氯乙烯、聚乙烯、聚丙烯、ABS、抗冲聚苯乙烯、聚碳酸酯、聚酰胺、聚甲醛和醋酸纤维素等，其中聚氯乙烯、聚乙烯、聚丙烯、ABS 应用最广。

（1）常用挤出板材、片材机头的结构形式

板材、片材挤出机头的结构形式见表 7-8。

（2）板材和片材机头设计经验数据

① 鱼尾式机头的展开角应控制在 $80°$ 以下，模唇的定型部分长度为板材厚度的 $15 \sim 50$ 倍。

② 直歧管机头的歧管直径应在 $30 \sim 90$mm 范围内。直径越大，储料越多。储料多则料流稳定，有利于板厚的均匀，但直径太大时，熔体在机头内停留的时间过长，会出现一系列疵病。一般硬聚氯乙烯的歧管直径在 $30 \sim 35$mm 范围内，聚乙烯的歧管可在 30mm 以上。

表 7-8 板材、片材挤出机头的结构形式

类别		结构简图	特点与应用
支管机头	一端供料式直支管机头	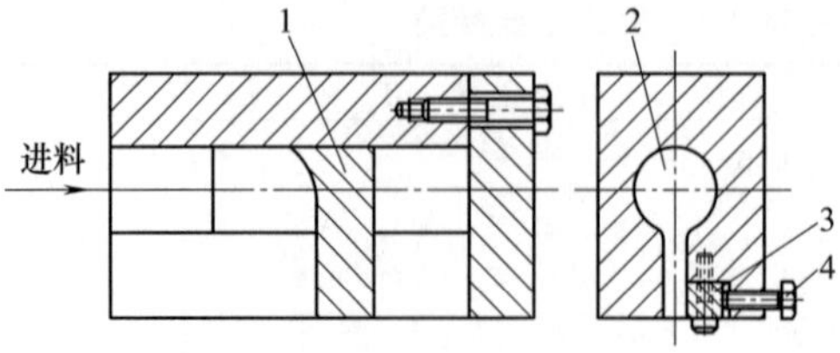 1—幅宽调节块；2—支管模腔；3—口模调节块；4—调节螺钉	塑熔体从支管一端进料。而支管另一端封闭，支管模腔与挤出料流方向一致，板材宽度可由幅宽调节块调节，但熔料在支管内停留下时间较长，因而塑料易产生分解，且温度难以控制
	中央供料式直支管机头	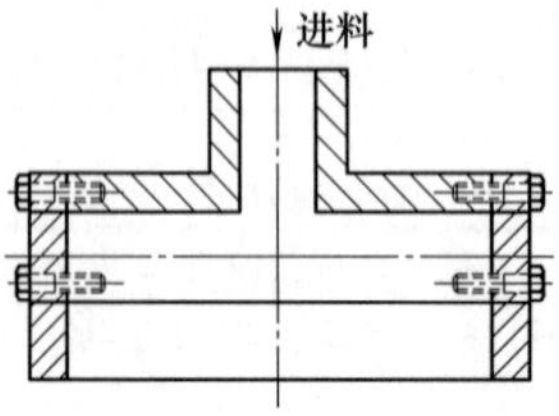	塑料熔体从支管的上部进入，分流充满支管模腔，再从支管模腔的狭缝挤出
	中央供料式弯支管机头	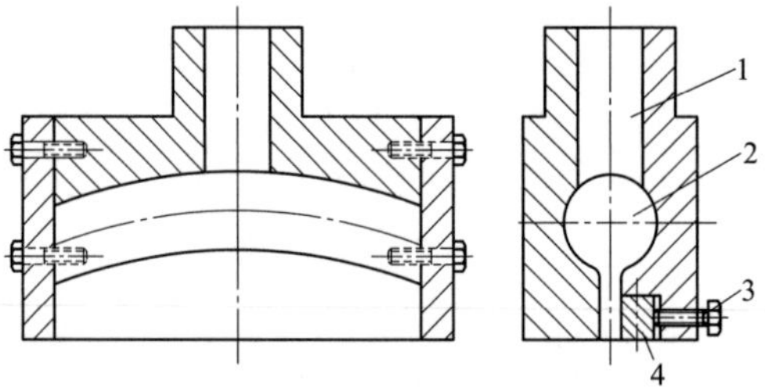 1—进料口；2—弯支管模腔；3—调节螺钉；4—模口调节块	支管模腔呈流线型，适用挤出熔料黏度低，或高黏度而热稳定性差的塑料。机头加工困难，但不能调节塑件的宽幅
	带有阻流棒的双歧支管机头	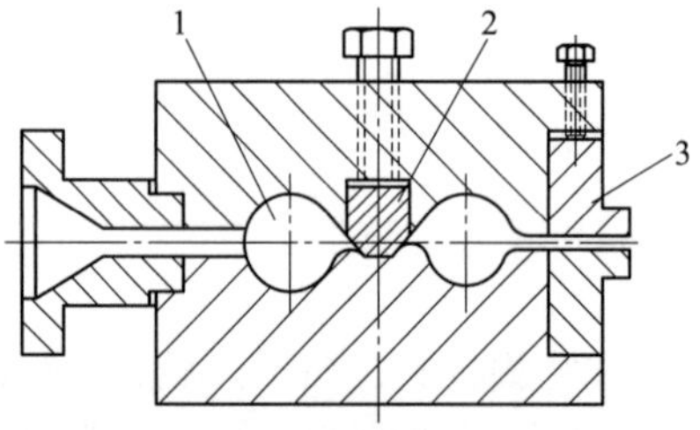 1—支管模腔；2—阻流棒；3—模口调节块	对成型黏度较高的宽幅板材，设置阻流棒来调节流量，限制模腔中部塑熔体的流速，可使机头挤出宽幅度板材的壁厚均匀性提高 10%，成型幅宽可达 1000～2000mm，因塑熔体在支管模腔内停留的时间较长，易过热分解，故不适应热过敏性塑料，可通过缩短支管直径及口模流道长度得到改善
鱼尾式机头	带阻流器的鱼尾式机头	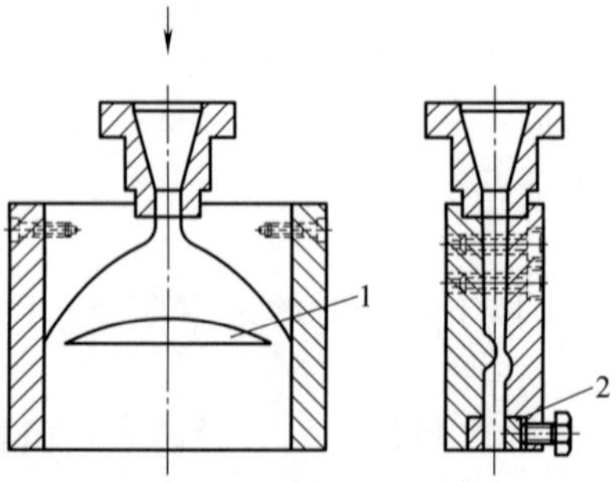 1—模口调节块；2—阻流器	这种模腔呈鱼尾头，熔料从机头中部以圆形截面进入模腔，向两侧分流，从模口处挤出所要求宽度和厚度的板(片)材，由于易造成挤出厚度不均匀，通常在机头模腔内设置阻流器，以调节流料阻力大小。机头结构简单，容易制造。适用于多种塑料的挤出成型，如黏度较低的聚烯烃类塑料和黏度较高的塑料以及过敏性较强的聚氯乙烯和聚甲醛等。但不适于挤出过宽幅的板材，挤出宽度小于 500mm，厚度为 3mm。鱼尾扩张角不宜过大，一般取 80°左右

续表

类别		结构简图	特点与应用
鱼尾式机头	带阻塞棒的鱼尾式机头		挤出宽度大于500mm,鱼尾机头需加强阻流作用,而设置带阻流棒的鱼尾机头
	衣架式机头	1—电热片;2—侧板;3—圆柱销;4—内六角螺钉;5—机颈;6—电热圈;7—下模体;8—电热棒;9—电热偶插座;10—下模唇;11—上模唇;12—上模板体;13—阻流条;14,17—螺钉;15—压条;16,18—螺母;19—挡条	衣架式机头是鱼尾式机头和直支管式机头的中间形式,型腔内有一八字形支管,如同挂衣架。它与T形流道相比,其构成上均有歧管。但直径较小,熔体经其中停留时间短。尤其适用于热稳定性差,或流变性对时间有依赖关系的树脂板材成型,其流道的歧管直径,沿流动方向递减,并与模唇横截面成一定倾角。有利于熔体沿模唇幅宽方向均匀分配,使板材更趋于厚薄均匀性。由于流道的扇形区,其扩散角特别大,放射分配作用更明显,特别适用于宽幅板材的挤出,最大宽幅可达4000~5000mm
	螺杆式机头		这种机头由直支管型机头演变而来,在直支管模腔内加设一根可单独驱动的螺杆,熔料进入螺杆将进一步塑化塑料熔体,以均匀的宽度挤出,适用于宽度较大的片材挤出,挤出片材厚度可达20mm,幅宽达2000~4000mm,适用于各种塑料,尤其适用于一些流动性差、热敏性强的塑料

平直部分长度依熔体特性而不同,一般取长度为板厚的10~40倍。但板材厚时,由于刚度关系,模唇长度应不超过80mm。

③ 衣架式机头的展开角大,但不应大于170°,通常用在150°~170°范围内。生产板、片材及薄膜的模唇宽度通常在700mm以上。定型段长度应取板厚的15~55倍,并依熔体特性及板材宽度而定。歧管直径应在16~30mm范围内。与直歧管式机头一样,如果直径过大,则熔体停留时间过长,熔体产生局部分解。歧管的直径与位置的关系可参考表7-9。

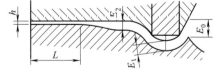

图7-2 机头流道截面形状

模唇和流道截面形状尺寸关系如图7-2所示。L为定型段长度,E_0、E_1、E_2为流道宽度,h为模口缝隙。

表 7-9 歧管直径与位置关系   mm

距末端距离	0	20	30	40	50	100	150	200	250	300	350
歧管直径	0	12.08	12.98	13.64	14.2	16.04	17.24	18.12	18.84	19.44	20

7.3.4 异型材挤出机头

异型机头的设计是比较复杂，因为制品的截面形状不规则，有时壁厚也不规则，挤出时有可能出现三维流动，机头内各部位的流速不一致，致使型腔的压力分布不均匀。

熔体流速的变化情况如图 7-3 所示，图 7-3（a）、(b) 为矩形截面模口，图 7-3（c）为三角形截面模口。通过模口的流料速度用等速线来表示，呈现以中心流速为最大（即等于 1），而周边流速几乎为零的流速梯度，则模口截面范围内任一点的速度 v 与中心速度之比为 v/v_{max}，图中所示数值即是各部位的 v/v_{max} 等速梯度。

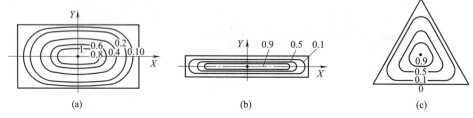

图 7-3 模口截面流速梯度

由于速度存在梯度关系，其等速线的形状与模口形状不一致，所以挤出的塑件形状就与模口不一样，而近似于其等速线，因此必须将模口形状加以修正，才能获得所需要的形状，如图 7-4 所示。

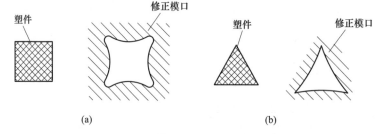

图 7-4 口模形状与塑件形状的关系

异型材机头设计的主要问题是口模的定型长度 L_1 的确定。对于薄厚不同的制件，定型长度也不一样，在料厚的部分阻力小，流速快；料薄的部分阻力大，流速慢。因此料厚的部分，其定型长度应较料薄的部分长，用定型长度来调节料流速度，使在出口时均匀一致。否则制件将产生皱纹且薄厚不匀。

机头的设计应使料流压力分布均匀。根据料流理论分析，流量与定型长度和制件厚度有关。

① 流量与定型长度成反比。
② 流量与制件厚度（口模间隙）的三次方成正比。

机头定型长度的确定，也与塑料的导入部分形状有关。如图 7-5（a）所示，塑料经过滤板整流后，经过导入部分到定型部分而被挤出成型。融料在导入部分逐渐增速，影响制件的形状和尺寸。因此在口模处必须有调节料流的装置，以保证在垂直于机头中心的横截面上的各点速度比较均匀。图 7-5（b）所示为改进后的导入部分，增加了调流部分，使料流速度接近等速后再进入定型部分。调流部分的直径和长度若设计适当，可以提高融料的背压和料流的稳定性。

异型材机头的设计，除考虑以上因素外，还应尽量避免流道截面的突然变化，并要防止产生死角和拐角。截面变化处要平滑地过渡，要有足够的压缩比和定型长度，以保证复杂形状的制件密度均匀，同时口模结构也应便于机械加工制造。

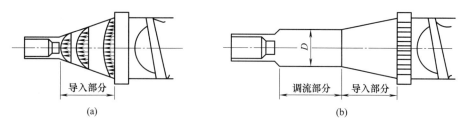

图 7-5 导入部分的设计

(1) 塑料异型材的设计原则

塑料异型材中，按异型材截面特征的不同，常见的截面形状有中空、半空、半开、开式、分节、镶嵌及实心 7 种类型，如图 7-6 所示。分节异型材是指不同颜色塑料或不同种塑料共挤复合的异型材。镶嵌异型材是指塑料与金属、木材、纤维织物等共挤镶嵌在一起的异型材。

图 7-6 异型材分类

不同类型的异型材，其机头流道和定型部分的设计原则也有很大的差异，因此对塑料异型材的设计原则也有所不同，也因塑料的种类而有差异，故对异型材的设计应遵循下列原则。

① 制品的尺寸精度，一般在满足使用要求的前提下，以选用较低精度为宜，可按国家标准 GB/T 14486—1993 中的 MT5 或 MT6 级，最低可选用 MT7 级。

② 塑料异型材的表面粗糙度，与模具流道和定型部分的表面粗糙度有关，其次还与塑料的品种及模温控制精度有关，一般不能高于 $Ra0.8\mu m$，透明型材不高于 $Ra0.6\mu m$，定型段模具表面粗糙度应不高于 $Ra0.4\mu m$。

③ 异型材的截面形状结构应在保证使用的前提下，力求简单，应对称布置，且壁厚均匀，使易于挤塑成型及冷却定型。

④ 异型材的壁厚尽可能地均匀一致，即便难以均匀，也不能差异较大。否则造成塑料流动不平衡，使定型后仍存在内应力，导致变形。常用的 RPVC 异型材，其最小壁厚为 0.5mm，最大为 20mm，一般常取 1.2~4.0mm。

⑤ 异型材截面转角处必须为圆弧过渡，外侧转角圆弧最小为 0.4mm，或为其壁厚的 1/2。在允许条件下，尽可能取较大的圆弧过渡。同一部位的内外转角圆弧，应取同心圆过渡为好。

⑥ 中空异型材的内隔腔或加强肋，其间距不能过小，避免非对称布置，以便于模具设计。隔腔或加强肋的壁厚应小于异型材壁厚的 20%。否则，隔腔或加强肋会发生翘曲变形。

⑦ 异型材的挤塑应与挤出机相匹配，挤出机的螺杆直径及其长径比 (L/D)，依塑料品种，选择挤出机组的生产能力，为此可参考表 7-10。

表 7-10　异型材挤出机组生产量的制品最大质量　　　　　　　　　　　　　　　　kg/m

塑料品种		硬聚氯乙烯（硬 PVC）	软聚氯乙烯（软 PVC）	高压聚乙烯（PE-HD）	低压聚乙烯（PE-LD）	聚丙烯（PP）	聚苯乙烯（PS）	聚甲基丙烯酸甲酯（PMMA）	聚酰胺（PA）	丙烯腈-丁二烯-苯乙烯共聚物（ABS）	醋酸纤维素、醋酸-丁酸纤维素（CA、CAB）
L/D		20	20	25	25	25	20	25	20	20	20
螺杆 D /mm	45	0.30	0.36	0.36	0.36	0.26	0.36	0.36	0.26	0.36	0.36
	65	0.70	0.90	1.0	1.0	1.0	1.0	1.0	0.6	1.3	1.0
	90	1.6	1.7	1.5	2.3	1.5	2	1.5	1.1	2.8	2.0
	120	2.3	4.0	2.7	3.5	2.7	3.2	2.8	—	4.5	2.7

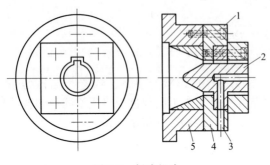

图 7-7　板式机头

1—口模；2—芯棒；3—通气道；4—支承板；5—机头体

(2) 异型材挤出机头的结构形式

① 板式机头

板式机头的结构如图 7-7 所示，其特点是结构简单，制造容易，安装调整方便。机头内流道截面从圆形入口过渡到口模定型段会出现急剧的变化，形成若干平面死点，因而塑熔体在机头内的流动条件较差，对热敏性塑料（如硬聚氯乙烯）挤出时间过长易产生过热分解。一般多用于黏度不高、热稳定性较好的聚烯烃类塑料。

② 流线型机头

流线型机头的结构如图 7-8 所示，用于闭合轮廓成型型材挤出，机头内流道从进料口开始至口模出口，其截面由圆形流道逐渐过渡到异型截面流道，流道壁表面呈光滑流线型曲面。机头一般采用整体式或分段拼合式，图 7-8 所示为整体式流线型机头，机头内的流道由 $A—A$ 截面的圆形过渡到 $F—F$ 截面所要求的异型。这种流线型机头制造难度较大，故常采用分段拼合结构以利于制造，由于拼合处的接缝影响连续过渡，使分段拼合机头的流动条件变差，挤出异型材质量也有所影响。

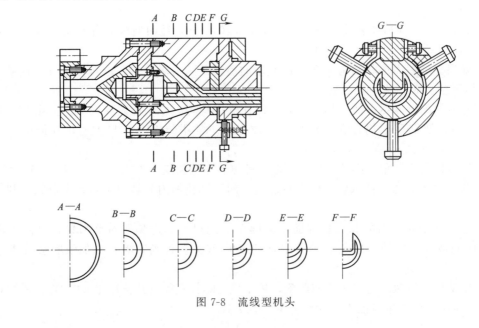

图 7-8　流线型机头

(3) 异型材成型模口模尺寸

异型材的挤塑成型的模具,最主要的参数是口模的形状和尺寸。由于异型材的壁厚有的要求厚薄一致,但也有的各部分厚薄要求不一致,对壁厚各处不一致的,情况较为复杂,其设计难度很大,甚至存在不可能实现的特殊情况。因此设计异型材成型模具,很大程度上是靠经验。

当异型材的壁厚为均匀一致时,其各截面的形状如图 7-9 所示。缝隙宽度 W 的确定,按表 7-11 中公式计算。

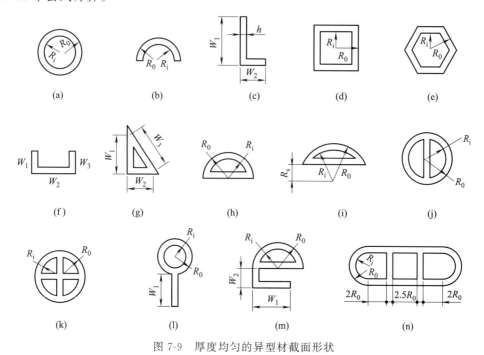

图 7-9 厚度均匀的异型材截面形状

表 7-11 图 7-9 中几何参数 W 的计算

几何图形	计 算 公 式	说　　明
图 7-9(a)	$W=\pi(R_0+R_i)=3.14(R_0+R_i)$,厚度 $h=R_0-R_i$	
图 7-9(b)	$W=\pi(R_0+R_i)/2=1.57(R_0+R_i)$	
图 7-9(c)	$W=W_1+W_2$	
图 7-9(d)	$W=4(R_0+R_i)$	
图 7-9(e)	$W=3.46(R_0+R_i)$	
图 7-9(f)	$W=W_1+W_2+W_3$	式中　W——缝隙宽度
图 7-9(g)	$W=W_1+W_2+W_3$	R_0,R_i——圆环或半圆环外圆及内圆半径
图 7-9(h)	$W=\pi(R_0+R_i)/2+2R_i=1.57R_0+3.57R_i$	K'——流体的流动度($K'=1/n'$)(与喷嘴
图 7-9(i)	$W=(R_0+R_i)(\theta+\sin\theta)$	形状无关)
	式中,角 θ 计算:$\cos\theta=2R_s/(R_0+R_i)$	h——缝隙高度
图 7-9(j)	$W=\pi(R_0+R_i)+2R_i=3.14R_0+5.14R_i$	ΔP——压力降(有时近似地写成 P)
图 7-9(k)	$W=\pi(R_0+R_i)+4R_i=3.14R_0+7.14R_i$	L——导管长度(或缝隙长度)
图 7-9(l)	$W=\pi(R_0+R_i)+W_1=3.14(R_0+R_i)+W_1$	
图 7-9(m)	$W=1.57R_0+3.57R_i+W_1+W_2$	
图 7-9(n)	$W=\pi(R_0+R_i)+4R_i+2\times[6.5R_0+2(R_0-R_i)]$ $=20.1R_0+3.14R_i$	
	流量 $Q=\dfrac{K'Wh^{n+2}\Delta P^m}{2^{n+1}(n+2)L^n}$	

(4) 挤出机头设计要点

① 口模成型区的截面形状，由于受塑料性能、成型压力、温度、流速分布以及离模膨胀和长度收缩的影响，塑料熔体从口模流出的情况非常复杂，故口模的截面尺寸不完全等同于塑件截面尺寸，很大程度上必须依靠经验对口模进行适当的修正。

② 机头结构参数。分流器的扩张角 α 小于 $70°$，对于成型条件严格的塑料（如聚氯乙烯）应尽量控制在 $60°$ 左右；机头压缩比 ε 取 $3\sim13$；压缩角 β 取 $25°\sim50°$。

③ 机头口模的尺寸。机头口模的定型段尺寸 L_1 和口模流道缝隙间隙尺寸 δ 在设计时可参考表 7-12。

表 7-12 不同塑料口模的 L_1、δ、t 的关系

塑　料	软聚氯乙烯 （软 PVC）	硬聚氯乙烯 （硬 PVC）	聚乙烯 （PE）	醋酸纤维素 （CA）	聚苯乙烯 （PS）
L_1/δ	$6\sim9$	$20\sim70$	16	20	20
t/δ	$0.85\sim0.90$	$1.0\sim1.1$	$0.85\sim0.90$	$0.75\sim0.90$	$1.0\sim1.1$

注：t——塑件壁厚。

口模径向尺寸在异型材机头中是指口模流道的外围尺寸，由于受离模膨胀效应，工艺条件波动及塑料本身收缩率偏差和波动的影响，口模径向尺寸较难确定，故设计生产精度较高的中空型材产品时，可参考表 7-13。

表 7-13 口模流道外围尺寸与塑件的截面尺寸的关系

塑　料	软聚氯乙烯 （软 PVC）	硬聚氯乙烯 （硬 PVC）	醋酸纤维素 （CA）	乙基纤维素 （EC）
B_s/B_m	$0.80\sim0.9$	$0.80\sim0.93$	$0.85\sim0.95$	$1.05\sim1.15$
H_s/H_m	$0.70\sim0.85$	$0.90\sim0.97$	$0.75\sim0.90$	$0.80\sim0.95$

注：1. B_s——塑件宽度；H_s——塑件高度；B_m——口模流道外围宽度；H_m——口模流道外围高度。
2. 对于开式异型材（截面外部轮廓曲线完全开放），表中数值应缩小 $10\%\sim30\%$。

异型材的壁厚如不完全一致时，则厚的部位流量大、阻力小。当牵引的速度按厚的部位的速度进行时，则薄的部位就更薄，反之厚的部位出现曲折。此现象可以通过改变口模定型段的长度来解决。但其设计数据与实际很难一致，而必须在试模后修正。

对挤出厚薄不一致的异型材，可把厚的部位的定型长度加长，口模的常用设计数据可参见表 7-14，口模唇设计的经验数据见表 7-15。

表 7-14 口模常用设计数据

材料	宽度	高度	壁　厚	定型长度/mm
一般塑料	$+20\%$	$+35\%$	厚度一致时 $+20\%$	$25\sim38$
软 PVC	$+20\%$	$+30\%$	厚度一致时 $+12.5\%$ 厚度不一致时 $+13.2\%$	$25\sim38$
硬 PVC	$+1\%$	$+1\%$	$+1.1\%$	13
PE	$+10\%$	$+15\%$	0%（试模时修整）	
CA CAB PS	$+20\%$	$+20\%$	0%（壁厚较大时 -10% 以上）	$25\sim38$

表 7-15 口模唇设计数据

材　料	宽　度	高　度	成型段长高比(L/h)
cA	+12%～+20%	+10%～+30%	4:1～16:1
CAB	+10%～+20%	+10%～+20%	4:1～16:1
PS	-12%～+20%	-15%～+13%	6:1～24:1
PVC	-20%	+3%	6:1
Actryloid	+10%	-5%	—
EPC	+10%	+20%	4:1～16:1

④ 导入部位设计。从表 7-1 中直管式机头可知，其塑料熔体经压缩即可直接进入成型区。而异型机头则不能，是因为异型材的口模缝隙不规则，熔体在压缩区内的流速不均匀，必须先经过调流部分再进入成型区。例如图 7-10，$h_1=(2\sim2.5)h$，$L_1=(5\sim10)h_1$，在挤出工字型材时，其压缩区（即导入部分开始）之后加一圆形截面调流区，逐渐进入口模。

对于大尺寸异型材的挤出，必须在导入部分加一分流梭，如管材机头能使熔体受到压缩，分流梭的作用是打乱原来从栅板流出的熔体所具有的分层流动现象（即越向中心的流速越大的分层现象）。熔体经过分流后，再次汇集于调流部分形状所要求的截面形状，此时各部分的流速大体一致，而不需要再根据流速调整口模，如图 7-11 所示。

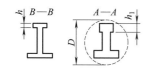

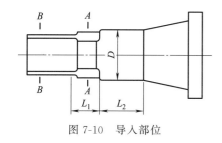

图 7-10　导入部位

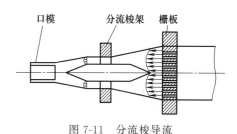

图 7-11　分流梭导流

7.3.5　电线、电缆挤出机头

在金属丝单根或多股芯线上包覆一层软质塑料绝缘层和保护层，通常称为电线。而在一束彼此绝缘的导线或不规则的芯线上包覆绝缘层的线材称为电缆。包覆挤塑模被广泛应用在电线、电缆生产中。包覆挤塑机头通常有两种结构形式。

(1) 挤压式包覆机头

挤压式包覆机头的典型结构如图 7-12 所示，塑料熔体经过挤压通过栅板进入机头体 6，经过芯棒 14 汇合成一封闭的熔料环后，经阻流环 5 和口模 1 最终包覆在芯线 11 上，芯线同时连续地通过芯线导向棒，使包覆挤出能连续进行。

挤压式包覆机头适合于多股导线的包覆，塑料熔体和导线间具有良好的黏附效果，为了防止空气进入流道，而影响电线包覆质量，可采取抽真空措施。

挤压式包覆机头通常是用于生产电线的。一般情况下，定型长度 L 为口模出口处内径 D 的 1.0～1.5 倍；导向锥 15 前端与口模 1 入口之间的距离 L_1 也可取口模出口直径 D 的 1.0～1.5 倍；导向锥的导向孔与金属芯线间的间隙为 0.05mm 左右。包覆层一般可取 1.25～1.6mm。

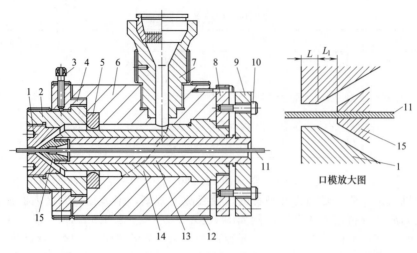

图 7-12 挤压式包覆机头

1—口模；2—口模体；3—调节螺钉；4—锁母；5—阻流环；6—机头体；7—机颈；8—支承板；
9—挡板；10—螺钉；11—芯线；12—电热圈；13—导向套；14—芯棒；15—导向锥

(2) 套管式包覆机头

套管式包覆机头的结构如图 7-13 所示。其结构与挤压式包覆机头基本相似，但不同之处在于套管式包覆机头是将塑料挤成管坯，然后在口模外靠塑料管坯的遇冷收缩而包在芯线上。

塑料熔体通过挤出机、栅板进入机头体内，然后流向芯线导向棒，而导向棒的作用相当于管材挤出机头中的芯棒，用以成型管坯的内表面，口模成型管坯的外表面，挤出的塑料管坯应与导向棒同心，塑料管坯挤出口模后立即包覆在芯线上。

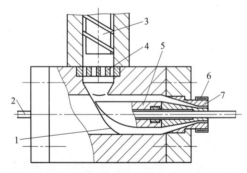

图 7-13 套管式包覆机头

1—螺旋面；2—芯线；3—挤出机螺杆；4—栅板；5—导向棒；6—电热圈；7—口模

套管式包覆机头多用于电缆的包覆或绝缘导线的二次包覆。包覆层的厚度随口模尺寸、导向棒头部的位置、挤出速度与芯线牵引速度等的变化，可进行调整。口模的定型段长度 L，应为口模出口处直径 D 的 0.5 以下，否则螺杆的背压过大，使电缆表面出现流痕而影响表面质量，同时也会降低产量。

7.4 机头与挤出机的关系

设计挤出机头时，必须了解挤塑机的相关技术参数及机头与挤塑机的连接方式，使设计的机头适应挤出机的要求。国产挤出机的技术参数和连接形式及尺寸见表 7-16。

表 7-16　机头与挤出机的连接形式

类型	结构简图	说明
（Ⅰ）螺纹连接机头	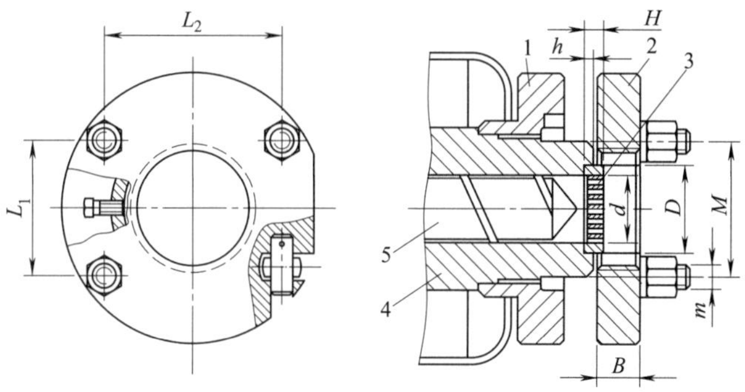 图 1 1—挤出机法兰；2—机头法兰；3—栅板；4—机筒；5—螺杆	图 1 与图 2 的连接形式基本相同，机头都是以螺纹连接在机头法兰上，而机头法兰是以铰链螺钉与机筒法兰连接固定的，在图 1 中用 4 个铰链螺钉，而图 2 中用 6 个铰链螺钉。一般的安装次序是先松动铰链螺钉，打开机头法兰，清理干净后，将栅板装入机筒部分（或装在机头上），再将机头安装在机头法兰上，最后闭合机头法兰，紧固铰链螺钉即可。机头与挤出机的同心度是靠机头的内径和栅板的外径配合，而栅板的外径是与机筒有配合的，因此保证了机头与机筒的同心度要求。安装时栅板的端部必须压紧，否则会漏料。挤出机头的连接形式及尺寸见表 7-17
（Ⅱ）螺钉连接机头	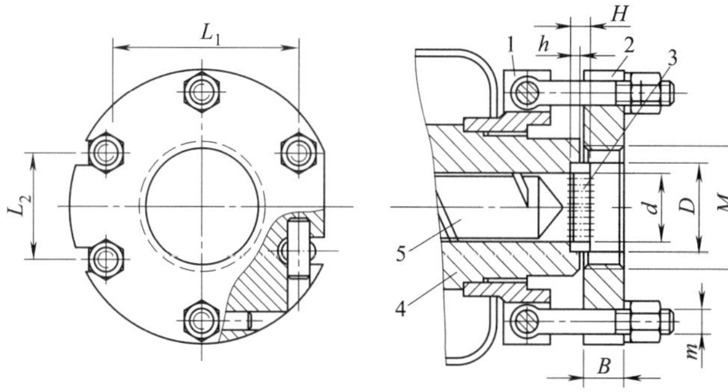 图 2 1—挤出机法兰；2—机头法兰；3—栅板；4—机筒；5—螺杆	
（Ⅲ）螺钉连接机头	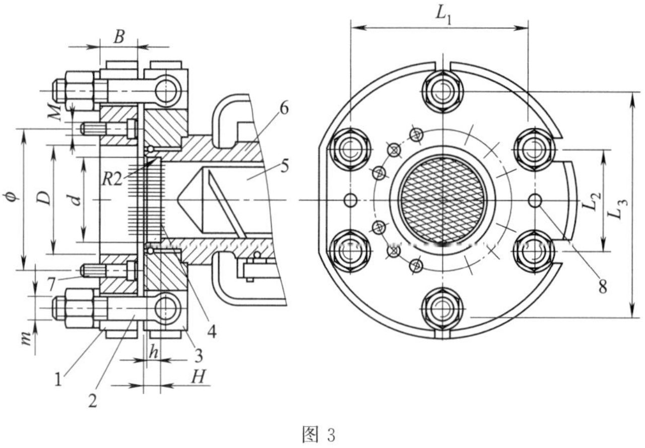 图 3 1—机头法兰；2—铰链螺钉；3—挤出机法兰；4—栅板；5—螺杆；6—机筒；7—螺钉；8—定位销	图 3 所示为机头与挤出机连接的另一种形式，机头以 12 个内六角螺钉与机头法兰连接固定，因为机头法兰与机筒法兰有定位销 8 定位，而机头的外圆与机头法兰内孔配合，因此可以保证机头与挤出机的同心度要求。其连接尺寸见表 7-18

续表

类型	结构简图	说 明
(Ⅳ) 快速更换机头	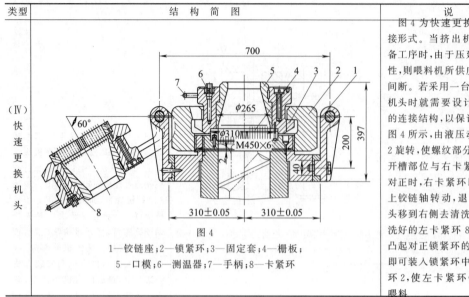 图 4 1—铰链座；2—锁紧环；3—固定套；4—栅板； 5—口模；6—测温器；7—手柄；8—卡紧环	图 4 为快速更换机头的一种连接形式。当挤出机用于喂料的准备工序时，由于压延机生产的连续性，则喂料机所供应的塑料也不能间断。若采用一台喂料机，在清洗机头时就需要设计快速更换机头的连接结构，以保证连续供料。如图 4 所示，由液压动力推动锁紧环 2 旋转，使螺纹部分松开，当旋转到开槽部位与右卡紧环的凸起部位对正时，右卡紧环即可绕铰链座 1 上铰链轴转动，退出锁紧环，将机头移到右侧去清洗，然后换上已清洗好的左卡紧环 8，使左卡紧环的凸起对正锁紧环的开槽后，卡紧环即可装入锁紧环中，液压传动锁紧环 2，使左卡紧环锁紧，即可连续喂料

表 7-17　机头连接部分形式Ⅰ、Ⅱ的连接尺寸　　　　　　　　　　　　mm

符号	挤出机型号						符 号 意 义
	SJ-45	SJ-65	SJ-65	SJ-90	SJ-120	SJ-150	
M	M80×4	3M110×2	3M110×2	M140×3	M180×3	M180×3	机头与机头法兰连接的螺纹尺寸
D	$\phi55$	$\phi80$	$\phi90$	$\phi110$	$\phi160$	$\phi175$	栅板外径
d	—	$\phi70$	$\phi70$	$\phi90$	$\phi120$	$\phi150$	栅板开孔处直径
m	M18	—	T22	T24	—	—	铰链螺钉直径
B	30	35	35	45	68	68	机头法兰厚度
H	—	15	15	20	32	38	栅板厚度
h	8	5	7	8	—	14	栅板伸入机筒部分厚度
L_1	104	170	181.86	210	348	348	铰链螺钉
L_2	104	115	105	120	205	205	中心距

表 7-18　机头连接部分形式Ⅲ的连接尺寸　　　　　　　　　　　　mm

型号	ϕ	D	d	B	H	h	L_1	L_2	L_3	m	M
SJ-90	180	140	106	40	—	20	277	160	320	27	20
SJ-150	280① 300②	220	185	70	42	30	381	220	440	36	32① 24②
SJ-200	340	275	235	—	50	40	476.3	275	—	42	

① 安装管材机头的尺寸。
② 安装板材机头的尺寸。
注：表中数据为大连橡胶塑料机械厂的产品规格。

表 7-18 中符号意义：

　　ϕ——机头与机头法兰连接的内六角螺钉中心距；

　　D——机头与机头法兰连接的定位孔直径；

　　d——栅板外径；

　　B——机头法兰厚度；

　　H——机筒安装栅板处厚度；

h——栅板厚度;
m——机头与机头法兰连接的内六角螺钉直径;
M——内六角螺钉直径;
L_1,L_2,L_3——铰链螺钉中心距。

7.5 机头的材料与热处理

各种挤出机头所使用的材料见表7-19～表7-21。

表7-19 机头主要零件常用钢材

钢 号	供应状态(HB)	淬火钢			基 本 性 质
		淬火温度/℃	冷却介质	硬度(HRC)(不小于)	
T8 T8Mn T8A T8MnA	<187	780～800	水	62	硬度高、耐磨、切削性差
T9 T10 T9A T10A	<197	760～780	水	62	有一定韧性、硬度高、耐磨
T12 T12A	<207	760～780	水	62	耐磨、韧性较差、切削性好
45	<127	830～860	水	40～48	通常用在调质或正火状态使用
50	<229	820～850	水或油	45～50	焊接性差,耐磨好于45钢
40Cr 45Cr	<217	820～840	水或油	45～50	耐磨,强度较好,可用于重要的调质零件
40Cr2MoV	<269	855	油	50～55	高级调质钢
38CrMoAlA	<229	935～850	水或油	55～60	用于渗氮件,强度高、耐磨、耐温、耐腐蚀,热变形小
5CrMnMo	<241	820～825	油	50	高强度、耐磨、热变形小
9CrMnMo	<241	800～830	油	50	韧性好、热变形小、切削性差
CrWMn	<255	800～830	油	62	韧性好、热变形小、切削性差
Cr12MoV	<255	950～1000	油	58	耐磨,耐温,强度高,热变形小,有一定弹性
65Mn	<269	830	油	50	强度高、淬透性大、有热脆性,工作温度≤120℃(弹性零件)
60Si2Mn	<285	870	油	—	用于高应力件,耐温,工作温度<250℃(指弹性零件)
60Si2MnA	<302	870	油	—	工作温度≤350℃(指弹性件)
4Cr13	>240	1050～1100	油	50	耐高温,耐腐,不锈,作弹性件,工作温度≤400℃
8Cr13	<207	1000～1050	油	48	耐温、耐磨、不锈
1Cr13	<187	1000～1050	油	—	一般防腐件
5CrNiMo	<241	830～860	油	47	耐磨、耐热、冲击性好
3CrAl	<244	850～880	水	50	耐酸、耐温
4WVMoW	<244	1000～1050	油	50	冲击性好、耐热、耐磨

表 7-20 机头与定型模常用铝合金

材料名称	牌号	硬度(HB)	拉伸强度/MPa	基 本 性 质
铸造铝合金	ZL101	45~60	140~200	耐腐蚀性高,抗氧化
	ZL102	50	140~160	耐腐蚀性好,抗氧化
	ZL203	60~70	200~250	耐高温,切削性能好,不宜做复杂形状
	ZL401	80~90	250	强度好,耐腐蚀性差些

表 7-21 易切结构钢

牌号	化学成分(质量分数)/%					不经热处理热轧钢的力学性能			不经热处理冷轧钢的力学性能			用途
	C	Mn	Si	P	S	σ_b /(×10 MPa)	δ_5 /%	(HB)	σ_b /(×10 MPa)	δ_5 /%	(HB)	
Y12	0.08~0.16	0.6~0.9	0.15~0.35	0.08~0.15	0.08~0.20	42~57	>22	<160	52~70	7	167~217	连接零件
Y20	0.15~0.25	0.6~0.9	0.15~0.35	<0.06	0.08~0.15	46~61	>20	<168	54~73	7	167~217	连接零件
Y30	0.25~0.35	0.70~1.00	0.15~0.35	<0.06	0.08~0.15	52~67	>15	<185	55~70	6	174~223	耐磨及较复杂零件
Y40Mn	0.35~0.45	1.20~1.55	0.15~0.35	<0.05	0.18~0.30	60~75	>14	<207	—	—	—	耐磨及复杂零件

7.6 挤塑机

7.6.1 螺杆特性

单螺杆挤塑机的螺杆特性,主要包括长径比、压缩比及螺杆分段等特性。

① 长径比 B。是指螺杆有效长度 L 与其外径 D 之比,即 $B=L/D$。B 值增大,塑化质量高,压实充分,塑件外观好,力学性能优,且螺杆特性曲线的斜率减小,挤出量更趋稳定。但 B 值也不宜过大,否则会增大能量损耗和机器磨损,常用螺杆的长径比有 15、20、25 三种,最大可达 32。

② 压缩比 ε。也称为几何压缩比,是指螺杆加料段第一个螺槽容积与计量段最后一个螺槽容积之比。其值与塑料品种密切相关,一般在 2~5 之间,如表 7-22 所示。

③ 螺杆分段。通常按螺杆功能分为加料段、压缩段和计量段。每段占总长 L 的百分比,视塑料类型不同而异,其常见值见表 7-23,图 7-14 为 ϕ45mm 挤塑机螺杆的使用值。

表 7-22 常用塑料几何压缩比 ε

塑料品种		ε	塑料品种	ε	塑料品种	ε
RPVC	粒料	2~3	ABS	2~3	PSU	3~5
	粉料	3~5	PA	2~4	PC	2~3
SPVC	粒料	3~4	POM	3~4	PP	3~4
	粉料	3~5	PS	2~4	CA	1.7~2.5
PE	管材	3~4	PET	3~4	PPO	2~3
	薄膜	4~5	PMMA	3~4	氟树脂	3~4

表 7-23　螺杆类型及分段

螺杆类型	塑料类别	加料段 L_1	压缩段 L_2	计量段 L_3
渐变型	无定型	10%～25%	50%～60%	20%～30%
突变型	结晶型	50%～60%	(2～3)D	25%～35%

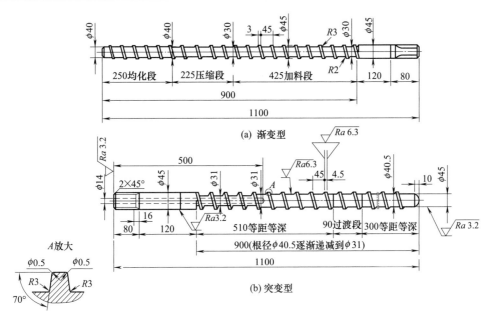

图 7-14　ϕ45mm 挤塑机螺杆的使用值

7.6.2　挤塑模设计在工艺方面考虑的因素

挤塑模与挤塑机相结合的操作特性，是挤塑模设计需考虑的重要因素。由图 7-15 可知：在螺杆转速 n 不变时，增大挤塑模内腔阻力 k_i，其挤出产量 Q 明显下降。因此由挤塑模引起的压力降 Δp 尤为重要；在绝热操作条件下，熔体黏滞流动所造成挤塑模内熔体温度升高 ΔT 与压降的定量关系，其表达方程式为：

$$\Delta T = \Delta p / \rho \cdot c_v \tag{7-1}$$

式中　Δp——压降，Pa；
　　　ρ——熔体密度，kg/m³；
　　　c_v——塑料比定容热容，J/(kg·℃)。

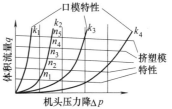

图 7-15　单螺杆挤塑机工作特性曲线
（杆转速 $n_1<n_2<n_3<n_4<n_5$；口模阻力 $k_1<k_2<k_3<k_4$）

7.6.3　挤塑机性能

(1) 挤塑机产量

螺杆计量段的流量即挤塑机的体积流量，其表达式：

$$q = An - B(p/\eta) \tag{7-2}$$
$$A = \pi^2 D^2 h_3 \sin\phi \cos\phi / 2$$
$$B = \pi D h_3^3 \sin^2\phi / 12L_3$$

式中　n——螺杆转速，r/min；
　　　h_3——计量段螺槽深度，cm；
　　　ϕ——螺纹升角，(°)；
　　　η——塑料熔体黏度，N·s/cm²。

塑熔体在挤塑模内腔的体积流量，其表达式为：

$$q = k\frac{\Delta p}{\eta} \tag{7-3}$$

当挤塑机产生的压力 p，正好被挤塑模压力损失 Δp 所平衡时，即 $p = \Delta p$，则将式（7-3）代入式（7-2），可得出挤塑机产量：

$$q = Ank/B + k \tag{7-4}$$

由此可知，当螺杆选定后，A、B 为常数，其产量仅与螺杆转速 n 和模具阻力系数 k 有关；当挤塑模确定后，产量仅为螺杆转速的单值函数。但螺杆转速有一定范围，通常随螺杆直径增大而减小。

国产单螺杆挤塑机的基本参数见表 7-24。国产同向、异向双螺杆挤塑机的技术参数分别见表 7-25、表 7-26，锥形双螺杆挤塑机的基本参数见表 7-27。

表 7-24 国产单螺杆挤塑机的基本参数

序号	螺杆直径/mm	螺杆转速/(r/min)	长径比 L/D	产量/(kg/h) RPVC	产量/(kg/h) SPVC	电动机功率/kW	加热段数（机身）≥	加热功率（机身）/kW <	中心高/mm
1	30	20～120	15 20 25	2～6	2～6	3/1	2 3 4	3 4 5	1000
2	45	17～102	15 20 25	7～18	7～18	5/1.67	2 3 4	5 6 7	1000
3	65	15～90	15 20 25	15～33	16～50	15/5	3 3 4	10 12 16	1000
4	90	12～72	15 20 25	35～70	40～100	22/7.3	3 4 5	18 24 30	1000
5	120	8～48	15 20 25	56～112	70～160	55～18.3	3 4 5	30 40 45	1100
6	150	7～42	15 20 25	95～190	120～280	75/25	4 5 6	45 60 72	1100
7	200	5～30	15 20 25	160～320	200～480	100/33.3	5 6 7	75 100 125	1100
8	250								
9	300		250、300 为推荐发展规格，其性能参数暂不作规定						

表 7-25 同向双螺杆塑料挤出机的技术参数（JB/T 5420—2014）

螺杆直径/mm	螺杆长径比	螺杆最高转速/(r/min)	主电动机功率/kW	最高产量/(kg/h)
>20～30	32～64	≥500	≥11	≥30
>30～40			≥22	≥60
>40～50			≥37	≥120
>50～60			≥55	≥160
>60～70			≥75	≥200
>70～80			≥110	≥300

续表

螺杆直径/mm	螺杆长径比	螺杆最高转速/(r/min)	主电动机功率/kW	最高产量/(kg/h)
>80~90	32~64	≥500	≥160	≥450
>90~100			≥315	≥900
>100~120			≥400	≥1100
>120~150			≥560	≥1500
>150~180	24~48	≥300	≥1250	≥3500
>180~210			≥2000	≥6000
>210~260			≥4000	≥12000
>260~320	20~32	≥160	≥5000	≥15000
>320~380			≥6000	≥18000

注：最高产量的测试原料为熔体流动速率（230℃，2.16kg）~8g/10min的聚丙烯粒料。

表7-26 异向双螺杆塑料挤出机的技术参数（JB/T 6491—2015）

挤出机系列			螺杆直径/mm	螺杆长径比	挤出量/(kg/h)	比流量/[(kg/h)/(r/min)]	实际比功率/(kW·h/kg)	中心高/mm
40	管材		>35~45	12~34	≥30	≥0.50	≤0.16	1000, 1150, 1250, 1400
	异型材				≥15	≥0.35		
	板材				≥25	≥0.45		
	造粒	PVC-U			≥30	≥0.60		
		SPVC			≥40	≥0.75		
60	管材		>55~65		≥110	≥1.89		
	异型材				≥80	≥1.55		
	板材				≥90	≥1.72		
	造粒	HPVC-U			≥110	≥1.90		
		SPVC			≥130	≥2.20		
80	管材		>75~85		≥160	≥5.71		
	异型材				≥110	≥3.65		
	板材				≥130	≥4.50		
	造粒	HPVC-U			≥170	≥6.07		
		SPVC			≥230	≥6.20		
90	管材		>85~95		≥240	≥6.36		
100	造粒（HPVC-U）		>95~105		≥280	≥8.00		
110	管材		>105~110		≥300	≥7.88		
	异型材				≥260	≥10.40		
	板材				≥200	≥5.26		
	造粒	HPVC-U			≥300	≥6.25		
		SPVC			≥400	≥7.31		
120	管材		>115~125		≥260	≥7.00		
130	管材		>125~135		≥400	≥10.50		
140	管材		>135~145		≥460	≥11.50		
	板材				≥360	≥9.00		
	造粒	HPVC-U			≥520	≥13.00		
		SPVC			≥800	≥13.30		
150	管材		>145~155		≥1000	≥13.00		
	板材				≥600	≥10.00		
	造粒	HPVC-U			≥800	≥14.00		
		SPVC		8~16	≥1000	≥14.50		
200	造粒（PVC）		>195~205		≥2000	≥15.00		

注：本表中，挤出量、比流量、实际比功率采用测试机头进行检测。

表 7-27　锥形双螺杆塑料挤出机的基本参数（JB/T 6492—2014）

螺杆小端公称直径 d/mm	螺杆最大转速与最小转速的调速比 i	挤出产量(PVC-U) Q/(kg/h)	实际比功率 N'/(kW·h/kg)	比流量 q/[(kg/h)/(r/min)]	中心高 H/mm
25	≥6	≥30	≤0.14	≥0.50	1000
35		≥70		≥1.75	
45		≥88		≥2.59	
(50)		≥148		≥4.35	
51		≥152		≥4.61	
55		≥165		≥5.00	
(60)		≥210		≥6.36	
65		≥270	≤0.13	≥8.18	
80		≥410		≥12.81	
92		≥770		≥24.0	1100

注：括号内的螺杆小端公称直径是辅助规格。

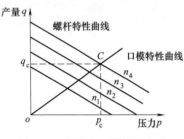

图 7-16　螺杆与口模特性曲线

（2）特性曲线

由前述方程式（7-3）可知，挤塑机产量 q 与压力 p 呈线性关系，其斜率为负。如果将它按不同的螺杆转速 n 值，绘成 q—p 坐标图（见图 7-16），便形成一系列的称为"螺杆特性曲线"的平行线。由图可知，挤塑机产量 q 随着压力 p 的增大而减小，当 $p=0$，q 为最大值。实际上由于模具的阻力存在，因而挤塑机不可能达到最大值 q_{max}。

如果以 p 代替 Δp，将式（7-2）也标绘在 q-p 坐标图上，可得一斜率为正的直线。该直线过原点 o，即称为"口模特性曲线"。口模特性曲线与螺杆特性曲线的交点 C 为挤塑机的最佳工作点，如图 7-16 所示。此时的压力为 p_c，相应产量为 q_c。

第8章 中空吹塑模设计

8.1 中空成型的分类和基本结构

中空成型是在闭合模具内用压缩空气将熔融状态的塑料型坯吹胀,然后冷却而得到的中空塑件的成型方法。吹塑成型主要用于制造薄壁塑料瓶、桶、杯、薄壁塑料包装用品和玩具类塑件。用于吹塑成型的方法如下。

1) 挤出吹塑。将挤出管坯在未冷却之前送入吹塑模内,用压缩空气吹胀成型。

2) 注射吹塑。由一侧为注射成型而另一侧为吹塑成型的专用设备,在注射成有底的瓶坯后,再将热坯(或加热)移到吹塑模内用压缩空气吹塑成型。

3) 拉伸吹塑。将挤出或注射成坯料后,用拉伸法使坯料拉长,然后进行吹塑。可以获得较大的吹胀比。

4) 复合吹塑。用于多层复合型坯吹塑成型,多层吹塑与普通吹塑的主要差异在于所用型坯不同,多层吹型坯通常需要使用共挤出或共注射方法生产型坯,将型坯吹塑,可使多层不同性能的塑料叠合在一起,并形成空心塑件。多层吹塑用于单独使用一种塑料不能满足使用要求时,如用聚氯乙烯做外层,聚乙烯做内层,可以使塑件气密性好且无毒。

5) 片材吹塑成型。将片材加热软化,闭合模具,在叠放的片材之间插入压缩空气吹管,使片材经吹胀变形并贴靠模腔而成型为中空塑件。

中空成型的瓶类塑件,其最后成型所使用的模具结构,均由两个半模组成。吹塑模的两个半模各由三部位组成,即颈部、体部和底部,见表8-1。

表8-1 塑料瓶吹塑模具结构

部位	类型		图　　示	说　　明
(1)瓶颈	有螺纹瓶颈	通用螺纹	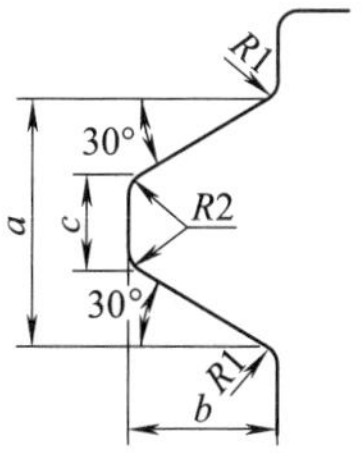 图1 通用瓶颈螺纹截面	用于旋上瓶盖的瓶颈,瓶盖可以是塑料的,也可以是金属的。由于普通螺纹在两半模分开时易产生干涉现象,损及螺纹,所以吹塑瓶颈的螺纹设计成特殊的截面形状。塑料瓶用螺纹标准与玻璃瓶不同,通用螺纹用于各种塑料瓶口(图1所示),其截面为梯形,螺纹有一圈、一圈半和两圈三种

续表

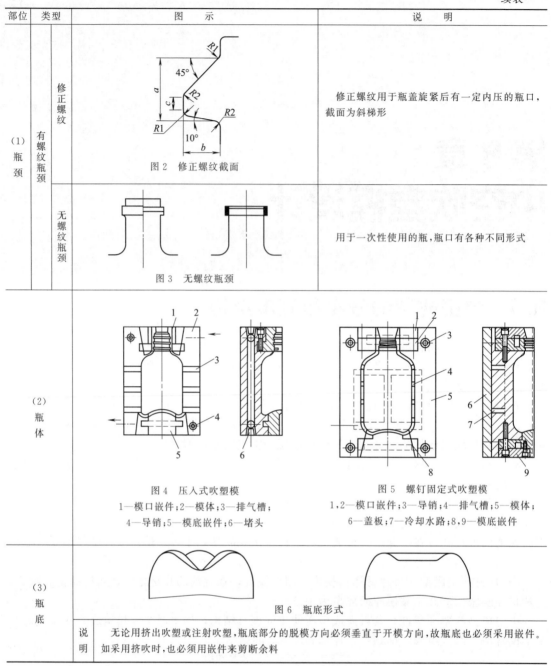

部位	类型	图示	说明
(1) 有螺纹瓶颈	修正螺纹	图2 修正螺纹截面	修正螺纹用于瓶盖旋紧后有一定内压的瓶口,截面为斜梯形
瓶颈	无螺纹瓶颈	图3 无螺纹瓶颈	用于一次性使用的瓶,瓶口有各种不同形式
(2) 瓶体		图4 压入式吹塑模 1—模口嵌件;2—模体;3—排气槽; 4—导销;5—模底嵌件;6—堵头	图5 螺钉固定式吹塑模 1,2—模口嵌件;3—导销;4—排气槽;5—模体; 6—盖板;7—冷却水路;8,9—模底嵌件
(3) 瓶底		图6 瓶底形式	
说明	无论用挤出吹塑或注射吹塑,瓶底部分的脱模方向必须垂直于开模方向,故瓶底也必须采用嵌件。如采用挤吹时,也必须用嵌件来剪断余料		

① 瓶颈。

吹塑模瓶颈部分是与吹管配合的部位,同时又是形成不同形状瓶颈的部位。瓶颈的形状依设计方案而定。常见有螺纹瓶颈和无螺纹瓶颈两类。

② 瓶体。

瓶体部分为瓶的造型主要部位,可依用途而设计各种不同的形状,但无论截面何种形状,必须能顺利脱模,因为瓶体是最薄的部分,如略有阻碍,则塑件脱模后必然变形而成为废品。

③ 瓶底。

塑料瓶的瓶底设计为凹入式，目的是为了能在平面上直立放置，也有为了自动灌装液体，而将瓶底设计为有止转槽的形式。

8.2 吹塑成型模设计

8.2.1 瓶颈设计

瓶颈是吹塑模的入料和送气吹胀的部位，依瓶的设计而异，可分为有螺纹瓶颈、无螺纹瓶颈、大口颈瓶颈、自灌注密封瓶颈四类，其设计要求见表 8-2。

表 8-2 吹塑模瓶颈设计

类型		图示	说明
有螺纹瓶颈	实体螺纹	 图 1	螺纹截面全部由塑料做成实体，用挤出吹塑或注射吹塑成型，其螺纹强度较大、密封性好。成型时，由两个半模合并成为连续螺纹。螺纹有一圈、一圈半、两圈三种，特殊要求的也有 4～5 圈。制造螺纹阴模时注意螺纹的起始端必须设在半模中央。两半模瓶颈嵌件应合在一起同时加工螺纹，以保证螺纹的正确连续
	薄膜螺纹	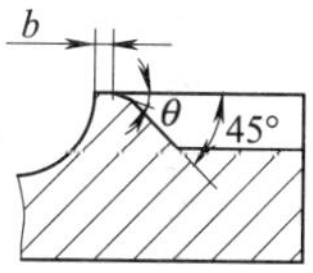 图 2	成型螺纹时，由于瓶坯直径大于瓶口直径，所以在两个半模合模后要夹住瓶坯而将无用的多余料切断。应要求螺纹阴模具有能切断余料的作用，称为切口。切口的截面形状见图 2。切口有一平面 b，其后做成能容纳余料的空间，空间与切口的边连接处成一角 θ。为了使螺纹的分型面上少留余料，b 的尺寸应尽量小，根据瓶颈直径的大小，可以做 $b=0.08\sim0.12$mm，$\theta=20°$
无螺纹瓶颈		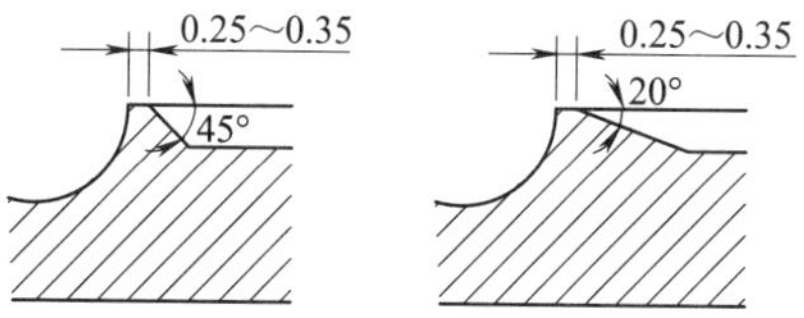 图 3	无螺纹瓶盖的一次性用瓶，多做成无螺纹的瓶颈，但为了增加瓶口的强度，瓶口做成如图 3 所示的形状，瓶颈嵌件的做法与有螺纹瓶颈基本相同，由于没有螺纹，分型面上的余料痕要求可以放宽，切口的形式如图 3 所示 图 3(a) 用于一般高密度聚乙烯材料的切口，它不适用于薄壁的瓶颈，因为会造成融合不良，有时会留有漏水孔 图 3(b) 形式可以避免上述缺点
大口径瓶颈		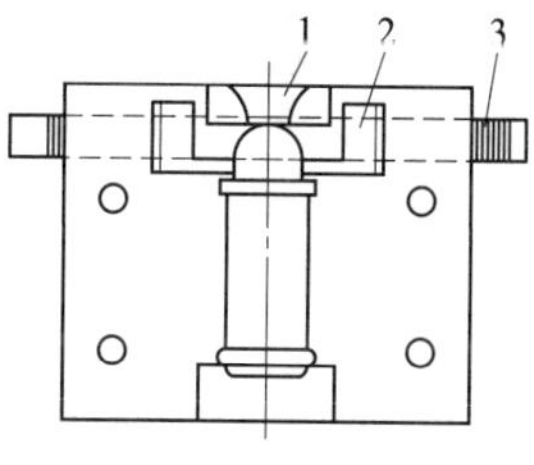 图 4 1—吹口；2—切刀（可旋转）；3—齿条（用以推动切刀）	瓶颈直径与瓶体长度之差很少。这种瓶颈需要和瓶体同时吹成，在模具上另设吹口板，吹口板到瓶口的一部分，在开模前被切掉，模具结构如图 4 所示

续表

类型	图示	说明
自灌注密封瓶颈	(见图5) 图5 1—坯料;2—模体;3—模口嵌件	这种特殊瓶子用于装某些药品用(如杀虫剂等),在吹塑成型后,即由吹管中的注入管将液体灌入瓶内,然后在瓶颈部加温并挤压,使其完全密封。其工作过程如图5所示。图5(a)为自挤出机中挤出瓶坯,将瓶坯伸入两个半模的中间,并在4处切断;图5(b)为闭模,吹出瓶体,并同时注入液体;图5(c)为模口闭合将瓶密封;图5(d)为开模,自动取出成品
瓶口的校正和切断	(见图6) 图6	挤出—吹塑瓶子等容器时,模口既是吹管的入口,又是塑件的口部。为了保证瓶口的螺纹与瓶盖的螺纹尺寸吻合,并有效地切断余料,必须对瓶口进行校正,瓶口内部的校正是由装在吹管外面的校正芯棒,通过模口断面部位来同时进行校正和切断,如图6所示 图6(a)是锥形截断环模口的瓶颈板嵌件 图6(b)是球面截断的模口的瓶颈嵌件

8.2.2 瓶体部的设计

瓶体是吹塑模成型的主体部分,瓶体设计时应考虑的问题见表8-3。

表8-3 吹塑模成型的主体部分设计

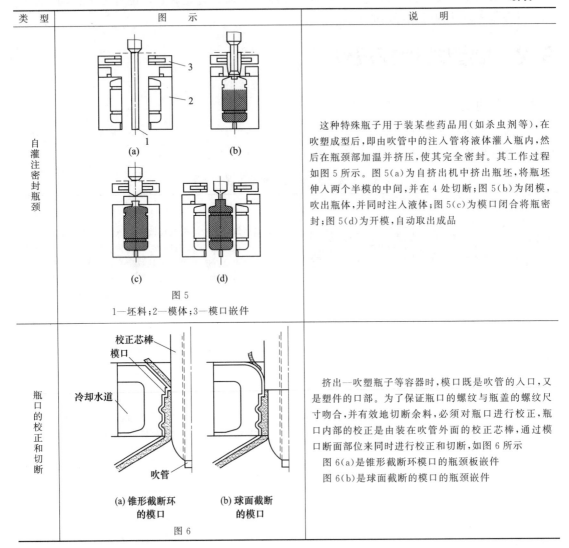

类型	图示	说明
1 瓶体截面几何形状与分型面	图1	圆形截面瓶体在其直径上分型;椭圆形瓶体沿其长轴分型;方、矩形截面瓶体沿其对角线分型,若有柄时则须沿柄部的平分线上分型;多边形截面瓶体在其对角线上分型;有凹入的多边形截面则须考虑凹入部分不阻碍脱模,可沿其对称线上分型。 瓶体轴线方向的轮廓多种多样,依设计而异。特别是化妆品用的体瓶、轮廓变化多,必须考虑吹成后瓶壁的均匀性。用注射吹塑法可把厚薄不匀的瓶坯,吹成瓶壁厚度较均匀的塑件。用挤出吹塑法虽然也可以改变瓶坯的厚度,但不能改变其直径。 由于吹塑件的收缩率较大,又不用凸模,其脱模斜度即使为零也能脱模。但为减少隅角部位厚薄不均现象,将这一部位的脱模斜度取为1/60,深部取1/15。当塑件表面有装饰花纹图案时,脱模斜度必须取1/15以上

续表

类型		图　示	说　明
2 排气	(1) 分型面上排气槽	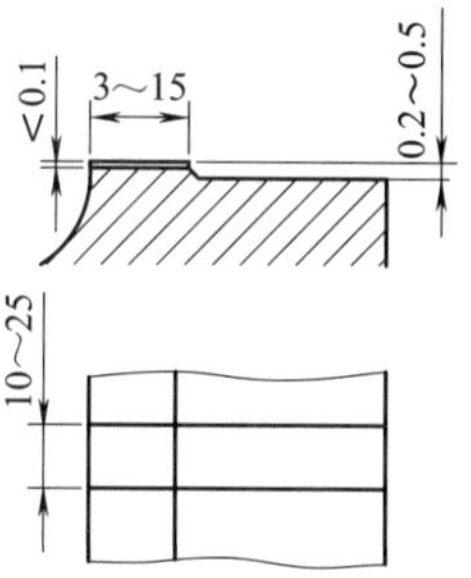 图 2	为使两个半模能密合,分型面的接触面应适当减小。因为吹塑机的锁模力远小于注射机,为了增大分型面上的锁模压强,一般都沿型腔周围留有 3～15mm 宽的接触面(依型腔容积而定)。接触面外在两半模的任何一半上去掉 0.2～0.5mm 的空隙。而排气槽则开在留下的接触面上,槽深小于 0.1mm,一般用平面磨床精磨而成,槽宽 10～25mm,依模具大小而定,在型腔的两边各开设三条以上的排气槽。排气槽的尺寸可按表 8-4
	(2) 模腔局部排气孔	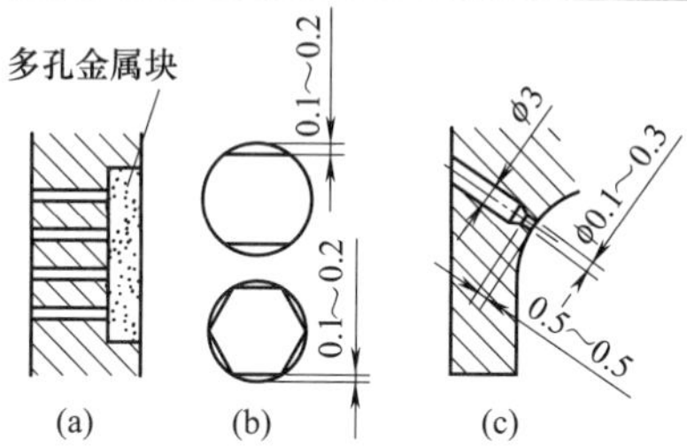 图 3	图 3(a)是在平面部位用铜粉末冶金方法制成的多孔性金属排气,在模腔表面嵌入一片多孔性金属,其平面轮廓可做成所需的花纹或文字,它的背面钻出若干个通气孔,使空气从孔中排出。 图 3(b)是在平面部位开设排气孔,钻出一直径 10mm 左右的孔,在孔中嵌入一个两面或六面磨去 0.1～0.2mm 的圆柱塞,利用两面或六面的缝隙排气。 图 3(c)是在隅角部或肩部开设排气孔,其孔径为 0.1～0.3mm,吹塑后不会留有痕迹
3 型腔表面			瓶的外观表面,常见有光泽表面、不反光表面和花纹表面。光泽表面型腔要求似有镜面光泽,除表面粗糙度值较低外,经镀铬抛光成镜面,还不能看出有抛光痕迹;不反光表面的塑件,要求型腔表面采用喷砂处理,可制成绒面;花纹表面则通过蚀刻处理做成类似皮革面。 有时按印刷商标等要求,为了便于着墨,型腔表面用直径为 0.2～0.3mm 的砂粒喷砂处理。 选用不同材料制造的模腔,可获得不同程度的表面粗糙度。若无特殊要求,型腔表面应有较大的表面粗糙度,以便模坯与模腔表面之间的空气逸出。表面粗糙度与排气效果,既取决于喷砂介质细度,也取决于制模材料,如用细度 0.12～0.25mm 金刚砂进行喷砂处理的型腔表面,$Ra = 2.0\mu m$,喷砂后的排气效果大为改善
4 冷却系统设计	(1) 型坯温度		挤吹和注吹成型的型坯温度较高时,容易发生吹胀变形,成型出的塑件外观轮廓清晰,但型坯自身的形状保持能力较差;反之,当型坯温度较低时,型坯在吹塑前的转移过程中虽然不易破坏,但其吹塑成型性能较差;且塑件内部会产生较大的应力,而降低塑件质量。一般型坯温度:PET 为 90～110℃;PVC 为 100～140℃;PP 为 150℃较为合适
	(2) 塑模温度和冷却时间		吹塑模温度通常在 20～50℃ 范围内选取。如果模温过低,将有碍于型坯吹胀变形,并导致制件出现斑纹或使光亮度变差;反之,若模温过高,则制件需要较长的冷却定型时间,不仅降低生产率,而且冷却过程中,会产生较大的成型收缩,从而使塑件尺寸和形状精度难以控制。 吹塑件的冷却定型时间比较长,并且与塑模温度有关,通常占成型周期的 1/3～1/2,为了确保塑件的冷却定型,模内应设置温度调节系统,以便对模温和冷却定型时间进行调节和控制,为了加快塑件的冷却速度,还可以向塑件内部通入液氮和二氧化碳等
	(3) 循环水路	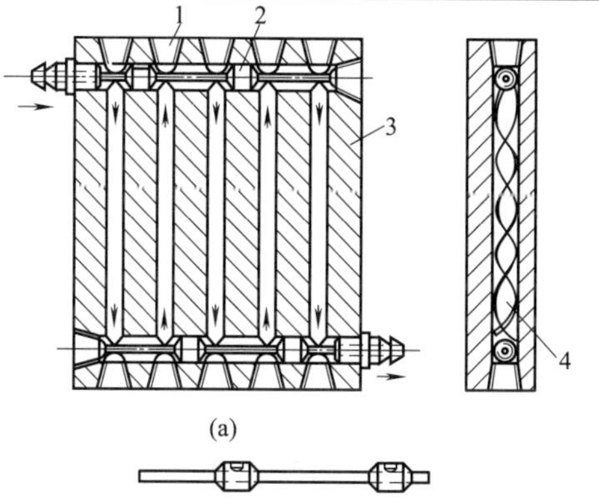 图 4 1—水堵;2—阻挡圈;3—模体;4—螺旋板	该方式适合于平面表面的容器冷却,在距模腔表面等距离的平面上钻通奇数个竖孔,上下各钻通一横孔连通。在横孔内穿入一个阻挡件,使各横竖孔形成上下循环的冷水通路,冷水由左上端送入,按图中箭头所示的方向流动,最后从右下端排出。 为了增加冷水在管路中的冷却效果,在竖管内可以放入一个螺旋板,如图 4 所示,使管中的水分两路螺旋通过,因为模腔侧的温度比模背侧温度高,冷水分两路旋转流过时,增大了冷水的吸热效果。 冷却管和孔径尺寸的推荐值见表 8-5。 对于圆形截面的模腔,如采用钻通冷却水孔的方法时,可参照图示,用钻出斜孔的方法把水路沟通。一般圆形截面模腔不采用此种方式,而采用铸造水路较为简便

续表

类型		图示	说明
4 冷却系统设计	(4) 铸造水路	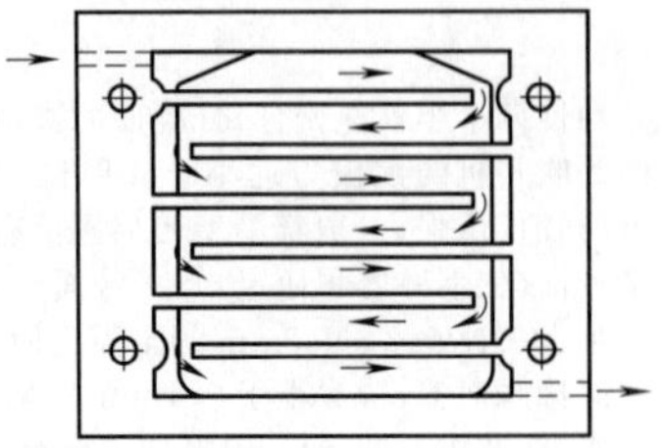 图5	这种方法比较简便,模具结构如图5所示,在模体的背面铸成各种冷却水环流通道,冷水由左上送入,沿箭头所指的方向迂回前进,至右下部排出,水路的封闭是由盖板和防漏垫通过螺钉来紧固的。 采用这种铸造水路的方法时,要注意模腔壳体部分的壁厚是否均匀,否则冷却效果不好,影响产品质量
	(5) 喷淋式冷却	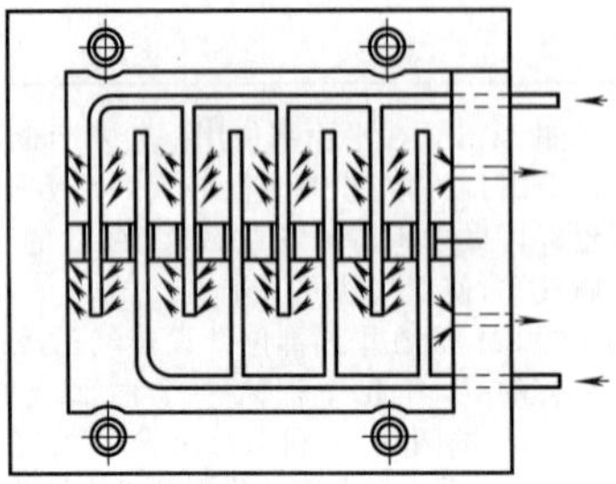 图6	如图6所示,在模体的背面预先铸冷却水室,然后用铜管做成树枝管形,在其上钻很多小孔,孔口直对模腔壳体的背面,喷出的水由下面排水孔排出。此方式适用于大型模具,可以节约用水,并由孔的位置和孔径大小调节,以自由控制冷却程度

表 8-4 排气槽(气隙)尺寸

制品容积/L	排气槽深度/mm	排气槽宽度/mm	制品容积/L	排气槽深度/mm	排气槽宽度/mm
<5	0.01~0.02	2~10	>30~100	0.04~0.10	20~25
>5~10	0.02~0.03	10~15	>100~500	0.10~0.30	25以上
>10~30	0.03~0.04	15~20			

表 8-5 冷却水道推荐尺寸

冷水孔直径 d/mm	6	8	10	12	14	16	18	20
冷水孔间距离 s/mm	4	6	8	12	15	20	25	30
螺旋板宽度	\multicolumn{8}{c}{$0.67d$}

8.2.3 瓶底部的设计

瓶底部的形状按用途及灌装方法的不同而异,大致有浅凹式瓶底、深凹式瓶底及止转式瓶底。

按瓶底的成型方法,有挤出吹塑瓶底成型方法和注射吹塑瓶底成型方法,见表 8-6。

表 8-6 瓶底部设计及注塑吹塑成型

类型		简图	说明
挤出吹塑瓶底的成型	嵌入式瓶底模	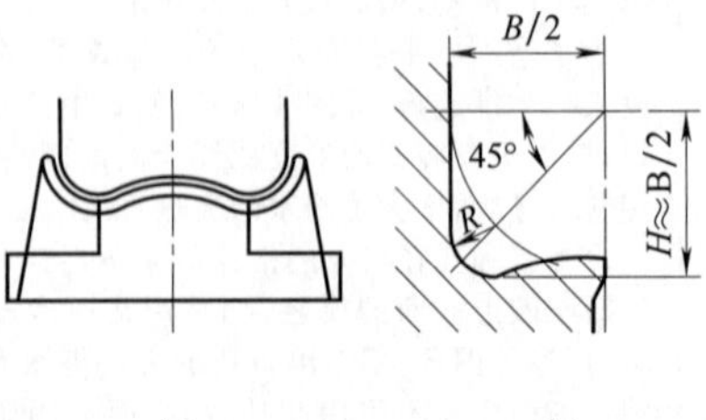 图1 (a) (b)	挤出吹塑的瓶坯为管形,在吹塑前要将管形瓶坯夹在两个半模之间。底部的成型是先由瓶底的切口处剪断。瓶底切口由两个半模各构成其一半。可以用两块整瓶底板做成,在产量大时,也可以用嵌件,以便换,则: 模底圆弧半径 $R = B/2(1-\sin 45°) \approx 0.15B$

续表

类型		简 图	说 明
挤出吹塑瓶底的成型	瓶底缝的融合状况	 图2 (a) (b)	瓶底设计得适当与否,直接影响到瓶底部的融合质量。图2(a)为切口角度合适,瓶底缝融合良好。图2(b)切口角度不合适,瓶底缝融合不够好
	瓶底切口形状	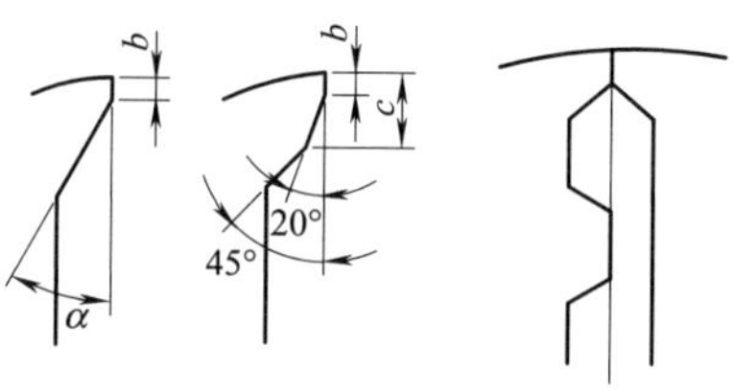 图3 (a) (b) (c)	瓶底切口的截面形状见图3,瓶底切口尺寸见表8-7。 图3(a)为一般通用形状,切口宽度b和切口褪角α的数值依所用塑料品种而异。 图3(b)用于薄壁情况下的切口形状,褪角小,有利于瓶底的融合。 图3(c)用于有压力的瓶底切口形状,在褪角外,设一阻挡墙,使切下的留料多留一些在切口外面,起到增加融合质量的作用,因为阻挡墙内的余料能使切口处保持温度而使瓶底缝融合良好
注射吹塑瓶底的成型		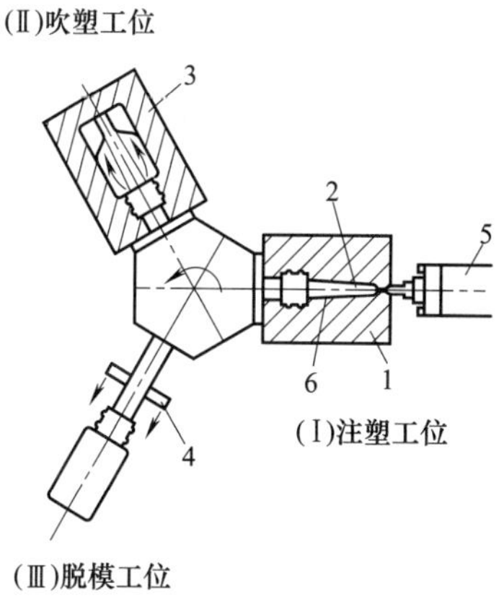 图4 1—瓶坯模;2—芯棒;3—瓶模; 4—脱模板;5—注射头;6—瓶坯	注射吹塑中空塑件生产,多在三工位旋转式成型机上进行,如图4所示为一旋转式注射吹塑机的原理简图。塑料熔体在第Ⅰ工位由瓶坯模1注射成型有底管状型坯,且瓶口部成型螺纹;当开模由芯棒2连同坯使机器旋转到第Ⅱ工位时,进入瓶模3,由芯棒上的吹口将瓶体吹胀成型,经冷却开模后,再转位至第Ⅲ工位;第Ⅲ工位是由脱模板4把成品脱出。此后芯棒再回到第Ⅰ工位,以待重复下一次成型过程

表 8-7 瓶底切口尺寸

材 料	b/mm	α	材 料	b/mm	α
聚缩醛(POM)及其共聚物	0.5	30°	聚丙烯(PP)	0.3~0.4	15°~45°
尼龙(PA6)	0.5~4	30°~60°	聚苯乙烯(PS)及其改性品	0.3~1	30°
聚乙烯(LDPE)	0.1~4	15°~45°	聚氯乙烯(PVC)	0.5	60°
聚乙烯(HDPE)	0.2~4	15°~45°			

8.2.4 成型收缩率与吹胀力

塑料吹塑成型时,也同样存在收缩的问题,各种不同材料的收缩率见表8-8。

吹胀成型时,吹胀的压缩空气压力也依材料而异,见表8-9。

表 8-8 各种塑料的吹塑成型收缩率 /%

塑料种类	成型收缩率	塑料种类	成型收缩率
高密度聚乙烯	1.5～3.5	聚丙烯	1.2～2.2
低密度聚乙烯	1.2～2.0	尼龙 6	0.5～2.2
聚氯乙烯	0.6～0.8	聚甲醛	1～3
醋酸纤维素	0.6～0.8	聚苯乙烯类、聚碳酸酯	0.5～0.8

表 8-9 常用吹胀压力 MPa

塑料种类	吹胀气压	塑料种类	吹胀气压
高密度聚乙烯	22～25	聚丙烯	28～30
低密度聚乙烯	18～20	聚碳酸酯	30～32
聚苯乙烯	25～28		

8.2.5 注射吹塑的芯棒设计

注射吹塑的芯棒,也称为瓶坯模的凸模,它又是吹胀时的吹管。其典型结构见图 8-1。工作时,空气从芯棒的尾端进入,通过十字螺母的缺口处,送入芯棒内。当注射时,顶端的空气阀由弹簧力使其闭合,瓶坯包围在芯棒的外围。芯棒的直壁部即为注射瓶坯时的型芯。芯棒的棒体 4 为成型瓶口的型芯,在其外部可以做成有螺纹的两个半模以成型瓶口螺纹。当吹塑时,机器顶动六方螺母,使气阀打开,从瓶坯的底部吹胀成型。

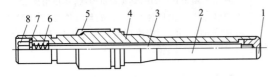

图 8-1 芯棒
1—气阀;2—成型瓶坯部棒体;3—长螺杆;
4—成型瓶口部棒体;5—止转槽;6—弹簧;
7—十字垫圈;8—六方螺母

若瓶的直径或容积大时,则需要在瓶肩部增加吹孔。

芯棒在瓶坯中是由上下两个半圆模卡紧的,伸出部分(型芯部)成为悬臂状态,为了保证芯棒与瓶坯模的同心度,其卡紧部位的直径均应增大。

芯棒的设计依成型机型的形式、瓶子的大小、所用材料的不同而各异。其具体设计也不尽相同。

芯棒一般采用工具钢制造,淬火硬度为 50～54HRC。表面应镀铬抛光。

8.2.6 吹塑模的尺寸计算

吹塑模型腔尺寸、瓶口内径、挤出吹塑口模尺寸、芯棒外径以及瓶底斜度的确定,对模具设计是很重要的。吹塑模各部尺寸的计算公式见表 8-10。

表 8-10 吹塑模各部尺寸的计算公式

尺寸参数	公 式	说 明
型腔尺寸	$D = [d(1+S_{cp}) - \Delta/2]^{+\delta_m}_{0}$	式中 D——模具型腔尺寸 d——塑件实际尺寸 S_{cp}——材料平均收缩率 Δ——塑件尺寸公差,参见 GB/T 14486—2008《塑料模塑件尺寸公差》一般取 MT4～MT5,见表 1-2 δ_m——模具型腔尺寸公差,一般取 $\Delta/5$
瓶口外径	$L = [d_1(1+S_{cp}) + \Delta/2]^{0}_{-\delta_m}$	式中 L——打气杆外径 d_1——瓶的内径

续表

尺寸参数	公式	说明
口模尺寸	$D_2 = \left[\dfrac{D_1}{m} + b\right]_{-\delta_m}^{0}$	式中 D_1——模具型腔瓶口的外径(最大尺寸) D_2——机头口模内径 b——修正系数，取 $2\sim3.5$ δ_m——口模内径公差 m——塑件材料的出模膨胀系数
芯棒外径	$S = tBA$	式中 S——机头口模与芯棒之间单边间隙 B——吹胀比 t——塑件壁厚 A——系数 $1\sim1.5$，一般取 1.25
瓶底斜度	$t\cos\alpha = \dfrac{(\phi_1/2)^2 + (D/2)^2 - b^2}{2j[(d'/2)^2 + a^2](D/2)}$	式中 a——瓶高度方向的收缩量，$a = HS_{cp}/2$ b——瓶底单边的收缩量，$b = DS_{cp}/2$ H——模具型腔身部的高度尺寸 S_{cp}——材料的平均收缩率 d'——塑件直径 D——模具型腔尺寸

8.2.7 吹塑模设计要点

(1) 吹胀比 B

吹胀比是指塑件最大直径与型坯直径之比，一般 B 在 $2\sim4$ 之间选取，多采用 $B=2$。吹胀比过大，会使塑件壁厚不均匀，加工工艺不易掌握，其计算公式为：

$$B = D_1/d_1$$

式中 B——吹胀比；
D_1——塑件外径，mm；
d_1——型坯外径，mm。

当吹胀比确定后，机头口模与芯棒之间的间隙由如下经验公式计算：

$$\delta = tBk$$

式中 δ——机头口模与芯棒之间的间隙；
t——塑件的壁厚；
B——吹胀比，一般 $B=2\sim4$；
k——修正系数，一般取 $1\sim1.5$，对黏度大的塑料，k 取小值。

一般要求型坯的截面形状与塑件的外形轮廓大体一致，如吹塑圆形截面的瓶子，型坯应为圆管形状，若吹方桶或矩形桶，则型坯截面应为方管形状或矩形管形状。其目的是使各部位塑料的吹胀比一致，从而使塑件壁厚均匀。

(2) 延伸比 S_R

在注射拉伸吹塑中，塑件的长度与型坯的长度之比如图 8-2 所示，其计算公式如下：

$$S_R = c/b$$

式中 S_R——延伸比；
b——型坯长度，mm；
c——塑件长度，mm；

延伸比一般取 $S_R = (4\sim6)/B$。当延伸比确定之后，型坯的长

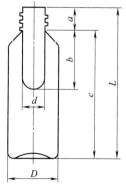

图 8-2 塑料瓶的延伸比

度就能确定，由经验证明，延伸比越大的塑件，则相同型坯长度产生出壁厚越薄的塑件，其纵向的强度越高，也就是延伸比和吹胀比越大，得到的塑件强度越高。但在实际生产中，必须保证塑件的实用刚度和实用壁厚。表 8-11 为不同延伸比瓶子性能的比较。

表 8-11 不同延伸比瓶子性能的比较

名　　称	A		B	
塑件容量/cm^3	900		600	
塑件壁厚/mm	8.4		8.6	
塑件质量/g	42		42	
延伸比	8.6		8.2	
吹胀比	2.76		2.75	
强　　度	纵　向	横　向	纵　向	横　向
拉伸强度/MPa	91.1	136.4	84.3	130.7
断裂强度/MPa	127.6	201.3	50.4	159.1
弹性模量/MPa	2834.5	4449.9	2319.6	3487.5

（3）螺纹

吹塑成型的螺纹通常采用梯形或半圆形的截面。由于细牙或粗牙螺纹难以成型，故不采用细牙或粗牙螺纹。为了便于塑件上飞边的处理，在不影响使用的前提下，螺纹可制成断续状的，即在分型面附近的一段塑件上不带螺纹，如图 8-3（a）、（b）所示，图 8-3（b）清理塑件毛边容易。

（4）圆角

吹塑成型塑件的角隅处不允许设计为尖角，在其侧壁与底部的交接部分一般应设计成圆角，因为尖角难于成型，在两面转角处应采用圆弧过渡，三面交接处可用球面过渡，以便于成型。对于一般容器的圆角，在不影响使用的前提下，圆角以大为好，圆角的壁厚应均匀，对于有造型要求的产品，其圆角可以减小。

（5）塑件的支承面

在设计塑料容器时，不可以整个平面作为塑件的支承面，应尽量减小底部的支承面，特别要减少结合缝作为支承面，因为切口处将影响塑件放置平稳。对于瓶类塑件，一般采用环形支承面，如图 8-4（a）所示不合理，而图 8-4（b）为合理。

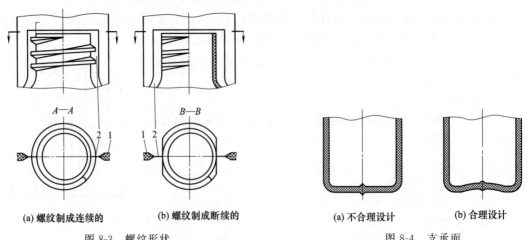

(a) 螺纹制成连续的　　(b) 螺纹制成断续的　　　(a) 不合理设计　　(b) 合理设计

图 8-3　螺纹形状　　　　　　　　　　　　图 8-4　支承面

8.3 板、片材热成型与模具设计

板、片材的热成型就是将热塑性塑料板材或片材，按所需切割成一定尺寸的坯材，经加热至软化温度，在一定外力（真空或压缩空气）作用下，通过模具成型并经冷却获得塑料制品的方法。常见的有真空成型法和压缩空气成型法。

8.3.1 真空吸塑成型工艺与模具设计

(1) 真空吸塑成型工艺

真空吸塑是将板或片材固定在模具上，用辐射加热至软化，通过抽真空使板材表面积增大、变薄并贴于模腔而成型，冷却后制品收缩，采用压缩空气将塑件从模腔脱出。

真空吸塑成型的模具结构简单，根据塑件结构通常只需一个凸模或凹模，甚至不用模具。由于真空成型时，压力较小，不宜用来成型结构复杂或精度高，以及厚度过大的塑件。其适用于聚氯乙烯、聚乙烯、聚丙烯、聚苯乙烯、尼龙等片材的日用品、仪表外壳体、食品、医药、玩具类包装用品。

真空吹塑成型的原理如图 8-5 所示，图 8-5 中凹模为塑件的外形，其底部有抽气管及抽气孔。当片材被加热至变形温度以上时，放入模具，同时四周压紧。然后从凹模底部抽去凹模中的空气，利用大气的压力使塑料片压向凹模壁而成型。

若单纯靠抽真空和大气压力使片材成型，由于各部分的变形率不同而引起塑件的壁厚不均匀。当壁厚过薄时，塑件易引起破裂。为改善此弊病，对于深度较大的杯形件，在吸的同时，采用从上面往下拉伸的方法，可以使底部及隅角部的减薄得到改善，如图 8-6 所示。图 8-6（a）是未经拉伸的吸塑，其底部及隅角减薄明显，而图 8-6（b）为拉伸的同时吸塑，故底部及隅角部的减薄得到改善。

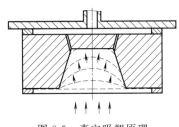

图 8-5 真空吸塑原理

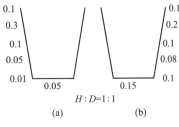

图 8-6 壁厚变薄状况

拉伸吸塑适用于塑件深度与直径之比（H/D）大于 0.8 时，拉伸工具为不导热的凸模，常用木制或外包裹以绝热材料的铝合金制造。

常用真空吸塑成型的方法见表 8-12。

(2) 真空吸塑模设计

1) 塑件收缩率

一般在凹模上成型的塑件，其收缩率比在凸模上成型的塑件要大 25%～50%。因为成型的塑件贴于型腔表面不如塑件包紧凸模的牢固，即便冷却收缩，凸模既有定型又有阻止其收缩的作用。故在设计塑件成型时，其外形和内形尺寸的收缩性应考虑这一因素。表 8-13 热成型塑件的收缩率可供参考。

2) 型腔尺寸计算

真空成型模具的型腔尺寸也要考虑塑料的收缩率，其计算方法和注射模型腔尺寸计算方法相同。塑件在成型过程中，影响其尺寸的因素较多，除型腔尺寸外，还与成型的温度、

表 8-12　真空吸塑成型方法

成型方法	图　示	说　明
拉伸-吸塑的两种形式	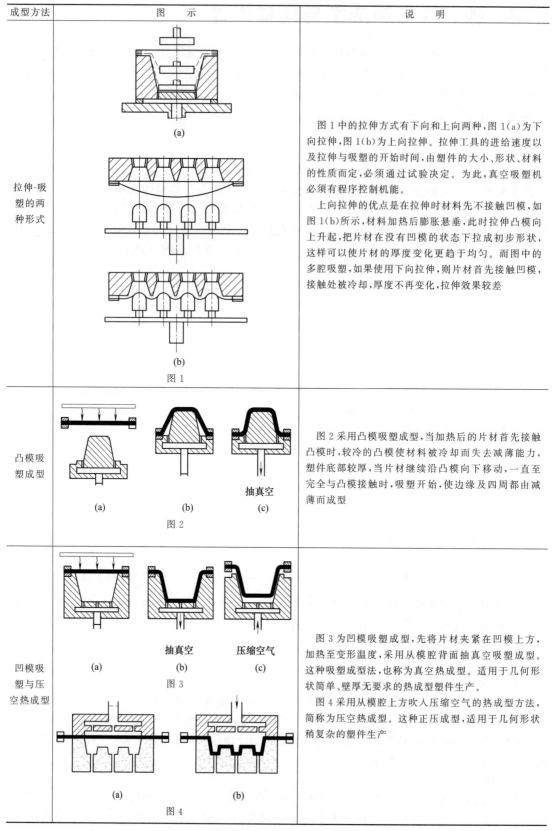　图 1	图 1 中的拉伸方式有下向和上向两种,图 1(a)为下向拉伸,图 1(b)为上向拉伸。拉伸工具的进给速度以及拉伸与吸塑的开始时间,由塑件的大小、形状、材料的性质而定,必须通过试验决定。为此,真空吸塑机必须有程序控制机能。 上向拉伸的优点是在拉伸时材料先不接触凹模,如图 1(b)所示,材料加热后膨胀悬垂,此时拉伸凸模向上升起,把片材在没有凹模的状态下拉成初步形状,这样可以使片材的厚度变化更趋于均匀。而图中的多腔吸塑,如果使用下向拉伸,则片材首先接触凹模,接触处被冷却,厚度不再变化,拉伸效果较差
凸模吸塑成型	图 2	图 2 采用凸模吸塑成型,当加热后的片材首先接触凸模时,较冷的凸模使材料被冷却而失去减薄能力,塑件底部较厚,当片材继续沿凸模向下移动,一直至完全与凸模接触时,吸塑开始,使边缘及四周都由减薄而成型
凹模吸塑与压空热成型	图 3　图 4	图 3 为凹模吸塑成型,先将片材夹紧在凹模上方,加热至变形温度,采用从模腔背面抽真空吸塑成型。这种吸塑成型法,也称为真空热成型。适用于几何形状简单、壁厚无要求的热成型塑件生产。 图 4 采用从模腔上方吹入压缩空气的热成型方法,简称为压空热成型。这种正压成型,适用于几何形状稍复杂的塑件生产

续表

成型方法	图 示	说 明
吹-吸成型	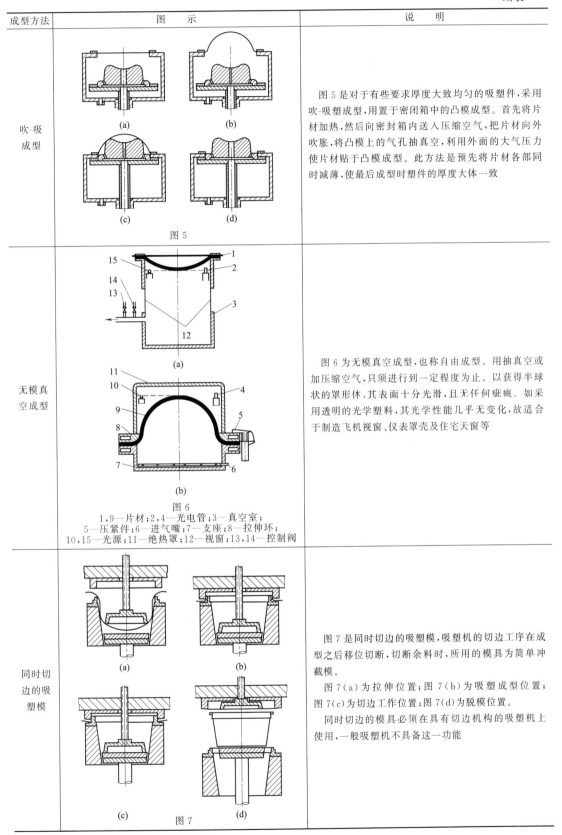图 5	图5是对于有些要求厚度大致均匀的吸塑件,采用吹-吸塑成型,用置于密闭箱中的凸模成型。首先将片材加热,然后向密闭箱内送入压缩空气,把片材向外吹胀,将凸模上的气孔抽真空,利用外面的大气压力使片材贴于凸模成型。此方法是预先将片材各部同时减薄,使最后成型时塑件的厚度大体一致
无模真空成型	图 6 1,9—片材;2,4—光电管;3—真空室;5—压紧件;6—进气嘴;7—支座;8—拉伸环;10,15—光源;11—绝热罩;12—视窗;13,14—控制阀	图6为无模真空成型,也称自由成型。用抽真空或加压缩空气,只须进行到一定程度为止。以获得半球状的罩形体,其表面十分光滑,且无任何疵瘢。如采用透明的光学塑料,其光学性能几乎无变化,故适合于制造飞机视窗、仪表罩壳及住宅天窗等
同时切边的吸塑模	图 7	图7是同时切边的吸塑模,吸塑机的切边工序在成型之后移位切断,切断余料时,所用的模具为简单冲裁模。 图7(a)为拉伸位置;图7(b)为吸塑成型位置;图7(c)为切边工作位置;图7(d)为脱模位置。 同时切边的模具必须在具有切边机构的吸塑机上使用,一般吸塑机不具备这一功能

表 8-13　热成型塑件的收缩率　　　　　　　　　　　　　　　　　　　　　　　　%

模具类型	塑　　料					
	聚氯乙烯	ABS	聚碳酸酯	聚烯烃	增强 PS	双向拉伸 PS
凸模	0.1～0.5	0.4～0.8	0.4～0.7	1.0～5.0	0.5～0.8	0.5～0.6
凹模	0.5～0.9	0.5～0.9	0.5～0.8	3.0～6.0	0.8～1.0	0.6～0.8

模温有关，因此要预先精确确定某一塑料制品的实际收缩率是困难的。若尺寸精度要求高，且生产批量较大，最好先用石膏模做试验，将实测收缩率作为型腔设计的依据。因此可参照图 8-7 计算，方法如下。

① 型腔与凸模径向尺寸计算

$$D_{模}=(D+DS_{平})\pm\delta_z$$

式中　$D_{模}$——凸模或型腔径向尺寸，mm；
　　　D——制品公称尺寸，mm；
　　　$S_{平}$——塑料平均收缩率；
　　　δ_z——模具制造公差，型腔取正，凸模取负。

② 制品角隅尺寸计算

$$\delta_e=\frac{\Delta l_{max}+\Delta l_{min}}{2L}\times 100\%$$

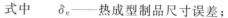

图 8-7　模腔尺寸计算

式中　δ_e——热成型制品尺寸误差；
　　　Δl_{max}——角隅微小变形最大值，mm；
　　　Δl_{min}——角隅微小变形最小值，mm；
　　　L——角隅规定值，mm。

3）抽气孔和位置

真空成型模具由于片材和模壁之间形成负压，要达到吸塑成型条件规定的要求，就必须在模腔内开设许多抽气孔。抽气孔的直径取决于塑料板材的厚度，对于流动性好、较薄的塑料板材，抽气孔可小些，反之要大些，原则是必须在很短时间内能将空气抽出，又不能在塑件上留有抽气孔痕。一般常用的抽气孔直径为 0.3～1.5mm，最大不超过板材厚度的 50%，抽气孔直径可参考表 8-14。

表 8-14　真空成型抽气孔直径　　　　　　　　　　　　　　　　　　　　　　　　mm

塑　　料	板　　厚				
	0.25～0.8	>0.8～1	>1～2	>2～3	>3～5
聚乙烯	0.3～0.35	0.4～0.5	0.5～0.75	0.8	0.8
聚苯乙烯	0.3～0.5	0.5～0.6	0.6～0.9	1.0	1.0
硬聚氯乙烯	0.4～0.5	0.6～0.8	0.8～1.0	1.0～1.5	1.0～1.5
ABS	0.3～0.5	0.6～0.75	0.6～0.9	1.0	1.0
聚甲基丙烯酸甲酯	—	—	1.0～1.2	1.2～2.0	1.5～5.0

抽气孔的位置也很重要，一般位于板材最后与模具相接触的部位，即模具型腔的最低点处、角隅及轮廓复杂处，小型制品的孔间距可在 20～30mm 范围内选择，而大型制品的间距可在 30～40mm 内选择，同一副模具，其抽气孔直径应相同，可参考表 8-15。

表 8-15　模具角隅处抽气孔布置

圆角半径 r/mm	模壁斜度 α/(°)		真空成型模			
			角隅处每平方米孔数		孔径/mm	
	凹模	凸模	一般	复杂表面	一般	厚壁制件
等于原片材厚或不小于 0.5	2～5	0.5～2	不小于 500	3000～4000	0.5～1.0	1.0～1.5

抽气孔的加工方法，可根据模具材料及其孔径和深度而定，如模具材料为石膏，可在浇铸时预先设定的位置放置规定的钢丝，待浇铸完成后抽去钢丝即得到所需的抽气孔。当模具材料是由金属或木材等钻孔而成，如模腔壁较厚时，可先在其背面钻大孔至离型腔壁面3～5mm处，再用规定的孔径钻头钻通。

4）型腔表面粗糙度

吸塑模的型腔必须具有一定的表面粗糙度，但粗糙度不能太低，否则真空成型后脱模不利，因真空成型模具无顶出装置，而靠压缩空气脱模，若粗糙度太低，制件黏附在型腔表面不易脱模。因此模具的型腔表面加工后，应采用喷砂或麻纹处理，使型腔表面具有能容纳空气的小凹坑，以保证可靠脱模。型腔表面粗糙度 Ra 不能大于 $0.63\sim1.25\mu m$。为了利于脱模，还需设置脱模斜度，通常凸模可取 $2°\sim3°$，凹模至少应有 $0.5°\sim1°$。隅角和转弯处应有足够的圆弧过渡，其圆弧半径应大于 1.5mm。

5）边缘密封

为了使型腔外面的空气不进入真空室（模腔型面与板材间），必须在板材与模腔接触的边缘设置密封装置，如采用凹模成型，板材加热后一经与模腔接触，就能起到自密封作用。当采用凸模成型，如图 8-8 所示，图 8-8（c）采用橡胶垫密封。而图 8-8（d）是适当将凸模上调以达到自然密封的要求。

6）成型温度与模具温度

对于板材的加热，通常采用电热器或红外线。电热器的温度可以控制在 350～450℃之间，加热器与板材的距离为 80～120mm，通过调节此距离，即可获得板材所需的不同成型温度，板材的加热温度与模具的温度可参考表 8-16。

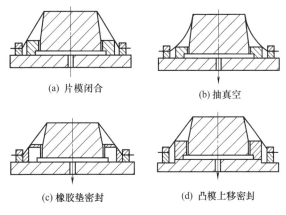

(a) 片模闭合　　(b) 抽真空

(c) 橡胶垫密封　　(d) 凸模上移密封

图 8-8　凸模吸塑成型的密封

表 8-16　真空成型所用板材加热温度与模具温度　　　　　　　℃

温度	低密度聚乙烯	聚丙烯	聚氯乙烯	聚苯乙烯（取向）	ABS	有机玻璃（挤出）	聚碳酸酯	聚酰胺 6	醋酸纤维素
加热温度	121～191	149～202	135～180	182～193	149～177	110～160	227～246	216～221	132～163
模具温度	49～77	—	41～46	49～60	72～85	—	77～93	—	52～60

7）冷却

吸塑成型模具的冷却，一般常用冷却方法有：对于小型塑件多用风冷，风冷设备简单，只需一台电风扇即可；对于大型塑件，则以水冷为主，水冷常用喷雾式或在模具内开设水槽的方法。冷却水槽应设置在制件的周围，并在凸起部位加强冷却。冷却水槽应距型腔表面 8mm 以上，以免制件产生冷瘢。水槽的开设，中小型模具可直接钻孔，孔径为 8～10mm，也可在铸铝模中埋设紫铜管或不锈钢管。大型模具管径在 12mm 以上，或在大型模腔背面铣槽，然后加盖板及密封垫密封以防漏水。

8）模具材料

真空成型模具的材料有金属和非金属材料两类。

金属模常用铝材加工，耐用，且成本低廉，同时耐水腐蚀性好，在大量生产时多选用铝模。采用厚度为 10～20mm 的铝板加工模具，不仅有足够的强度，同时也容易加工，尺寸精度及粗糙度也易保证。

非金属模适用于试制或小批量生产用模,常选用木材或石膏作为模具材料,也有用环氧树脂、酚醛树脂和聚酯等制造的塑料模具,由于具有强度比木材和石膏高、耐腐蚀、复制容易、制造设备简单,容易加工,生产周期短,修正和修理方便等优点,使用较普遍。但由于非金属材料制作模具导热性差,对于制件质量来讲,可防止出现冷瘢,但由于散热慢,模温逐渐升高,所需冷却时间长,使生产率降低。

8.3.2 压缩空气成型工艺与模具设计

(1) 压缩空气成型方法

压缩空气成型是利用压缩空气的压力,将塑料板加热软化后压入型腔而成型的方法。其成型工艺过程如图8-9所示。图8-9(a)为开模状态;图8-9(b)闭模后加热过程,从型腔通入微压空气,使塑料板接触加热板1而加热;图8-9(c)为板料加热后,停止由型腔下方通入空气,而由模具上方通入预热空气,使已软化的塑料板贴于凹模4型腔内表面上成型;图8-9(d)是制件在型腔内冷却定型后,加热板下降一小段距离,由型刃切除余料;图8-9(e)为加热板上升,最后通入压缩空取出制件。

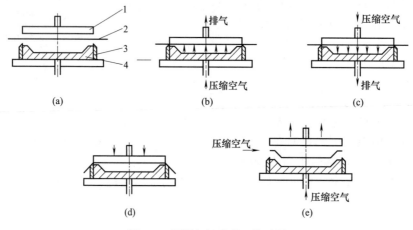

图8-9 压缩空气成型工艺过程
1—加热板;2—塑料板;3—型刃;4—凹模

(2) 压缩空气成型特点

压缩空气的成型原理与真空吸塑成型相似,其成型方法也是由凹模和凸模成型等,前者依靠压缩空气成型,而后者是依靠真空吸附成型;前者塑料板直接与固定在上模座的加热板1接触加热,而后者采用辐射加热器辐射加热;前者依靠型刃对制件进行修边等。压缩空气成型的压力为0.3~0.8MPa,必要时可加至3MPa,能够成型1~5mm厚度的板材,且制件精度和表面质量都较真空成型好。

(3) 压缩空气成型模具设计

压缩空气成型模具结构与真空成型模具结构的不同点,是压缩空气成型模增加了模具型刃,并且将加热板固定在模具的上模座上。

压缩空气成型模具设计要点如下。

① 排气孔

排气孔的作用是能够快速地将板材与模壁间的空气排除,以利于板材贴靠模壁。排气孔的尺寸与塑料性能、板材的厚度有关,在不影响制件外观前提下,排气孔的直径可取表8-14中的上限值,甚至可取更大些。

型腔角隅处的排气十分重要，如图 8-10 所示，为便于钻出排气孔，可从型腔背面将排气孔直径（或拼合缝）扩大，既可提高排气速度，又不会降低模具强度。

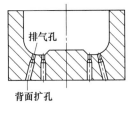
(a) 角隅处排气

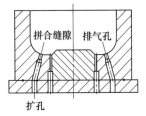
(b) 拼合缝排气

图 8-10 型腔排气孔

为了使型腔内的空气尽快（必须在 0.5s 内）排出，因此应合理确定排气孔的数量，排气孔数 n 可按下式计算：

$$n = 2V/k$$

式中　V——单个型腔体积，cm^3；

　　　k——单孔或综合孔径每秒所能排放的空气体积，cm^3/s，其值可见表 8-17。

表 8-17　单孔或综合孔径空气排放量

空气体积 $k/(cm^3/s)$ 表压/kPa	孔径/mm 0.4	0.8	1.6	3.2	6.4	9.6	12.8	16.0	19.1	22.3	25.4
21	0.013	0.053	0.082	0.847	3.387	7.593	13.519	21.167	30.316	41.514	54.077
41	0.019	0.074	0.298	1.185	4.752	10.679	18.982	29.770	42.606	58.174	75.926
62	0.023	0.090	0.361	1.448	5.763	13.028	23.133	36.051	52.165	71.010	92.587
83	0.026	0.104	0.415	1.658	6.638	14.912	26.492	41.514	59.539	81.116	105.969
103	0.029	0.115	0.459	1.835	7.347	16.524	29.497	66.094	78.111	89.855	117.440
138	0.034	0.134	0.535	2.147	8.576	19.309	34.413	53.513	77.290	105.150	137.378
172	0.038	0.153	0.615	2.453	9.805	22.095	39.329	61.451	88.217	120.171	157.042
207	0.043	0.172	0.691	2.758	11.061	24.881	44.245	69.099	99.688	135.466	176.980
241	0.048	0.191	0.767	3.086	12.290	27.585	49.161	76.746	110.612	150.487	196.644
276	0.053	0.210	0.847	3.387	13.547	30.589	54.077	84.666	121.810	165.282	216.582
310	0.058	0.229	0.923	3.687	14.776	33.320	58.993	92.313	133.008	180.803	236.248
345	0.063	0.251	1.000	4.015	16.005	36.051	64.182	99.960	144.206	196.098	256.183
414	0.072	0.290	1.155	4.616	18.463	41.514	74.015	115.528	166.328	226.141	295.512
483	0.082	0.328	1.308	5.244	20.948	47.249	83.847	130.823	188.451	256.457	335.114
552	0.091	0.366	1.464	5.845	23.406	52.712	93.679	146.391	210.573	286.773	374.443
621	0.101	0.404	1.617	6.473	25.891	58.174	103.511	161.685	232.969	317.088	414.045
689	0.111	0.442	1.773	7.101	28.404	63.090	113.343	177.253	255.091	347.404	453.647
758	0.120	0.481	1.925	7.702	30.862	69.372	123.449	192.547	277.487	377.720	493.249
827	0.130	0.522	2.081	8.330	33.320	74.843	131.915	208.115	299.609	408.036	532.851

注：本表仅给出 38.9℃、101kPa 下的理论流率，流动摩擦将造成少量降低。

② 吹气孔

吹气孔即压缩空气入口，是将预热的压缩空气均匀地吹向加热的塑料片材，使其延伸变形，并紧贴于型腔面上，成型所需形状的制品。吹气孔直径尽可能大些，一般为 0.4～0.6mm，管路尽量避免弯折，以减小压缩空气流动阻力，降低能耗，并提高制件轮廓的清晰度。其结构设计见图 8-11 及图 8-12。

③ 型刃

压缩空气成型模具在其模腔边缘设有型刃，以便在成型过程中切除余边。型刃不能太锋利，否则与塑件板一接触就切去余边，以致使成型困难。但型刃也不能太钝，以免使余边切不掉。型刃的正确设计如图 8-13 所示，型刃的顶端应比型腔的端面高出的距离 h 为板材厚度加上 0.1mm，型刃两侧面组成 $20°\sim30°$ 的倾角，型刃厚为 $0.10\sim0.15$mm，并以 $R=0.05$mm 相连接。

型刃的安装，应使型刃和凹模之间有 $0.25\sim0.5$mm 的间隙，为空气通路，以利于模具安装及调整。在成型过程中，由于塑料板材依靠型刃压紧在加热板下，因而要求型刃与加热板间应有极高的平面度和平行度，否则会发生漏气现象。

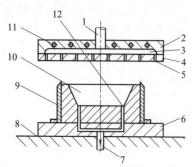

图 8-11 压缩空气成型模
1—压缩空气管；2—加热板；3—热空气室；
4—面板；5—吹气孔；6—底板；7—排气孔；
8—工作台；9—型刃；10—凹模；
11—加热棒；12—排气隙

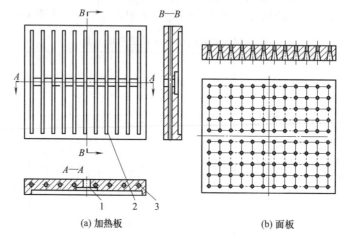

(a) 加热板　　　　(b) 面板

图 8-12 加热板及面板结构
1—压缩空气入口；2—气沟；3—加热棒

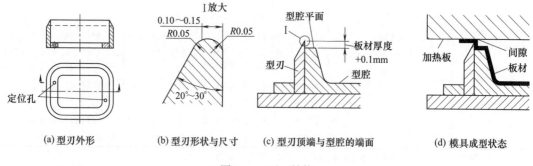

(a) 型刃外形　　(b) 型刃形状与尺寸　　(c) 型刃顶端与型腔的端面　　(d) 模具成型状态

图 8-13 型刃结构

④ 缓冲垫

为了保证型刃顶端的平面度、型刃与底板的平行度在 0.02mm 以下，采用多刀型刃时，即使装配精度高，或机械加工及研磨精度如何高超，在受热及载荷作用下，加热板和模具型面会发生变形，致使型刃的平行度产生较大的误差。因此必须在型刃下设置橡胶弹性体缓冲器，以校正由于热和载荷作用所产生的误差。在此成型过程中，单位长度的型刃将受到 900N/cm 载荷。

⑤ 锁模力

压缩空气成型模具所需的锁模力 F 可按下式计算：

$$F = Ap + Sq$$

式中 A——模具边腔面积，cm^2；

p——模具边框所需压强，可在 $200 \sim 600 N/cm^2$ 范围内选取，压强与塑料性质和片材成型温度有关；

S——制件在锁模方向的投影面积，cm^2；

q——压缩空气压力，常在 $30 \sim 80 N/cm^2$ 范围内调节，但也有高至 $300 N/cm^2$ 的情况。

第9章
泡沫塑料成型与模具设计

泡沫塑料是以树脂为基础经发泡处理而使内部具有无数充有气体的微孔塑料制品。泡沫成型是将含有发泡剂或携带有气体的聚合物熔体，在压力作用下注入模具型腔。由于型腔内压力极低，含在熔体内的气体迅速膨胀形成泡沫孔，随着熔体在模腔内冷却，泡孔滞留并稳定于塑料中，而成为一定形状的泡沫塑料。采用不同的树脂和发泡方法，可以制成性能各异的泡沫塑件。

常用于发泡成型的树脂有聚苯乙烯、聚氯乙烯、聚碳酸酯、聚甲醛和聚氨基甲酸酯等，它们的性能和用途见表 9-1。

表 9-1 泡沫塑料的性能及应用

塑料		性能						应用
		密度 /(kg/m³)	导热系数 /[kcal/(m²·h·K)]	拉伸强度 /MPa	最高工作温度 /℃	压缩强度 /MPa	吸水率 (24h) /(g/cm²)	
聚苯乙烯(PS)		17.6	<0.026	0.30	109	0.11	0.005	绝缘、包装、漂浮、绝热、装饰
聚氨基甲酸酯	软性(开孔)	26～64	0.015	0.085～0.35	125～135	—	—	吸声、过滤、装饰、衬垫、日用品
	硬性(闭孔)	24～96	0.015	0.1～1.5	125～135	0.12～1.5	0.025	包装、漂浮、绝缘、装饰、减震
聚碳酸酯(PC)		20	0.00256～0.00276 (−12～21℃)	—	120	0.025～0.050	0.03	绝缘、包装、吸声、装饰
聚氯乙烯(PVC)	软性(开孔)	≥48	0.043	1.75～8.4	100	—	—	吸声、过滤、装饰、衬垫、日用品
	硬性(闭孔)	48	0.024 (20℃)	—	109	0.56	0.01	包装、漂浮、装饰

泡沫塑料按其密度（或发泡倍数）可分为低发泡和高发泡两类。包装用聚苯乙烯泡沫塑料属于高发泡（其密度在 0.1kg/m³ 以下，发泡倍数为 20～50），其结构全部均一呈海绵状。

而低发泡可用于各种塑料,其结构表层不发泡,仅中心部分有气泡存在,由于这两类泡沫塑料的结构特征不同,其成型工艺也不同。

9.1 高发泡成型工艺与模具设计

9.1.1 高发泡聚苯乙烯的制备

高发泡的可发性聚苯乙烯是由聚苯乙烯与发泡剂组成的半透明珠状物,其制备可分为一步法和二步法。

一步法是将在聚苯乙烯聚合中或聚合后加入含量约为6%发泡剂,将含有发泡剂的聚苯乙烯加入发泡机,加热到90~105℃,使树脂软化,同时发泡剂汽化造成压力,促使珠粒膨胀到20~50倍。

二步法是在一步法的基础上,将发泡的珠粒在温度22~26℃放置一定的时间,一般在8~10h,这时发泡剂由气态变为液态,珠粒内的压力减小,空气被吸入珠粒内部,而使珠粒膨胀到50~80倍。

9.1.2 高发泡泡沫聚苯乙烯成型工艺

泡沫聚苯乙烯在模具内通入蒸汽成型,称为蒸汽加热模压法。按加热方式的不同可分为蒸箱发泡和液压机直接通入蒸汽发泡两种。

① 蒸箱发泡。对于小型、薄壁和复杂的泡沫塑件,大多采用蒸箱发泡。将发泡的聚苯乙烯珠粒填满模腔,合模后放进蒸箱通入蒸汽加热。蒸汽的压力和加热时间视塑件的大小和厚度而定,一般蒸汽压力为0.05~0.1MPa,加热时间为10~50min。发泡的珠粒受热软化、膨胀互相熔接在一起,冷却脱模后成为泡沫制件。

② 液压机直接通入蒸汽发泡。对于厚度较大的制件,采用液压机直接通蒸汽的方法成型。在模具上制出直径为1.0~1.8mm的通气孔,当型腔内充满发泡的聚苯乙烯珠粒后,在模具的蒸汽室通入0.1~0.2MPa的蒸汽,蒸汽将珠粒内的空气排出,并使温度升至110℃左右,当型腔内的珠粒熔成一体,关闭蒸汽并保持1~2min,然后通入冷水冷却后脱模,其方法成型的泡沫制品珠粒熔解良好,塑化时间短,冷却定型快,生产效率高,也易于实现自动化生产。

9.1.3 高发泡泡沫塑料成型模具

(1) 简易手工操作模具

这种模具本身没有蒸汽室,放在蒸箱内通入蒸汽加热,成型后在箱外冷却。其结构形式如图9-1所示,它是由上模板2、下模板6、模套3和铰链螺钉5与蝶形螺母4组成。模套3由上、下模板的止口定位,下模板带有型芯,在上、下模板与模套上均开有孔径$d=1$~1.8mm的小通气孔,其孔距为15~20mm。整个模具由铰链螺钉5与蝶形螺母4锁紧。

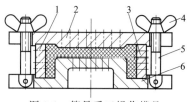

图9-1 简易手工操作模具
1,3—模套;2—上模板
4—蝶形螺母;5—铰链螺钉;6—下模板

(2) 液压机直通式泡沫塑料模具

液压机上直接通入蒸汽的发泡模具分为两部分:在立式液压机上成型的分上下模;在卧式液压机上成型的分左右模,各部分都设有蒸汽室。合模后,将发泡的聚苯乙烯珠粒用喷枪从进料口输送到模具型腔内,料满后关闭气阀,堵上料塞,然后在动、定模蒸汽室内喷入蒸汽，经保压、冷却后脱模。图9-2为卧式液压机直通式包装箱发泡模具，在模具的动、定模板上及分型面处设有密封环。在定模汽室板5、动模汽室板2及成型套9上均设有通气孔。其孔径为 $\phi 1 \sim 1.8$ mm，孔距为20mm。

高发泡泡沫塑料成型模具的设计要点如下。

① 模具材料，要求性能良好，具有耐腐蚀、抗冷热疲劳性强等特点。对中小批量的模具，可采用铸铝；大批量生产的模具，应选用青铜或不锈钢等材料。

② 型腔壁厚应尽量均匀，一般铸铝壁厚为10mm左右。

③ 型腔的脱模斜度，型腔深度在100mm以内，脱模斜度取 $1°\sim 1.5°$；型腔深度在100mm以上，脱模斜度取 $2°\sim 3°$。

④ 型腔的冷却应均匀，蒸汽室应设有密封环。

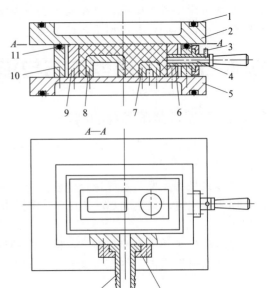

图 9-2　卧式液压机直通式包装箱发泡模具
1,11—密封环；2—动模汽室板；3—挡销；4—料塞；
5—定模汽室板；6—料套；7,8—型芯；9—成型套；
10—外套；12—压板；13—冷却水管

9.2　低发泡成型工艺与模具设计

低发泡成型的发泡倍率一般在1.5以下，其表皮不起泡，仅中心部分有气泡存在。低发泡塑料具有整体壳层及多孔芯层的泡沫塑料，由于它具有较高的比强度和比刚性，通常可作为结构材料，而称为结构泡沫塑料、硬质发泡体或合成木材，已广泛地应用于家具、汽车、电子电器、仪器仪表及环卫产品等。发泡成型方法有注射成型、反应注射成型或挤塑成型等，其中注射成型方法应用最广泛。

9.2.1　低发泡注射成型工艺

低发泡塑料注射成型的原理是将添加了发泡剂的熔融塑料注入模具型腔内，塑熔体在与型腔表面接触的一层先硬化成无泡薄层，而其余的熔料产生细微的气泡，形成低发泡塑料。

低发泡注射成型的特点如下。

① 由于塑熔体在模腔内发泡膨胀，故需严格控制每次注入的塑料量，并且注射机喷嘴要设有防止熔料从型腔向注射机倒流装置。

② 模具必须开设排气槽，因注射压力低，在成型过程中，熔料产生的气体及发泡后产生的气体大部分是多余的，必须要排出模腔。

③ 由于发泡后的塑料导热性差，冷却硬化的时间较长，为了使制件均匀地冷却及缩短成型周期，因此必须加强模具的冷却，故模具材料应选用导热性较好的铝、锌合金等材料制造。

9.2.2　低发泡注射成型方法

① 低压法。也称不完全注入法，它与普通注射成型的主要区别是模腔压力很低，其压力为 $2\sim 7$ MPa。塑料熔体限量（注入的熔料仅为模腔容积的 $75\%\sim 85\%$）地注入模腔。依靠发泡剂的作用使熔料发泡膨胀而充满型腔，经固化定型为塑件。

② 高压法。即完全注入法，有两种形式：一是将熔料完全注满型腔，在模腔内表面接触的熔料先冷却硬化，内部熔料发泡，一部分多余气体从排气槽排出，使硬化后的塑件表面呈现木材的纹理；二是当熔料注满型腔后，稍停一段时间，并将模具开启一短距离，使内部熔料发泡膨胀以充满型腔，发泡率可调节。

9.2.3 塑件的工艺性

（1）塑件成型的工艺性要求

用聚苯乙烯发泡成型的塑件是将发泡聚苯乙烯颗粒经蒸汽加热膨胀，使颗粒彼此互相熔合而形成的。所以设计用这种材料制成的包装箱、包装盒及其他用途的塑件时，应按照成型工艺要求来考虑其几何形状及各部分尺寸，以期获得质量较好的塑件。

设计塑件的工艺性要求应考虑如下方面。

① 壁厚要尽量均匀。避免壁厚不均匀在厚薄相连接部位产生熔合不良现象。如由于形状要求不可避免时，需考虑在壁厚部分的背面设计成凹槽。而应避免厚度的突变，相邻的不同厚度差不大于 3∶1，并在相接处应用圆弧过渡，见图 9-3。

② 塑件边缘不宜过薄，否则蒸汽易从边缘分型面上漏气，降低温度，造成熔接不良，降低该部分的强度。

③ 为了便于脱模，塑件应设计为 2°的脱模斜度。为避免锐角处熔合不好，密度低，最好将锐角处做成半径 3～12mm 的圆角。

④ 塑件尽量避免在开模方向侧面有凹坑的几何形状，塑件上有侧凹时，在模具上必须设计抽芯，且在侧抽芯上通以蒸汽和冷却，使模具结构复杂，易造成漏气，生产时间长，成本增高。

⑤ 分型面应设置在直壁相接处。若设置在直壁与一平面相接处，则造成熔接不良，且在平面上容易漏气，如图 9-4 所示。

⑥ 料口应设置在不影响外观质量的部位。

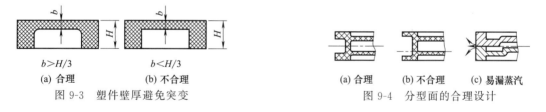

图 9-3 塑件壁厚避免突变　　　　图 9-4 分型面的合理设计

（2）低发泡塑件设计要求

① 塑件内部应无应力，外表面平整，不易发生凹陷和翘曲。
② 塑件应具有一定的强度和刚度，表面硬而内部柔韧，并具有一定弹性。
③ 塑件密度要小，质量要轻，应比普通注射塑件减轻质量 15%～50%。
④ 塑件应比木材具有较高的耐热性，并具有较大的壁厚（5mm 以上），壁厚允许有突变。

9.2.4 低发泡塑料注射模具的结构形式

低发泡注射成型模具的整体结构与普通注射模相同。用于中小批量生产的低发泡模具，其注射压力不大，为便于制造，可设计为组合式结构模具，见图 9-5。采用铝板或铝合金板制造，模具的凸、凹模都用铝板拼合而成，在镶块之间采用止口定位，由于铝板较薄，模具采用钢材导向块导向。在分型面和导向面部位为防止损伤，也都要嵌以钢材增强。对于小型塑件，可采用整体式结构模具，见图 9-6。模具中的浇口套可用铝材制造，定位圈为钢件，推杆及推杆套均用钢材制造并需热处理。

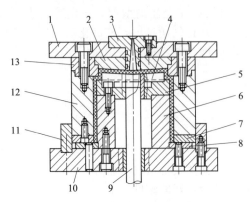 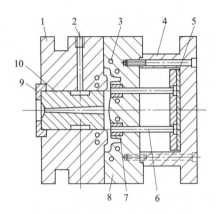

图 9-5 低发泡注射成型模
1—定模板；2,7,12,13—组合凹模；
3—浇口套；4—型芯；5,6—组合凸模；
8—垫板；9—推杆；10—动模板；11—导向块

图 9-6 整体式低发泡注射模
1—定模；2—水道；3—水孔；4—支架；
5—推板；6—推杆；7—导套；8—动模板；
9—定位圈；10—浇口套

9.2.5 模具设计要点

① 模具型腔结构。由于多型腔模的浇注系统较长，各型腔的发泡程度可能不均匀，故常采用结构简单的单型腔形式。

② 主流道。主流道应开设在单独的主流道衬套内，其锥度比普通注射模主流道大。小端直径比注射机喷嘴内径大 0.8～1.0mm，锥度取 6°～7°，最大长度不超过 60mm。出口端应采用较大的圆角过渡（通常等于出口端半径），以利于快速充模。

③ 分流道。分流道最好采用比制件壁厚大的圆形或梯形，以尽可能减少熔体压力损失和散热损失。分流道的直径可在 10～20mm 范围内选取，应视流道长度、注射速度及制件体积而定。

④ 浇口。浇口形式原则上可相同于注射模的，但最好是采用直接浇口或侧浇口。潜伏式浇口或其他小浇口，只限于流道长度小于 80mm 的小形制件，浇口截面不应太小，否则影响高速充模。当分流道直径为 20mm 时，浇口直径不得小于 6.5mm。分流道向浇口过渡应有圆弧半径为 4.5～5mm 的大圆弧，以减小浇口对料流的节流作用。浇口长度要尽量短，可在 1.5～3mm 范围内选取。浇口截面尺寸也随制件的壁厚增加而增大，一般可取制件壁厚的 1/3～1/2。设计时可取较小值，试模中视需要加以修正。对于制件表面易产生卷曲纹理的，其浇口位置的选择应尽可能使纹理呈平行分布。因此，宜采用平缝式侧浇口或多点侧浇口。浇口应开设在制件壁最厚的部位，并力求熔料流向模腔最远处各点的距离大致相等。另外，浇口位置的选择还应防止制件形成熔接缝或夹入空气。这也是确定浇口位置的重要依据。

⑤ 排气槽。由于泡沫注射模型腔容积大，聚集空气多，而且由于发泡剂分解释放出大量残余气体，故排气槽对泡沫注射模特别重要。排气槽应沿塑件周长，每隔 50mm 长的中心距均布，槽深为 0.1～0.2mm，槽宽为 10mm，槽长为 5mm，在型腔壁离浇口最远的各个角落处，排气槽深度可增至 0.30mm。为了获得最好的排气效果，必须通过试模来完善。以便获得密度均匀、表观质量较好的低发泡泡沫塑件。

⑥ 模具冷却系统。冷却对于低发泡塑件是很重要的，由于低发泡塑件的壁厚比一般塑件厚，最小壁厚为 3.5～4mm，否则不能发泡。而低发泡塑件含有微小的气泡，泡孔结构的导热系数小，仅为不发泡塑件的 1/4，散热慢，故冷却时间比一般注射塑件要长。并且要冷却均匀，否则塑件外观会有明显差别。所以不同塑件对模具温度要求也不同，聚烯烃塑件的外观与模具温度的关系较小，而聚苯乙烯、ABS 的塑件外观受模具温度影响较大，一般对于聚烯烃塑料模具温度应为 30～40℃，而聚苯乙烯或 ABS 模具温度为 35～65℃。

第 10 章
塑料模零件

10.1 浇口系统零件

10.1.1 浇口套

浇口套内设主浇道,是塑熔体注入模具的入口,可与定位圈配合使用。浇口套的组合形式见表 10-1。压注模浇口套的推荐尺寸见表 10-2。注射模浇口套的推荐尺寸见表 10-3。标准浇口套尺寸见表 10-4。

表 10-1 浇口套组合形式

简　图	应　用　说　明
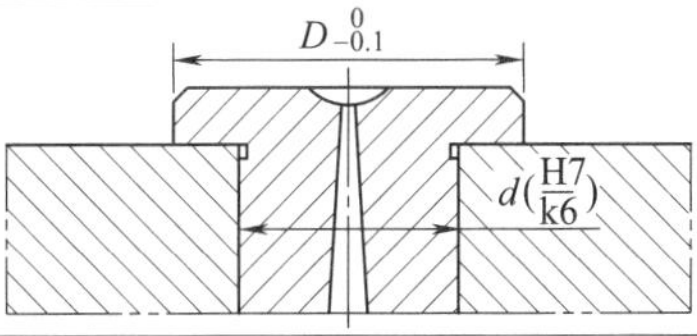 $D_{-0.1}^{\ 0}$，$d(\frac{H7}{k6})$	带有台肩的浇口套,其下端固定在定模板内,其台肩外径兼作定位圈作用,与机床定位孔配合,适用于小型注射机
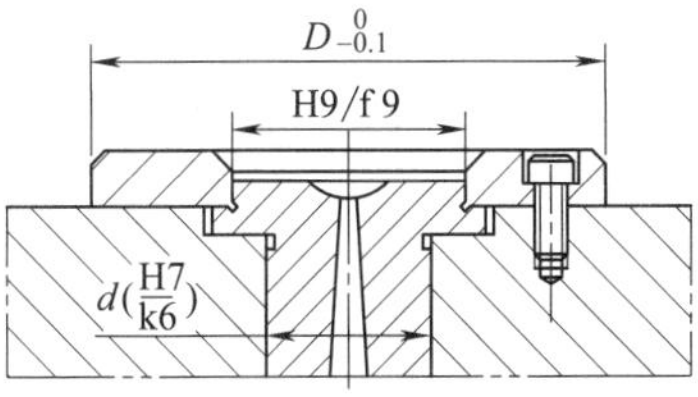 $D_{-0.1}^{\ 0}$，H9/f9，$d(\frac{H7}{k6})$	浇口套与定位圈分开设计,浇口套固定在定模板上,并由螺钉紧固定位圈压紧,定位圈外圆与注射机定位孔配合,适用于大中型注射模
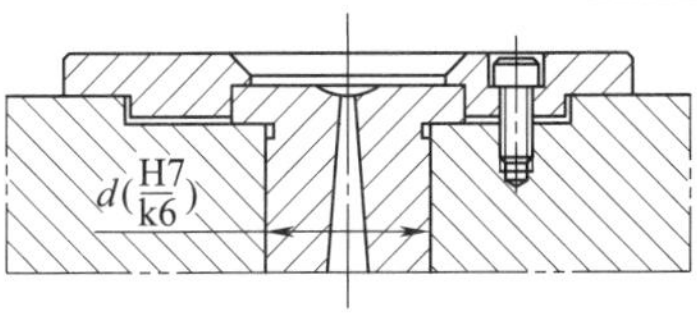 $d(\frac{H7}{k6})$	
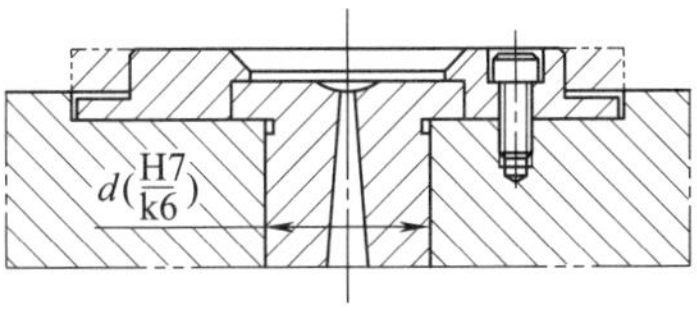 $d(\frac{H7}{k6})$	

简 图	应用说明
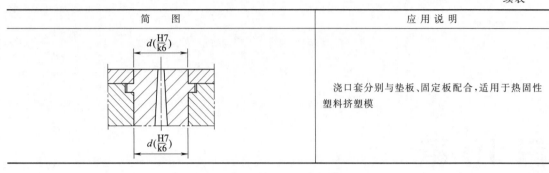	浇口套分别与垫板、固定板配合,适用于热固性塑料挤塑模

表 10-2 压注模浇口套推荐尺寸　　　　　　　　　　　　　　　mm

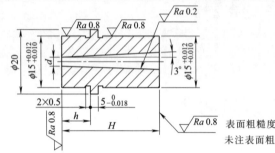

表面粗糙度以微米为单位;
未注表面粗糙度＝$Ra6.3\mu m$。

材料		T8A、T10A		热处理		HRC50～55	
d	3		4			5	
h	12	15	12	15		12	15
H	24、27、32、37、42	27、30、35、40、45	24、27、32、37、42	27、30、35、40、45		24、27、32、37、42	27、30、35、40、45

表 10-3 注射模浇口套推荐尺寸　　　　　　　　　　　　　　　mm

其余 $\sqrt{Ra6.3}$

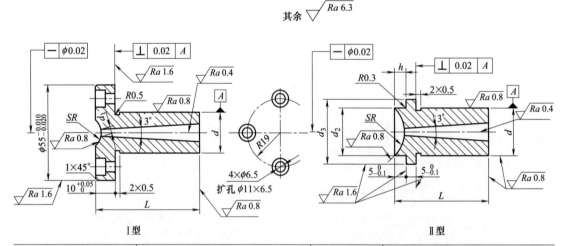

Ⅰ型　　　　　　　　　　　　　　Ⅱ型

材料				T10A		热处理		50～55HRC	
$d(k6)$		$d_2(f8)$		d_3	h	R	d_1	L
基本尺寸	极限偏差	基本尺寸	极限偏差					
16	+0.012 +0.001	20	−0.020 −0.053	28	3	15	3.5	16～63
							5	16～63
20	+0.015 +0.002						3.5	16～80
							5	16～80
							6	16～100

续表

材料		T10A				热处理		50~55HRC	
d(k6)		d_2(f8)		d_3	h		R	d_1	L
基本尺寸	极限偏差	基本尺寸	极限偏差						
25	+0.015 +0.002	35.5	−0.025 −0.064	45	5		20	5	20~100
								6	20~100
								8.5	31.5~100
31.5								8.5	31.5~100
								10	31.5~100
L系列		16、20、25、31.5、35.5、40、50、63、71、80、90、100							

表 10-4 标准浇口套尺寸（GB/T 4169.19—2006） mm

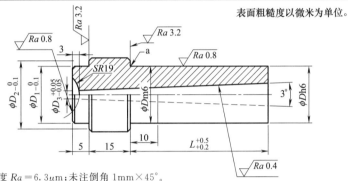

未注表面粗糙度 $Ra=6.3\mu m$；未注倒角 $1mm\times45°$。
a—可选砂轮越程槽或 $R0.5\sim1mm$ 圆角

D	D_1	D_2	D_3	L		
				50	80	100
12	35	40	2.8	×		
16			2.8	×	×	
20			3.2	×	×	×
25			4.2	×	×	×

注：1. 材料：由制造者选定，推荐采用 45 钢。2. 硬度：局部热处理，$SR19$ 球面硬度 38~45HRC。3. 要求：应符合 GB/T 4170—2006 的规定。4. 标记：按本部分的浇口套应有下列标记：a. 浇口套；b. 浇口套的直径 D，以毫米为单位；c. 浇口套的长度 L，以毫米为单位；d. 本部分代号，即 GB/T 4169.19—2006。示例：$D=12mm$、$L=50mm$ 的浇口套标记如下：浇口套 12×50 GB/T 4169.19—2006。

10.1.2 拉料杆和拉料套

拉料杆的组合形式见图 10-1，推荐尺寸见表 10-5，拉料套推荐尺寸见表 10-6。

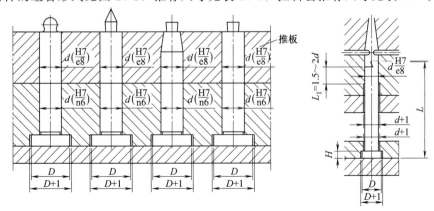

图 10-1 拉料杆组合形式

表 10-5　注射模拉料杆推荐尺寸　　　　　　　　　　　　　　　　mm

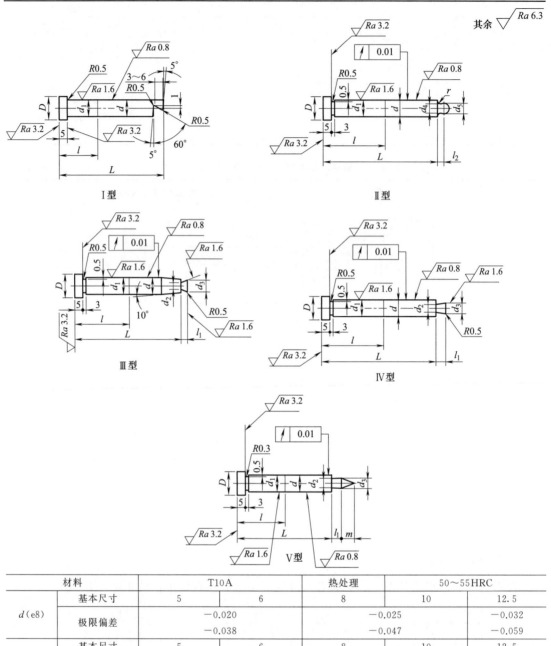

材料		T10A			热处理	50～55HRC	
d(e8)	基本尺寸	5	6	8	10	12.5	
	极限偏差	−0.020 −0.038		−0.025 −0.047		−0.032 −0.059	
d_1(n6)	基本尺寸	5	6	8	10	12.5	
	极限偏差	+0.016 +0.008		+0.019 +0.010		+0.023 +0.012	
	D	9	10	13	15	18	
	d_2	2.8	3	4	4.8	6.2	
	d_3	3.3	3.8	4.8	5.8	7.2	
	m	5	7	7	7	7	
	l_1	3	3	4	5	5	
	d_4	3	3.5	5	6	8	
	d_5	3.5	4	6	7	9	
	l_2	2	2.5	3.6	4.0	5.2	
	r	1.1	1.25	1.5	2	2.2	
	L、l	按需要确定					

表 10-6 拉料套推荐尺寸   mm

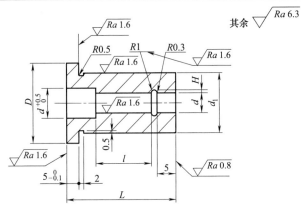

材料		T10A			热处理		50~55HRC	
d(H8)		d_1(n6)		D	H		L	l
基本尺寸	极限偏差	基本尺寸	极限偏差					
6	+0.018 0	16	+0.018 +0.007	20	0.5		16~50	2d
					1			
8	+0.022 0	20	+0.021 +0.008	25	0.5		16~80	
					1			
10		25		31.5	0.5		31.5~125	
					1			
12.5	+0.027 0				0.5		40~200	
					1			
L系列		16、20、25、31.5、33.5、40、50、63、80、100、125、160、200						

10.2 定位零件

定位零件包括定位圈、定距螺钉、限位钉及圆形定位件等。

① 定位圈。Ⅰ、Ⅱ型定位圈推荐尺寸见表10-7，Ⅲ型定位圈推荐尺寸见表10-8。标准定位圈推荐尺寸见表10-9。

表 10-7 Ⅰ、Ⅱ型定位圈推荐尺寸   mm

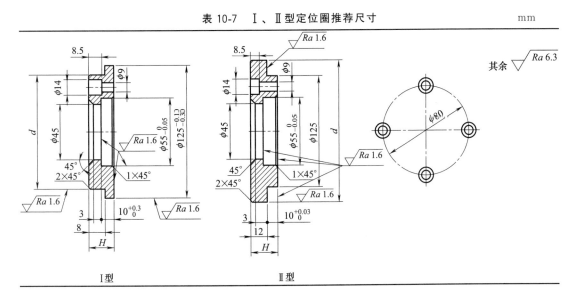

续表

材料	45钢			热处理	43~48HRC	
$d_{-0.40}^{-0.20}$	Ⅰ型			Ⅱ型		
	100	125	150		198	200
H	18			22		

表 10-8 Ⅲ型定位圈推荐尺寸   mm

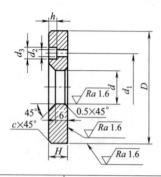
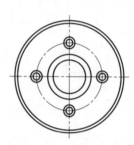

材料				45钢					
D		d		d_1	d_2	d_3	h	c	H
基本尺寸	极限偏差	基本尺寸	极限偏差						
55	-0.20 -0.40	20	+0.033 0	40	7	11	6.5	1	12
100		35.5	+0.039 0	80	9	13.5	8.5	2	
125									
150									
198				150					16
200									

表 10-9 标准定位圈推荐尺寸（GB/T 4169.18—2006）

表面粗糙度以微米为单位。

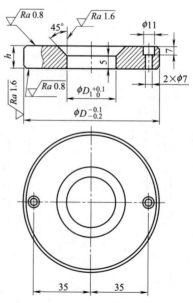

(1) 材料及硬度

材料由制造者选定，推荐采用 45 钢，硬度为 28~32HRC。

(2) 技术条件

其余应符合 GB/T 4170—2006 的规定。

(3) 标记

本部分的定位圈应有下列标记：

a. 定位圈；

b. 定位圈的直径 D，以毫米为单位；

c. 本部分代号，GB/T 4169.18—2006。

示例：

D＝100mm 的定位圈标记如下：

定位圈 100　GB/T 4169.18—2006

未注表面粗糙度 $Ra = 6.3\mu m$，未注倒角为 1mm×45°。

续表

D	D_1	h
100		
120	35	15
150		

② 定距螺钉。推荐尺寸见表10-10。

表 10-10 定距螺钉推荐尺寸　　　　　　　　　　　　　　　mm

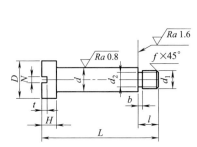

材料					45 钢			热处理		HRC43～48	
d	d_1	l	d_2	b	H	D	N	t	f	L
5	M4	6	3	1	4	10	1.2	2	1	
8	M6	6	4.5	1.5	5	12.5	1.5	2.5	1.5	
12	M8	12	6.2	2	7	18	2	3	1.2	按需要设计
16	M10	16	7.8	3	8	22	2.5	3.5	1.5	
20	M12	20	9.5	4	8	26	2.5	3.5	1.8	
24	M16	24	13	4	9	30	3	4	2	
30	M20	32	16.4	5	9	36	3	4	2.5	

③ 标准限位钉。推荐尺寸见表10-11。

表 10-11 标准限位钉推荐尺寸（GB/T 4169.9—2006）　　　　　　　　　mm

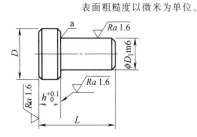

(1) 材料及硬度
材料由制造者选定,推荐采用 45 钢,硬度为 40～45HRC。
(2) 技术条件
其他应符合 GB/T 4170—2006 的规定。
(3) 标记
本部分的限位钉应有下列标记：
a. 限位钉；
b. 限位钉直径 D,以毫米为单位；
c. 本部分代号,GB/T 4169.9—2006。
示例：
$D=16$mm 的限位钉标记如下：
限位钉　16　GB/T 4169.9—2006

未注表面粗糙度 $Ra=6.3\mu m$,未注倒角为 $1mm\times 45°$。
a—可选砂轮越程槽或 $R0.5\sim 1mm$ 的圆角

D	D_1	h	L
16	8	5	16
25	16	10	25

④ 标准圆形定位件。其尺寸见表10-12。

表 10-12 标准圆形定位件尺寸 (GB/T 4169.11—2006)　　mm

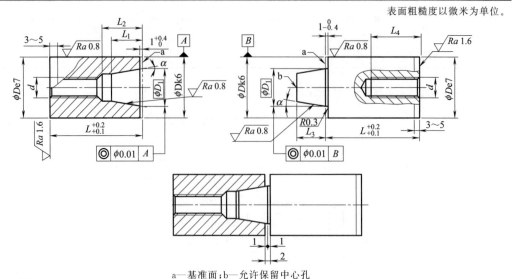

a—基准面；b—允许保留中心孔

(1) 材料及硬度
材料由制造者选定，推荐采用 T10A、GCr15，硬度为 58~62HRC。
(2) 技术条件
1) 未注表面粗糙度 $Ra=6.3\mu m$，未注倒角为 $1mm\times45°$。
2) 其他应符合 GB/T 4170—2006 的规定。
(3) 标记
本部分的圆形定位元件应有下列标记：a. 圆形定位元件；b. 圆形定位元件直径 D，以毫米为单位；c. 本部分代号，即 GB/T 4169.11—2006。
示例：
$D=12mm$ 的圆形定位元件标记如下：
圆形定位元件　12　GB/T 4169.11—2006

D	D_1	d	L	L_1	L_2	L_3	L_4	α
12	6	M4	20	7	9	5	11	5°
16	10	M5	25	8	10	6	11	
20	13	M6	30	11	13	9	13	
25	16	M8	30	12	14	10	15	5°,10°
30	20	M10	40	16	18	14	18	
35	24	M12	50	22	24	20	24	

10.3　导向件

导向机构形式有导柱导套式、锥面定位及模销定位等形式。
导柱导向机构见图 10-2。

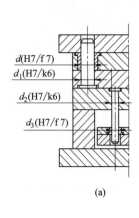
(a)

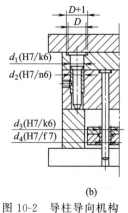
(b)

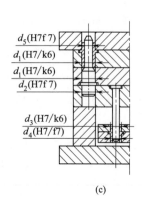
(c)

图 10-2　导柱导向机构

① 导柱。有带头导柱和有肩导柱两种。带头导柱的尺寸见表 10-13，带肩导柱的尺寸见表 10-14。

表 10-13　标准带头导柱尺寸（GB/T 4169.4—2006）　　　　　　　　mm

(1) 材料及硬度

材料由制造者选定，推荐采用 T10A、GCr15、20Cr，硬度为 56～60HRC。20Cr 渗碳 0.5～0.8mm，硬度 56～60HRC。

(2) 技术条件

1) 未注表面粗糙度 $Ra = 6.3\mu m$，未注倒角为 $1mm \times 45°$

2) 图中标注的形位公差应符合 GB/T 1184—1996 的规定，t 为 6 级精度。

3) 其余应符合 GB/T 4170—2006 的规定。

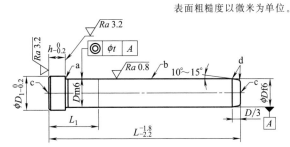

表面粗糙度以微米为单位。

a—可选砂轮越程槽或 $R0.5～1mm$ 圆角；b—允许开油槽；c—允许保留两端的中心孔；d—圆弧连接，$R2～5mm$。

(3) 标记

本部分的带头导柱应有下列标记：a. 带头导柱；b. 带头导柱直径 D，以毫米为单位；c. 带头导柱长度 L，以毫米为单位；d. 带头导柱与模板配合长度 L_1，以毫米为单位；e. 本部分代号，即 GB/T 4169.4—2006。

示例：

$D=12mm、L=50mm、L_1=20mm$ 的带头导柱标记如下：

带头导柱 $12 \times 50 \times 20$　GB/T 4169.4—2006

	D	12	16	20	25	30	35	40	50	60	70	80	90	100
	D_1	17	21	25	30	35	40	45	56	66	76	86	96	106
	h	5	6	6	8	8	10	10	12	15	15	20	20	20
	50	×	×	×	×	×								
	60	×	×	×	×	×								
	70	×	×	×	×	×	×	×						
	80	×	×	×	×	×	×	×						
	90	×	×	×	×	×	×	×						
	100	×	×	×	×	×	×	×	×	×				
	110	×	×	×	×	×	×	×	×	×				
	120	×	×	×	×	×	×	×	×	×				
	130	×	×	×	×	×	×	×	×	×				
	140	×												
	150		×	×	×	×	×	×	×	×				
	160			×	×	×	×	×	×	×				
	180				×	×	×	×	×	×				
	200				×	×	×	×	×	×				
L	220					×	×	×	×	×	×	×	×	×
	250					×	×	×	×	×	×	×	×	×
	280						×	×	×	×	×	×	×	×
	300						×	×	×	×	×	×	×	×
	320							×	×	×	×	×	×	×
	350							×	×	×	×	×	×	×
	380								×	×	×	×	×	×
	400								×	×	×	×	×	×
	450								×	×	×	×	×	×
	500								×	×	×	×	×	×
	550									×	×	×	×	×
	600									×	×	×	×	×
	650										×	×	×	×
	700										×	×	×	×
	750											×	×	×
	800											×	×	×
	L_1	20,25,30,35,40,45,50,60,70,80,100,110,120,130,140,150,160,180,200												

表 10-14　标准带肩导柱尺寸（GB/T 4169.5—2006）　　　　mm

(1) 材料及硬度

材料由制造者选定，推荐采用 T10A、GCr15、20Cr，硬度为 56～60HRC。20Cr 渗碳 0.5～0.8mm，硬度 56～60HRC。

(2) 技术条件

1) 未注表面粗糙度 $Ra = 6.3\mu m$，未注倒角为 $1mm \times 45°$。

2) 图中标注的形位公差应符合 GB/T 1184—1996 的规定，t 为 6 级精度。

3) 其余应符合 GB/T 4170—2006 的规定，t 为 6 级精度。

(3) 标记

本部分的带肩导柱应有下列标记：a. 带肩导柱；b. 带肩导柱直径 D，以毫米为单位；c. 带肩导柱长度 L，以毫米为单位；d. 带肩导柱与模板配合长度 L_1，以毫米为单位；e. 本部分代号，即 GB/T 4169.5—2006。

示例：

$D=16mm$、$L=50mm$、$L_1=20mm$ 的带肩导柱标记如下：

带肩导柱　16×50×20　GB/T 4169.5—2006

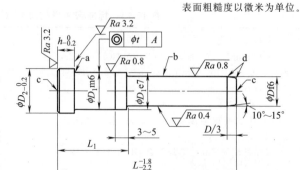

表面粗糙度以微米为单位。

a—可选砂轮越程槽或 $R0.5～1mm$ 圆角，b—允许开油槽；c—允许保留两端的中心孔；d—圆弧连接，$R2～5mm$

D		12	16	20	25	30	35	40	50	60	70	80
D_1		18	25	30	35	42	48	55	70	80	90	105
D_2		22	30	35	40	47	54	61	76	86	96	111
h		5	6	8	8	8	10	10	12	15	15	15
L	50	×	×	×	×	×						
	60	×	×	×	×	×						
	70	×	×	×	×	×	×	×				
	80	×	×	×	×	×	×	×				
	90	×	×	×	×	×	×	×				
	100	×	×	×	×	×	×	×	×	×		
	110	×	×	×	×	×	×	×	×	×		
	120	×	×	×	×	×	×	×	×	×		
	130	×	×	×	×	×	×	×	×	×		
	140	×	×	×	×	×	×	×	×	×		
	150	×	×	×	×	×	×	×	×	×	×	×
	160	×	×	×	×	×	×	×	×	×	×	×
	180			×	×	×	×	×	×	×	×	×
	200		×	×	×	×	×	×	×	×	×	×
	220			×	×	×	×	×	×	×	×	×
	250			×	×	×	×	×	×	×	×	×
	280				×	×	×	×	×	×	×	×
	300				×	×	×	×	×	×	×	×
	320					×	×	×	×	×	×	×
	350					×	×	×	×	×	×	×
	380						×	×	×	×	×	×
	400							×	×	×	×	×
	450								×	×	×	×
	500								×	×	×	×
	550								×	×	×	×
	600								×	×	×	×
	650									×	×	×
	700									×	×	×
L_1		20,25,30,35,40,45,50,60,70,80,100,110,120,130,140,150,160,180,200										

② 导套。有直导套和带头导套两种，带头导套的尺寸见表 10-15，直导套的尺寸见表 10-16。

表 10-15　标准带头导套尺寸（GB/T 4169.3—2006）　　　　mm

(1) 材料及硬度

材料由制造者选定，推荐采用 T10A、GCr15、20Cr，硬度为 52～56HRC。20Cr 渗碳 0.5～0.8mm，硬度 56～60HRC。

(2) 技术条件

1) 图中标注的形位公差应符合 GB/T 1184—1996 的规定，t 为 6 级精度。

2) 其余应符合 GB/T 4170—2006 的规定。

(3) 标记

本部分的带头导套应有下列标记：

a. 带头导套；b. 带头导套直径 D，以毫米为单位；c. 带头导套长度 L，以毫米为单位；d. 本部分代号，即 GB/T 4169.3—2006。

示例：

$D=12$mm、$L=20$mm 的带头导套标记如下：

带头导套 12×20　GB/T 4169.3—2006

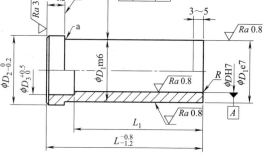

未注表面粗糙度 $Ra=6.3\mu m$，未注倒角为 1mm×45°。

a—可选砂轮越程槽或 $R0.5\sim1$mm 圆角

D	12	16	20	25	30	35	40	50	60	70	80	90	100
D_1	18	25	30	35	42	48	55	70	80	90	105	115	125
D_2	22	30	35	40	47	54	61	76	86	96	111	121	131
D_3	13	17	21	26	31	36	41	51	61	71	81	91	101
h	5	6	8	8	8	10	10	10	12	12	15	15	20
R	1.5～2	3～4	3～4	3～4	3～4	5～6	5～6	5～6	7～8	7～8	7～8	7～8	7～8
$L_1$①	24	32	40	50	60	70	80	100	120	140	160	180	200

L													
20	×	×	×										
25	×	×	×	×									
30	×	×	×	×	×								
35	×	×	×	×	×	×							
40	×	×	×	×	×	×	×						
45	×	×	×	×	×	×	×						
50	×	×	×	×	×	×	×	×					
60		×	×	×	×	×	×	×	×				
70			×	×	×	×	×	×	×	×			
80				×	×	×	×	×	×	×	×		
90				×	×	×	×	×	×	×	×	×	
100			×		×	×	×	×	×	×	×	×	×
110					×	×	×	×	×	×	×	×	×
120					×	×	×	×	×	×	×	×	×
130						×	×	×	×	×	×	×	×
140						×	×	×	×	×	×	×	×
150							×	×	×	×	×	×	×
160							×	×	×	×	×	×	×
180								×	×	×	×	×	×
200									×	×	×	×	×

① 当 $L_1>L$ 时，取 $L_1=L$。

表 10-16　标准直导套尺寸 (GB/T 4169.2—2006)　　mm

(1) 材料及硬度

推荐采用 T10A、GCr15、20Cr。

硬度为 52～56HRC。20Cr 渗碳 0.5～0.8mm，硬度 56～60HRC。

(2) 技术条件

1) 未注表面粗糙度 $Ra=3.2\mu m$，未注倒角为 $1mm\times45°$。

2) 图中标注的形位公差应符合 GB/T 1184—1996 的规定，t 为 6 级精度。

3) 其余应符合 GB/T 4170—2006 的规定。

(3) 标记示例

$D=12mm$，$L=15mm$ 的直导套：

直导套　12×15　GB/T 4169.2—2006

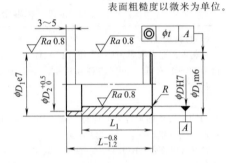

表面粗糙度以微米为单位。

D	12	16	20	25	30	35	40	50	60	70	80	90	100
D_1	18	25	30	35	42	48	55	70	80	90	105	115	125
D_2	13	17	21	26	31	36	41	51	61	71	81	91	101
R	1.5～2	3～4				5～6				7～8			
$L_1$①	24	32	40	50	60	70	80	100	120	140	160	180	200
L	15	20	25	25	30	35	40	40	50	60	70	80	80
	20	25	25	30	35	40	50	50	60	70	80	100	100
	25	30	30	40	40	50	60	60	80	80	100	120	120
	30	40	40	50	50	60	80	80	100	100	120	150	200
	35	50	50	60	60	80	100	100	120	120	150	200	
	40	60	60	80	80	100	120	120	150	150	200		

① 当 $L_1>L$ 时，取 $L_1=L$。

10.4　抽芯机构零件

10.4.1　斜导柱

斜导柱尺寸见表 10-17、表 10-18。

表 10-17　斜导柱尺寸 (1)　　mm

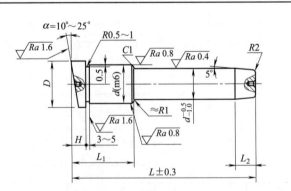

材料	T8A		热处理		50～55HRC		
d(m6)		斜导柱固定孔 D(H7)		H	L_2	L_1、L	
基本尺寸	极限偏差	基本尺寸	极限偏差				
12	+0.018 +0.007	17	+0.018 0	10	4	由设计确定	
15		20		12	5		

续表

材料		T8A		热处理		50～55HRC		
d(m6)		斜导柱固定孔 D(H7)			H	L_2	L_1、L	
基本尺寸	极限偏差	基本尺寸	极限偏差					
20	+0.021	25	+0.021		15	5		
25	+0.008	30	0				由设计确定	
30	+0.025	35	+0.025		20	6		
35	+0.009	40	0					
40		45			25	6		

表 10-18 斜导柱尺寸（2）   mm

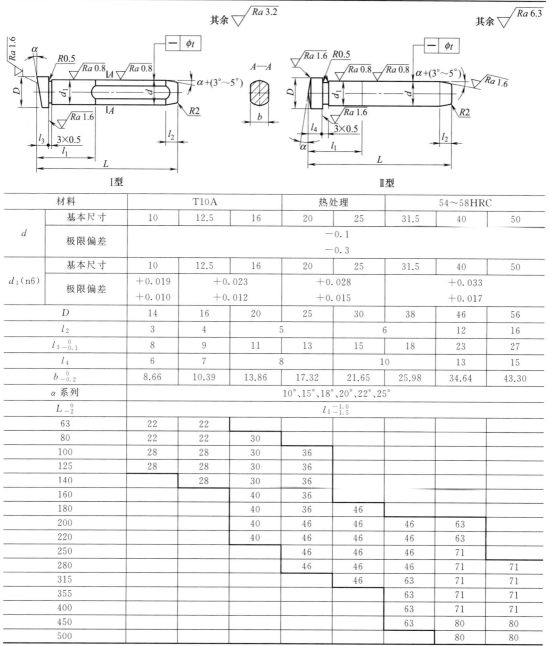

材料		T10A			热处理		54～58HRC		
d	基本尺寸	10	12.5	16	20	25	31.5	40	50
	极限偏差	−0.1 / −0.3							
d_1(n6)	基本尺寸	10	12.5	16	20	25	31.5	40	50
	极限偏差	+0.019 / +0.010	+0.023 / +0.012		+0.028 / +0.015		+0.033 / +0.017		
D		14	16	20	25	30	38	46	56
l_2		3	4	5		6		12	16
$l_3{}_{-0.1}^{0}$		8	9	11	13	15	18	23	27
l_4		6	7	8		10		13	15
$b{}_{-0.2}^{0}$		8.66	10.39	13.86	17.32	21.65	25.98	34.64	43.30
α 系列		10°、15°、18°、20°、22°、25°							
$L{}_{-2}^{0}$		$l_1{}_{-1.5}^{-1.0}$							
63		22	22						
80		22	22	30					
100		28	28	30	36				
125		28	28	30	36				
140			28	30	36				
160				40	36				
180				40	36	46			
200				40	46	46	46	63	
220				40	46	46	46	63	
250					46	46	46	71	
280					46	46	46	71	71
315						46	63	71	71
355							63	71	71
400							63	71	71
450							63	71	80
500								80	80

注：本表图中形位公差 t 值为 5 级。

10.4.2 滑块

① 滑块推荐尺寸，见表 10-19。

表 10-19 滑块推荐尺寸　　　　　　　　　　　　　　mm

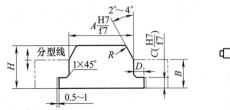

材料		T10A		热处理		54～55HRC
B	≤30	>30～40	>40～50	>50～65	>65～100	>100～160
C	8	10	12	15	20	25
D	6	8	10	10	12	15
β	按表 10-18 中 $\alpha+(2°～3°)$					
A、L、H	按需要设计					

② 斜滑块常用形式及导向部位参数，见表 10-20。

表 10-20 斜滑块常用形式及导向部位参数　　　　　　　mm

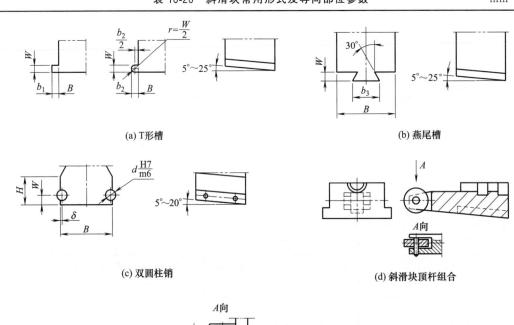

(a) T形槽　　　　　　　　　　(b) 燕尾槽

(c) 双圆柱销　　　　　　　　(d) 斜滑块顶杆组合

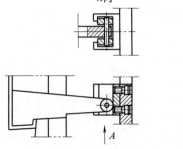
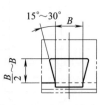

(e) 斜滑块、推板连接

续表

材料		T10A(斜滑块)		热处理	54～55HRC	
斜滑块宽度 B	30～50	>50～80	>80～120	>120～160	>160～200	
导向部位符号			导向部位参数			
W	8～10	>10～14	>14～18	>18～20	>20～22	
b_1	6	8	12	14	16	
b_2	10	14	18	20	22	
b_3	20～40	>40～60	>60～100	>100～130	>130～170	
d	12	14	16	18	20	
δ	1	1.2	1.4	1.6	1.8	

③ 圆头销和钢球的定位形式及尺寸，见表10-21。

表 10-21 圆头销和钢球的定位形式及尺寸　　　　　　　　　　　mm

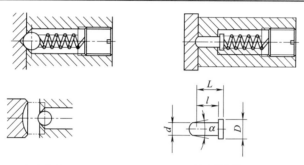

(a) 钢球定位　　　(b) 圆头销定位

材料	45钢	热处理	43～48HRC		钢球			材料	65Mn	
		圆头销							弹簧	
d	D	l	L	α	钢球直径 in/mm	钢球孔径	螺钉直径	钢丝直径×平均直径×自由长度×圆圈		
6	7.5	3	7	90°～120°	9/32(7.14)	7.9～8.4	M10	1×6×30×8		
8	10.5	4	9		13/32(10.32)	10.9～12	M14	1.2×8×40×8		
10	13	5	11		17/32(13.49)	13.7	M16	1.5×11×50×8		

④ 锁紧楔推荐尺寸，见表10-22。

表 10-22 锁紧楔推荐尺寸　　　　　　　　　　　mm

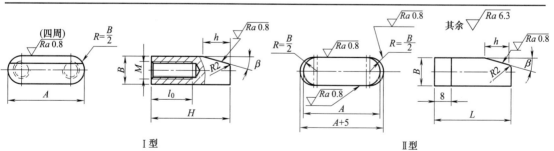

Ⅰ型　　　　　　　　　　Ⅱ型

材料		T10A			热处理		54～58HRC			
A(e9)			B							
基本尺寸	极限偏差	基本尺寸	极限偏差		h	H	M	l_0	β	L
			Ⅰ型(n6)	Ⅱ型(m6)						
31.5	−0.050 −0.112	10	0 −0.009	+0.015 +0.006	12	32	M6	10	按表10-18中 $\alpha+(2°\sim3°)$	按需要设计

续表

材料		T10A			热处理		54～58HRC			
A(e9)		B			h	H	M	l_0	β	L
基本尺寸	极限偏差	基本尺寸	极限偏差							
			I 型(n6)	II 型(m6)						
31.5		12.5	0 −0.011	+0.018 +0.007	14	40	M8	16		
35.5		10	0 −0.009	+0.015 +0.006	12	32	M6	10		
		12.5			14	40	M8	16		
		16	0 −0.011	+0.018 +0.007	18	45	M10	20		
40	−0.050 −0.112	12.5			14	40	M8	16		
		16			18	45	M10			
		20	0 −0.013	+0.021 +0.008	22	50			按表 10-18 中 $\alpha+(2°～3°)$	按需要设计
50		16	0 −0.011	+0.018 +0.007	18	45	M10			
		20			22	50				
		24			24	60	M12			
63		20	0 −0.013	+0.021 +0.008	22	55	M10	20		
		25			25	60				
		30			30	65				
71	−0.060 −0.134	25			25	60				
		30			30	65				
		35	−0.016	+0.025 +0.009	35	70	M12			
80		30	−0.013	+0.021 +0.008	30	65				
		35	−0.016	+0.025 +0.009	35	70				

10.5 推出脱模机构零件

10.5.1 推杆

① 推杆的组合形式，见表 10-23。

表 10-23 推杆组合形式

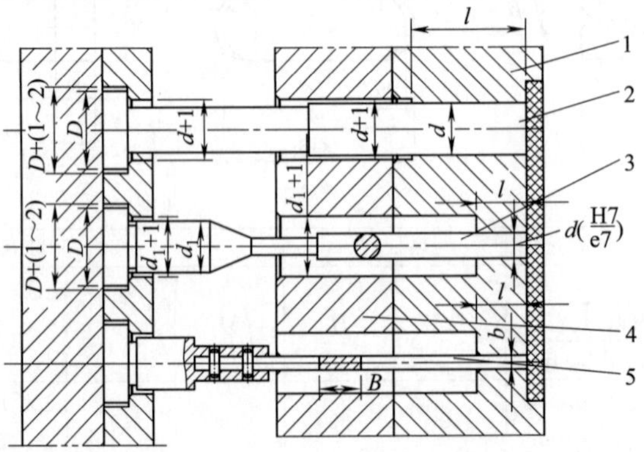

1—动模板；2—圆柱头推杆；
3—带肩推杆；4—支承板；
5—矩形推杆

续表

圆形推杆		矩形推杆	
d	l	B	l
>2.5～6	4d～3d	≤10	>4B
>6～10	3d～2d	>10～16	4B～3B
>10	2d～1.5d	>16	3B～2B

② 标准推杆尺寸，见表10-24。

表 10-24　标准推杆尺寸（GB/T 4169.1—2006）　　mm

(1) 材料及硬度

推荐采用4Cr5MoSiV1、3Cr2W8V，硬度为50～55HRC。其中固定端30mm长度范围内硬度为35～45HRC。淬火后表面可进行渗氮处理，渗碳层深度为0.08～0.15mm，心部硬度为40～44HRC，表面硬度≥900HV。

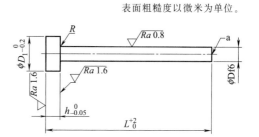

(2) 技术条件

1) 未注表面粗糙度$Ra=6.3\mu m$。
2) a处端面不允许留有中心孔，棱边不允许倒钝。
3) 其余应符合GB/T 4170—2006的规定。

(3) 标记示例

$D=1mm$、$L=80mm$ 的推杆：

推杆 1×80　GB/T 4169.1—2006

D	D_1	h	R	L											
				80	100	125	150	200	250	300	350	400	500	600	700	800
1	4	2	0.3	×	×	×	×	×								
1.2				×	×	×	×	×								
1.5				×	×	×	×	×								
2				×	×	×	×	×	×	×	×					
2.5	5			×	×	×	×	×	×	×	×	×				
3	6	3	0.5	×	×	×	×	×	×	×	×	×	×			
4	8			×	×	×	×	×	×	×	×	×	×			
5	10			×	×	×	×	×	×	×	×	×	×			
6	12	5		×	×	×	×	×	×	×	×	×	×	×		
7	12			×	×	×	×	×	×	×	×	×	×	×		
8	14			×	×	×	×	×	×	×	×	×	×	×	×	
10	16			×	×	×	×	×	×	×	×	×	×	×	×	
12	18	7	0.8	×	×	×	×	×	×	×	×	×	×	×	×	×
14				×	×	×	×	×	×	×	×	×	×	×	×	×
16	22			×	×	×	×	×	×	×	×	×	×	×	×	×
18	24	8		×	×	×	×	×	×	×	×	×	×	×	×	×
20	26			×	×	×	×	×	×	×	×	×	×	×	×	×
25	32	10	1	×	×	×	×	×	×	×	×	×	×	×	×	×

③ 扁推杆尺寸，见表10-25、表10-26。

④ 带肩推杆尺寸，见表10-27。

⑤ 小直径镶拼式推杆推荐尺寸，见表10-28。

表 10-25　标准扁推杆尺寸（GB/T 4169.15—2006）　　mm

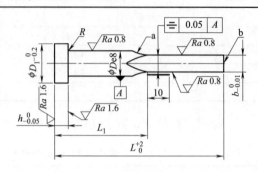

(1) 材料及硬度
推荐采用 4Cr5MoSiV1、3Cr2W8V。
硬度为 45～50HRC。
淬火后表面可进行渗氮处理，渗碳层深度为 0.08～0.15mm，心部硬度为 40～44HRC，表面硬度≥900HV。
(2) 技术条件
1) 未注表面粗糙度 $Ra=6.3\mu m$。
2) a 处圆弧半径小于 10mm。
3) b 处端面不允许留有中心孔，棱边不允许倒钝。
4) 其余应符合 GB/T 4170—2006 的规定。
(3) 标记示例
$a=1mm, b=4mm, L=80mm$ 的扁推杆：
扁推杆 1×4×80　GB/T 4169.15—2006

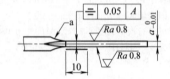

D	D_1	a	b	h	R	\multicolumn{7}{c}{L}
						80	100	125	160	200	250	3000
						\multicolumn{7}{c}{L_1}
						40	50	63	80	100	125	1500
4	8	1	3	3	0.3	×	×	×	×	×		
		1.2				×	×	×	×	×		
5	10	1	4			×	×	×	×	×		
		1.2				×	×	×	×	×		
6	12	1.2	5				×	×	×	×	×	
		1.5					×	×	×	×	×	
		1.8					×	×	×	×		
8	14	1.5	6	5	0.5			×	×	×	×	
		1.8						×	×	×	×	
		2						×	×	×	×	
10	16	1.5	8						×	×	×	×
		1.8							×	×	×	×
		2							×	×	×	×
12	18	1.5	10	7	0.8					×	×	×
		1.8								×	×	×
		2								×	×	×
16	22	2	14							×	×	×
		2.5								×	×	×

表 10-26　镶拼式扁推杆尺寸　　mm

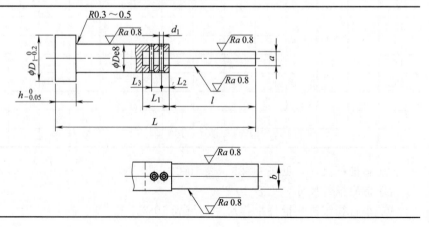

续表

D	D_1	L_1	L_2	L_3	d_1	h
8	14	15	4.5	6	3	4
12	16	15	4.5	6	3	4
15	20	20	5	8	4	6
20	25	20	5	8	4	6

注：a、b、L、l 根据需要设计。

表 10-27　带肩推杆尺寸（GB/T 4169.16—2006）　　　mm

(1) 材料及硬度

推荐采用 4Cr5MoSiV1、3Cr2W8V，硬度为 45～50HRC。淬火后表面可进行渗氮处理，渗碳层深度为 0.08～0.15mm，心部硬度为 40～44HRC，表面硬度≥900HV。

(2) 技术条件

1) 未注表面粗糙度 $Ra=6.3\mu m$。
2) a 处端面不允许留有中心孔，棱边不允许倒钝。
3) 其余应符合 GB/T 4170—2006 的规定。

(3) 标记示例

$D=1mm$、$L=80mm$ 的带肩推杆；

带肩推杆 1×80　GB/T 4169.16—2006

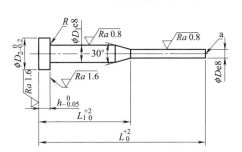

表面粗糙度以微米为单位。

D	D_1	D_2	h	R	L								
					80	100	125	150	200	250	300	350	400
					L_1								
					40	50	63	75	100	125	150	175	200
1	2	4	2	0.3	×	×	×	×	×				
1.5	3	6	3	0.3	×	×	×	×	×				
2	3	6	3	0.3	×	×	×	×	×				
2.5	3	6	3	0.3	×	×	×	×	×				
3	4	8	3	0.3		×	×	×	×	×			
3.5	8	14	5	0.5		×	×	×	×	×			
4	8	14	5	0.5		×	×	×	×	×	×		
4.5	10	16	5	0.5		×	×	×	×	×	×		
5	10	16	5	0.5		×	×	×	×	×	×		
6	12	18	7	0.8			×	×	×	×	×	×	
8	12	18	7	0.8				×	×	×	×	×	
10	16	22	7	0.8						×	×	×	×

表 10-28　小直径镶拼式推杆推荐尺寸　　　mm

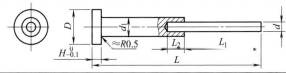

$d(e7)$		d_1	H		D	L_2
基本尺寸	极限偏差		基本尺寸	极限偏差		
1.0	−0.014 −0.024	6	6	0 −0.10	10	6
1.2		6	6		10	6
1.4		6	6		10	6
1.6		6	6		10	6
1.8		6	6		10	6
2.0		7	6		11	10
2.4		7	6		11	10

续表

| d(e7) | | d_1 | H | | D | L_2 |
基本尺寸	极限偏差		基本尺寸	极限偏差		
2.8	−0.014	8	8	0 −0.10	13	15
3.0	−0.024					
3.4	−0.020 −0.032					
3.8						
4.0						

注：L、L_1 根据需要设计；d 与 d_1 用钎焊连接或将 d 的圆柱部位一端磨凹陷压铆。

10.5.2 推管

① 推管组合形式，见图 10-3。

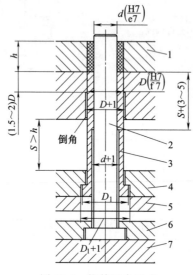

图 10-3 推管组合形式

1—动模板；2—型芯；3—推管；4—推管固定板；5—推板；6—推杆固定板；7—垫板

② 标准推管尺寸，见表 10-29。

表 10-29 标准推管尺寸（GB/T 4169.17—2006）　　　mm

(1) 材料及硬度

推荐采用 4Cr5MoSiV1、3Cr2W8V，硬度为 45～50HRC。淬火后表面可进行渗氮处理，渗碳层深度为 0.08～0.15mm，心部硬度为 40～44HRC，表面硬度 ≥900HV。

(2) 技术条件

1) 未注表面粗糙度 $Ra = 6.3\mu m$。未注倒角为 $1mm \times 45°$。

2) a 处端面棱边不允许倒钝。

3) 其余应符合 GB/T 4170—2006 的规定。

(3) 标记示例

$D = 2mm$、$L = 80mm$ 的推管：

推管 2×80　GB/T 4169.17—2006

表面粗糙度以微米为单位。

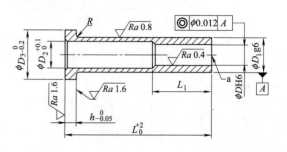

续表

D	D_1	D_2	D_3	h	R	L_1	\multicolumn{7}{c}{L}
							80	100	125	150	175	200	250
2	4	2.5	8	3	0.3	35	×	×	×				
2.5	5	3	10				×	×	×				
3	5	3.5	10				×	×	×	×			
4	6	4.5	12	5	0.5	45	×	×	×	×	×	×	
5	8	5.5	14				×	×	×	×	×	×	
6	10	6.5	16					×	×	×	×	×	×
8	12	8.5	20	7	0.8			×	×	×	×	×	×
10	14	10.5	22					×	×	×	×	×	×
12	16	12.5	22						×	×	×	×	×

③ Ⅱ型推管结构及尺寸，见表10-30。

表10-30　Ⅱ型推管结构及尺寸　　　　　　　　　　　mm

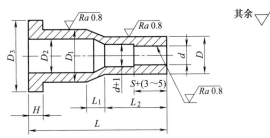

材料		T10A			热处理		54～58HRC		
d(H7)	基本尺寸	3	4	5	6	8	10	12
	极限偏差	+0.010 0		+0.012 0		+0.015 0		+0.018 0
D(f7)	基本尺寸	6	7	8	10	12	14	17
	极限偏差	−0.010 −0.022		−0.013 −0.028		−0.016 −0.034		
D_1		12		14		18	20	22
D_2		7		9		13	15	17
D_3		17		19		23	25	27
H		6				8		
L_1		3		4		6		8
L_2、L		\multicolumn{7}{c}{按需要设计}

10.5.3　推板

① 推板导柱和推板导套组合形式，见图10-4。

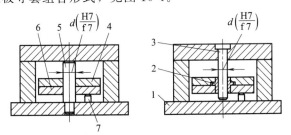

图10-4　推板导柱和推板导套组合形式
1—动模座板；2—推板导套；3,5—推板导柱；4—推杆固定板；6—推板；7—限位钉

② 推板导柱尺寸，见表 10-31。

表 10-31　推板导柱尺寸（GB/T 4169.14—2006）　　　　mm

(1) 材料及硬度
推荐采用 T10A、GCr15、20Cr，硬度为 56～60HRC。20Cr 渗碳层深度为 0.5～0.8mm，硬度 56～60HRC。
(2) 技术条件
1) 未注表面粗糙度 $Ra=6.3\mu m$，未注倒角为 $1mm\times45°$。
2) 图中标注的形位公差应符合 GB/T 1184—1996 的规定，t 为 6 级精度。
3) 其余应符合 GB/T 4170—2006 的规定。
(3) 标记示例
$D=30mm、L=100mm$ 的推板导柱：
推板导柱　30×100　GB/T 4169.14—2006。

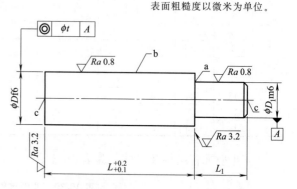

a—可选砂轮越程槽或 $R0.5～1mm$ 的圆角；
b—允许开油槽；c—允许保留两端的中心孔

	D	30	35	40	50
	D_1	25	30	35	40
	L_1	20	25	30	35
L	100	×			
	110	×	×		
	120	×	×		
	130	×	×		
	150	×	×	×	
	180		×	×	×
	200			×	×
	250			×	×
	300				×

③ 推板导套尺寸，见表 10-32。

表 10-32　推板导套尺寸（GB/T 4169.12—2006）　　　　mm

(1) 材料及硬度
推荐采用 T10A、GCr15、20Cr，硬度为 52～56HRC。20Cr 渗碳层深度为 0.5～0.8mm，硬度 56～60HRC。
(2) 技术条件
1) 未注表面粗糙度 $Ra=6.3\mu m$，未注倒角为 $1mm\times45°$。
2) 其余应符合 GB/T 4170—2006 的规定。
(3) 标记示例
$D=20mm$ 的推板导套：
推板导套 20　GB/T 4169.12—2006

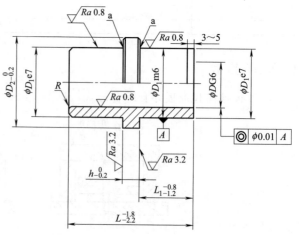

a—可选砂轮越程槽或 $R0.5～1mm$ 的圆角

续表

D	12	16	20	25	30	35	40	50
D_1	18	25	30	35	42	48	55	70
D_2	22	30	35	40	47	54	61	76
h	4				6			
R	3~4				5~6			
L	28		35		45	55	70	90
L_1	13		15		20	25	30	40

④ 推板推杆推荐尺寸，见表10-33。

表 10-33　推板推杆推荐尺寸　　　　　　　　　　　　　　mm

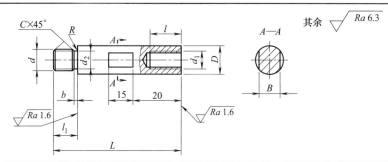

材料				45		热处理		43~48HRC	
D	d	d_1	d_2	l	l_1	B	b	C	R
12	M8	M6	6.2	9	10	9.6	2	1	0.5
16	M10	M8	7.8	12	12	12.8	3	1	1
20	M12	M10	9.5	15	15	16	4	1.5	1
25	M16	M12	13	18	20	20	4	1.5	1
31.5	M18	M12	14.4	18	22	24	5	2	1.5

按需要设计

10.6　拉杆导柱

拉杆导柱尺寸见表10-34。

表 10-34　拉杆导柱尺寸（GB/T 4169.20—2006）　　　　　　　　mm

表面粗糙度以微米为单位。

(1) 材料及硬度

推荐采用 T10A、GCr15、20Cr，硬度为 56~60HRC。
20Cr 渗碳层深度为 0.5~0.8mm，硬度 56~60HRC。

(2) 技术条件

1) 未注表面粗糙度 $Ra = 6.3\mu m$，未注倒角为 1mm×45°。

2) 其余应符合 GB/T 4170—2006 的规定。

(3) 标记示例

$D=16$mm，$L=100$mm 的拉杆导柱：

拉杆导柱 16×100　GB/T 4169.20—2006

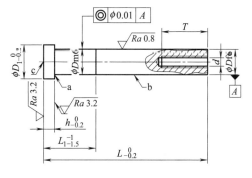

a—可选砂轮越程槽或 R0.5~1mm 的圆角；
b—允许开油槽；c—允许保留中心孔

续表

D		16	20	25	30	35	40	50	60	70	80	90	100
D_1		21	25	30	35	40	45	55	66	76	86	96	106
h		8	10	12	14	16	18	20			25		
d		M10	M12	M14	M16				M20		M24		
T		25	30	35	40				50		60		
L_1		25	30	35	45	50	60	70/80	90	100	120	140	150
L	100	×	×	×									
	110	×	×	×									
	120	×	×	×									
	130	×	×	×	×								
	140	×	×	×	×								
	150	×	×	×									
	160	×	×	×	×	×							
	170	×	×	×	×	×							
	180	×	×	×	×	×							
	190	×	×	×	×	×							
	200	×	×	×	×	×	×						
	210		×	×	×	×	×						
	220		×	×	×	×	×						
	230		×	×	×	×	×						
	240		×	×	×	×	×						
	250		×	×	×	×	×	×					
	260			×	×	×	×	×					
	270			×	×	×	×	×					
	280			×	×	×	×	×	×				
	290			×	×	×	×	×	×				
	300			×	×	×	×	×	×	×			
	320				×	×	×	×	×				
	340				×	×	×	×	×	×	×		
	360				×	×	×	×	×	×	×		
	380					×	×	×	×	×	×		
	400				×	×	×	×	×	×	×	×	×
	450						×	×	×	×	×	×	×
	500						×	×	×	×	×	×	×
	550							×	×	×	×	×	×
	600							×	×	×	×	×	×
	650									×	×	×	×
	700									×	×	×	×
	750									×	×	×	×
	800									×	×	×	×

10.7 复位杆

① 复位杆的组合形式，见图 10-5。
② 复位杆尺寸，见表 10-35。

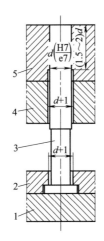

图 10-5　复位杆组合形式

1—推板；2—推杆固定板；3—复位杆；4—支承板；5—动模板

表 10-35　标准复位杆尺寸（GB/T 4169.13—2006）　　　　　mm

(1) 材料及硬度

推荐采用 T10A、GCr15。

硬度为 56～60HRC。

(2) 技术条件

1) 未注表面粗糙度 $Ra=6.3\mu m$。

2) 其余应符合 GB/T 4170—2006 的规定。

(3) 标记示例

$D=10mm$，$L=100mm$ 的复位杆：

复位杆 10×100　GB/T 4169.13—2006

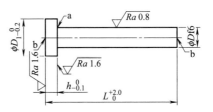

a—可选砂轮越程槽或 $R0.5\sim 1mm$ 的圆角；

b—端面允许保留中心孔。

D	D_1	h	L									
			100	125	150	200	250	300	350	400	500	600
10	15	4	×	×	×	×						
12	17		×	×	×	×	×					
15	20		×	×	×	×	×	×				
20	25			×	×	×	×	×	×	×		
25	30	8			×	×	×	×	×	×	×	
30	35				×	×	×	×	×	×	×	×
35	40				×	×	×	×	×	×	×	×
40	45	10					×	×	×	×	×	×
50	55						×	×	×	×	×	×

10.8　矩形定位元件

矩形定位元件尺寸见表 10-36。

表 10-36 矩形定位元件尺寸（GB/T 4169.21—2006）　　mm

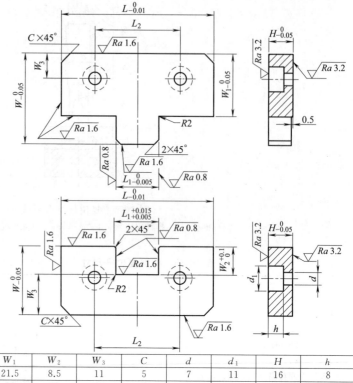

(1) 材料及硬度

推荐采用 GCr15、9CrWMn。

凸件硬度 50～54HRC，凹件硬度 56～60HRC。

(2) 技术条件

1) 未注表面粗糙度 $Ra = 6.3\mu m$；未注倒角 $1mm \times 45°$。

2) 其余应符合 GB/T 4170—2006 的规定。

(3) 示例

$L = 50mm$ 的矩形定位元件：

矩形定位元件 50 GB/T 4169.21—2006。

L	L_1	L_2	W	W_1	W_2	W_3	C	d	d_1	H	h
50	17	34	30	21.5	8.5	11	5	7	11	16	8
75	25	50	50	36	15	18	8	11	17.5	19	12
100	35	70	65	45	21	22	10	11	17.5	19	12
125	45	84	65	45	21	22	10	11	17.5	25	12

10.9　圆形拉模扣

圆形拉模扣尺寸见表 10-37。

表 10-37　圆形拉模扣尺寸（GB/T 4169.22—2006）　　mm

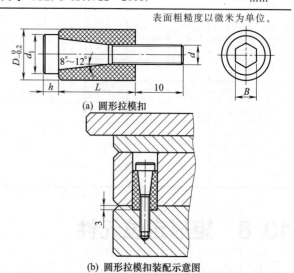

(a) 圆形拉模扣

(b) 圆形拉模扣装配示意图

(1) 材料及硬度

推荐采用尼龙 66。螺钉推荐采用 45 钢，硬度为 28～32HRC。

(2) 技术条件

1) 未注倒角 $1mm \times 45°$。

2) 其余应符合 GB/T 4170—2006 的规定。

(3) 标记示例

$D = 12mm$ 的圆形拉模扣：

圆形拉模扣 12 GB/T 4169.22—2006

续表

D	L	d	d_1	h	B
12	20	M6	10	4	5
16	25	M8	14	5	6
20	30	M10	18	5	8

10.10　矩形拉模扣

矩形拉模扣尺寸见表10-38。

表10-38　矩形拉模扣尺寸（GB/T 4169.23—2006）　　　　mm

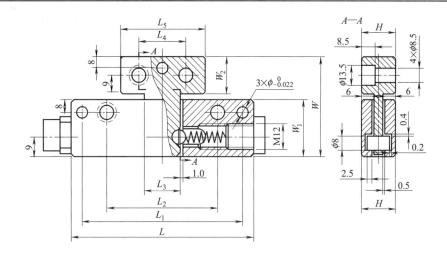

(1) 材料和硬度

材料由制造者选定，本体与插件推荐采用45钢，顶销推荐采用GCr15。

插件硬度40～45HRC、顶销硬度58～62HRC。

(2) 技术条件

1) 未注倒角1mm×45°。

2) 最大使用负荷应达到：$L=100$mm 为10kN，$L=120$mm 为12kN。

3) 其余应符合GB/T 4170—2006的规定。

(3) 标记

按本部分的矩形拉模扣应有下列标记：

a. 矩形拉模扣；

b. 矩形拉模扣宽度W，以毫米为单位；

c. 矩形拉模扣长度L，以毫米为单位；

d. 本部分代号，即GB/T 4169.23—2006。

(4) 示例

$W=52$mm、$L=100$mm 的矩形拉模扣标记如下：

矩形拉模扣　52×100　GB/T 4169.23—2006。

W	W_1	W_2	L	L_1	L_2	L_3	L_4	L_5	H
52	30	20	100	85	60	20	25	45	22
80									
66	36	28	120	100	70	24	35	60	28
100									

10.11 螺纹型芯

螺纹型芯推荐尺寸见表 10-39～表 10-42。

表 10-39　螺纹型芯推荐尺寸（1）　　　　mm

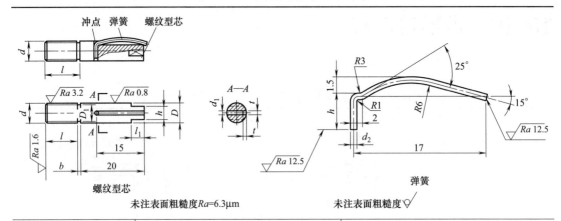

材　料	T8A、CrWMn（螺纹型芯）							热处理：40～45HRC		
	Ⅱa 组钢丝（弹簧）									
	螺纹型芯								弹簧	
d	D(f7)		t	d_1	b	D_1	l_1	h	d_2	h	展开长度
	基本尺寸	极限偏差									
M3	3	−0.010 −0.022	0.75	0.7	1	2.2	4	2	0.7	2.5	≈21
M4	4		0.75	0.7	1.5	3	4	3			
M5	5		0.75	0.7	1.5	3.8	4	3			
M6	6		1.05	1	2	4.5	5	4	1.0	5.5	≈24
M8	8	−0.013 −0.028	1.05	1	2	6.2	5	4			
M10	10		1.05	1	3	7.8	6	6			
M12	12	−0.016 −0.034	1.05	1	4	9.5	6	6			

注：型芯长度 l 设计确定，一般以不小于 20mm 为宜。

表 10-40　螺纹型芯推荐尺寸（2）　　　　mm

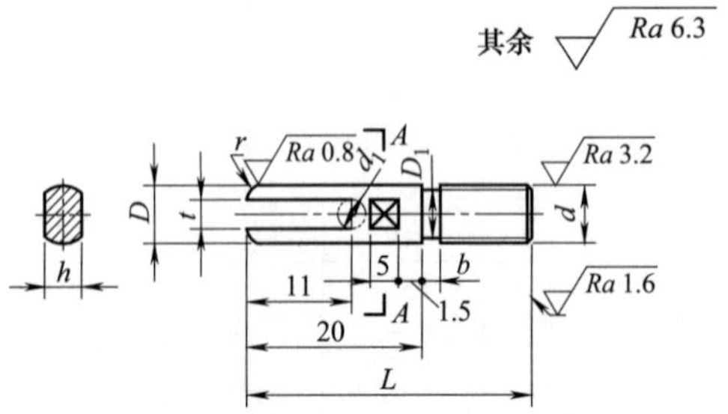

材料	T8A、T10A						热处理 40～45HRC	
d	D(f7)		D_1	b	d_1	h	t	r
	基本尺寸	极限偏差						
M2	4	−0.006 −0.016	1.5	1		2	2.5	1.5	1.25
M2.5			2	1				
M3			2.2	1				
M4			3	1.5				
M5	6	−0.010 −0.022	3.8	1.5		4	4	3.5	2
M6			4.5	2				

注：L 设计确定，一般以小于 40mm 为宜。

表 10-41　螺纹型芯推荐尺寸（3）　　　　　　　　　　　　　　mm

材料		T8A、T10A	热处理 40～45HRC			
d	d_1(f7)		b	D_1	l_1	h
	基本尺寸	极限偏差				
M3	4	−0.010 −0.022	1	2.2	4	2
M4			1.5	3	4	3
M5	5		1.5	3.8	4	3
M6	6		2	4.5	5	4
M8	8	−0.013 −0.028	2	6.2	5	4
M10	10		3	7.8	6	6
M12	12	−0.016 −0.034	4	9.5	6	6

注：L 设计确定，一般以小于 36mm 为宜。

表 10-42　螺纹型芯推荐尺寸（4）　　　　　　　　　　　　　　mm

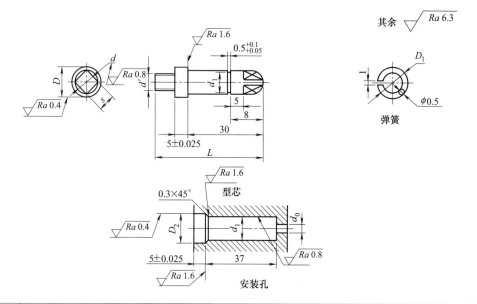

材料	螺纹型芯：T8A、T10A；弹簧圈：65Mn						螺纹型芯热处理：40～45HRC					
	螺纹型芯						弹簧圈		安装孔			
d'	D(f7)		d(h6)		d_1	S	D_1(h11)		D_2(H7)		d_1(H7)		d_0
	基本尺寸	极限偏差	基本尺寸	极限偏差			基本尺寸	极限偏差	基本尺寸	极限偏差	基本尺寸	极限偏差	
M3～4	6	−0.010 −0.022	4	0 −0.009	2.8	3	4.2	0 −0.075	6	+0.012 0	4	+0.012 0	2
M5～6	7	−0.013 −0.028	5.5		2.8	3			7	+0.015 0			
M8～12	9				4.3	4	5.7		9		5.5		3

10.12　冷却系统零件

水嘴的推荐尺寸见表 10-43，喷流冷却管推荐尺寸见表 10-44。

表 10-43 水嘴推荐尺寸　　　　　　　　　　　　　　　　　　　　　　　　　　　mm

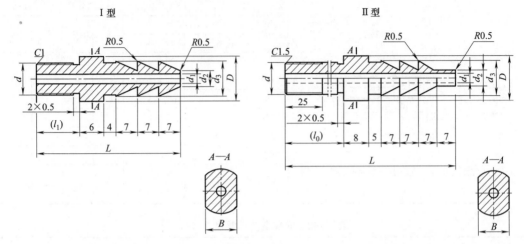

材料		45 钢、黄铜						
高压管直径	d	d_1	d_2	d_3	D	B	(l_1)	(l_0)、L
$\phi 10$	M10×1	$\phi 4$	$\phi 8$	$\phi 11$	$\phi 14$	12	14	按需要设计
$\phi 13$	M12×1.25	$\phi 6$	$\phi 11$	$\phi 14$	$\phi 18$	15	14	
$\phi 16$	M16×1.5	$\phi 8$	$\phi 14$	$\phi 17$	$\phi 22$	20	20	

表 10-44 喷流冷却管推荐尺寸　　　　　　　　　　　　　　　　　　　　　　mm

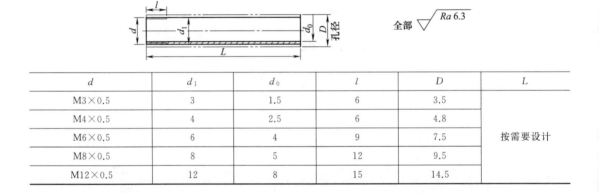

全部 $\sqrt{Ra\ 6.3}$

d	d_1	d_0	l	D	L
M3×0.5	3	1.5	6	3.5	按需要设计
M4×0.5	4	2.5	6	4.8	
M6×0.5	6	4	9	7.5	
M8×0.5	8	5	12	9.5	
M12×0.5	12	8	15	14.5	

第11章 塑料模模架

11.1 压缩模和压注模模架

压缩模和压注模模架的组合形式及尺寸见表11-1。

表 11-1　压缩模和压注模模架的组合形式及尺寸

类型	组合形式及尺寸
圆形压缩模（1）	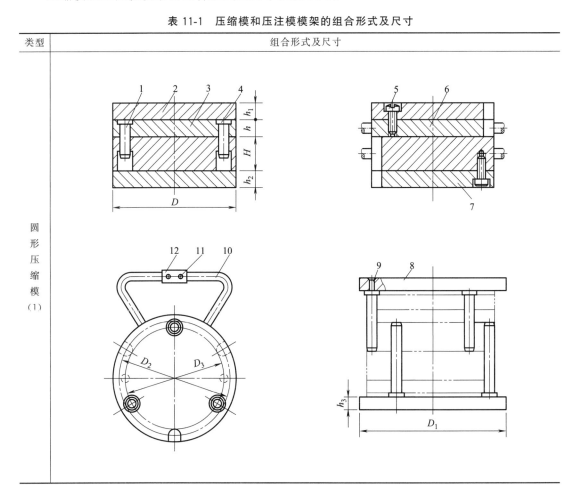

续表

类型	组合形式及尺寸							
圆形压缩模（1）	主要尺寸/mm	最大成型直径	50	60	70	80	90	110
		D	90	100	110	120	140	160
		D_1	115	120	130	140	160	180
		D_2	80	90	100	110	130	150
		D_3	70	80	90	100	118	135
	件号	名称	数量	尺寸符号	尺寸值/mm			
	1	导柱	1		$\phi 10$		$\phi 12$	$\phi 14$
	2	上模板	1	h_1	12			
	3	固定板	1	h	$12(H \leqslant 25)$、$15(H > 25)$			
	4	导柱	1		$\phi 8$		$\phi 10$	$\phi 12$
	5	螺钉	6		M8			
	6	凹模	1	H	16～40	16～50	20～60	25～60	32～60
	7	下模板	1	h_2	12			
	8	卸模板	2	h_3	12			
	9	卸模杆	6		$\phi 10$			
	10	手柄	8		$\phi 10$			
	11	销钉	8		$\phi 2$			
	12	套筒	4		$\phi 15 \times 45$			
	H系列				16、20、25、32、40、50、60			

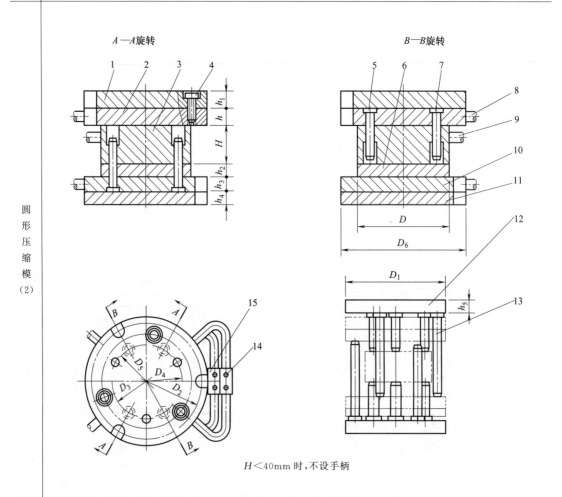

圆形压缩模（2）

$H < 40\,\mathrm{mm}$ 时，不设手柄

续表

类型	组合形式及尺寸								
圆形压缩模（2）	主要尺寸/mm	最大成型直径	30	40	50	60	70	85	
		D	80	90	100	110	120	140	
		D_1	115	125	135	145	155	175	
		D_2	95	105	115	125	135	155	
		D_3	80	90	100	110	120	140	
		D_4	62	68	78	88	98	118	
		D_5	56	66	76	86	96	115	
		D_6	110	120	130	140	150	170	
	件号	名称	数量	尺寸符号	尺寸值/mm				
	1	上模板	1	h_1	12				
	2	上固定板	1	h	12($H≤25$)、15($H>25$)				
	3	凹模	1	H	16～40	16～50	20～60	25～60	
	4	螺钉	9		M8				
	5	导柱	2		$\phi12$				
	6	垫板	1	h_2	12				
	7	导柱	2		$\phi10$				
	8	手柄	8		$\phi8$				
	9	手柄	4		$\phi8$				
	10	下固定板	1	h_3	12($H≤25$)、15($H>25$)				
	11	下模板	1	h_4	12				
	12	卸模板	2	h_5	12				
	13	卸模杆	12		$\phi10$				
	14	销钉	12		$\phi2$				
	15	套筒	6		$\phi13\times35$				
	H 系列				16、20、25、32、40、50、60				
矩形压缩模（1）	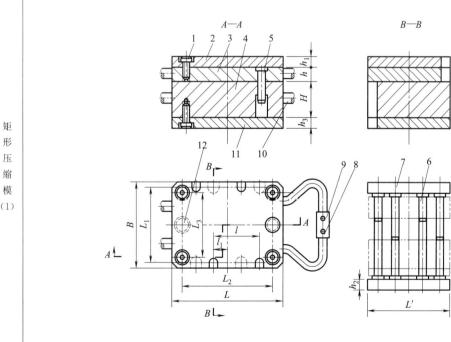								

续表

类型	组合形式及尺寸									
矩形压缩模(1)	主要尺寸/mm	最大成型面积	70×30	70×40	90×30	90×40	90×50	100×45	100×55	
		模板尺寸 $L \times B$	125×80	125×90	140×90	140×100	140×110	160×110	160×125	
		卸模板尺寸 $L' \times B'$	100×110	100×115	110×115	110×125	110×130	130×130	130×140	
		L_1	70	80	80	90	100	100	115	
		L_2	105	105	120	120	120	135	135	
		L_3	60	70	70	75	85	85	95	
		l	44	44	58	58	58	74	74	
		l_1	11	11	18	18	18	26	26	
	件号	名称	数量	尺寸符号	尺寸值/mm						
	1	螺钉	8		M8						
	2	上模板	1	h_1	12						
	3	固定板	1	h	$12(H \leqslant 25)$、$15(H > 25)$						
	4	凹模	1	H	16~40		32~60			40~60	
	5	导柱	1		$\phi 10$						
	6	卸模杆	8		$\phi 10$						
	7	卸模板	2	h_2	12						
	8	销钉	8		$\phi 2$						
	9	套筒	4		$\phi 13 \times 35$						
	10	手柄	8		$\phi 8$						
	11	下模板	1	h_3	12						
	12	导柱	1		$\phi 14$						
	H系列				16、20、25、32、40、50、60						

矩形压缩模(2)

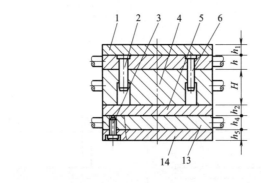
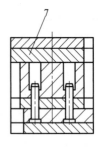
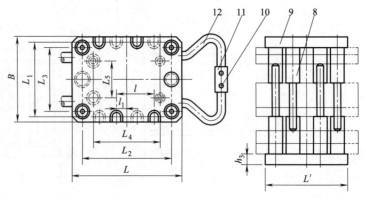

续表

类型	组合形式及尺寸								
矩形压缩模(2)	主要尺寸/mm	最大成型面积	60×35	60×40	70×40	70×50	70×60	90×50	90×60
		模板尺寸 $L \times B$	125×80	125×90	140×90	140×100	140×110	160×110	160×125
		卸模板尺寸 $L' \times B'$	100×110	100×115	110×115	110×125	110×130	130×130	130×140
		L_1	70	80	80	90	100	100	115
		L_2	105	105	120	120	120	135	135
		L_3	60	70	70	75	85	85	95
		L_4	85	85	95	95	95	115	115
		L_5	25	30	30	40	50	55	60
		l	44	44	58	58	58	74	74
		l_1	11	11	18	18	18	26	26

件号	名称	数量	尺寸符号	尺寸值/mm
1	上模板	1	h_1	12
2	导柱	1		$\phi 14$
3	螺钉	12		M8
4	凹模	1	H	16~40；32~60；40~60
5	垫板	1	h_2	12
6	导柱	1		$\phi 10$
7	上模固定板	1	h	12($H \leq 25$)、15($H > 25$)
8	卸模杆	8		$\phi 20$
9	卸模板	2	h_3	12
10	销钉	12		$\phi 2$
11	套筒	6		$\phi 13 \times 35$
12	手柄	12		$\phi 8$
13	下固定板	1	h_4	12($H \leq 25$)、15($H > 25$)
14	下模板	1	h_5	12
	H系列			16、20、25、32、40、50、60

11.2 塑料注射模模架

新国家标准 GB/T 12555—2006《塑料注射模模架》取代了以前的两种标准模架（GB/T 12555.1~12555.15—1990《塑料注射模大型模架》和 GB/T 12556.1~12556.2—1990《塑料注射模中小型模架》）。

11.2.1 塑料注射模设计标准

注塑模国家标准见表 11-2。

表 11-2 注塑模国家标准

类别	标准号	标准件名称	类别	标准号	标准件名称
注塑模国家标准	GB/T 4169—2006 GB/T 4170—2006 GB/T 8846—2005 GB/T 12554—2006 GB/T 12556—2006	塑料注射模零件 塑料注射模零件技术条件 塑料成型模术语 塑料注射模技术条件 塑料注射模模架技术条件	导向件	GB/T 4169.2—2006 GB/T 4169.3—2006 GB/T 4169.4—2006 GB/T 4169.5—2006	直导套 带头导套 带头导柱 带肩导柱
模架及其构件	GB/T 12555—2006 GB/T 4169.8—2006 GB/T 4169.6—2006 GB/T 4169.10—200	塑料注射模模架 模板 垫块 支承柱	定位件	GB/T 4169.18—2006 GB/T 4169.19—2006 GB/T 4169.11—2006 GB/T 4169.21—2006	定位圈 浇口套 圆形定位元件 矩形定位元件

续表

类别	标准号	标准件名称	类别	标准号	标准件名称
脱模机构	GB/T 4169.1—2006	推杆	其他元件	GB/T 4169.9—2006	限位钉
	GB/T 4169.15—2006	扁推杆		GB/T 4169.13—2006	复位杆
	GB/T 4169.16—2006	带肩推杆		GB/T 4169.20—2006	拉杆导柱
	GB/T 4169.17—2006	推管			
	GB/T 4169.7—2006	推板		GB/T 4169.22—2006	圆形拉模扣
	GB/T 4169.12—2006	推板导套		GB/T 4169.23—2006	矩形拉模扣
	GB/T 4169.14—2006	推板导柱			

11.2.2 模架组成零件的名称

模架组成零件的名称见图 11-1、图 11-2。

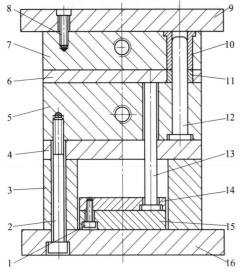 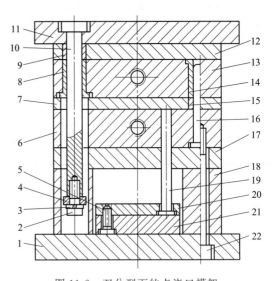

图 11-1 单分型面的直浇口模架

1,2,8—内六角螺钉；3—垫块；4—支承板；5—动模板；6—推件板；7—定模板；9—定模座板；10—带头导套；11—直导套；12—带头导柱；13—复位杆；14—推杆固定板；15—推板；16—动模座板

图 11-2 双分型面的点浇口模架

1—动模座板；2,5,22—内六角螺钉；3—弹簧垫圈；4—挡环；6—动模板；7—推件板；8—带头导套；9—直导套；10—拉杆导柱；11—定模座板；12—推料板；13—定模板；14—带头导套；15—直导套；16—带头导柱；17—支承板；18—垫块；19—复位杆；20—推杆固定板；21—推板

11.2.3 模架组合形式

GB/T 12555—2006《塑料注射模模架》按模架结构形式分为直浇口和点浇口两类基本模架，即直浇口为两板式模具，点浇口为三板式模具。模架的基本形式见表 11-3。

11.2.4 模架的主要结构形式和名称

模架的主要结构形式和名称见表 11-4。

11.2.5 基本型模架组合尺寸

组合模架的零件应符合 GB/T 4169.1～4169.23—2006 规定。组合尺寸为零件的外形尺寸和孔径与孔位尺寸。基本型模架组合尺寸见图 11-3、图 11-4 和表 11-5。

表 11-3 模架的基本形式

形式	标准模架结构图	说明
直浇口模架基本形式	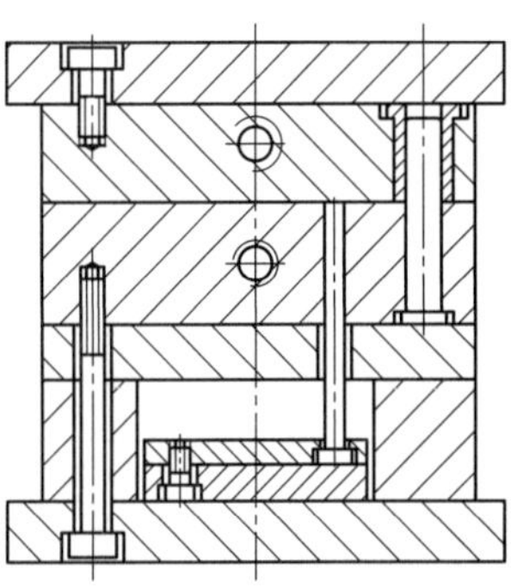 图 1 直浇口 A 型模架 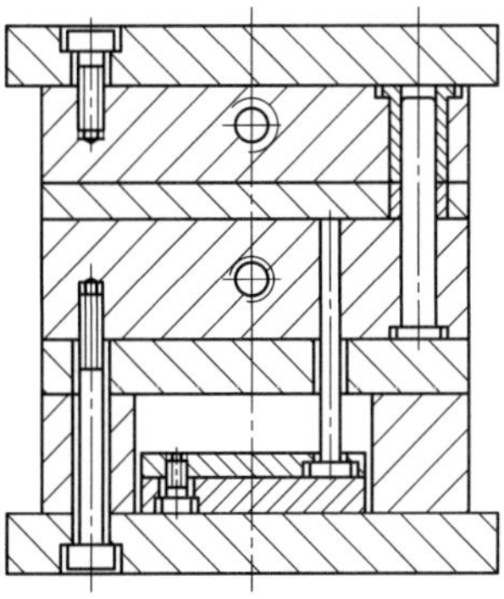　图 2 直浇口 B 型模架 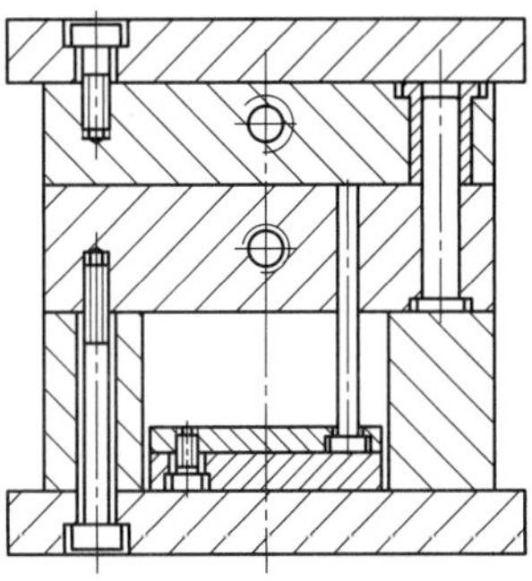 图 3 直浇口 C 型模架 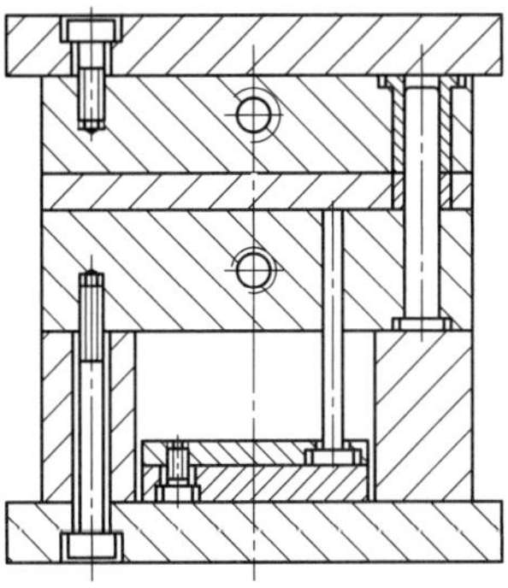　图 4 直浇口 D 型模架	图 1 A 型定模二板,动模二板。 图 2 B 型定模二板,动模二板,加装推件板。 图 3 C 型定模二板,动模一板。 图 4 D 型定模二板,动模一板,加装推件板
点浇口模架基本形式	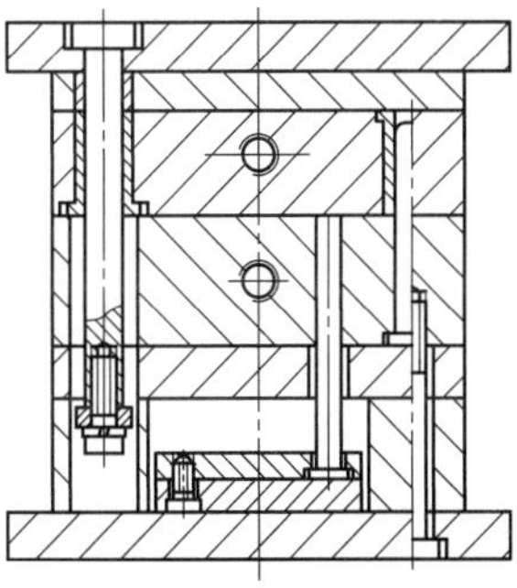 图 5 点浇口 DA 型模架 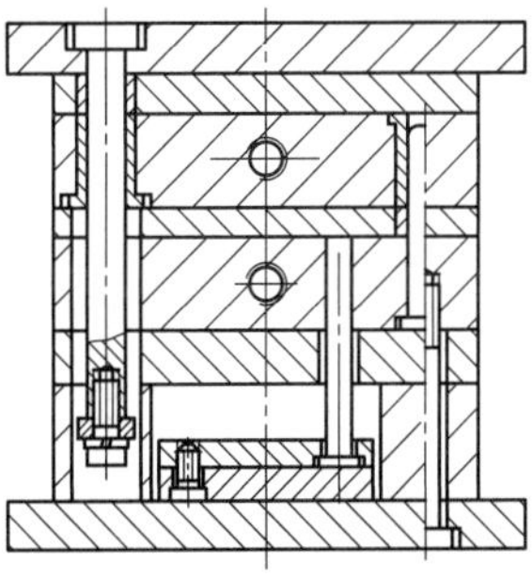　图 6 点浇口 DB 型模架 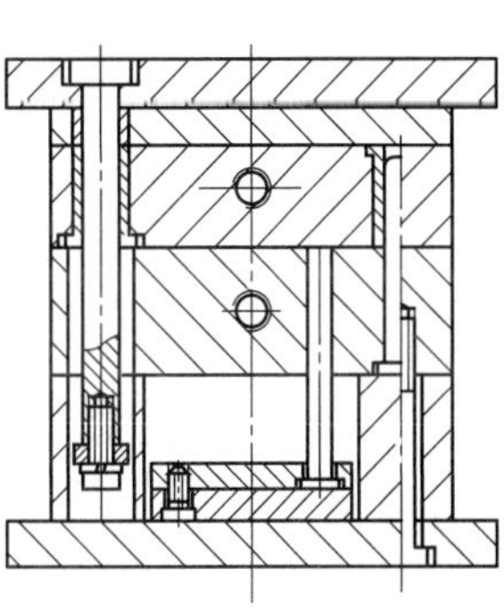 图 7 点浇口 DC 型模架 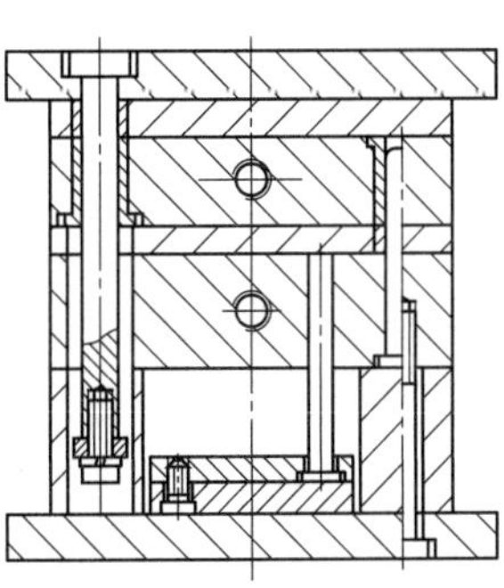　图 8 点浇口 DD 型模架	点浇口模架是在直浇口模架的基础上加装推料板拉杆导柱后制成的

表 11-4　模架的主要结构形式和名称 ［摘自 GB/T 12555—2006 附录 A（规范性附录）］

形式		标准模架结构图
1 直浇口模架	(1) 直浇口基本型	A 型、B 型、C 型、D 型分别如表 11-3 中图 1、图 2、图 3、图 4 所示
	(2) 直身基本型	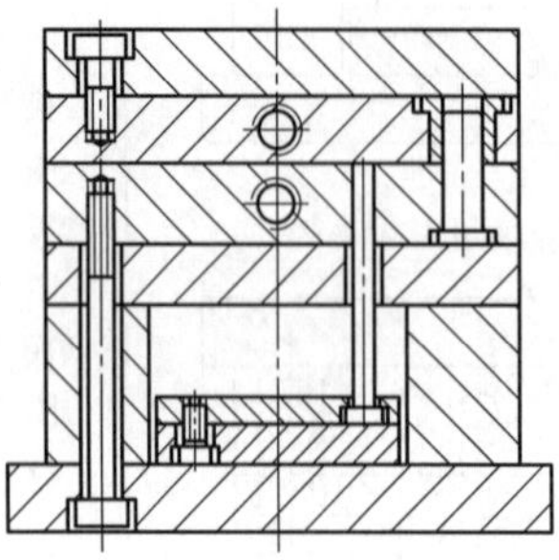 图 1　直浇口直身 ZA 型模架 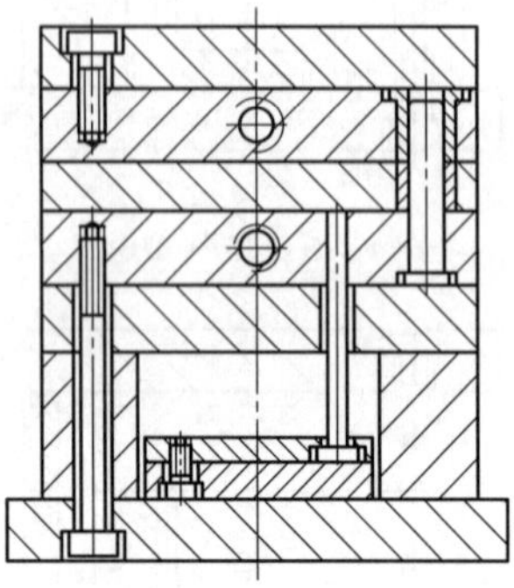　　图 2　直浇口直身 ZB 型模架 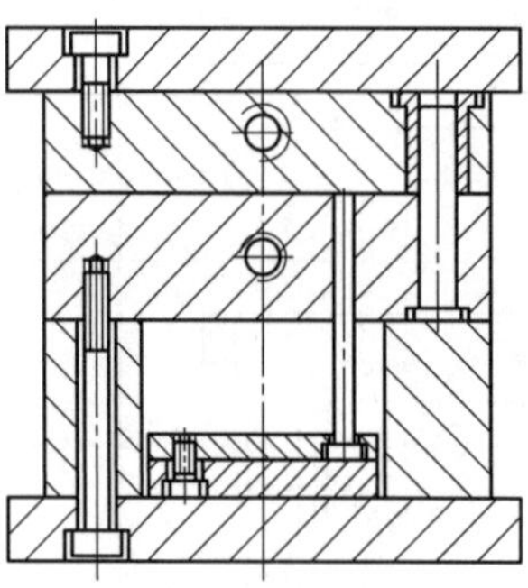 图 3　直浇口直身 ZC 型模架 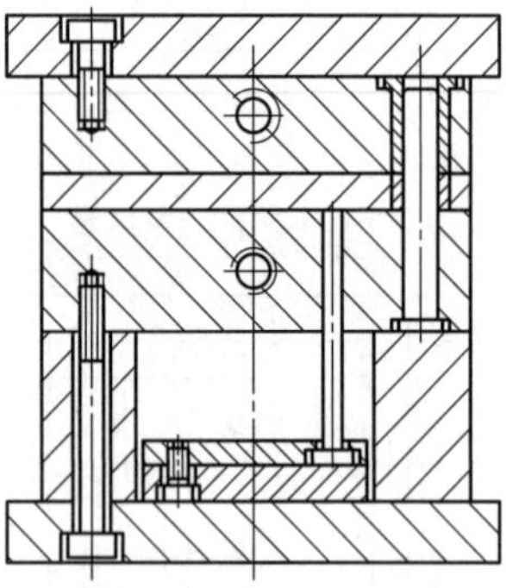　　图 4　直浇口直身 ZD 型模架
	(3) 直身无定模座板型	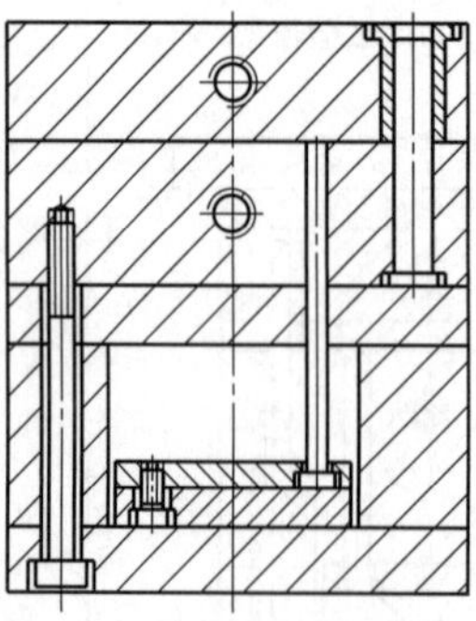 图 5　直浇口直身无定模座板 ZAZ 型模架 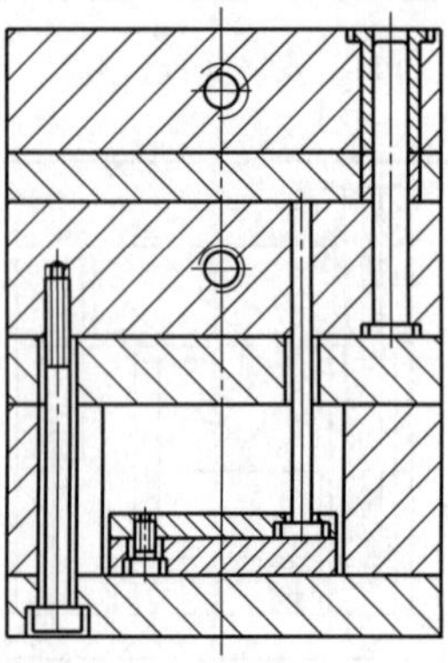　　图 6　直浇口直身无定模座板 ZBZ 型模架

续表

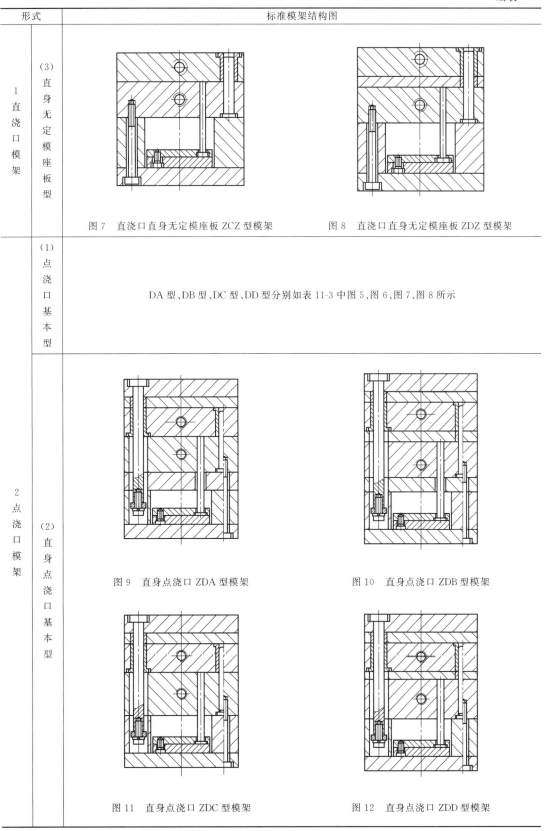

形式		标准模架结构图
1 直浇口模架	(3) 直身无定模座板型	图7 直浇口直身无定模座板 ZCZ 型模架　　图8 直浇口直身无定模座板 ZDZ 型模架
2 点浇口模架	(1) 点浇口基本型	DA 型、DB 型、DC 型、DD 型分别如表 11-3 中图 5、图 6、图 7、图 8 所示
	(2) 直身点浇口基本型	图9 直身点浇口 ZDA 型模架　　图10 直身点浇口 ZDB 型模架 图11 直身点浇口 ZDC 型模架　　图12 直身点浇口 ZDD 型模架

续表

形式	标准模架结构图
2 点浇口模架 (3) 点浇口无推料板型 (4) 直身点浇口无推料板型	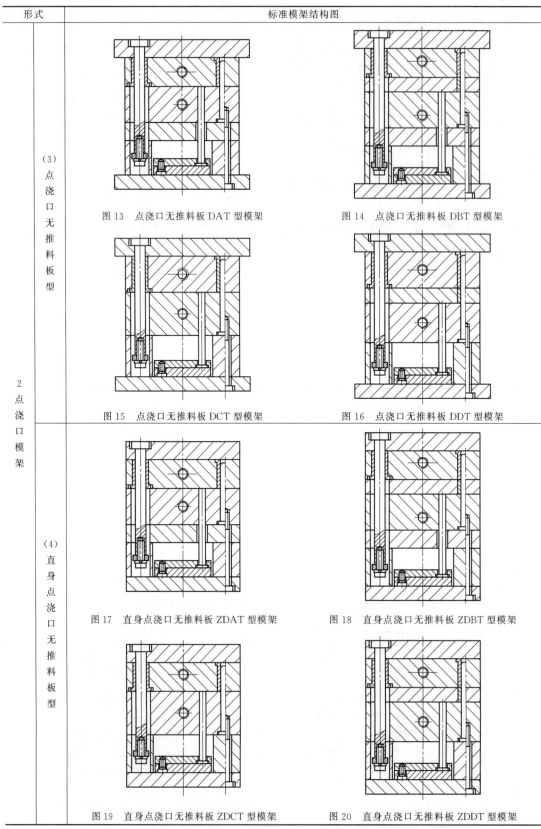 图 13　点浇口无推料板 DAT 型模架　　图 14　点浇口无推料板 DBT 型模架 图 15　点浇口无推料板 DCT 型模架　　图 16　点浇口无推料板 DDT 型模架 图 17　直身点浇口无推料板 ZDAT 型模架　　图 18　直身点浇口无推料板 ZDBT 型模架 图 19　直身点浇口无推料板 ZDCT 型模架　　图 20　直身点浇口无推料板 ZDDT 型模架

续表

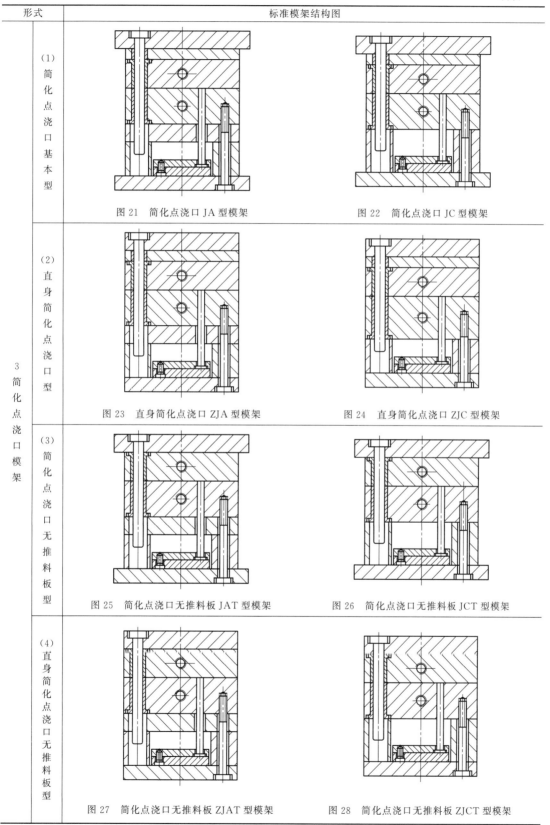

形式		标准模架结构图
3 简化点浇口模架	（1）简化点浇口基本型	图 21 简化点浇口 JA 型模架　　图 22 简化点浇口 JC 型模架
	（2）直身简化点浇口型	图 23 直身简化点浇口 ZJA 型模架　　图 24 直身简化点浇口 ZJC 型模架
	（3）简化点浇口无推料板型	图 25 简化点浇口无推料板 JAT 型模架　　图 26 简化点浇口无推料板 JCT 型模架
	（4）直身简化点浇口无推料板型	图 27 简化点浇口无推料板 ZJAT 型模架　　图 28 简化点浇口无推料板 ZJCT 型模架

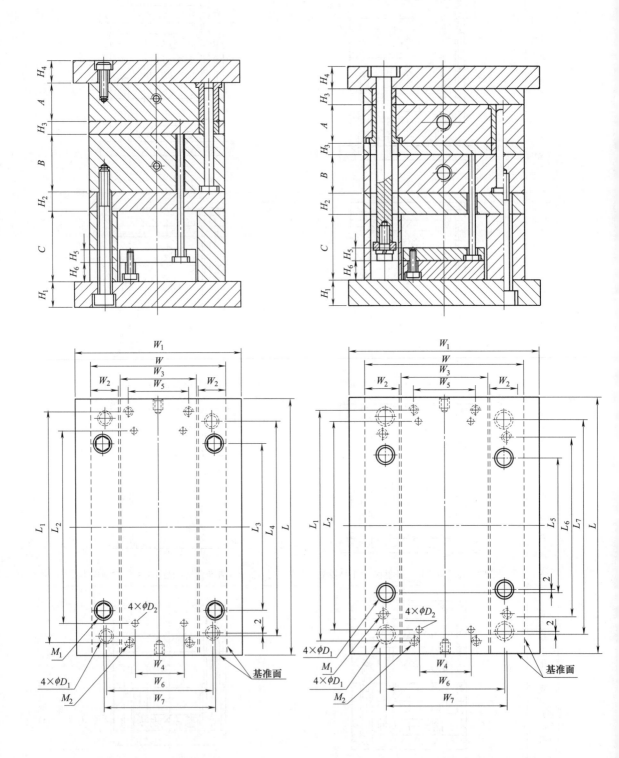

图 11-3 直浇口模架组合尺寸图示　　　　图 11-4 点浇口模架组合尺寸图示

表 11-5 基本型模架组合尺寸 (GB/T 12555—2006)   mm

代号	系列										
	1515	1518	1520	1523	1525	1818	1820	1823	1825	1830	1535
W	150					180					
L	150	180	200	230	250	180	200	230	250	300	350
W_1	200					230					
W_2	28					33					
W_3	90					110					
A、B	20、25、30、35、40、45、50、60、70、80					25、30、35、40、45、50、60、70、80					
C	50、60、70					60、70、80					
H_1	20					20					
H_2	30					30					
H_3	20					20					
H_4	25					30					
H_5	13					15					
H_6	15					20					
W_4	48					68					
W_5	72					90					
W_6	114					134					
W_7	120					145					
L_1	132	162	182	212	232	160	180	210	230	280	330
L_2	114	144	164	194	214	138	158	188	208	258	308
L_3	56	86	106	136	156	64	84	114	124	174	224
L_4	114	144	164	194	214	134	154	184	204	254	304
L_5	—	52	72	102	122	—	46	76	96	146	196
L_6	—	96	116	146	166	—	98	128	148	198	248
L_7	—	144	164	194	214	—	154	184	204	254	304
D_1	16					20					
D_2	12					12					
M_1	4×M10					4×M12					6×M12
M_2	4×M6					4×M8					

续表

代号	系列											
	2020	2023	2025	2030	2035	2040	2323	2325	2327	2330	2335	2340
W	200						230					
L	200	230	250	300	350	400	230	250	270	300	350	400
W_1	250						280					
W_2	38						43					
W_3	120						140					
$A、B$	25、30、35、40、45、50、60、70、80、90、100						25、30、35、40、45、50、60、70、80、90、100					
C	60、70、80						70、80、90					
H_1	25						25					
H_2	30						35					
H_3	20						20					
H_4	30						30					
H_5	15						15					
H_6	20						20					
W_4	84	80					106					
W_5	100						120					
W_6	154						184					
W_7	160						185					
L_1	180	210	230	280	330	380	210	230	250	280	330	380
L_2	150	180	200	250	300	350	180	200	220	250	300	350
L_3	80	110	130	180	230	280	106	126	144	174	224	274
L_4	154	184	204	254	304	354	184	204	224	254	304	354
L_5	46	76	96	146	196	246	74	94	112	142	192	242
L_6	98	128	148	198	248	298	128	148	166	196	246	296
L_7	154	184	204	254	304	354	184	204	224	254	304	354
D_1	20						20					
D_2	12	15					15					
M_1	4×M12			6×M12			4×M12		4×M14			6×M14
M_2	4×M8						4×M8					

续表

代号	系 列											
	2525	2527	2530	2535	2540	2545	2550	2727	2730	2735	2740	2745	2750
W	250							270					
L	250	270	300	350	400	450	500	270	300	350	400	450	500
W_1	300							320					
W_2	48							53					
W_3	150							160					
$A、B$	30,35,40,45,50,60,70,80,90,100,110,120							30,35,40,45,50,60,70,80,90,100,110,120					
C	70、80、90							70、80、90					
H_1	25							25					
H_2	35							40					
H_3	25							25					
H_4	35							35					
H_5	15							15					
H_6	20							20					
W_4	110							114					
W_5	130							136					
W_6	194							214					
W_7	200							215					
L_1	230	250	280	330	380	430	480	246	276	326	376	426	476
L_2	200	220	250	298	348	398	448	210	240	290	340	390	440
L_3	108	124	154	204	254	304	354	124	154	204	254	304	354
L_4	194	214	244	294	344	394	444	214	244	294	344	394	444
L_5	70	90	120	170	220	270	320	90	120	170	220	270	320
L_6	130	150	180	230	280	330	380	150	180	230	280	330	380
L_7	194	214	244	294	344	394	444	214	244	294	344	394	444
D_1	25							25					
D_2	15			20				20					
M_1	4×M14			6×M14				4×M14			6×M14		
M_2	4×M8							4×M10					

续表

代号	系列												
	3030	3035	3040	3045	3050	3055	3060	3535	3540	3545	3550	3555	3560
W	300							350					
L	300	350	400	450	500	550	600	350	400	450	500	550	600
W_1	350							400					
W_2	58							63					
W_3	180							220					
A、B	35、40、45、50、60、70、80、90、100、110、120、130							40、45、50、60、70、80、90、100、110、120、130					
C	80、90、100							90、100、110					
H_1	25			30				30					
H_2	45							45					
H_3	30							35					
H_4	45							45			50		
H_5	20							20					
H_6	25							25					
W_4	134			128				164			152		
W_5	156							196					
W_6	234							284			274		
W_7	240							285					
L_1	276	326	376	426	476	526	576	326	376	426	476	526	576
L_2	240	290	340	390	440	490	540	290	340	390	440	490	540
L_3	138	188	238	288	338	388	438	178	224	274	308	358	408
L_4	234	284	334	384	434	484	534	284	334	384	424	474	524
L_5	98	148	198	244	294	344	394	144	194	244	268	318	368
L_6	164	214	264	312	362	412	462	212	262	312	344	394	444
L_7	234	284	334	384	434	484	534	284	334	384	424	474	524
D_1	30							30			35		
D_2	20			25				25					
M_1	4×M14	6×M14		6×M16				4×M16	6×M16				
M_2	4×M10							4×M10					

续表

代号	系列										
	4040	4045	4050	4055	4060	4070	4545	4550	4555	4560	4570
W	400						450				
L	400	450	500	550	600	700	450	500	550	600	700
W_1	450						550				
W_2	68						78				
W_3	260						290				
A、B	40,45,50,60,70,80,90,100,110,120,130,140,150						45,50,60,70,80,90,100,110,120,130,140,150,160,180				
C	100,110,120,130						100,110,120,130				
H_1	30	35					35				
H_2	50						60				
H_3	35						40				
H_4	50						60				
H_5	25						25				
H_6	30						30				
W_4	198						226				
W_5	234						264				
W_6	324						364				
W_7	330						370				
L_1	374	424	474	524	574	674	424	474	524	574	674
L_2	340	390	440	490	540	640	384	434	484	534	634
L_3	208	254	304	354	404	504	236	286	336	386	486
L_4	324	374	424	474	524	624	364	414	464	514	614
L_5	168	218	268	318	368	468	194	244	294	344	444
L_6	244	294	344	394	444	544	276	326	376	426	526
L_7	324	374	424	474	524	624	364	414	464	514	614
D_1	35						40				
D_2	25						30				
M_1	6×M16						6×M16				
M_2	4×M12						4×M12				

续表

代号	系列									
	5050	5055	5060	5070	5080	5555	5560	5570	5580	5590
W	500					550				
L	500	550	600	700	800	550	600	700	800	900
W_1	600					650				
W_2	88					100				
W_3	320					340				
$A、B$	50,60,70,80,90,100,110,120,130,140,150,160,180					70,80,90,100,110,120,130,140,150,160,180,200				
C	100,110,120,130					110,120,130,150				
H_1	35					35				
H_2	60					70				
H_3	40					40				
H_4	60					70				
H_5	25					25				
H_6	30					30				
W_4	256					270				
W_5	294					310				
W_6	414					444				
W_7	410					450				
L_1	474	524	574	674	774	520	570	670	770	870
L_2	434	484	534	634	734	480	530	630	730	830
L_3	286	336	386	486	586	300	350	450	550	650
L_4	414	464	514	614	714	444	494	594	694	794
L_5	244	294	344	444	544	220	270	370	470	570
L_6	326	376	426	526	626	332	382	482	582	682
L_7	414	464	514	614	714	444	494	594	694	794
D_1	40					50				
D_2	30					30				
M_1	6×M16				8×M16	6×M20			8×M20	
M_2	4×M12				6×M12	6×M12			8×M12	10×M12

续表

代号	系列									
	6060	6070	6080	6090	60100	6565	6570	6580	6590	65100
W	600					650				
L	600	700	800	900	1000	650	700	800	900	1000
W_1	700					750				
W_2	100					120				
W_3	390					400				
$A、B$	70、80、90、100、110、120、130、140、150、160、180、200					70、80、90、100、110、120、130、140、150、160、180、200、220				
C	120、130、150、180					120、130、150、180				
H_1	35					35				
H_2	80					90				
H_3	50					60				
H_4	70					80				
H_5	25					25				
H_6	30					30				
W_4	320					330				
W_5	360					370				
W_6	494					544				
W_7	500					530				
L_1	570	670	770	870	970	620	670	770	870	970
L_2	530	630	730	830	930	580	630	730	830	930
L_3	350	450	550	650	750	400	450	550	650	750
L_4	494	594	694	794	894	544	594	694	794	894
L_5	270	370	470	570	670	320	370	470	570	670
L_6	382	482	582	682	782	434	482	582	682	782
L_7	494	594	694	794	894	544	594	694	794	894
D_1	50					50				
D_2	30					30				
M_1	6×M20		8×M20		10×M20	6×M20		8×M20		10×M20
M_2	6×M12		8×M12		10×M12	6×M12			8×M12	10×M12

续表

代号	系列								
	7070	7080	7090	70100	70125	8080	8090	80100	80125
W	700					800			
L	700	800	900	1000	1250	800	900	1000	1250
W_1	800					900			
W_2	120					140			
W_3	450					510			
$A、B$	70、80、90、100、110、120、130、140、150、160、180、200、220、250					80、90、100、110、120、130、140、150、160、180、200、220、250、280、300			
C	150、180、200、250					150、180、200、250			
H_1	40					40			
H_2	100					120			
H_3	60					70			
H_4	90					100			
H_5	25					30			
H_6	30					40			
W_4	380					420			
W_5	420					470			
W_6	580					660			
W_7	580					660			
L_1	670	770	870	970	1220	760	860	960	1210
L_2	630	730	830	930	1180	710	810	910	1160
L_3	420	520	620	720	970	500	600	700	950
L_4	580	680	780	880	1130	660	760	860	1110
L_5	324	424	524	624	874	378	478	578	828
L_6	452	552	652	752	1002	516	616	716	966
L_7	580	680	780	880	1130	660	760	860	1110
D_1	60					70			
D_2	30					35			
M_1	8×M20		10×M20	12×M20	14×M20	8×M24		10×M24	12×M24
M_2	6×M12	8×M12	10×M12			8×M16		10×M16	

续表

代号	系列									
	9090	90100	90125	90160	100100	100125	100160	125125	125160	125200
W	900				1000			1250		
L	900	1000	1250	1600	1000	1250	1600	1250	1600	2000
W_1	1000				1200			1500		
W_2	160				180			220		
W_3	560				620			790		
$A、B$	90、100、110、120、130、140、150、160、180、200、220、250、280、300、350				100、110、120、130、140、150、160、180、200、220、250、280、300、350、400			100、110、120、130、140、150、160、180、200、220、250、280、300、350、400		
C	180、200、250、300				180、200、250、300			180、200、250、300		
H_1	50				60			70		
H_2	150				160			180		
H_3	70				80			80		
H_4	100				120			120		
H_5	30				30、40			40、50		
H_6	40				40、50			50、60		
W_4	470				580			750		
W_5	520				620			690		
W_6	760				840			1090		
W_7	740				820			1030		
L_1	860	960	1210	1560	960	1210	1560	1210	1560	1960
L_2	810	910	1160	1510	900	1150	1500	1150	1500	1900
L_3	600	700	950	1300	650	900	1250	900	1250	1650
L_4	760	860	1110	1460	840	1090	1440	1090	1440	1840
L_5	478	578	828	1178	508	758	1108	758	1108	1508
L_6	616	716	966	1316	674	924	1274	924	1274	1674
L_7	760	860	1110	1460	840	1090	1440	1090	1440	1840
D_1	70				80			80		
D_2	35				40			40		
M_1	10×M24	12×M24		14×M24	12×M24		14×M24	12×M30	14×M30	16×M30
M_2	10×M16		12×M16		10×M16	12×M16		12×M16		

(1) 型号、系列、规格

型号：每一组合形式代表一个型号。

系列：同一型号中，根据定、动模板的周界尺寸（宽×长）划分系列。

规格：同一系列中，根据定、动模板和垫块的厚度划分规格。

(2) 标记

按本标准的模架有下列标记：

① 模架；

② 基本型号；

③ 系列代号；

④ 定模板厚度 A，以毫米为单位；

⑤ 动模板厚度 B，以毫米为单位；

⑥ 垫块厚度 C，以毫米为单位；

⑦ 拉杆导柱长度，以毫米为单位；

⑧ 本标准代号，即 GB/T 12555—2006。

(3) 标记示例

[例1]

模板宽 200mm、长 250mm，$A=50$mm，$B=40$mm，$C=70$mm 的直浇口 A 型模架标记如下：

模架　A　2025-50×40×70　GB/T 12555—2006

[例2]

模板宽 300mm、长 300mm，$A=50$mm，$B=60$mm，$C=90$mm，拉杆导柱长度 200mm 的点浇口 B 型模架标记如下：

模架　DB　3030-50×60×90-200　GB/T 12555—2006

11.2.6　导向件与螺钉安装形式

① 根据模具使用要求，模架中的导柱导套可以分为正装与反装两种形式，见图 11-5。

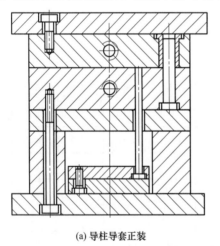 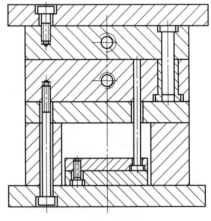

(a) 导柱导套正装　　　　　　　　　(b) 导柱导套反装

图 11-5　导柱导套正、反装形式

② 根据模具使用要求，模架中的拉杆导柱可以分为装在内侧与装在外侧两种形式，见图 11-6。

③ 根据模具使用要求，模架中的垫块可以增加螺钉单独固定在动模座板上，见图 11-7。

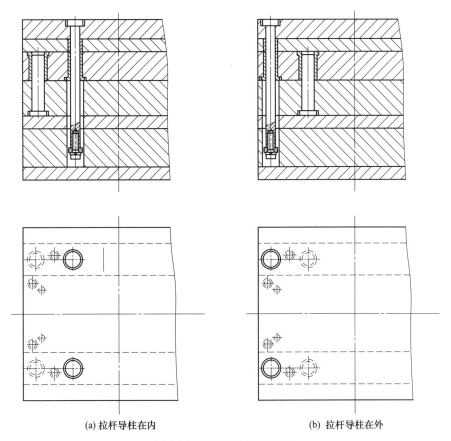

(a) 拉杆导柱在内　　　　　　　　(b) 拉杆导柱在外

图 11-6　拉杆导柱安装形式

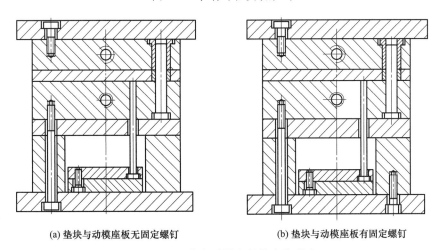

(a) 垫块与动模座板无固定螺钉　　　　　　(b) 垫块与动模座板有固定螺钉

图 11-7　垫块与动模座板的安装形式

④ 根据模具使用要求，模架中的推板可以加装推板导柱及限位钉，见图 11-8。
⑤ 根据模具使用要求，模架中的定模板厚度较大时，导套可以配装成图 11-9 结构。

11.2.7　塑料模构件设计与标准

（1）模板

GB/T 4169《塑料注射模零件》第 8 部分模板。本部分适用于塑料注射模所用的定模

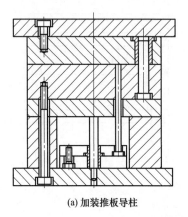
(a) 加装推板导柱

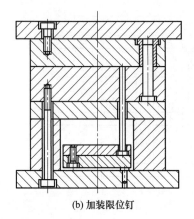
(b) 加装限位钉

图 11-8 加装推板导柱及限位钉的形式

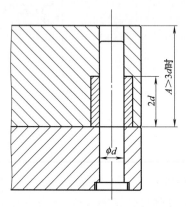

图 11-9 较厚定模板导套结构

板、动模板、推件板、推料板、支承板和定模座板与动模座板。本部分规定了塑料注射模用模板的尺寸规格和公差。还给出了材料指南和硬度要求，并规定了模板的标记。

1）模板尺寸规格

模板尺寸规格见表 11-6、表 11-7。

表 11-6 A 型模板尺寸（GB/T 4169.8—2006） mm

A 型模板用于定模板、动模板、推件板、推料板、支承板尺寸规格。 表面粗糙度以微米为单位。

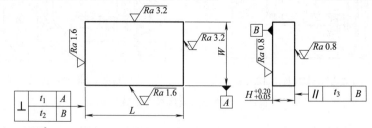

全部棱边倒角 2mm×45°。

W	L						H												
							20	25	30	35	40	45	50	60	70	80	90	100	110
150	150	180	200	230	250		×	×	×	×	×	×	×	×	×	×	×	×	
180	180	200	230	250	300	350	×	×	×	×	×	×	×	×	×	×	×		
200	200	230	250	300	350	400	×	×	×	×	×	×	×	×	×	×	×	×	
230	230	250	270	300	350	400	×	×	×	×	×	×	×	×	×	×	×	×	

续表

W	L							H												
								20	25	30	35	40	45	50	60	70	80	90	100	110
250	250	270	300	350	400	450	500	×	×	×	×	×	×	×	×	×	×	×	×	×
270	270	300	350	400	450	500			×	×	×	×	×	×	×	×	×	×	×	×
300	300	350	400	450	500	550	600			×	×	×	×	×	×	×	×	×	×	×
350	350	400	450	500	550	600					×	×	×	×	×	×	×	×	×	×
400	400	450	500	550	600	700						×	×	×	×	×	×	×	×	×
450	450	500	550	600	700									×	×	×	×	×	×	×
500	500	550	600	700	800									×	×	×	×	×	×	×
550	550	600	700	800	900									×	×	×	×	×	×	×
600	600	700	800	900	1000										×	×	×	×	×	×
650	650	700	800	900	1000												×	×	×	×
700	700	800	900	1000	1250												×	×	×	×
800	800	900	1000	1250														×	×	×
900	900	1000	1250	1600													×	×	×	×
1000	1000	1250	1600															×	×	×
1250	1250	1600	2000															×	×	×

W	L							H												
								120	130	140	150	160	180	200	220	250	280	300	350	400
150	150	180	200	230	250															
180	180	200	230	250	300	350														
200	200	230	250	300	350	400														
230	230	250	270	300	350	400														
250	250	270	300	350	400	450	500	×												
270	270	300	350	400	450	500		×												
300	300	350	400	450	500	550	600	×	×											
350	350	400	450	500	550	600		×	×											
400	400	450	500	550	600	700		×	×	×	×									
450	450	500	550	600	700			×	×	×	×	×	×							
500	500	550	600	700	800			×	×	×	×	×	×							
550	550	600	700	800	900			×	×	×	×	×	×	×						
600	600	700	800	900	1000			×	×	×	×	×	×	×						
650	650	700	800	900	1000			×	×	×	×	×	×	×	×					
700	700	800	900	1000	1250			×	×	×	×	×	×	×	×	×				
800	800	900	1000	1250				×	×	×	×	×	×	×	×	×	×			
900	900	1000	1250	1600				×	×	×	×	×	×	×	×	×	×	×		
1000	1000	1250	1600					×	×	×	×	×	×	×	×	×	×	×	×	
1250	1250	1600	2000					×	×	×	×	×	×	×	×	×	×	×	×	×

表 11-7　B 型模板尺寸（GB/T 4169.8—2006）　　　　mm

B 型模板用于定模座板、动模座板尺寸规格。　　　　　　　　　　　表面粗糙度以微米为单位。

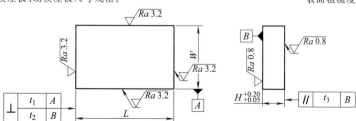

全部棱边倒角 2mm×45°。
未注表面粗糙度 $Ra = 6.3\mu m$。

续表

W	L							H											
								20	25	30	35	40	45	50	60	70	80	90	100	120
200	150	180	200	230	250			×	×											
230	180	200	230	250	300	350		×	×	×										
250	200	230	250	300	350	400		×	×	×										
280	230	250	270	300	350	400			×	×										
300	250	270	300	350	400	450	500		×	×	×									
320	270	300	350	400	450	500				×	×	×								
350	300	350	400	450	500	550	600			×	×	×	×							
400	350	400	450	500	550	600					×	×	×	×						
450	400	450	500	550	600	700					×	×	×							
550	450	500	550	600	700							×	×	×	×					
600	500	550	600	700	800							×	×	×	×					
650	550	600	700	800	900							×	×	×	×	×				
700	600	700	800	900	1000							×	×	×	×	×				
750	650	700	800	900	1000							×	×	×	×	×	×			
800	700	800	900	1000	1250								×	×	×	×	×	×		
900	800	900	1000	1250										×	×	×	×	×	×	
1000	900	1000	1250	1600											×	×	×	×	×	
1200	1000	1250	1600														×	×	×	×
1500	1250	1600	2000														×	×	×	×

2）材料和硬度

材料由制造者选定，推荐采用 45 钢。

硬度 28～32HRC。

3）技术条件

① 表 11-6A 型模板、表 11-7B 型模板图中未注尺寸公差等级应符合 GB/T 1801—2009 中 js13 级的规定。

② 用作定模板、动模板、推件板、推料板、支承板时，A 型模板图中未注形位公差应符合 GB/T 1184—1996 的规定，t_1、t_3 为 5 级精度，t_2 为 7 级精度。

③ 用作定模座板、动模座板时，B 型模板图中未注形位公差应符合 GB/T 1184—1996 的规定，t_1 为 7 级精度，t_2 为 9 级精度，t_3 为 5 级精度。

④ 其余应符合 GB/T 4170—2006 的规定。

4）标记示例

［例 1］

$W=150$mm、$L=150$mm、$H=20$mm 的模板标记如下：

模板　A　150×150×20　GB/T 4169.8—2006

［例 2］

$W=200$mm、$L=150$mm、$H=20$mm 的模板标记如下：

模板　B　200×150×20　GB/T 4169.8—2006

（2）推板

GB/T 4169《塑料注射模零件》第 7 部分推板。本部分适用于塑料注射模所用的推板和推杆固定板。本部分规定了塑料注射模用推板的尺寸规格和公差。还给出了材料指南和硬度要求，并规定了推板的标记。

1) 推板尺寸规格推板尺寸规格见表 11-8。

表 11-8 标准推板尺寸（GB/T 4169.7—2006） mm

表面粗糙度以微米为单位。

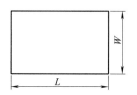
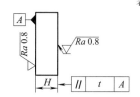

未注表面粗糙度 $Ra=6.3\mu m$；全部棱边倒角 $2mm\times45°$。

W	L						H							
							13	15	20	25	30	40	50	60
90	150	180	200	230	250		×	×						
110	180	200	230	250	300	350		×	×					
120	200	230	250	300	350	400		×	×	×				
140	230	250	270	300	350	400		×	×	×				
150	250	270	300	350	400	450	500		×	×	×			
160	270	300	350	400	450	500		×	×	×				
180	300	350	400	450	500	550	600			×	×	×		
220	350	400	450	500	550	600				×	×	×		
260	400	450	500	550	600	700					×	×	×	
290	450	500	550	600	700						×	×	×	
320	500	550	600	700	800						×	×	×	×
340	550	600	700	800	900						×	×	×	×
390	600	700	800	900	1000						×	×	×	×
400	650	700	800	900	1000						×	×	×	×
450	700	800	900	1000	1250						×	×	×	×
510	800	900	1000	1250								×	×	×	×
560	900	1000	1250	1600								×	×	×	×
620	1000	1250	1600									×	×	×	×
790	1250	1600	2000									×	×	×	×

2) 材料和硬度

材料由制造者选定，推荐采用 45 钢。
硬度 28～32HRC。

3) 技术条件

① 基准面的形位公差应符合 GB/T 1184—1996 的规定，t 为 6 级精度。

② 其余应符合 GB/T 4170—2006 的规定。

4) 标记示例

$W=90mm$、$L=150mm$、$H=13mm$ 的推板标记如下：

推板 $90\times150\times13$ GB/T 4169.7—2006

（3）支承柱（块）和垫块

支承柱（块）的组合形式见图 11-10。A 型支承柱尺寸见表 11-9；B 型支承柱尺寸见表 11-10；支架推荐尺寸见表 11-11；标准垫块尺寸见表 11-12。

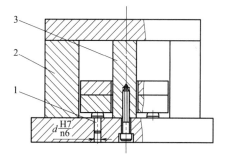
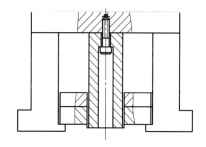

图 11-10 支承柱（块）组合形式
1—限位钉；2—支承柱（块）；3—垫块

表 11-9　A 型支承柱尺寸（GB/T 4169.10—2006） mm

(1) 材料和硬度

材料由制造者选定，推荐采用 45 钢；

硬度 28～32HRC。

(2) 技术条件

1) 未注表面粗糙度 $Ra=6.3\mu m$；未注倒角 $C1$。

2) 图中标注的形位公差应符合 GB/T 1184—1996 的规定，t 为 6 级精度。

3) 其余应符合 GB/T 4170—2006 的规定。

(3) 标记示例

$D=25mm$、$L=80mm$ 的 A 型支承柱标记如下：

支承柱　A　25×80　GB/T 4169.10—2006

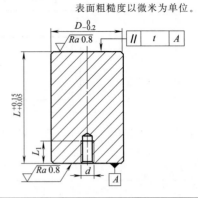

D	L											d	L_1
	80	90	100	110	120	130	150	180	200	250	300		
25	×	×	×	×	×							M8	15
30	×	×	×	×	×								
35	×	×	×	×	×	×						M10	18
40	×	×	×	×	×	×	×						
50	×	×	×	×	×	×	×	×	×				
60	×	×	×	×	×	×	×	×	×	×		M12	20
80	×	×	×	×	×	×	×	×	×	×	×	M16	30
100	×	×	×	×	×	×	×	×	×	×	×		

表 11-10　B 型支承柱尺寸（GB/T 4169.10—2006） mm

(1) 材料和硬度

材料由制造者选定，推荐采用 45 钢；

硬度 28～32HRC。

(2) 技术条件

1) 未注表面粗糙度 $Ra=6.3\mu m$；未注倒角 $C1$。

2) 图中标注的形位公差应符合 GB/T 1184—1996 的规定，t 为 6 级精度。

3) 其余应符合 GB/T 4170—2006 的规定。

(3) 标记示例

$D=25mm$、$L=80mm$ 的 B 型支承柱标记如下：

支承柱　B　25×80　GB/T 4169.10—2006

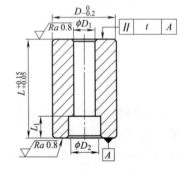

D	L											D_1	D_2	L_1
	80	90	100	110	120	130	150	180	200	250	300			
25	×	×	×	×	×							9	15	9
30	×	×	×	×	×									
35	×	×	×	×	×	×						11	18	11
40	×	×	×	×	×	×	×							
50	×	×	×	×	×	×	×	×	×					
60	×	×	×	×	×	×	×	×	×	×		13	20	13
80	×	×	×	×	×	×	×	×	×	×	×	17	26	17
100	×	×	×	×	×	×	×	×	×	×	×			

表 11-11　支架推荐尺寸　　　　　　　　　　　　　　　　　　　　　　　　　　mm

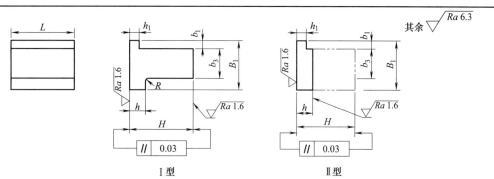

Ⅰ型　　Ⅱ型

材料	45 钢						
L	b_3	H	B_1	h	R	h_1	b_1
125、160	25	45、55、68	60	20	5		7.5
160、200、250	31.5	55、68、85	60	20	5		7.5
315							
200、250、315、355	35.5	55、68、76、85	66	25	5	5	5.5
250、315、355、400、450	50	68、85、105	80	25		5	5
315、355、400	56	85、105、130	82	31.5	8		6
450、500	56	85、105、130	92	31.5	8		6
400、450、560	63						7.5
450、500、560	71	110、135、170	105	35.5		10	9
630、710							

表 11-12　标准垫块尺寸（GB/T 4169.6—2006）　　　　　　　　　　　　　mm

(1) 材料和硬度
材料由制造者选定，推荐采用 45 钢。
(2) 技术条件
1) 图中标注的形位公差应符合 GB/T 1184—1996 的规定，t 为 5 级精度。
2) 其余应符合 GB/T 4170—2006 的规定。
(3) 标记示例
$W=28$mm，$L=150$mm，$H=50$mm 的垫块标记如下：
垫块 28×150×50　GB/T 4169.6—2006

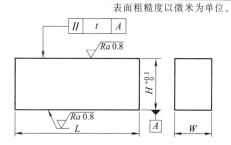

表面粗糙度以微米为单位。
未注表面粗糙度 $Ra=6.3\mu m$；全部棱边倒角 $2mm×45°$。

W	L						H											
							50	60	70	80	90	100	110	120	130	150	180	200	250	300
28	150	180	200	230	250		×	×	×										
33	180	200	230	250	300	350		×	×	×									
38	200	230	250	300	350	400		×	×	×									
43	230	250	270	300	350	400			×	×	×								
48	250	270	300	350	400	450	500			×	×	×							
53	270	300	350	400	450	500				×	×	×							
58	300	350	400	450	500	550	600				×	×	×						
63	350	400	450	500	550	600						×	×	×					
68	400	450	500	550	600	700							×	×	×	×			
78	450	500	550	600	700								×	×	×	×			
88	500	550	600	700	800								×	×	×	×			
100	550	600	700	800	900	1000								×	×	×	×	×	
120	650	700	800	900	1000	1250									×	×	×	×	×
140	800	900	1000	1250												×	×	×	×
160	900	1000	1250	1600													×	×	×
180	1000	1250	1600														×	×	×
220	1250	1600	2000														×	×	×

附1 塑料注射模技术条件

(1) 范围

本标准规定了塑料注射模的要求、验收、标志、包装、运输和储存，适用于塑料注射模的设计、制造和验收。

(2) 规范性引用文件

下列文件的条款通过本标准的引用而成为本标准的条款。凡是注日期的引用文件，随后所有的修改单（不包括勘误的内容）或修订版均不适用于本标准。然而，鼓励根据本标准达成协议的各方研究是否可使用这些文件的最新版本。凡不注日期的引用文件，其最新版本适用于本标准。

GB/T 196 普通螺纹 基本尺寸

GB/T 197 普通螺纹 公差与配合

GB/T 825 吊环螺钉

GB/T 1184—1996 形状和位置公差 未注公差值

GB/T 1804—2000 一般公差 未注公差的线性和角度尺寸的公差

GB/T 4169.1~4169.23—2006 塑料注射模零件

GB/T 12555—2006 塑料注射模模架

GB/T 12556—2006 塑料注射模模架技术条件

(3) 零件要求

① 设计塑料注射模宜选用 GB/T 12555—2006、GB/T 4169.1~4169.23—2006 规定的塑料注射模标准模架和塑料注射模零件。

② 模具成型零件和浇注系统零件所选用材料应符合相应牌号的技术标准。

③ 模具成型零件和浇注系统零件推荐材料和热处理硬度（见附表1-1），允许采用质量和性能高于附表1-1推荐的材料。

附表1-1 模具成型零件材料及热处理

零件名称	材料	硬度（HRC）
型芯、定模镶块、动模镶块、活动镶块、分流锥、推杆、浇口套	45、40Cr	40~45
	CrWMn、9Mn2V	48~52
	Cr12、Cr12MoV	52~58
	3Cr2Mo	预硬状态 35~45
	4Cr5MoSiV1	45~55
	3Cr13	45~55

④ 成型对模具易腐蚀的塑料时，成型零件应采用耐腐蚀材料制作，或其成型面应采取防腐蚀措施。

⑤ 成型对模具易磨损的塑料时，成型零件硬度应不低于50HRC，否则成型表面应做表面硬化处理，硬度应高于600HV。

⑥ 模具零件的几何形状、尺寸、表面粗糙度应符合图样要求。

⑦ 模具零件不允许有裂纹，成型表面不允许有划痕、压伤、锈蚀等缺陷。

⑧ 成型部位未注公差尺寸的极限偏差应符合 GB/T 1804—2000 中的 f 规定。

⑨ 成型部位转接圆弧未注公差尺寸的极限偏差应符合附表1-2的规定。

⑩ 成型部位未注角度和锥度公差尺寸的极限偏差应符合附表1-3的规定。锥度公差按锥体母线长度决定，角度公差按角度短边长度决定。

附表1-2　成型部位转接圆弧未注公差尺寸的极限偏差　　　　　　　　　　　　mm

转接圆弧半径		≤6	>6~18	>18~30	>30~120	>120
极限偏差值	凸圆弧	0 -0.15	0 -0.20	0 -0.30	0 -0.45	0 -0.60
	凹圆弧	+0.15 0	+0.20 0	+0.30 0	+0.45 0	+0.60 0

附表1-3　成型部位未注角度和锥度公差尺寸的极限偏差

锥度母线或角度短边长度/mm	≤6	>6~18	>18~50	>50~120	>120
极限偏差值	±1°	±30′	±20′	±10′	±5′

⑪ 当成型部位未注脱模斜度时，除本条a、b、c、d、e要求外，单边脱模斜度应不大于附表1-4的规定值，当图中未注脱模斜度方向时，按减小塑件壁厚并符合脱模要求的方向制造。

  a. 文字、符号的单边脱模斜度应为10°~15°。
  b. 成型部位有装饰纹时，单边脱模斜度允许大于附表1-4的规定值。
  c. 塑件上凸起或加强筋单边脱模斜度应大于2°。
  d. 塑件上有数个并列圆孔或格状栅孔时，其单边脱模斜度应大于附表1-4的规定值。
  e. 对于附表1-4所列的塑料来说，若填充玻璃纤维等增强材质后，其脱模斜度应增加1°。

附表1-4　成型部位单边脱模斜度

脱模高度/mm		<6	>6~10	>10~18	>18~30	>30~50	>50~80	>80~120	>120~180	>180~250
塑料类别	自润性好的塑料（聚甲醛、聚酰胺等）	1°45′	1°30′	1°15′	1°	45′	30′	20′	15′	10′
	软质塑料（聚乙烯、聚丙烯）	2°	1°45′	1°30′	1°15′	1°	45′	30′	20′	15′
	硬质塑料（聚苯乙烯、聚甲基丙烯酸甲酯、丙烯腈-丁二烯-苯乙烯共聚物、聚碳酸酯、注射型酚醛树脂等）	2°30′	2°15′	2°	1°45′	1°30′	1°15′	1°	45′	30′

⑫ 非成型部位未注公差尺寸的极限偏差应符合GB/T 1804—2000中m的规定。
⑬ 成型零件表面应避免有焊接熔痕。
⑭ 螺钉安装孔、推杆孔、复位杆孔等未注孔距公差的极限偏差应符合GB/T 1804中的f规定。
⑮ 模具零件图中螺纹的基本尺寸应符合GB/T 196的规定，选用的公差与配合应符合GB/T 197的规定。
⑯ 模具零件图中未注形位公差应符合GB/T 1184—1996中的h的规定。
⑰ 非成型零件外形棱边均应倒角或倒圆，与型芯、推杆相配合的孔在成型面和分型面的交接边缘不允许倒角或倒圆。

（4）装配要求
① 定模座板与动模座板安装平面的平行度应符合GB/T 12556—2006的规定。
② 导柱、导套对模板的垂直度应符合GB/T 12556—2006的规定。
③ 在合模位置，复位杆端面应与其接触面贴合，允许有不大于0.05mm的间隙。
④ 模具所有活动部分应保证位置准确，动作可靠，不得有歪斜和卡滞现象，要求固定的零件，不得相对窜动。

⑤ 塑件的嵌件或机外脱模的成型零件在模具上安放位置定位准确，安放可靠，应有防错位措施。

⑥ 流道转接处圆弧连接应平滑，镶拼处应密合，未注拔模斜度不小于5°，表面粗糙度 $Ra\leq0.8\mu m$。

⑦ 热流道模具，其浇注系统不允许有塑料渗漏现象。

⑧ 滑块运动应平稳，合模后滑块与楔紧块应压紧，接触面积不小于设计值的75%，开模后限位应准确可靠。

⑨ 合模后分型面应紧密贴合。排气槽除外，成型部位固定镶件的拼合间隙应小于塑料的溢料间隙，详见附表1-5的规定。

附表1-5　塑料的溢料间隙　　　　　　　　　　　　　　　　　　　mm

塑料流动性	好	一般	较差
溢料间隙	<0.03	<0.05	<0.08

⑩ 通介质的冷却或加热系统应通畅，不应有介质渗漏现象。

⑪ 气动或液压系统应通畅，不应有介质渗漏现象。

⑫ 电气系统应绝缘可靠，不得有漏电或短路现象。

⑬ 模具应设吊环螺钉，确保安全吊装。起吊时模具应平稳，便于装模，吊环螺钉应符合GB/T 825的规定。

⑭ 分型面上应尽可能避免有螺钉或销钉的通孔，以免积存溢料。

(5) 验收

① 验收应包括以下内容。

a. 外观检查。

b. 尺寸检查。

c. 模具材质和热处理要求检查。

d. 冷却或加热系统、气动或液压系统、电气系统检查。

e. 试模和塑件检查。

f. 质量稳定性检查。

② 模具供方应按模具图和本技术条件对模具零件和整套模具进行外观与尺寸检查。

③ 模具供方应对冷却或加热系统、气动或液压系统、电气系统进行检查。

a. 对冷却或加热系统加0.5MPa的压力试压，保压时间不少于5min，不得有渗漏现象。

b. 对气动或液压系统按设计额定压力值的1.2倍试压，保压时间不少于5min，不得有渗漏现象。

c. 对电气系统应先用500V摇表检查其绝缘电阻，应不低于10MΩ，然后按设计额定参数通电检查。

④ 完成(5)②和(5)③项目检查并确认合格后，可进行试模。试模应严格遵守如下要求。

a. 试模应严格遵守注塑工艺规程，按正常生产条件试模。

b. 试模所用材质应符合图样的规定，采用代用塑料时应经顾客同意。

c. 试模所用注塑机及附件应符合技术要求，模具装机后应空载运行，确认模具活动部分动作灵活、稳定、准确、可靠。

⑤ 试模工艺稳定后，应连续提取5～15个模塑件进行检验。模具供方和顾客确认塑件合格后，由供方开具模具合格证并随模具交付顾客。

⑥ 模具质量稳定性检验方法为在正常生产条件下连续生产不少于8h，或由模具供方与

顾客协商确定。

⑦ 模具顾客在验收期间，应按图样和本技术条件对模具主要零件的材质、热处理、表面处理情况进行检查或抽查。

(6) 标志、包装、运输、储存

① 在模具外表面的明显处应做出标志。标志一般包括以下内容：模具号、出厂日期、供方名称。

② 对冷却或加热系统，应标记进口和出口。对气动或液压系统，应标记进口和出口，并在进口处标记额定压力值。对电气系统接口处，应标记额定电气参数值。

③ 交付模具应干净整洁，表面应涂覆防锈剂。

④ 动模、定模尽可能整体包装。对于水嘴、油嘴、油缸、气缸、电气零件，允许分体包装。水、液、气进出口处和电路接口应采取封口措施防止异物进入。

⑤ 模具应根据运输要求进行包装，应防潮、防止磕碰，保证在正常运输中模具完好无损。

附2 塑料注射模模架技术条件

(1) 范围

本标准规定了塑料注射模模架（以下简称模架）的要求、检验、标志、包装、运输和储存。适用于塑料注射模模架。

(2) 规范性引用文件

下列文件中的条款通过本标准的引用而成为本标准的条款。凡是注日期的引用文件，其随后所有的修改单（不包括勘误的内容）或修订版均不适用于本标准，然而，鼓励根据本标准达成协议的各方研究是否可使用这些文件的最新版本。凡不注日期的引用文件，其最新版本适用于本标准。

GB/T 1184—1996 形状和位置公差 未注公差值

GB/T 3098.1—2010 紧固件机械性能 螺栓、螺钉和螺柱

GB/T 4169.1～4169.23—2006 塑料注射模零件

GB/T 4170—2006 塑料注射模零件技术条件

(3) 要求

① 组成模架的零件应符合 GB/T 4169.1～4169.23—2006 和 GB/T 4170—2006 的规定。

② 组合后的模架表面不应有毛刺、擦伤、压痕、裂纹、锈斑。

③ 组合后的模架，导柱与导套及复位杆沿轴向移动应平稳，无卡滞现象，其紧固部分应牢固可靠。

④ 模架组装用紧固螺钉的机械性能应达到 GB/T 3098.1—2010 的 8.8 级。

⑤ 组合后的模架，模板的基准面应一致，并做明显的基准标记。

⑥ 组合后的模架在水平自重条件下，定模座板与动模座板的安装平面的平行度应符合 GB/T 1184—1996 中 7 级的规定。

⑦ 组合后的模架在水平自重条件下，其分型面的贴合间隙如下。

a. 模板长 400mm 以下，间隙≤0.03mm。

b. 模板长 400～630mm，间隙≤0.04mm。

c. 模板长 630～1000mm，间隙≤0.06mm。

d. 模板长 1000～2000mm，间隙≤0.08mm。

⑧ 模架中导柱、导套的轴线对模板的垂直度应符合 GB/T 1184—1996 中 5 级的规定。

⑨ 模架在闭合状态时，导柱的导向端面应凹入它所通过的最终模板孔端面。螺钉不得高于定模座板与动模座板的安装平面。

⑩ 模架组装后，复位杆端面应平齐一致，或按顾客特殊要求制作。

⑪ 模架应设置吊装用螺钉孔，确保安全吊装。

（4）检验

① 组合后的模架应按本标准（3）中的要求进行检验。

② 检验合格后应做出检验合格标志，标志应包含以下内容：检验部门、检验员、检验日期。

（5）标志、包装、运输、储存

① 模架应挂、贴标志，标志应包含以下内容：模架品种、规格、生产日期、供方名称。

② 检验合格的模架应清理干净，经防锈处理后入库储存。

③ 模架应根据运输要求进行包装，应防潮、防止磕碰，保证在正常运输中完好无损。

第 12 章 塑料模具钢

12.1 常用塑料模具钢的特性与化学成分

① 塑料模具钢的特性和用途见表 12-1。

表 12-1 塑料模具钢的特性和用途

序号	钢 号	特性和用途
1	SM45	价格低廉,机械加工性能好,用于日用杂品、玩具等塑料制品的模具
2	SM50	硬度比 SM45 钢高,用于性能要求一般的塑料模具
3	SM55	淬透性、强度比 SM50 钢高,用于较大型的、性能要求一般的塑料模具
4	SM1CrNi3	塑性好,用于需冷挤压反印法压出型腔的塑料模具制作
5	SM3Cr2Mo	预硬化钢,用于型腔复杂,要求镜面抛光的模具
6	SM3Cr2NiMo	预硬化钢,淬透性比 SM3Cr2Mo 钢高,用于制造大型精密塑料模具
7	SM2CrNi3MoAl1S	析出硬化钢,用于制造型腔复杂的精密塑料模具
8	SM4Cr5MoSiV	强度高、韧性好,用于制造玻璃纤维、金属粉末等复合强化塑料成型用模具
9	SM4Cr5MoSiV1	热稳定性、耐磨性比 SM4Cr5MoSiV 钢高,用于制造工程塑料、键盘等模具制作
10	SMCr12Mo1V1	硬度高、耐磨,用于制造齿轮、微型开关等精密模具
11	SM2Cr13	耐腐性,用于制造耐蚀母模、托板、安装板等模具
12	SM3Cr17Mo	耐腐蚀,用于制造 PVC 等腐蚀性较强的塑料成型模具
13	SM4Cr13	耐腐蚀、耐磨、抛光性好,用于制造唱片、透明罩等精密模具

② 塑料模具的工作条件和特点见表 12-2。

表 12-2 塑料模具的工作条件和特点

类型	工 作 条 件	特 点
热固性塑料模	受热(200~250℃),受力大、易磨损、易侵蚀,受到周期性脱模的冲击和碰撞	通常含有大量的固体填充剂,多以粉末状直接加入热压成型,热机械负荷大和磨损较大
热塑性塑料模	受热、受压、受磨损,但不严重,部分制品含氯和氟及析出腐蚀性气体,易腐蚀型腔表面	一般不含有固体填料,以软化状态入模。含玻璃纤维填料对型腔磨损较大

③ 不同类型塑料模具钢的工作硬度见表 12-3。

表 12-3 不同类型塑料模具钢的工作硬度

模具类型	模具用钢	工作硬度	说　明
形状简单,压制加有无机填料的塑料	Cr12MoV 或 5CrW2Si 渗碳	56~60HRC	在高的压力下要求耐磨的模具
形状简单的小型高寿命塑料模	9Mn2V、Cr2 等合金工具钢	54~58HRC	在保证较高耐磨性的同时,具有好的强韧度
形状复杂,精度高的淬火微变形的塑料模	T7A、T10A	45~50HRC	用于易折断的部件(如型芯)
软质塑料注射模	碳素工具钢、3Cr2Mo	280~320HBW	无填充剂的软质塑料

④ 常用塑料模具钢的化学成分见表 12-4。

表 12-4　常用塑料模具钢的化学成分

序号	牌号	化学成分(质量分数)/%							
		C	Si	Mn	Cr	Mo	W	V	其他
(1)碳素塑料模具钢									
1	SM45	0.42~0.48	0.17~0.37	0.50~0.80	—	—	—	—	P≤0.03 S≤0.03
2	SM50	0.47~0.53	0.17~0.37	0.50~0.80	—	—	—	—	
3	SM55	0.52~0.58	0.17~0.37	0.50~0.80	—	—	—	—	
(2)预硬化型塑料模具钢									
4	3Cr2Mo	0.28~0.40	0.20~0.80	0.60~1.00	1.40~2.00	0.30~0.55	—	—	—
5	3Cr2MnNiMo	0.32~0.40	0.20~0.40	1.10~1.50	1.70~2.00	0.25~0.40	—	—	Ni:0.85~1.15 P≤0.03 S≤0.03
6	5CrNiMnMoVSCa①	0.50~0.60	—	0.80~1.20	0.80~1.20	0.30~0.60	—	0.15~0.30	Ni:0.80~1.20 Ca:0.002~0.008
7	40Cr	0.37~0.45	0.17~0.37	0.50~0.80	0.80~1.10	—	—	—	—
8	42CrMo	0.38~0.45	0.17~0.37	0.50~0.80	0.90~1.20	0.15~0.25	—	—	—
9	30CrMnSiNi2A①	0.26~0.33	0.90~1.20	1.00~1.30	0.90~1.20	—	—	—	Ni:1.40~1.80 Cu:≤0.20
(3)渗碳型塑料模具钢									
10	20Cr	0.18~0.24	0.17~0.37	0.50~0.80	0.70~1.00	—	—	—	—
11	12CrNi3	0.10~0.17	0.17~0.37	0.30~0.60	0.60~0.90	—	—	—	Ni:2.75~3.15
(4)时效硬化型塑料模具钢									
12	06Ni6CrMoVTiAl①	≤0.06	≤0.50	≤0.50	1.30~1.60	0.90~1.20	—	0.08~0.16	Ni:5.50~6.50 Ti:0.90~1.30 Al:0.50~0.90
13	1Ni3Mn2CuAlMo①	0.06~0.20	≤0.35	1.40~1.70	—	0.20~0.50	—	—	Ni:2.80~3.40 Cu:0.80~1.20 Al:0.70~1.05
14	20Cr13	0.16~0.25	≤1.00	≤1.00	12.0~14.0	—	—	—	Ni:≤0.60
15	40Cr13	0.36~0.45	≤0.60	≤0.80	12.0~14.0	—	—	—	P:≤0.04
16	95Cr18	0.90~1.00	≤0.80	≤0.80	17.0~19.0	—	—	—	S≤0.03
(5)耐腐蚀型塑料模具钢									
17	102Cr17Mo	0.95~1.10	≤0.80	≤0.80	16.0~18.0	0.40~0.70	—	—	Ni:≤0.60 P:≤0.04 S≤0.03
18	14Cr17Ni2	0.11~0.17	≤0.80	≤0.80	16.0~18.0	—	—	—	Ni:1.50~2.50 P:≤0.04 S≤0.03

① 非国家标准牌号,仅供参考。

12.2 塑料模具钢的选用

① 按塑料制品品种特性选用模具材料，见表12-5。

表12-5 按塑料制品品种特性选用模具材料

用途		代表性塑料及其制品	性能要求	适用材料
通用型热塑性或热固性塑料	普通塑料制品	ABS 聚丙烯	电视机壳、音响设备等 电风扇扇叶 塑料容器	高强度 耐磨损	SM55、42CrMo 3Cr2Mo 3Cr2Ni1Mo 5CrNiMnMoVSCa[①] SM2CrNi3MoAl1S 8Cr2MnWMoVS[①]
	表面有花纹	ABS	汽车仪表盘 化妆品容器	高强度 耐磨性 蚀刻性	1Ni3Mn2CuAlMo[①] SM2CrNi3MoAl1S
	透明体	有机玻璃 AS	电唱机罩、仪表壳 、气车灯罩等	高强度、耐磨性，抛光性（镜面性）	5CrNiMnMoVSCa 3Cr2Mo
增强塑料（热塑性）		POM PC	工程塑料制件 电动工具外壳 汽车仪表盘	高耐磨性	8CrMn[①] 1Ni3Mn2CuAlMo[①]、SM2 6Cr4W3Mo2VNb
增强塑料（热固性）		酚醛 环氧树脂	齿轮零件等	耐蚀性	06Ni6CrMoVTiAl[①]
阻燃型塑料		ABS加阻燃剂	显像管罩等	强度、耐蚀性	PCR[①]
聚氯乙烯		PVC	电话机、阀门管件、门手把等	热光性 耐蚀性	38CrMoAlA PCR
光学透镜		有机玻璃 聚苯乙烯	照相机镜头，放大镜	—	1Ni3Mn2CuAlMo， 8CrMnPCR

[①] 非国家标准牌号，仅供参考。

② 按塑料制品件数选用模具钢，见表12-6。

表12-6 按塑料制品件数选用模具钢

制品件数/件	选用牌号
≤20万	SM45、SM55
>20万~30万	3Cr2Mo、P20[①]、5CrNiMnMoVSCa[①]、8Cr2MnWMoVS[①]
>30万~60万	3Cr2Mo、P20、5CrNiMnMoVSCa、SM2Cr2Ni1Mo
>60万~80万	8Cr2MnWMoVS、SM2Cr2Ni1Mo
>80万~120万	SM2CrNi3MoAl1S、1Ni3Mn2MoCuAl[①]
>120万~150万	05Cr16Ni4Cu3Nb、6Cr4W3Mo2VNb、7Cr7Mo3V2Si
>150万	6Cr4W3Mo2VNb、06Ni6CrMoVTiAl[①]、SM2CrNi3MoAl1S

[①] 非国家标准牌号，仅供参考。

12.3 塑料模具钢的热处理

① 各类塑料模具钢的退火工艺见表12-7。

表 12-7 各类塑料模具钢的退火工艺

钢号	加热		等温		冷却方式	退火后硬度（HBW）
	温度/℃	时间/h	温度/℃	时间/h		
10、20	890~910	4~6	—	—	炉冷至200℃,出炉空冷	≤130
15Cr、20Cr	860~880	6~8	—	—	炉冷至200℃,出炉空冷	≤140
40、40Cr	820~840	>2	—	—	炉冷至500℃,出炉空冷	≤163
T7A~T12A	760~780	3~4	680~700	5~6	炉冷至500℃,出炉空冷	187~207
CrWMn	780~790	2~4	680~700	4~6	炉冷至300℃,出炉空冷	207~255
5NiSCa	760~780	2	670~690	6~8	炉冷至550℃,出炉空冷	217~220
8Cr2MnWMoVS	790~810	2~3	690~710	4	炉冷至550℃,出炉空冷	≤229
	790~810	4~6	—	—		240
25CrNi3MoAl	740~760	2~4	680~700	4~6	出炉空冷（或水冷）	

② 整体淬火型塑料模具钢的调质工艺见表 12-8。

表 12-8 整体淬火型塑料模具钢的调质工艺

钢号	淬火温度/℃	加热时间/(min/mm)		淬火介质	回火温度/℃	热处理硬度
45	820~850	0.8~1.0	0.4~0.5	盐水→油	500~540	24~28HRC
					540~580	20~24HRC
					580~600	18~20HRC
40Cr	850~870	1.0~1.2	0.5~0.6	油	470~500	22~24HRC
					500~540	20~24HRC
					540~580	18~20HRC
T8~T12	780~880	1.2~1.5	0.4~0.5	油	640~680	183~207HBW
Cr2	840~860	1.2~1.6		油	660~680	197~217HBW
GCr15	840~860	0.5~0.6			660~680	197~217HBW
9SiCr	880~890				680~700	197~229HBW
CrWMn	840~860				660~680	207~229HBW
MnCrWV	840~860				660~680	207~229HBW

③ 塑料模零件常用材料及热处理见表 12-9。

表 12-9 塑料模零件常用材料及热处理

零件类别	零件名称	钢种	材料牌号	热处理方法	硬度（HRC）	说明
成型零件	型腔（凹模）型芯（凸模）螺纹型芯螺纹型环成型镶件成型顶杆等	碳工钢	T8A,T10A	淬火	54~58	用于形状简单的小型芯或型腔
		低合金钢	9Mn2V CrWMn 9CrWMn	淬火	54~58	用于形状复杂、要求热处理变形小的型腔、型芯或镶件
		高碳高铬钢及中铬钢	Cr5Mo1V Cr12MoV Cr12Mo1V1 4Cr5MoSiV 4Cr5MoSiV1			
		预硬化钢	SM4Cr5MoSiV SM4Cr5MoSiV1 SMCr12Mo1V1	淬火	≥53 ≥53 ≥59	特性与用途见表12-1
		预硬化钢	SM3Cr2Mo SM3Cr2Ni1Mo 5CrNiMnMoVSCa 8Cr2MnWMoVS		30~36	这类钢在钢厂已预硬化（淬火回火）到30~36HRC,其切削加工性能好,模具厂家不必再淬火回火

续表

零件类别	零件名称	钢种	材料牌号	热处理方法	硬度(HRC)	说明
成型零件	型腔(凹模)型芯(凸模)螺纹型芯螺纹型环成型镶件成型顶杆等	耐蚀型钢	SM2Cr13 SM4Cr13 SM3Cr17Mo	淬火	≥129HBS ≥60 ≥43	主要用于耐蚀型塑料模具
		调质钢	45	调质	22～26	用于形状简单,要求不高的型腔、型芯
				淬火	43～48	
		渗碳钢	20 20Cr 20CrMnTi	渗碳、淬火	54～58	用于冷压加工的型腔
模体零件	垫板(支承板)浇口板锥模套		45	淬火	43～48	
	动、定模板动、定模座板脱浇板		45	调质	HB230～270	
	固定板		45	调质	HB230～270	
			Q235-A			
	顶板		T8A、T10A	淬火	54～58	
			45	调质	HB230～270	
浇注系统零件	浇口套拉料杆拉料套分流锥		T8A、T10A	淬火	50～55	
导向零件	导柱		20	渗碳、淬火	56～60	
	导套限位导柱顶板导柱顶板导套导钉		T8A、T10A	淬火	50～55	YG15、YG20 3Cr2W8V、5CrNiMo 6Cr4Mo3Ni2WV(CG-2)
抽芯机构零件	斜导柱滑块斜滑块		T8A、T10A	淬火	54～58	T8A、T10A
	锁紧楔		T8A、T10A	淬火	54～58	GCr15(GT35)、TLMW50 YG10X、YG15
			45		43～48	
顶出机构零件	顶杆(卸模杆)顶管		T8A、T10A	淬火	54～58	5CrNiMo
	顶块复位杆		45	淬火	43～48	T10A YG10、YG15
	挡板		45	淬火	43～48	或不淬火
	顶杆固定板卸模杆固定板		45、Q235-A			
定位零件	圆锥定位件		T10A	淬火	58～62	
	定位圈		45			
	定距螺钉限位钉限止块		45	淬火	43～48	
支承零件	支承柱		45	淬火	43～48	
	垫块		45、Q235-A			

续表

零件类别	零件名称	钢种	材料牌号	热处理方法	硬度（HRC）	说　明
其他零件	加料圈压柱		T8A、T10A	淬火	50～55	
	手柄套筒		Q235-A			
	喷嘴水嘴		45、黄铜			
	吊钩		45			

注：螺纹型芯的热处理也可取 40～45HRC。

④ 塑料模具钢的回火温度与硬度见表 12-10。

表 12-10　塑料模具钢的回火温度与硬度

钢　号	达到下列硬度的回火温度/℃					
	硬度（HRC）					
	28～32	30～35	35～40	40～45	45～50	52～54
45	470～500	430～480	370～430	310～370	260～310	160～180
40Cr	420～480	400～440	340～400	270～340	210～270	160～180
8Cr2MnWMoVS	作预硬钢时，在(550～620)℃×2h 回火 2 次，达到 44～48HRC					
25CrNi3MoAl	680℃时效			520～540℃时效		
7Mn15Cr2Al3V2WMo				650℃×(15～20)h		
20				400～420	360～380	300～340
CrWMn				400～440	380～400	300～340

⑤ 常用塑料模具钢的热处理规范见表 12-11。

表 12-11　常用塑料模具钢的热处理规范

序号	牌号	热加工与热处理规范					
1	SM45	热加工					
		项目	入炉温度/℃	加热温度/℃	始锻温度/℃	终锻温度/℃	冷却方式
		钢锭	≤850	1150～1220	1100～1160	≥850	坑冷或堆冷
		钢坯	—	1130～1200	1070～1150	≥850	坑冷或堆冷
		热处理规范					
		项目	普通退火	正火	高温回火	淬火	回火
		加热温度/℃	820～840	830～880	680～720	820～860	500～560
		冷却方式	炉冷	空冷	空冷	油淬或水淬	空冷
2	SM50	热加工					
		项目	入炉温度/℃	加热温度/℃	始锻温度/℃	终锻温度/℃	冷却方式
		—	—	—	1180～1200	>800	空冷，直径为 φ300mm 以上的工件应缓冷
		热处理规范					
		项目	普通退火	正火	高温回火	淬火	回火
		加热温度/℃	810～830	820～870	—	820～850	随需要而定
		冷却方式	炉冷	空冷	—	油淬或水淬	空冷
3	SM55	热加工					
		项目	入炉温度/℃	加热温度/℃	始锻温度/℃	终锻温度/℃	冷却方式
		—	—	—	1180～1200	>800	空冷，尺寸 >φ200mm 时缓冷
		热处理规范					
		项目	普通退火	正火	高温回火	淬火	回火
		加热温度/℃	770～810	810～860	680～720	790～830	820～850	400～650
		冷却方式	炉冷	空冷	空冷	水淬	油淬	

续表

序号	牌号	热加工与热处理规范				
4	SM3Cr2Mo (T22022)	热加工				
		项目	入炉温度/℃	加热温度/℃	始锻温度/℃	终锻温度/℃	冷却方式
		钢锭	—	1180~1200	1130~1150	≥850	坑冷
		钢坯	—	1120~1160	1070~1110	≥850	砂冷或缓冷
		热处理规范				
		等温回火	高温回火	淬火	回火
		随炉升温至(850±10)℃,保温2h,炉冷至(720±10)℃,等温保温4h,随炉冷却	加热至720~740℃,保温2~4h,炉冷至500℃以下出炉空冷	加热温度:850~880℃ 冷却方式:油淬	回火温度:580~640℃ 冷却方式:空冷
		回火规范			
		回火温度/℃	冷却	硬度(HRC)
		580~640	空冷	28~37
5	3Cr2MnNiMo SM3Cr2Ni1Mo SM3Cr2NiMo	热加工				
		项目	入炉温度/℃	加热温度/℃	始锻温度/℃	终锻温度/℃	冷却方式
		钢锭	—	1140~1180	1050~1140	≥850	坑冷
		热处理规范				
		等温淬火	高温回火	淬火	回火
		随炉升温至(850±10)℃,保温2h,炉冷至(700±10)℃,等温保温4h,炉冷到500℃以下出炉	加热至(700±10)℃,保温2~3h,炉冷至500℃出炉	加热温度:(850±20)℃ 冷却方式:油淬空淬	回火温度:550~650℃ 冷却方式:空冷
6	5CrNiMnMoVSCa[①]	热加工				
		项目	入炉温度/℃	加热温度/℃	始锻温度/℃	终锻温度/℃	冷却方式
		钢锭	—	1140~1180	1080	900	炉冷
		钢坯	—	1100~1150	1040	850	炉冷(>φ60mm)或空冷(<φ60mm)
		热处理规范				
		普通淬火	等温退火	淬火	回火
		随炉升温至(760±10)℃,保温2h,以≤30℃/h的速度炉冷到600℃,然后出炉空冷 硬度:217~255HBW	随炉升温(760±10)℃,保温2h,炉冷至(680±10)℃,等温保温4h,炉冷到550℃以下出炉空冷 硬度:217~220HBW	淬火温度:860~920℃ 冷却方式:油淬 硬度:62~63HRC	回火温度:600~650℃ 冷却方式:空冷 硬度:35~45HRC
7	8Cr2MnWMoVS	热加工				
		项目	入炉温度/℃	加热温度/℃	始锻温度/℃	终锻温度/℃	冷却方式
		—	—	1100~1150	1050~1100	≥900	砂冷或灰冷
		热处理规范				
		淬火温度/℃	冷却方式	硬度(HRC)
		860~900	空冷	62~64
		回火规范			
		回火温度/℃	硬度(HRC)	用途
		160~200	60~64	冷作模具
		560~650	40~48	制造塑料模具(预硬钢)

续表

序号	牌号	热加工与热处理规范											
8	SM1CrNi3 (T22010)	热加工												
		项目	入炉温度/℃		加热温度/℃		始锻温度/℃		终锻温度/℃			冷却方式		
		—	—		1200		1180		≥850			缓冷		
		热处理												
		项目	退火	正火	高温回火	淬火	回火	渗碳	淬火Ⅰ	淬火Ⅱ	回火	渗碳	淬火	回火	气体碳氮共渗	回火
		温度/℃	670~680	880~940	670~680	温度按硬度要求定	860	900~920	860	760~810	150~200	900~920	810~830	150~200	840~860	150~180
		冷却	炉冷	空冷	空冷	油冷	空冷	罐内冷	油冷	油冷	空冷	罐内冷	油冷	空冷	直接油淬	空冷
		硬度	≤229 HBS		≤229 HBS						心部硬度 26~40HRC 表面硬度 ≥58HRC				表面硬度 ≥58 HRC	
		不同温度回火后的力学性能												
			热处理		R_m /MPa	R_{eL} /MPa	A_5 /%	Z	α_k /(J/cm²)	备注				
		15	900℃ 正火, 660℃ 回火 空冷	800℃油淬,200℃回火空冷	1400	1290	12.0	60	105	①				
				800℃油淬,300℃回火空冷	1290	1150	12.5	67	80					
				800℃油淬,400℃回火空冷	1220	1090	13.5	68	90					
				800℃油淬,500℃回火空冷	1030	940	18.0	70	120					
				800℃油淬,600℃回火空冷	750	660	23.5	74	170					
		16	860℃,780℃油淬,180℃回火空冷		1150	785	15	64	159	②				
					1215	840	15	63	178					
		①试验用钢成分(质量分数/%)C0.17,Si0.19,Mn0.35,Cr1.26,Ni3.25,P0.016,S0.016 ②试验用钢成分(质量分数/%)C0.14,Si0.22,Mn0.40,Cr0.69,Ni3.06,P0.025,S0.006												
9	SM2CrNi3Mo-Al1S (T22011)	热加工												
		项目	入炉温度/℃		加热温度/℃		始锻温度/℃		终锻温度/℃			冷却方式		
		钢锭	—		1140~1180		1100		≥900			缓冷		
		钢坯	—		1120~1160		1080		≥850			缓冷		
		热处理												
		预热处理						退火						
		加热至750℃±10℃随炉冷却至500℃出炉空冷						加热至760℃,炉冷到≤600℃,空冷						
		固溶处理												
		固溶温度/℃		冷却		固溶后硬度		固溶后组织						
		870~930		空冷		42~45HRC		晶粒4~5级为低碳马氏体和粒状贝氏体						
		时效处理												
		时效温度/℃			时间			冷却				硬度		
		500~520			6~10h			空冷				40HRC		
		固溶处理												
		固溶温度/℃	时效	R_m/MPa	R_{eL}/MPa	A/%	Z/%	α_k/(J/cm²)	硬度(HRC)				
		900℃	520℃ 6~10h	1147~1196	1058~1107	11.0~11.5	49~50	49~56.8	39~40.5				

续表

序号	牌号	热加工与热处理规范					
10	06Ni6CrMo-VTiAl①	热加工					
		项目	入炉温度/℃	加热温度/℃	始锻温度/℃	终锻温度/℃	冷却方式
		钢锭	—	1120~1170	1070~1120	≥850	砂冷或灰冷
		钢坯	—	1100~1150	1050~1100	≥850	空冷或砂冷
		热处理规范					
		固溶处理			时效硬化处理		
		固溶温度为850~880℃;冷却方式为空冷或油冷			时效温度为500~540℃;时效时间为4~8h;冷却方式为空冷		

序号	牌号	热加工与热处理规范						
11	1Ni3Mn2Cu-AlMo①	热加工							
		项目	装炉温度/℃	加热			始锻温度/℃	终锻温度/℃	冷却方式
				温度/℃	预热时间	升温时间	保温时间			
		钢锭	<800	1140~1180	4.5h	3h	2.5h	1100	≥900	缓冷
		钢坯	<900	1120~1160	—	3h	1h	1080	≥850	空冷
		热处理规范							
		普通退火			固溶处理			时效硬化处理		
		随炉升温至(760±10)℃保温2~3h,以40℃/h的速度炉冷至600℃出炉空冷			固溶温度:(850±20)℃ 冷却方式:空冷			时效温度:(510±10)℃ 时效时间:4~8h 冷却方式:空冷		

序号	牌号	热加工与热处理规范						
12	SM1Ni3MnCuAl	热加工							
		项目	装炉温度/℃	加热			始锻温度/℃	终锻温度/℃	冷却方式
				温度/℃	预热时间/h	升温时间/h	保温时间/h			
		钢锭	<800	1140~1180	4.5	3	2.5	1100	≥900	缓冷
		钢坯	<900	1120~1160	—	3	1	1080	≥850	空冷
		固溶处理							
		固溶温度/℃				冷却方式			
		850±20				空气			
		固溶温度对硬度的影响							
		固溶温度/℃	780	810	840	870	900	940	
		硬度(HRC)	30.8	32.4	33.1	32.7	33.1	31.0	
		时效处理规范							
		时效温度/℃			时效时间/h			冷却方式		
		510±10			4~8			空冷		
		不同温度时效后的力学性能							
		时效温度/℃	R_{eL}/MPa	R_m/MPa	A/%	Z/%	$a_k^①$/(J/cm²)		
		400	1044.41	1128.75	16.2	62.9	49.25		
		450	1193.47	1303.3	14.6	49.7	11.82		
		510	1256.23	1331.74	14.7	47.8	21.67		
		550	1103.25	1167.0	15.7	56.6	37.43		
		600	835.53	943.4	18.4	64.1	94.56		
		① 冲击韧度试样为V形缺口							
		不同热处理状态的力学性能							
		热处理	R_{eL}/MPa	R_m/MPa	A/%	Z/%	$a_k^①$/(J/cm²)		
		850℃±20℃淬火空冷	839.6	1017.1	15.4	55.1			
		淬火空冷后510℃回火	1026.9	1300.5	13.3	45.0	43~44		
		850℃±20℃淬火,600℃软化	699.3	798.4	21.0	60.0	25.3		
		850℃±20℃淬火,600℃软化,530℃回火	991.6	1095.7	17.3	49.8	39		

续表

序号	牌号	热加工与热处理规范			
13	00Ni18Co8Mo3-TiAl 00Ni18Co8Mo5-TiAl 00Ni18Co9Mo5-TiAl 00Ni18Co12Mo4-Ti2Al	热加工				

项目	加热温度/℃	始锻温度/℃	终锻温度/℃	冷却方式
钢锭	≤1260	≤1230	≥820	高于750℃时快冷,而后空冷或缓冷
钢坯	≤1230	≤1120	≥820	

注:1. 这一组钢,特别是当钛、钼含量较高时,枝晶偏析严重。为减轻此种偏析,避免带状组织和严重的性能方向性起见,除铸锭应采取必要措施外,开坯加热温度及保温时间应考虑均匀化的要求。
2. 含钼、钛较高时,钢的高温强度较高,因而须相应地采用较高的开始温度

热处理

项目	固溶处理	时效处理	渗氮
加热温度/℃	815±10	480±20②	455±10③
保温时间/h	1h①	3~6	24~48h
冷却方式	空冷至室温	空冷至室温	炉冷

①保温时间系对尺寸不大于25mm的棒材和板材而言;大于25mm时则应按比例适当延长。
②对压铸模可提高时效温度至530℃。为了保护薄板表面质量,特别是时效处理时应保护气氛。
③如工件需要表面渗氮时,可考虑与时效处理并同时进行

室温力学性能

钢号	热处理	R_m/MPa	R_{eL}/MPa	A_4/%	ψ/%	K_{1c}/(MPa·m$^{3/2}$)
00Ni18Co8Mo3TiAl	820℃ 1h 固溶,空冷 480℃ 3h 时效,空冷	1499	1401	10	60	155~198(500~640)
00Ni18Co8Mo5TiAl		1793	1705	8	55	121(390)
00Ni18Co9Mo5TiAl		2048	1999	7	40	80.6(260)
00Ni18Co12Mo4Ti2Al	820℃ 1h 固溶,空冷 480℃ 3h 时效,空冷	2450	2401	5	25	35.0~49.6(113~160)

| 14 | SM2Cr13
(T22132) | 热加工 ||||

升温	始锻温度/℃	终锻温度/℃	冷却方式
850℃前应缓慢加热,冷装炉温度≤800℃	1160~1200℃	≥850	砂冷或及时退火

注:由于钢的导热性差,加热温度低于856℃,应缓慢加热

热处理规范

项目	软化退火	完全退火	淬火	回火
加热温度/℃	750~800	860~900	1000~1050	660~770
冷却方式	炉冷	炉冷	油淬或水淬	油冷、水冷或空冷

| 15 | SM4Cr13
(T22134) | 热处理规范 ||||

升温	始锻温度/℃	终锻温度/℃	冷却方式
缓慢加热至800℃,然后快速加热至热加工温度	1160~1200℃	≥850	灰冷或砂冷并及时退火

热处理规范

项目	退火	淬火	回火
加热温度/℃	750~800	1050~1100	200~300
冷却方式	炉冷	油淬	空冷

室温力学性能

热处理制度	R_m/MPa	R_m/MPa	A_5/%	Z/%	硬度(HRC)	退火后(HBW)	备注
1050~1100℃油淬,200~300℃回火					≥50	≤229	①
1050~1100℃油淬,200~300℃回火					50~67	143~229	②
1050℃空冷,600℃,3h回火	1140	910	12.5	32	α_k,1.2		
860℃退火	480~560		20~25				

①摘自 GB/T 1220—1992。
②实际生产检验值

续表

序号	牌号	热加工与热处理规范			
16	SM3Cr17Mo (T22171)	热加工				
		加热温度/℃	始锻温度/℃	终锻温度/℃	冷却方式
		1100～1150	1050～1080	850～900	缓冷
		热处理			
		退火加热温度/℃	冷却		退火后硬度
		780～820	炉冷		250HBS
		SM3Cr17Mo钢回火温度对硬度的影响 (1020～1050℃油或500～550℃盐浴，49HRC)			
17	20Cr13	热加工				
		升温	始锻温度/℃	终锻温度/℃	冷却方式
		850℃前应缓慢加热，冷装炉温度≤800℃	1160～1200	≥850	砂冷或及时退火
		注：由于钢的导热性差，加热温度低于850℃，应缓慢加热			
		热处理规范			
		项目	软化退火	完全退火	淬火	回火
		加热温度/℃	750～800	860～900	1000～1050	660～770
		冷却方式	炉冷	炉冷	油淬或水淬	油冷、水冷或空冷
18	40Cr13	热加工				
		升温	始锻温度/℃	终锻温度/℃	冷却方式
		缓慢加热至800℃，然后快速加热至加工温度	1160～1200	≥850	灰冷或砂冷或及时退火
		热处理规范			
		项目	退火	淬火	回火
		加热温度/℃	750～800	1050～1100	200～300
		冷却方式	炉冷	油淬	空冷
19	95Cr18	热加工				
		装炉炉温	始锻温度/℃	终锻温度/℃	冷却方式
		冷装炉温＜600℃，热装炉温不限	1050～1100	＞850	炉冷
		热处理规范			
		项目	加热温度/℃	冷却方式	硬度（HBW）	组织
		淬火	1050～1075	油淬	≈580	马氏体＋碳化物
		回火	200～300	空冷	—	马氏体＋碳化物
		软化退火	800～840	炉冷到500℃	—	珠光体
20	102Cr17Mo	热加工				
		项目	加热温度/℃	始锻温度/℃	终锻温度/℃	冷却方式
		钢锭	1130～1150	1080～1095	850～900	砂冷
		钢坯	1100～1120	1050～1080	850～900	砂冷
		热处理规范			
		项目	退火	再结晶退火	淬火	回火
		加热温度/℃	850～870	730～750	1050～1100	150～160
		保温时间/h	4～6h			2～5h
		冷却方式	30℃/h冷至600℃，空冷	空冷	油淬①	空冷
		硬度	≤255HBW	—	—	≥58HRC
		① 为减少残留奥氏体数量，可以于-75～-80℃进行冷处理			

续表

序号	牌号	热加工与热处理规范			
		热加工			
		装炉炉温	始锻温度/℃	终锻温度/℃	冷却方式
21	14Cr17Ni2	冷装炉温≤800℃,热装炉温不限	1100~1150	>850	>150℃ 于砂内缓冷
		热处理规范			
		项目	加热温度/℃	冷却方式	组织
		退火	670	炉冷	珠光体
		淬火	950~975	油淬	马氏体
		回火	275~300	油冷	马氏体

① 非国家标准牌号,仅供参考。

⑥ 塑料模具用扁钢的交货硬度与淬火、回火硬度见表12-12。

表12-12　塑料模具用扁钢的交货硬度与淬火、回火硬度

序号	钢号	退火硬度 (HBS)≤	淬火、回火工艺				淬回火硬度 (HRC)≥
			淬火温度/℃	淬火介质	回火温度/℃	冷却	
1	SM45	一般以热轧状态交货,布氏硬度为155~215HBW					—
2	SM50	一般以热轧状态交货,布氏硬度为165~235HBW					—
3	SM55	一般以热轧状态交货,布氏硬度为170~230HBW					—
4	SM1CrNi3	212	①	—	①	—	①
5	SM3Cr2Mo	235	850~880	油	550~600	空气	30
6	SM3Cr2Ni1Mo	250	850~880	油	550~600	空气	32
7	SM2CrNi3MoAl1S	235	850~900	油	510~530②	空气	40
8	SM4Cr5SiV	235	1000~1200	空气	540~560③	空气	53
9	SM4Cr5MoSiV1	235	1000~1200	空气	540~560③	空气	53
10	SMCr12Mo1V1	255	1000~1200	空气	190~210	空气	59
11	SM2Cr13	223	920~980	油	600~750	空气	HBW:192
12	SM3Cr17Mo	223	1000~1050	油	200~300	空气	43
13	SM4Cr13	201	1050~1100	油	200~300	空气	50

① 渗碳钢不进行淬火和回火硬度试验。

② 时效时间为8~10h。

③ 回火两次。

第13章 塑料模实用图例

13.1 内齿轮注射模

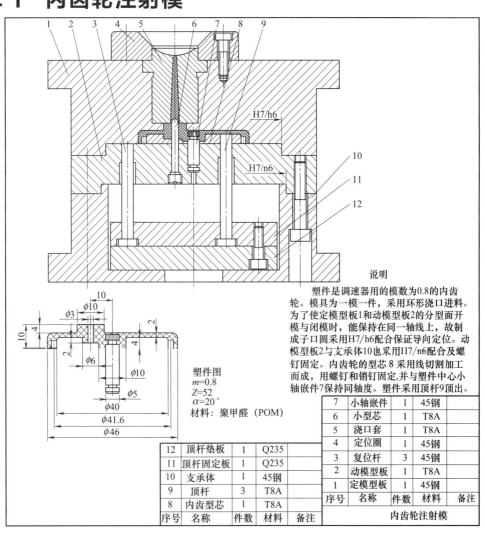

说明

塑件是调速器用的模数为0.8的内齿轮。模具为一模一件，采用环形浇口进料。为了使定模型板1和动模型板2的分型面开模与闭模时，能保持在同一轴线上，故制成子口圆采用H7/h6配合保证导向定位。动模型板2与支承体10也采用H7/n6配合及螺钉固定。内齿轮的型芯8采用线切割加工而成，用螺钉和销钉固定，并与塑件中心小轴嵌件7保持同轴度。塑件采用顶杆9顶出。

塑件图
$m=0.8$
$Z=52$
$\alpha=20°$
材料：聚甲醛（POM）

12	顶杆垫板	1	Q235	
11	顶杆固定板	1	Q235	
10	支承体	1	45钢	
9	顶杆	3	T8A	
8	内齿型芯	1	T8A	
序号	名称	件数	材料	备注

7	小轴嵌件	1	45钢	
6	小型芯	1	T8A	
5	浇口套	1	T8A	
4	定位圈	1	45钢	
3	复位杆	3	45钢	
2	动模型板	1	T8A	
1	定模型板	1	45钢	
序号	名称	件数	材料	备注
内齿轮注射模				

13.2 双连圆柱齿轮注射模

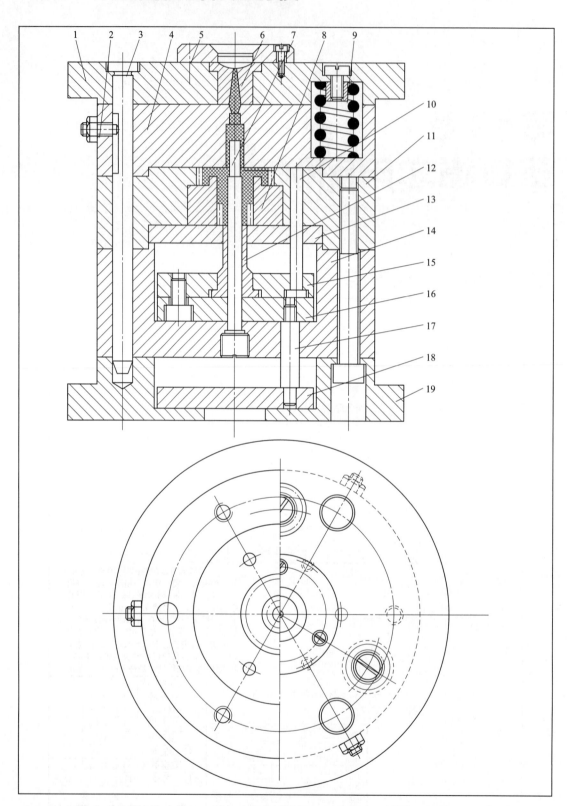

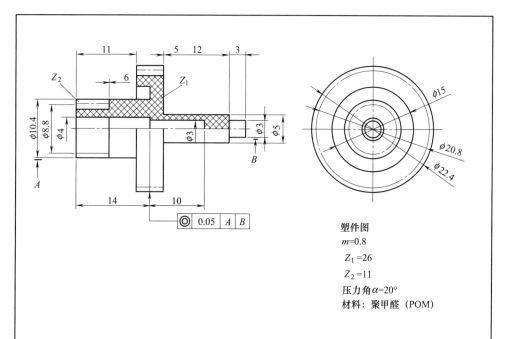

塑件图
$m=0.8$
$Z_1=26$
$Z_2=11$
压力角 $\alpha=20°$
材料：聚甲醛（POM）

说明

　　该模具为一模一件，塑件由 Z_1 和 Z_2 组成双连圆柱齿轮，并且要求 Z_1 与 Z_2 以及圆柱 $\phi3$ 与 $\phi5$ 均应保持在同一轴线上，故 $\phi3$ 与 $\phi5$ 型腔，设计在动模型板4上，Z_1 和 Z_2 双连圆柱齿轮型腔，设计在动模型板11上，两动模型板4与11分型面间制成子口采用H7/h6配合以保证导向定中心。其中 Z_2 齿轮型腔采用镶件8，并用线切割加工而成。

　　模具装于注射机上工作时，闭合模具，塑熔体注入型腔经冷却后，开启模具，首先通过弹簧9的作用将第一分型面开启，当动模渐渐开启至导柱3与限位螺钉2接触时，即动模型板4停止移动。动模继续移动，则两动模型板11与4分离，塑件 $\phi3$ 和 $\phi5$ 台阶轴与浇口拉断后脱出动模型板4的型腔。动模仍继续开启至一定距离。通过注射机推料杆推动动模顶板18作用于顶管12将齿轮塑件顶出。

19	动模座	1	45钢		9	弹簧	3	65Mn	
18	顶板	1	45钢		8	型腔镶件	1	Cr12	
17	顶杆	3	T10A		7	型芯	1	Cr12	
16	顶杆垫板	1	45钢		6	浇口套	1	T8A	
15	顶杆固定板	1	45钢		5	定位圈	1	45钢	
14	支承体	1	Q235		4	动模型板	1	45钢	
13	支承板	1	45钢		3	导柱	3	T8A	
12	顶管	1	T10A		2	限位螺钉	3	45钢	
11	动模型板	1	45钢		1	定模固定板	1	45钢	
10	复位杆	3	45钢		序号	名称	件数	材料	备注
序号	名称	件数	材料	备注	双连圆柱齿轮注射模				

13.3 四腔正、斜双连齿轮注射模

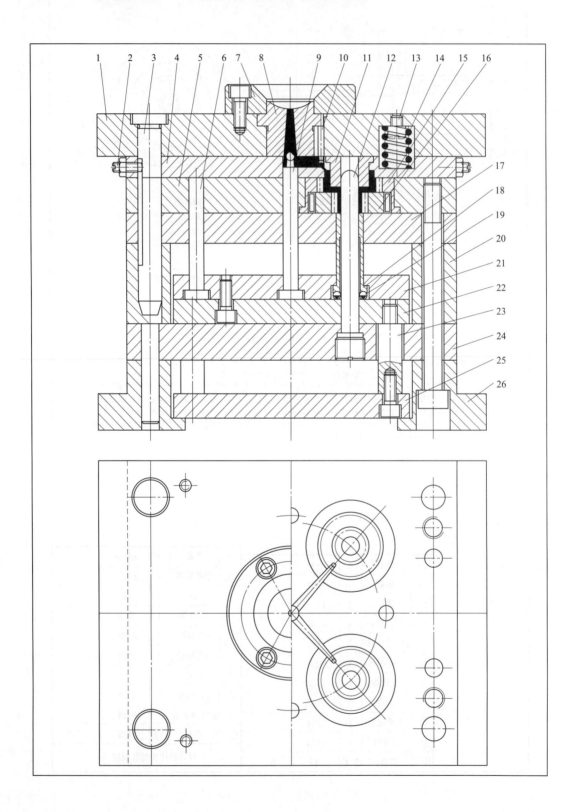

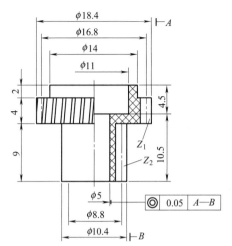

正斜双连齿轮

$m=0.8$

$m_s=0.8$

$Z_1=21$

$Z_2=11$

$\alpha=20°$

$\lambda=4°12'18''$

材料：聚酰胺（PA）

说明

模具为一模四件，模具的型腔采用镶件结构，分别由11、15镶件组成，采用H7/m6配合固定在动模型板4、5上，其中可转动的带滚柱型腔16，便于斜齿部分的脱模。

工作时，模具的开启，动模型板4在弹簧14的作用下，首先与定模固定板1分离，浇口余料由拉料杆9拔出，四个点浇口的余料由小拉料杆10拉断。动模继续移动，导柱3接触到限位螺钉2时，动模型板4随着限位螺钉带动而与动模型板5分离。此时，浇口余料也被拉出自行脱下。动模继续开启，在注塑机顶杆的作用下，通过顶板25、顶杆23推动顶杆垫板22，则由顶管18将塑件顶出。

序号	名称	件数	材料	备注
26	支承块	2	Q235	
25	顶板	1	45钢	
24	支承板	1	45钢	
23	顶杆	4	T8A	
22	顶杆垫板	1	Q235	
21	顶杆固定板	1	Q235	
20	支承块	2	Q235	
19	钢球		GCr15	
18	顶管	4	T8A	
17	支承板	1	45钢	
16	带滚柱型腔	4	Cr12	
15	型腔镶件	4	Cr12	
14	弹簧	4	65Mn	
13	圆柱头螺钉	4	45钢	
12	型芯	4	Cr12	
11	型腔镶件	4	Cr12	
10	小拉料杆	4	T8A	
9	拉料杆	4	T8A	
8	浇口套	1	T10A	
7	定位圈	1	45钢	
6	复位杆	4	45钢	
5	动模型板	1	45钢	
4	动模型板	1	45钢	
3	导柱	4	T10A	
2	限位螺钉	4	45钢	
1	定模固定板	1	45钢	

四腔正、斜双连齿轮注射模

13.4 轴头注射模

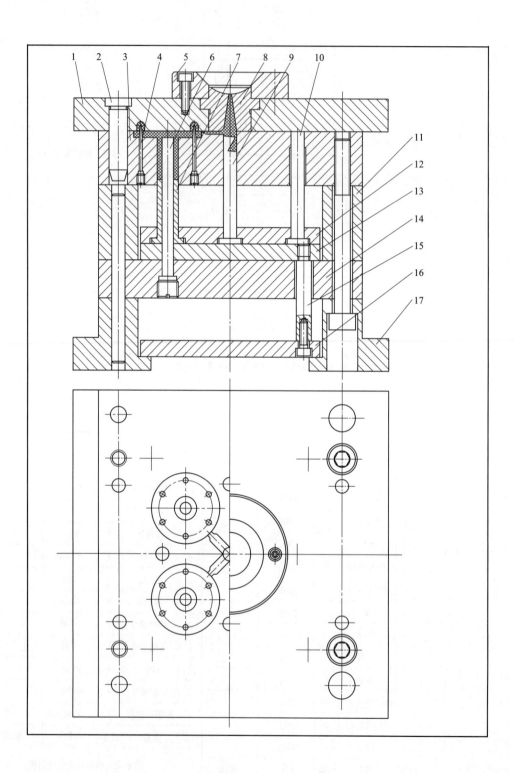

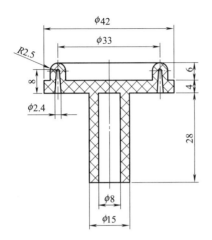

塑件图

材料：PP（聚丙烯）

说明

　　模具为一模四件，采用点浇口进料。型腔设置在定模型板1与动模型板3之间。注射成型末了，启模时，动模型板与定模型板分离，并同时通过拉料杆9拉出余料柄。动模继续移动，注射机顶杆作用于顶板16由顶杆15推动顶杆垫板13使顶管7将塑件顶出。闭模时依靠复位杆10使顶管复位。

17	支承块	2	45钢	
16	顶板	1	45钢	
15	顶杆	4	45钢	43～48HRC
14	支承板	1	45钢	
13	顶杆垫板	1	45钢	
12	顶杆固定板	1	45钢	
11	支承块	2	45钢	
10	复位杆	4	T8A	54～58HRC
序号	名称	件数	材料	备注

9	拉料杆	4	T10A	50～55HRC
8	浇口套	1	T10A	50～55HRC
7	顶管	4	T8A	54～58HRC
6	型芯	4	T8A	40～45HRC
5	定位圈	1	45钢	
4	型芯	24	T8A	40～45HRC
3	动模型板	1	45钢	
2	导柱	4	T8A	50～55HRC
1	定模型板	1	45钢	
序号	名称	件数	材料	备注
轴头注射模				

13.5　后盖注射模

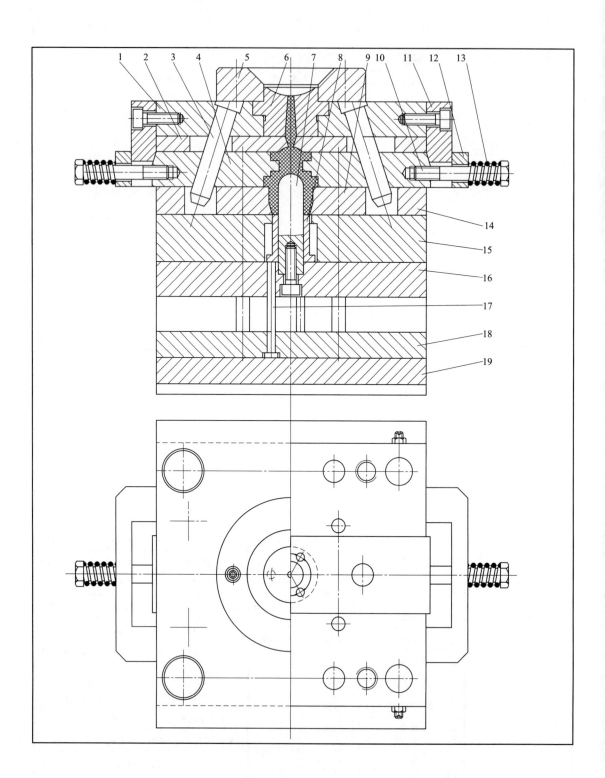

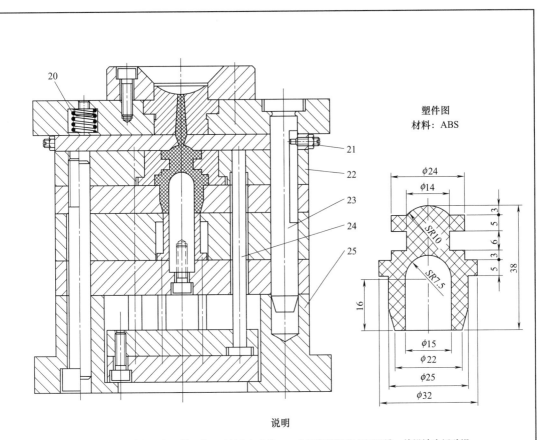

说明

该模具为一模一件，采用中心点浇口。由于塑件颈部有环形槽，故设计为活动滑块型腔4，工作时，依靠斜导柱3和楔块11与弹簧13的作用进行涨开与合拢。注射末了，启模时，浇口板2先脱开定模固定板1拔出浇口余料，动模继续移动，由导柱23及限位螺钉21的作用，使动模板22与浇口板2脱开，此时点浇口被拉断，塑件通过顶杆17及顶管8顶出。

25	支承块	2	45钢	
24	复位杆	4	T10A	
23	导柱	4	T10A	
22	动模板	1	45钢	
21	限位螺钉	4	45钢	
20	弹簧	4	65Mn	
19	顶杆垫板	1	45钢	
18	顶杆固定板	1	45钢	
17	顶杆	3	T8A	
16	垫板	1	45钢	
15	支承板	1	45钢	
14	动模型板	1	CrWMn	
13	弹簧	2	65Mn	
序号	名称	件数	材料	备注

12	支架	2	45钢	
11	楔块	2	T8A	
10	螺钉	2	30钢	
9	动模型板	1	CrWMn	
8	顶管	1	T8A	
7	型芯	1	Cr12	
6	浇口套	1	T8A	
5	定位圈	1	45钢	
4	滑块型腔	2	CrWMn	
3	斜导柱	2	T10A	
2	浇口板	1	45钢	
1	定模固定板	1	45钢	
序号	名称	件数	材料	备注
后盖注射模				

13.6 塑料支架注射模

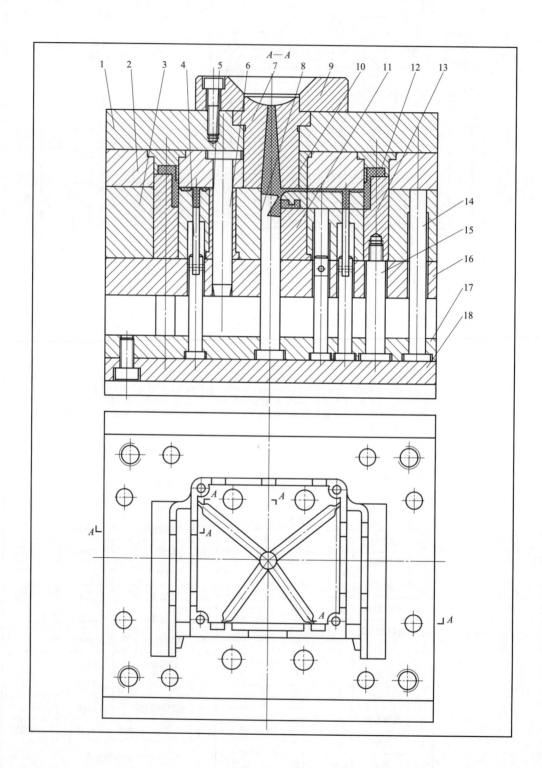

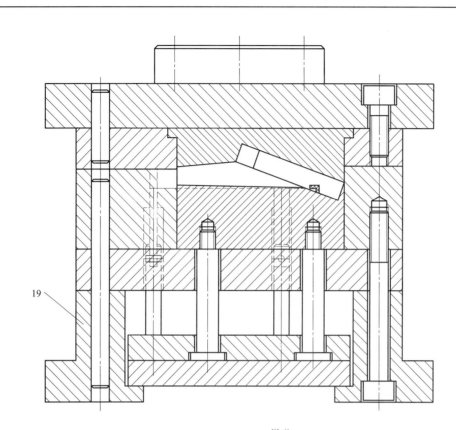

说明

该模具成型框架形状的塑件,因中空面积较大,为了使模具结构紧凑,将另外两根导柱分布于中空适当的位置。由于塑件构成框架的各筋肋细而薄,成型部分型腔不易加工及抛光,模具型腔则采用镶件拼合结构。塑件两侧的支座与框架平面倾斜角为20°,故支座镶件12固定于定模型板2,并且活动镶件13连接顶杆螺钉15兼有顶件作用。

19	支承块	2	Q235		9	定位圈	1	45钢	
18	顶杆垫板	1	钢45		8	拉料杆	1	T8A	
17	顶杆固定板	1	Q235		7	浇口套	1	T8A	
16	支承板	1	45钢		6	导套	4	T10A	
15	顶杆螺钉	4	45钢		5	导柱	4	T10A	
14	复位杆	4	T8A		4	矩形顶杆	13	T8A	
13	下支座镶件	2	T8A		3	动模型板	1	9Mn2V	
12	上支座镶件	2	T8A		2	定模型板	1	9Mn2V	
11	动模镶件	2	T8A		1	定模固定板	1	Q235	
10	定模镶件	2	T8A		序号	名 称	件数	材 料	备 注
序号	名 称	件数	材 料	备 注	塑料支架注射模				

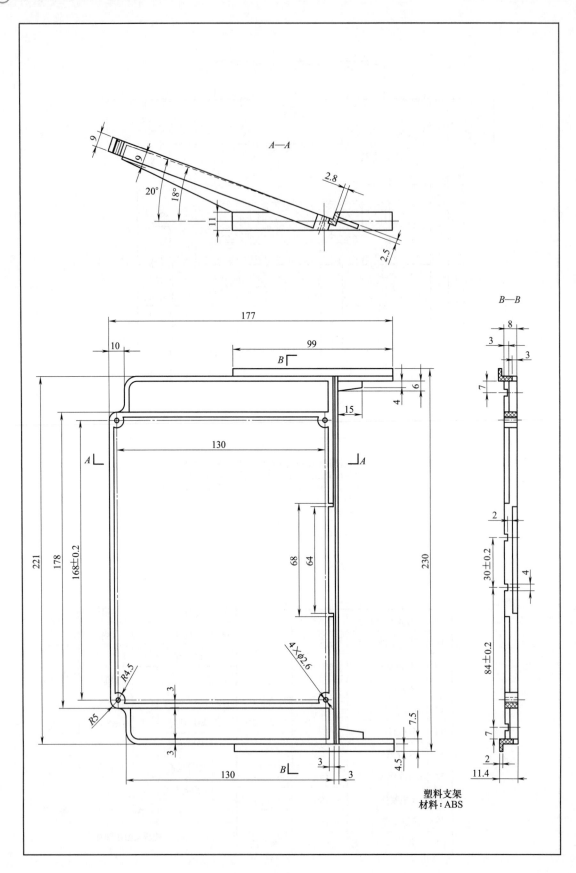

塑料支架
材料：ABS

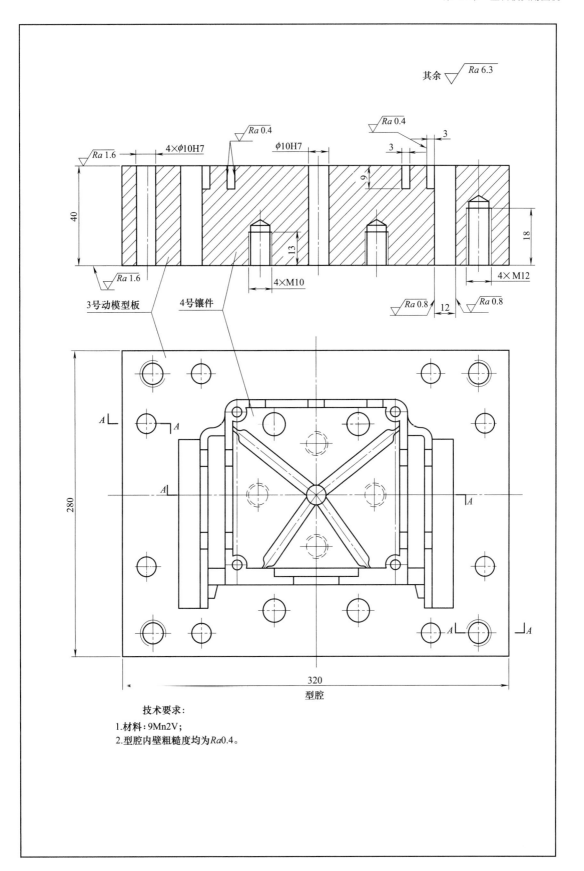

13.7 插座架注射模

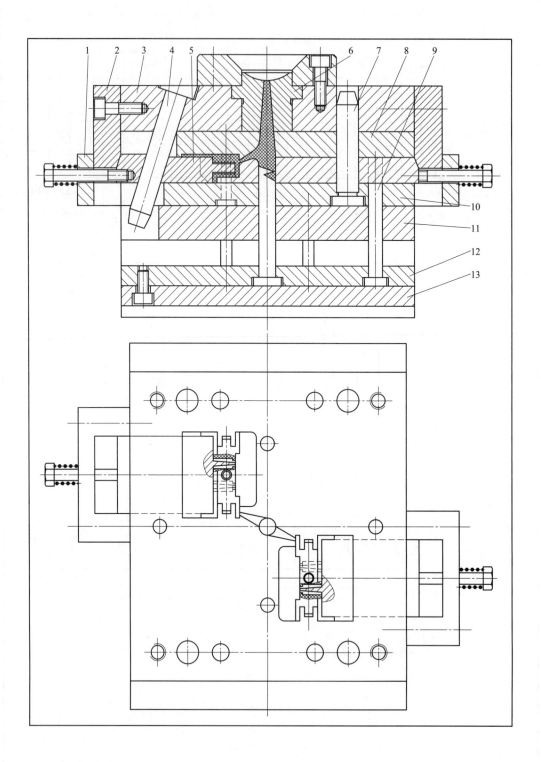

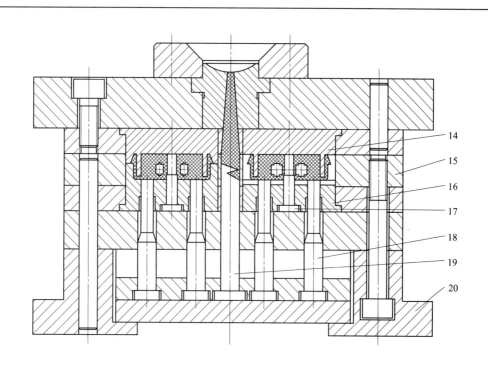

说明

模具为一模二件，型腔由定模镶件14、动模镶件16、型芯17及滑块型芯5组成。采用点浇口进料，注射末了，开启定模型板8与动模型板15分离，余料由拉料杆19拉出。滑块型芯5通过斜导柱4强制拉出。塑件由顶杆18顶出时，自切点浇口被切断分离。

20	支承块	2	Q235	
19	拉料杆	1	T8A	
18	顶杆	4	T8A	
17	型芯	2	Cr12	
16	动模镶件	2	CrWMn	
15	动模型板	1	45钢	
14	定模镶件	2	CrWMn	
13	顶杆垫板	1	45钢	
12	顶杆固定板	1	45钢	
11	支承板	1	45钢	
序号	名称	件数	材料	备注

10	固定板	1	45钢	
9	复位杆	4	T8A	
8	定模型板	1	45钢	
7	导柱	4	T10A	
6	浇口套	1	T8A	
5	滑块型芯	2	CrWMn	
4	斜导柱	2	T10A	
3	定模固定板	2	45钢	
2	楔块	2	T8A	
1	支架	2	45钢	
序号	名称	件数	材料	备注
插座架注射模				

插座架图
材料：ABS

自切浇口

13.8 转子风扇注射模

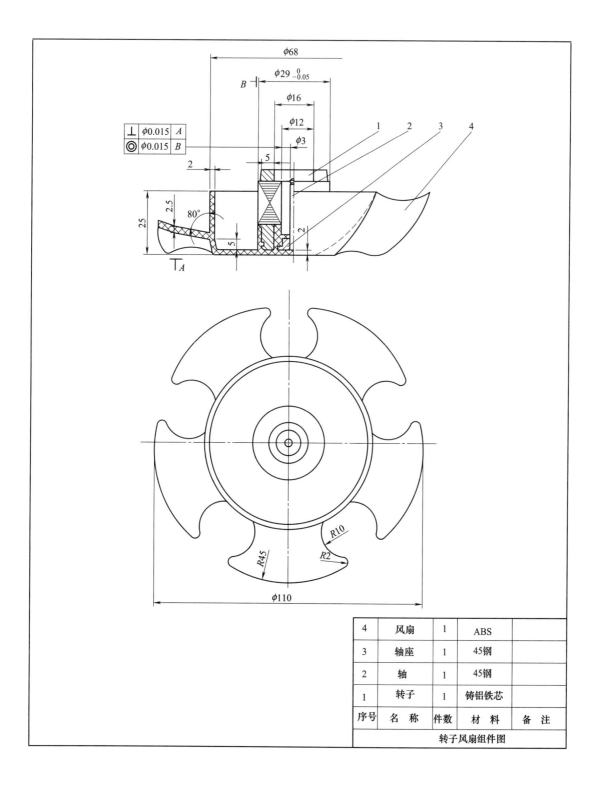

转子风扇组件图

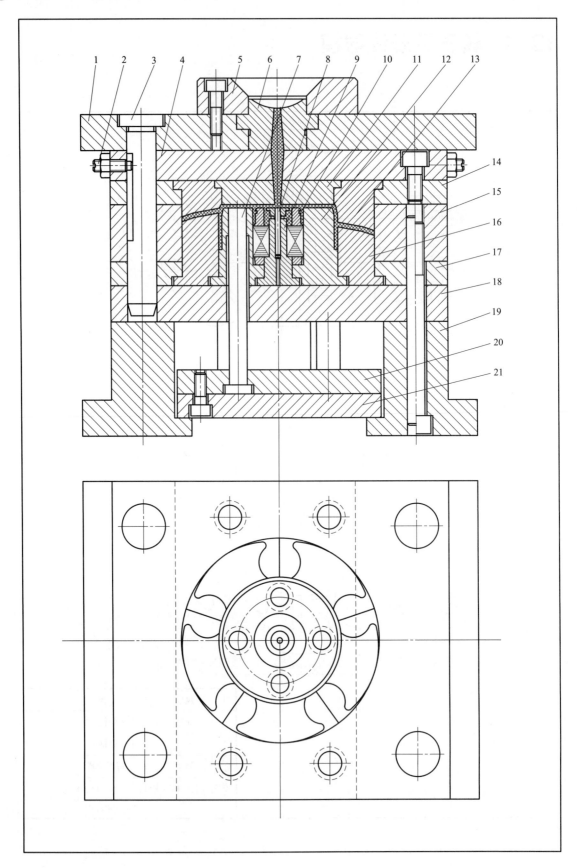

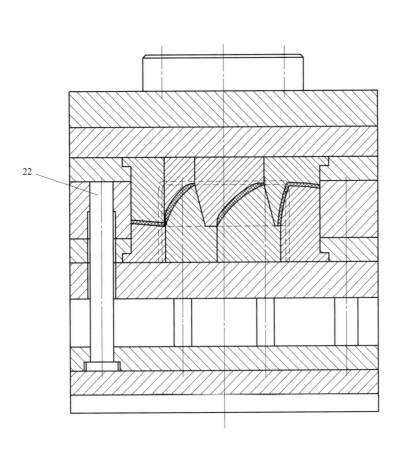

说明

模具定部分由定模固定板1，浇口套4，固定板14，型腔镶件11、13组成。动模部分由型腔镶件9、16，型腔15，固定板17，支承板18，支承块19组成。开启模具时，放入转子组件10，然后闭模。工作时，当塑溶体注入型腔后保压，冷却一定时间后启模。启模时，由浇口套4先开启至导柱3与限位螺钉2接触时，带动浇口套4并拉断浇口余料，定模同时开启。模具继续开启至顶杆垫板21，在其与注射机的推杆作用下，由顶杆7将塑料推出。

22	复位杆	4	T8A	
21	顶杆垫板	1	45钢	
20	顶杆固定板	1	45钢	
19	支承块	2	Q235	
18	支承板	1	45钢	
17	固定板	1	45钢	
16	型腔镶件	5	CrWMn	
15	型腔	1	CrWMn	
14	固定板	1	钢45	
13	型腔镶件	5	CrWMn	
12	型芯	1	CrWMn	
序号	名　称	件数	材　料	备注

11	型腔镶件	1	CrWMn	
10	转子	1		
9	型腔镶件	1	CrWMn	
8	转子轴	1		
7	顶杆	5	T8A	
6	浇口套	1	T10A	
5	定位圈	1	45钢	
4	浇口套	1	T10A	
3	导柱	4	T10A	
2	限位螺钉	1	30钢	
1	定模固定板	1	45钢	
序号	名　称	件数	材　料	备注
转子风扇注射模				

13.9 压盖压塑模

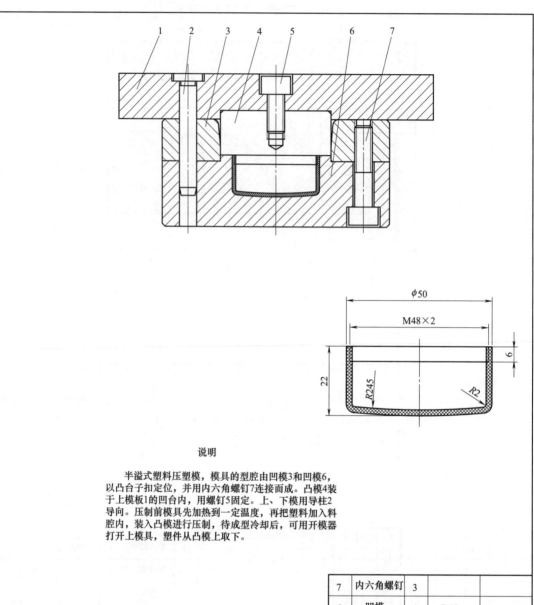

说明

半溢式塑料压塑模，模具的型腔由凹模3和凹模6，以凸台子扣定位，并用内六角螺钉7连接而成。凸模4装于上模板1的凹台内，用螺钉5固定。上、下模用导柱2导向。压制前模具先加热到一定温度，再把塑料加入料腔内，装入凸模进行压制，待成型冷却后，可用开模器打开上模具，塑件从凸模上取下。

7	内六角螺钉	3		
6	凹模	4	Cr12	
5	内六角螺钉	3		
4	凸模	1	Cr12	
3	凹模	1	Cr12	
2	导柱	3	T8A	
1	上模板	1		
序号	名称	件数	材料	备注
		压盖压塑模		

13.10 直压式压缩模

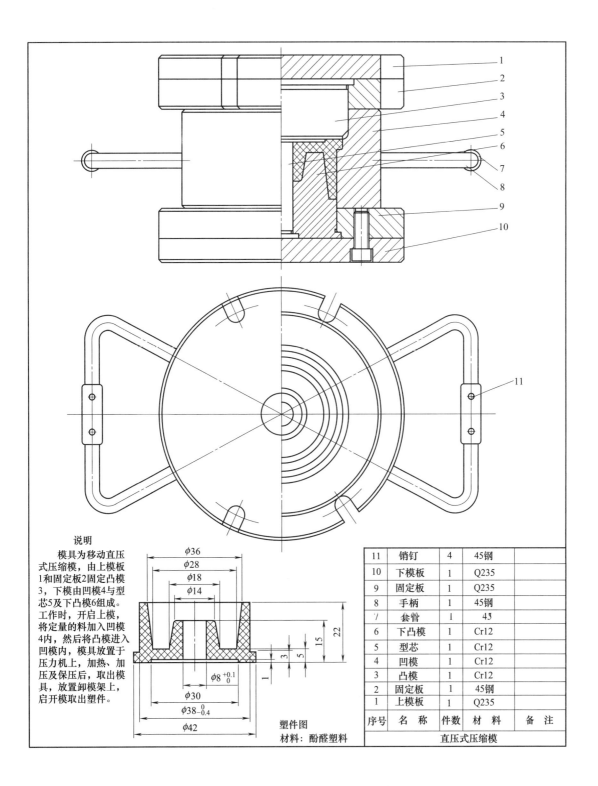

说明

模具为移动直压式压缩模，由上模板1和固定板2固定凸模3，下模由凹模4与型芯5及下凸模6组成。工作时，开启上模，将定量的料加入凹模4内，然后将凸模进入凹模内，模具放置于压力机上，加热、加压及保压后，取出模具，放置卸模架上，启开模取出塑件。

塑件图
材料：酚醛塑料

11	销钉	4	45钢	
10	下模板	1	Q235	
9	固定板	1	Q235	
8	手柄	1	45钢	
7	套管	1	45	
6	下凸模	1	Cr12	
5	型芯	1	Cr12	
4	凹模	1	Cr12	
3	凸模	1	Cr12	
2	固定板	1	45钢	
1	上模板	1	Q235	
序号	名　称	件数	材料	备注
直压式压缩模				

13.11 线圈架双层注射模

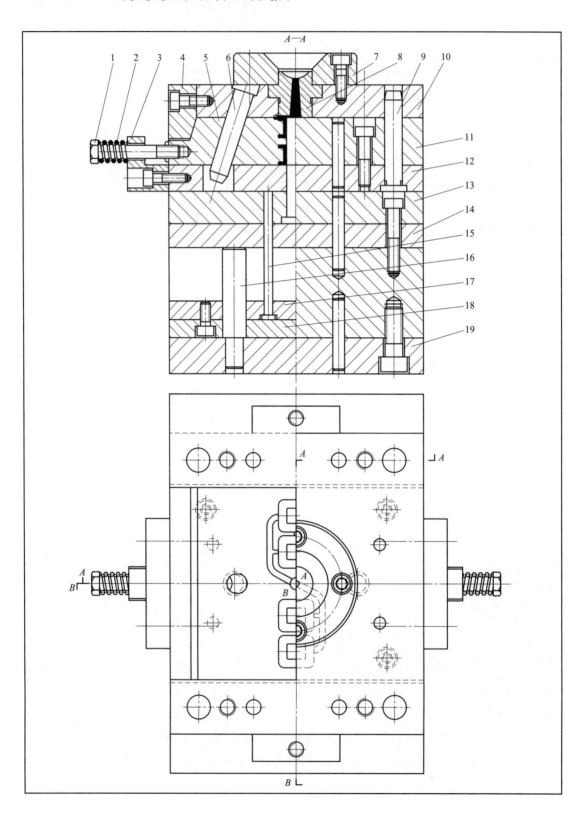

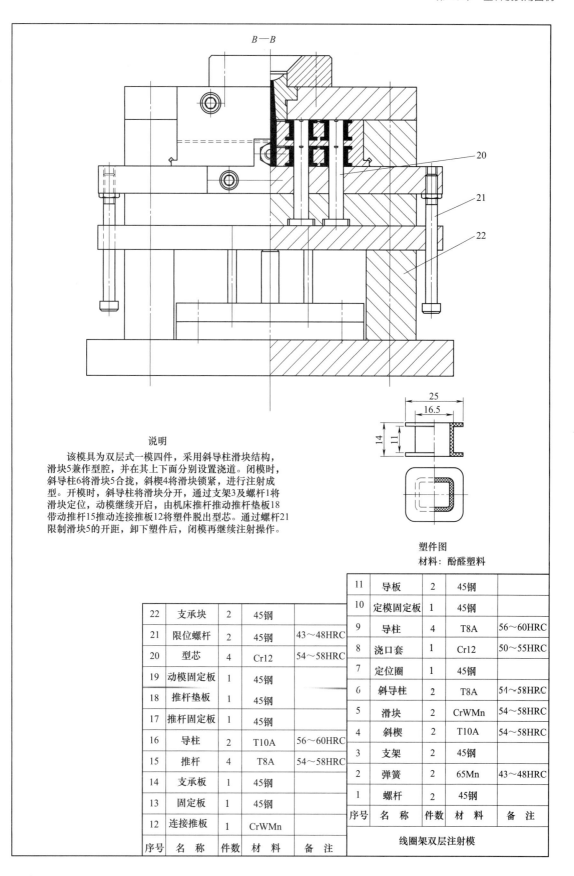

说明

该模具为双层式一模四件，采用斜导柱滑块结构，滑块5兼作型腔，并在其上下面分别设置浇道。闭模时，斜导柱6将滑块5合拢，斜楔4将滑块锁紧，进行注射成型。开模时，斜导柱将滑块分开，通过支架3及螺杆1将滑块定位，动模继续开启，由机床推杆推动推杆垫板18带动推杆15推动连接推板12将塑件脱出型芯。通过螺杆21限制滑块5的开距，卸下塑件后，闭模再继续注射操作。

塑件图
材料：酚醛塑料

22	支承块	2	45钢	
21	限位螺杆	2	45钢	43～48HRC
20	型芯	4	Cr12	54～58HRC
19	动模固定板	1	45钢	
18	推杆垫板	1	45钢	
17	推杆固定板	1	45钢	
16	导柱	2	T10A	56～60HRC
15	推杆	4	T8A	54～58HRC
14	支承板	1	45钢	
13	固定板	1	45钢	
12	连接推板	1	CrWMn	
序号	名 称	件数	材 料	备 注

11	导板	2	45钢	
10	定模固定板	1	45钢	
9	导柱	4	T8A	56～60HRC
8	浇口套	1	Cr12	50～55HRC
7	定位圈	1	45钢	
6	斜导柱	2	T8A	54～58HRC
5	滑块	2	CrWMn	54～58HRC
4	斜楔	2	T10A	54～58HRC
3	支架	2	45钢	
2	弹簧	2	65Mn	43～48HRC
1	螺杆	2	45钢	
序号	名 称	件数	材 料	备 注

线圈架双层注射模

13.12　垂直分型面直压模

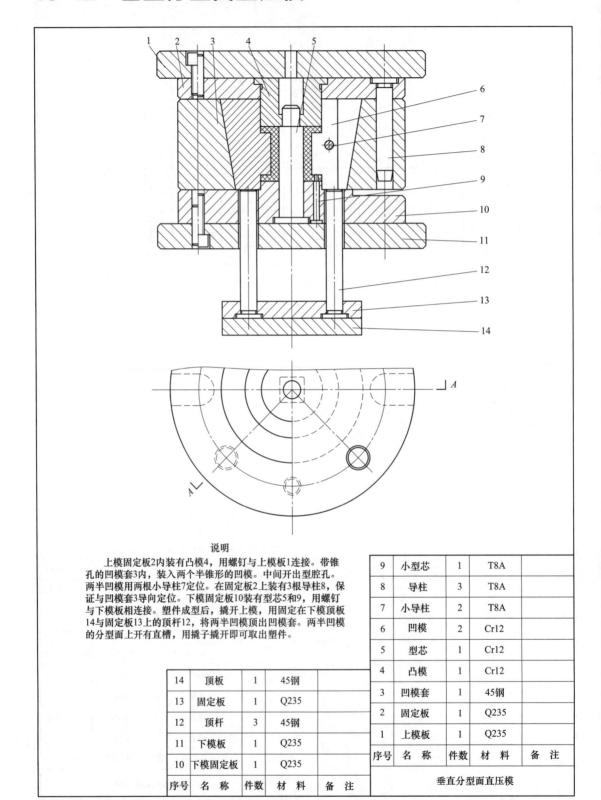

说明

上模固定板2内装有凸模4,用螺钉与上模板1连接。带锥孔的凹模套3内,装入两个半锥形的凹模。中间开出型腔孔。两半凹模用两根小导柱7定位。在固定板2上装有3根导柱8,保证与凹模套3导向定位。下模固定板10装有型芯5和9,用螺钉与下模板相连接。塑件成型后,撬开上模,用固定在下模顶板14与固定板13上的顶杆12,将两半凹模顶出凹模套。两半凹模的分型面上开有直槽,用撬子撬开即可取出塑件。

14	顶板	1	45钢	
13	固定板	1	Q235	
12	顶杆	3	45钢	
11	下模板	1	Q235	
10	下模固定板	1	Q235	
序号	名　称	件数	材料	备注

9	小型芯	1	T8A	
8	导柱	3	T8A	
7	小导柱	2	T8A	
6	凹模	2	Cr12	
5	型芯	1	Cr12	
4	凸模	1	Cr12	
3	凹模套	1	45钢	
2	固定板	1	Q235	
1	上模板	1	Q235	
序号	名　称	件数	材料	备注
垂直分型面直压模				

13.13 两个分型面的移动式压塑模

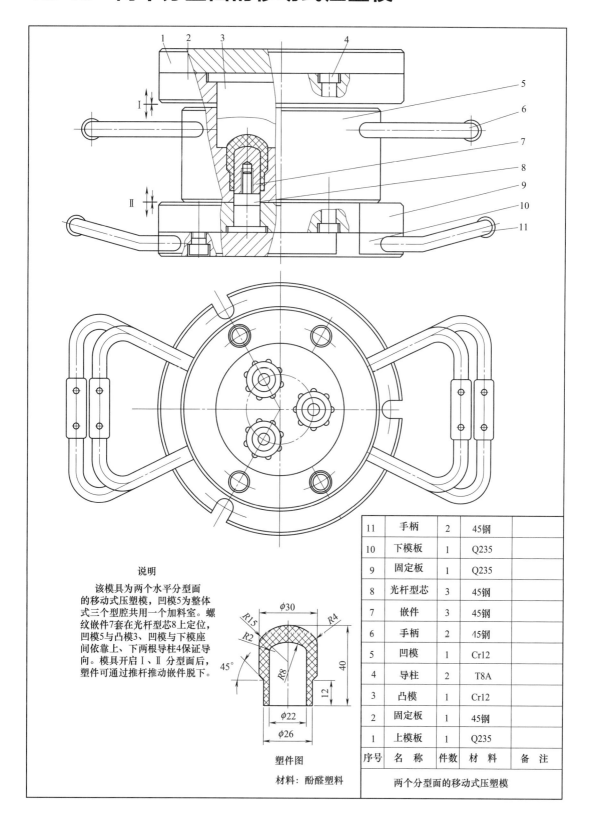

说明

该模具为两个水平分型面的移动式压塑模，凹模5为整体式三个型腔共用一个加料室。螺纹嵌件7套在光杆型芯8上定位，凹模5与凸模3、凹模与下模座间依靠上、下两根导柱4保证导向。模具开启Ⅰ、Ⅱ分型面后，塑件可通过推杆推动嵌件脱下。

塑件图

材料：酚醛塑料

11	手柄	2	45钢	
10	下模板	1	Q235	
9	固定板	1	Q235	
8	光杆型芯	3	45钢	
7	嵌件	3	45钢	
6	手柄	2	45钢	
5	凹模	1	Cr12	
4	导柱	2	T8A	
3	凸模	1	Cr12	
2	固定板	1	45钢	
1	上模板	1	Q235	
序号	名 称	件数	材 料	备 注
两个分型面的移动式压塑模				

13.14 齿轮齿条侧抽芯机构压塑模

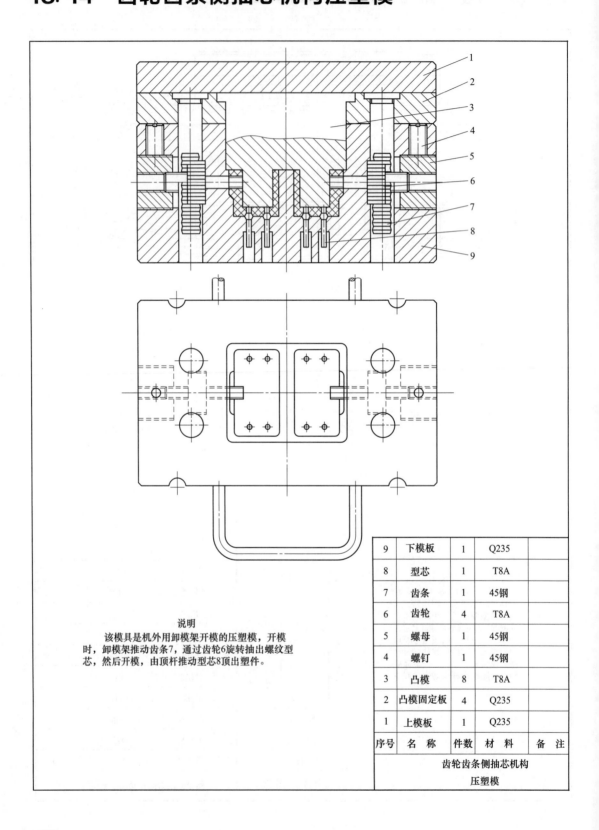

说明

该模具是机外用卸模架开模的压塑模,开模时,卸模架推动齿条7,通过齿轮6旋转抽出螺纹型芯,然后开模,由顶杆推动型芯8顶出塑件。

序号	名称	件数	材料	备注
9	下模板	1	Q235	
8	型芯	1	T8A	
7	齿条	1	45钢	
6	齿轮	4	T8A	
5	螺母	1	45钢	
4	螺钉	1	45钢	
3	凸模	8	T8A	
2	凸模固定板	4	Q235	
1	上模板	1	Q235	
齿轮齿条侧抽芯机构压塑模				

13.15 移动式压注模

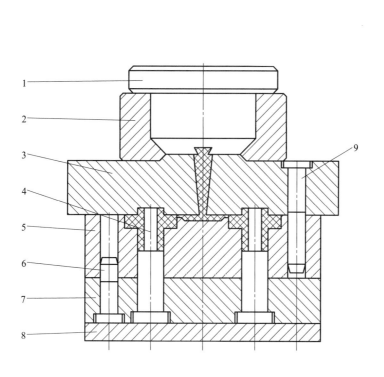

说明

该模具为移动式压塑模,其加料室2与模具本体可以分离。压塑时,首先闭合模具,然后将定量的塑料加入加料室内,在压力机的作用下,压柱1将塑化后的塑料以高速经流道挤入型腔,待硬化定型后,先取下加料室,然后在卸模架上卸模,由脱模板将塑件脱出,若塑件留在凹模内,则可用专用工具取出。

9	导柱	2	T10A	
8	垫板	1	T8A	
7	固定板	1	Q235	
6	导柱	2	T10A	
5	凹模	1	Cr12	
4	型芯	4	Cr12	
3	上模板	1	45钢	
2	加料室	1	T8A	
1	压柱	1	T8A	
序号	名 称	件数	材 料	备 注
移动式压注模					

13.16 上加料室压注模

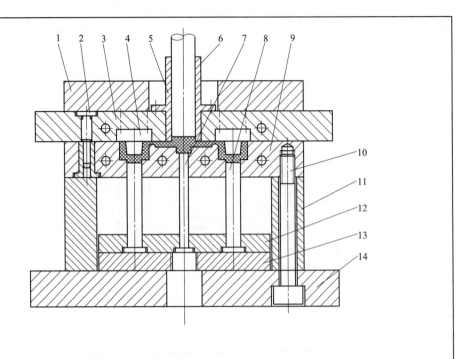

说明

该模具是液压机用上压式压注模,上模固定板3固定在液压机的工作台上,型腔9与连接的下模板14固定在液压机的下压板上,压制时,通过液压机下方的主液压缸推动下模上行合模,将塑料加入加料室5内预热,由液压机上方的辅助液压缸对柱塞6施压,塑熔体即进入型腔充模。塑件经过固化后,开模时主液压缸推动下模下行开模后,推杆推动推板13由推杆8、7推出塑件,柱塞由上方的辅助液压缸推动上行完成压注过程。

序号	名称	件数	材料	备注
14	下模板	1	Q235	
13	推板	1	45钢	
12	顶杆固定板	1	45钢	
11	垫块	2	Q235	
10	螺钉	4	45钢	
9	型腔	1	Cr12	
8	推杆	4	T8A	
7	推杆	1	45钢	
6	柱塞	1	Cr12	
5	加料室	1	Cr12	
4	型芯	4	Cr12	
3	上模固定板	1	45钢	
2	导柱	4	T8A	
1	上模垫板	1	Q235	

上加料室压注模

13.17 固定式压注模

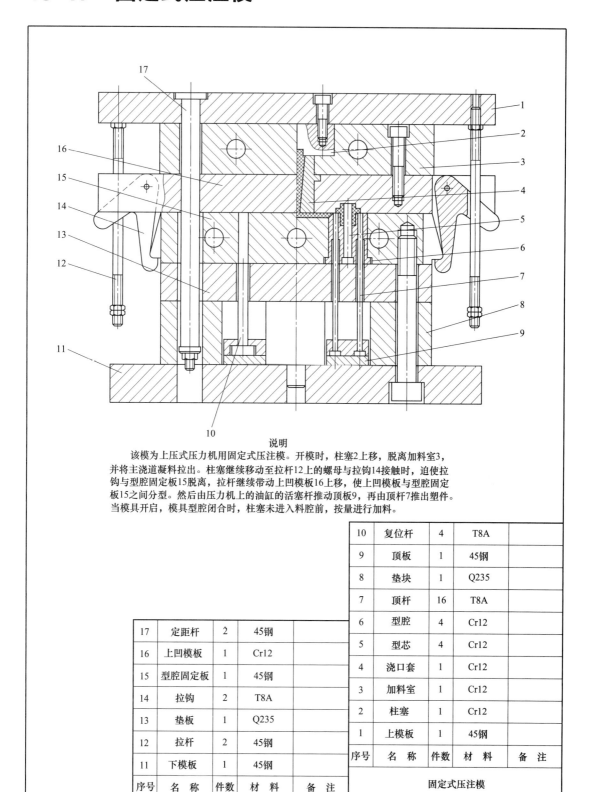

说明

该模为上压式压力机用固定式压注模。开模时,柱塞2上移,脱离加料室3,并将主浇道凝料拉出。柱塞继续移动至拉杆12上的螺母与拉钩14接触时,迫使拉钩与型腔固定板15脱离,拉杆继续带动上凹模板16上移,使上凹模板与型腔固定板15之间分型。然后由压力机上的油缸的活塞杆推动顶板9,再由顶杆7推出塑件。当模具开启,模具型腔闭合时,柱塞未进入料腔前,按量进行加料。

17	定距杆	2	45钢	
16	上凹模板	1	Cr12	
15	型腔固定板	1	45钢	
14	拉钩	2	T8A	
13	垫板	1	Q235	
12	拉杆	2	45钢	
11	下模板	1	45钢	
序号	名 称	件数	材 料	备 注

10	复位杆	4	T8A	
9	顶板	1	45钢	
8	垫块	1	Q235	
7	顶杆	16	T8A	
6	型腔	4	Cr12	
5	型芯	4	Cr12	
4	浇口套	1	Cr12	
3	加料室	1	Cr12	
2	柱塞	1	Cr12	
1	上模板	1	45钢	
序号	名 称	件数	材 料	备 注
固定式压注模				

13.18 下加料室压注模

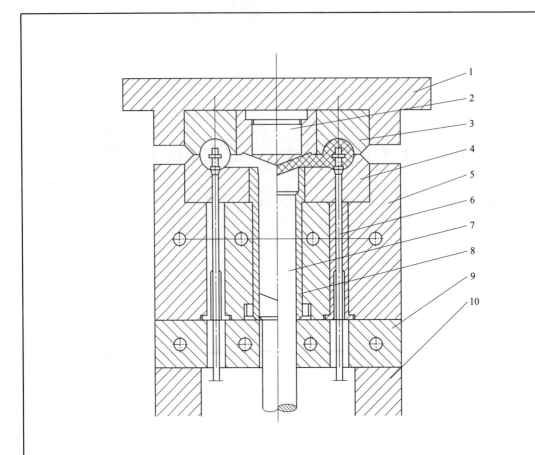

说明

该模具是液压机用下压式压注模,下模4固定在液压机的工作台上,上模3通过上模座1固定在液压机的压板上,压制时,由液压机上方的主液压缸进行液压缸对柱塞7施压,塑熔体进合模,塑料加入加料室8内预热,由液压机下方的辅助入型腔充模。塑件经过固化后,开模时主液压缸推动上模上行,并带动推杆6推出塑件,同时辅助液压缸推动柱塞下行完成压注过程。

10	垫块	2	Q235	
9	加热板	1	45钢	
8	加料室	1	Cr12	
7	柱塞	1	Cr12	
6	推杆	4	T8A	
5	下模板	1	45钢	
4	下模	1	Cr12	
3	上模	1	Cr12	
2	分流锥	1	Cr12	
1	上模座	1	45钢	
序号	名 称	件数	材料	备 注
下加料室压注模				

13.19 洗洁剂瓶吹塑模

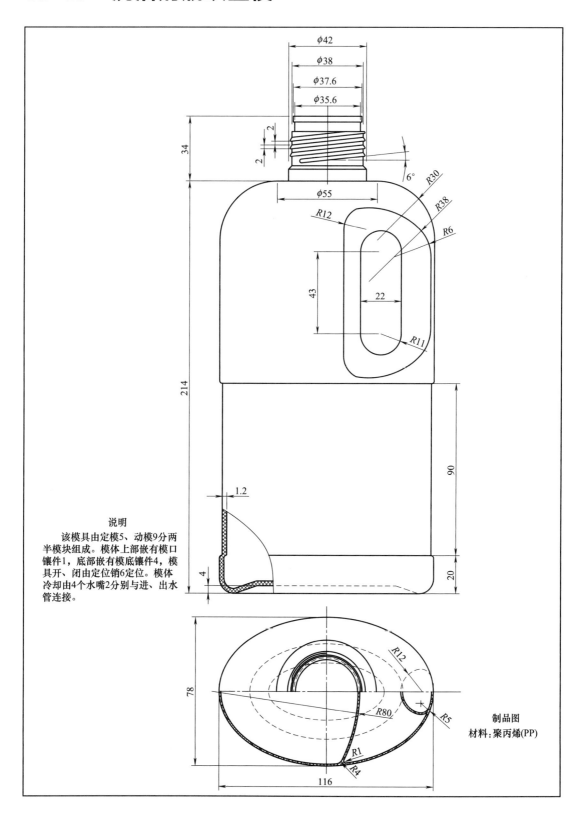

说明
该模具由定模5、动模9分两半模块组成。模体上部嵌有模口镶件1，底部嵌有模底镶件4，模具开、闭由定位销6定位。模体冷却由4个水嘴2分别与进、出水管连接。

制品图
材料：聚丙烯(PP)

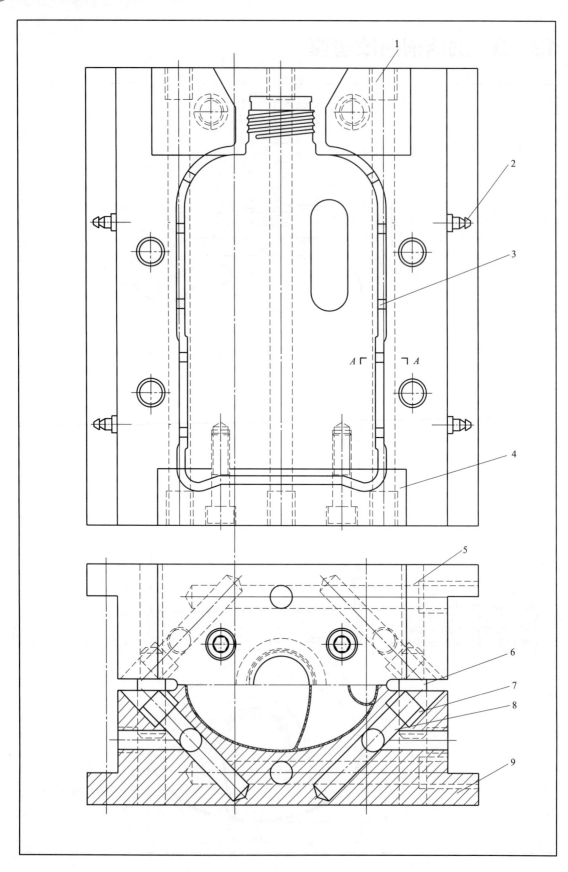

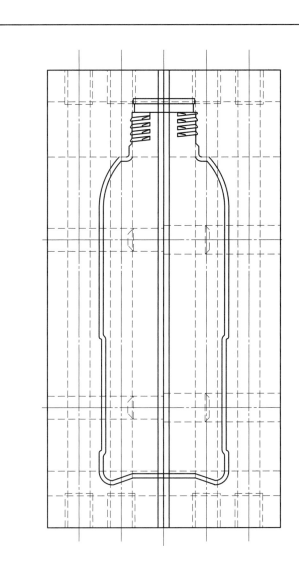

冷却水管、孔径尺寸 /mm

冷水孔直径d	冷水孔间距离S	螺旋板宽度
6	4	
8	6	
10	8	
12	12	$0.67d$
14	15	
16	20	
18	25	
20	30	

注：S是相邻两个孔的边缘距离。

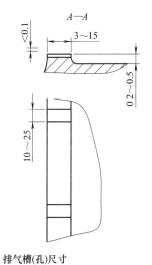

排气槽(孔)尺寸

9	动模	1	9CrSi	
8	水槽	10		
7	堵头	12	45钢	
6	定位销	4	T8A	
5	定模	1	9CrSi	
4	模底镶件	各1	Cr12	
3	排气槽	8		
2	水嘴	4	45钢	
1	模口镶件	各1	Cr12	
序号	名　称	件数	材　料	备　注
洗洁剂瓶吹塑模				

13.20 挤出吹塑模

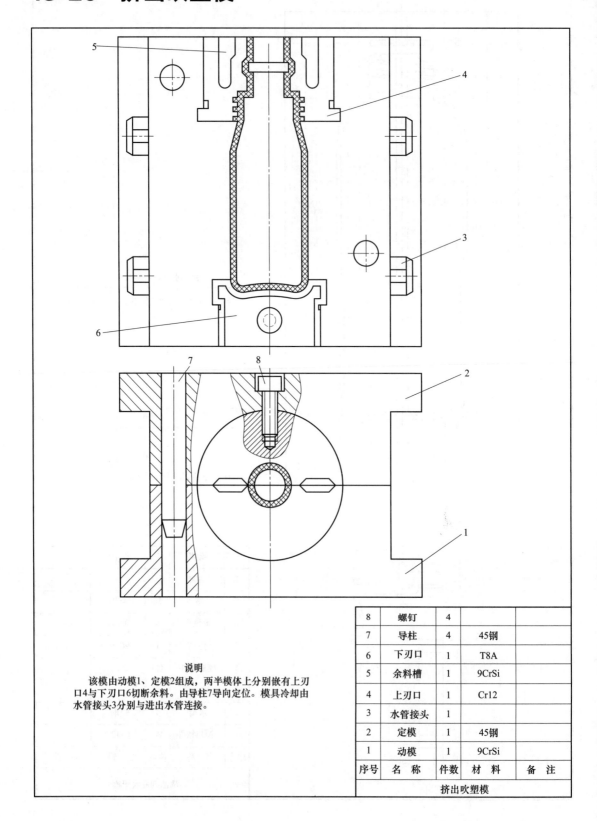

说明
该模由动模1、定模2组成,两半模体上分别嵌有上刃口4与下刃口6切断余料。由导柱7导向定位。模具冷却由水管接头3分别与进出水管连接。

8	螺钉	4		
7	导柱	4	45钢	
6	下刃口	1	T8A	
5	余料槽	1	9CrSi	
4	上刃口	1	Cr12	
3	水管接头	1		
2	定模	1	45钢	
1	动模	1	9CrSi	
序号	名 称	件数	材料	备注
挤出吹塑模				

13.21 压入式结构吹塑模

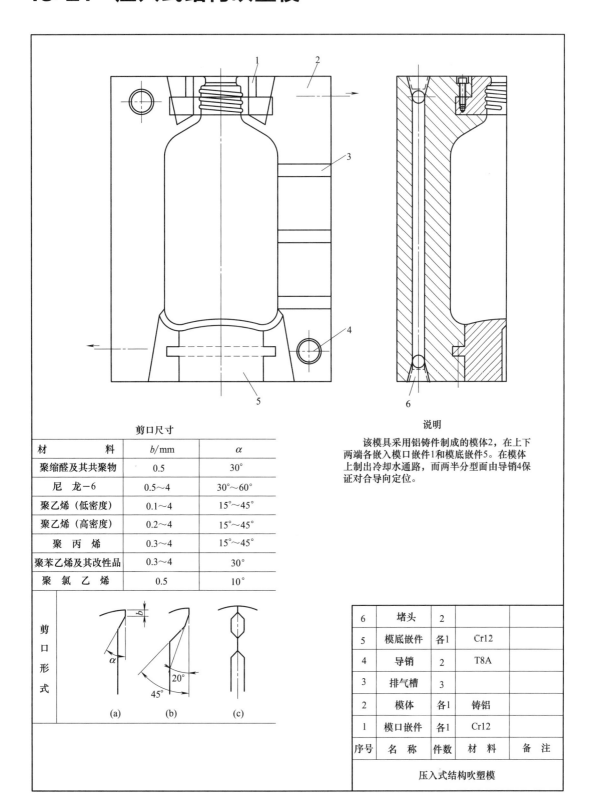

剪口尺寸

材　　料	b/mm	α
聚缩醛及其共聚物	0.5	30°
尼　龙－6	0.5～4	30°～60°
聚乙烯（低密度）	0.1～4	15°～45°
聚乙烯（高密度）	0.2～4	15°～45°
聚　丙　烯	0.3～4	15°～45°
聚苯乙烯及其改性品	0.3～4	30°
聚　氯　乙　烯	0.5	10°

说明

该模具采用铝铸件制成的模体2，在上下两端各嵌入模口嵌件1和模底嵌件5。在模体上制出冷却水通路，而两半分型面由导销4保证对合导向定位。

6	堵头	2		
5	模底嵌件	各1	Cr12	
4	导销	2	T8A	
3	排气槽	3		
2	模体	各1	铸铝	
1	模口嵌件	各1	Cr12	
序号	名　称	件数	材　料	备　注
	压入式结构吹塑模			

13.22 螺钉固定式结构吹塑模

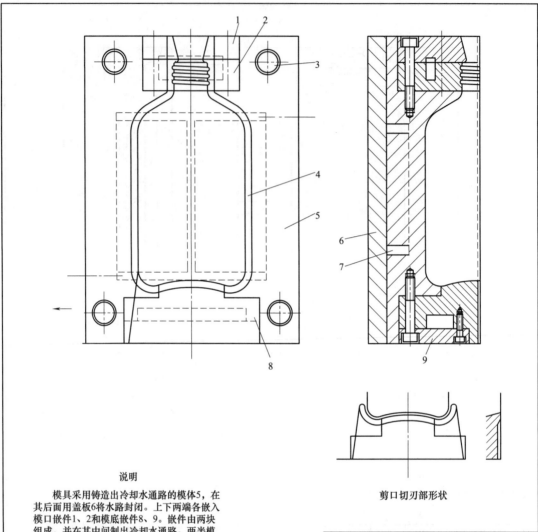

剪口切刃部形状

说明

模具采用铸造出冷却水通路的模体5，在其后面用盖板6将水路封闭。上下两端各嵌入模口嵌件1、2和模底嵌件8、9。嵌件由两块组成，并在其中间制出冷却水通路。两半模体由导销3保证导向对合。

采用嵌镶式结构其制造要求较高，嵌件与模体之间必须采用紧密配合，否则容易发漏水或在塑件上留有镶缝痕迹。尤其是对不相同金属的嵌件，加工时需要注意掌握。

8、9	模底嵌件	各1	
7	冷却水路		
6	盖板	2	
5	模体	1	Cr12
4	对合面	2	
3	导销	4	
2	模口嵌件	1	铸铝
1	模口嵌件	1	Cr12
序号	名称	件数	材料	备注

螺钉固定式结构吹塑模

13.23 密封圈注射模

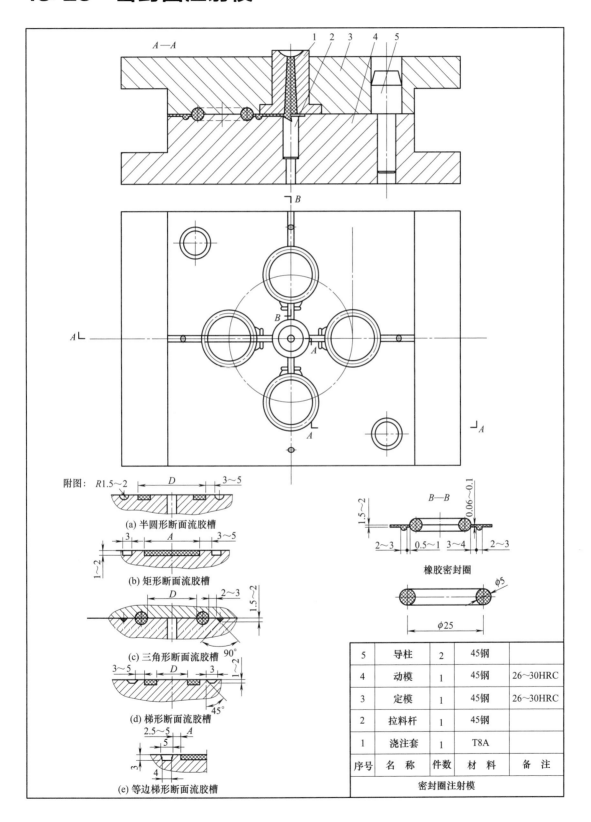

13.24 防尘套橡胶压模

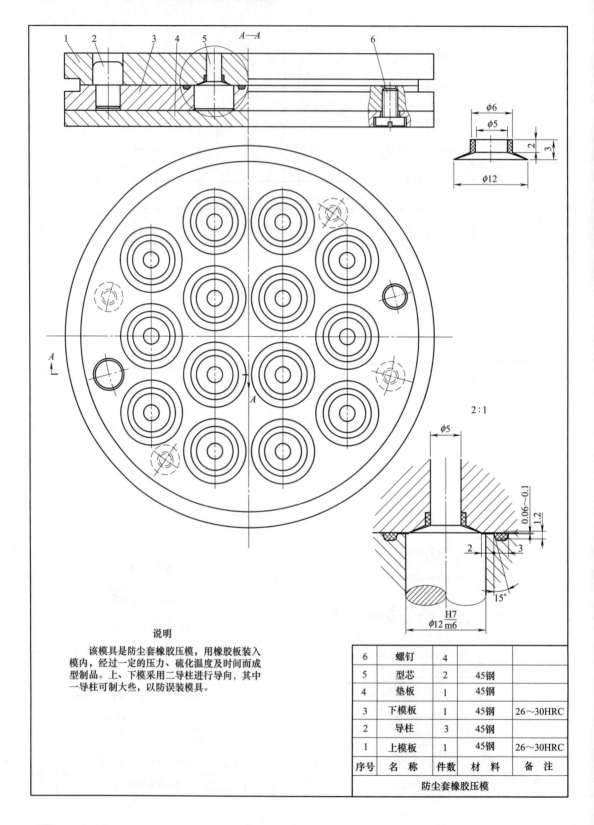

13.25 密封圈橡胶压模

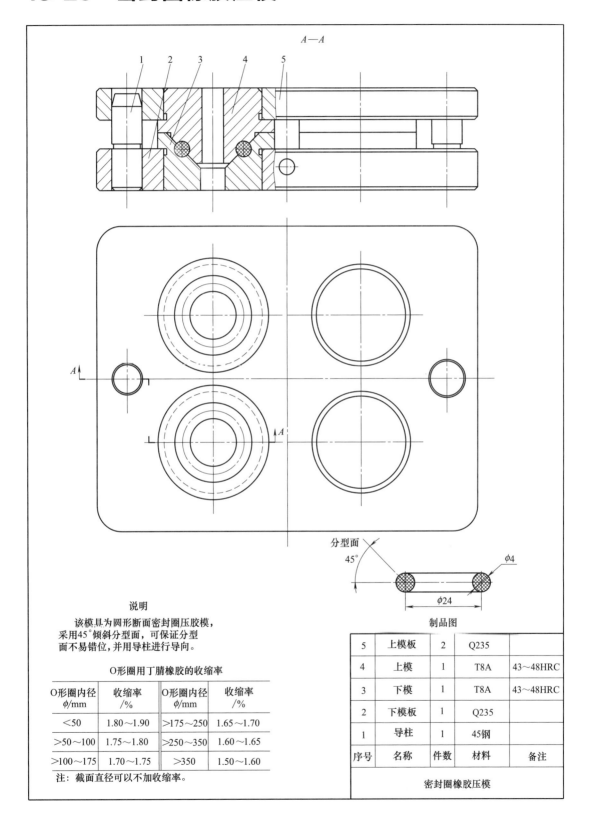

13.26 油封圈橡胶压模

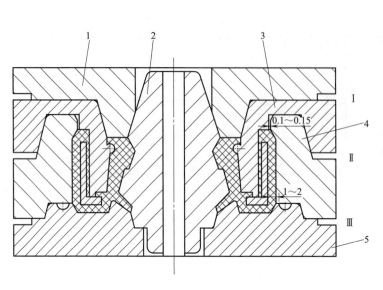

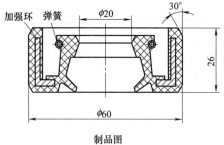

制品图

说明

该模具采用三个分型面，由上模1、下模5及中模Ⅰ3、中模Ⅱ4组成。在Ⅱ分型面中模Ⅱ4开设了一条0.15mm深的余胶流道，使余胶流入中模倒角处。在Ⅲ分型面的下模5距型腔1~2mm处设置了一个半圆余胶槽，使胶边厚度控制在0.06~0.1mm范围。

5	下模	1	45钢	
4	中模Ⅱ	1	45钢	
3	中模Ⅰ	1	45钢	
2	型芯	1	45钢	
1	上模	1	45钢	
序号	名称	件数	材料	备注
油封圈橡胶压模				

参 考 文 献

[1] 《塑料模设计手册》编写组. 塑料模设计手册（模具设计手册之二）. 3版. 北京：机械工业出版社，2002.
[2] 冯炳尧，等. 模具设计与制造简明手册. 3版. 上海：上海科学技术出版社，2008.
[3] 杜东福，等. 冷冲压模具设计. 湖南：湖南科学技术出版社，1985.
[4] 许发樾，等. 实用模具设计与制造手册. 2版. 北京：机械工业出版社，2005.
[5] 陈锡栋，等. 实用模具技术手册. 北京：机械工业出版社，2001.
[6] 王鹏驹. 塑料模具设计师手册. 北京：机械工业出版社，2008.
[7] 赵志龙，等. 现代塑料模具设计实用技术手册. 北京：机械工业出版社，2012.
[8] 奚永生. 塑料橡胶成型模具设计手册. 北京：中国轻工业出版社，2000.
[9] 李钟猛. 型腔模设计. 西安：西北电讯工程学院出版社，1985.
[10] 章飞，等. 型腔模具设计与制造. 北京：化学工业出版社，2003.
[11] 林慧国，等. 模具材料应用手册. 北京：机械工业出版社，2004.
[12] 刘志明. 正斜双速齿轮注射模. 模具工业，1989，（4）：42-44.
[13] 刘志明. 四腔正斜双连齿注射模. 机械开发，1991，（4）：44-46.
[14] 刘志明. 双连圆柱齿轮注射模. 模具科技，1989，（3）：42-44.

后　　记

笔者原在企业从事模具技术工作，并亲历了模具制造业较发达地区的模具设计及制造工作，发现当今的模具设计人才与模具设计相关资料相当欠缺，有些模具的设计甚至完全依赖设计者自身的经验完成。鉴于此，笔者依据四十多年的模具设计与制造经验精心编制了这套综合性的《实用模具设计与生产应用手册》，以供从事模具设计、制造等工作的专业技术人员参考。

笔者编纂本书历经十余年，以奉献理念为本，希望为传承模具文化奉献微薄之力。为避免差错，笔者在编写此书时参阅了大量可靠的文献资料，并进行了多次校对，勘误求正。

承蒙化学工业出版社的支持和帮助以及细致严谨的工作。本书编写之时，得到了曾在江西天河传感器科技有限公司的简文辉、钟松荣、张洪恒、张巍林等工程师的友情帮助，在此一并表示感谢！同时本套书的完成也得益于永新祥和电脑服务部的吴老师指导CAD学习，以及家人的支持和爱女在电脑使用中的帮助，一并致谢！

编著者

于宁波